博碩文化

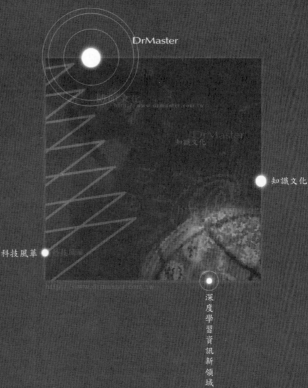

DrMaster

http://www.drmaster.com.tw

知識文化

科技風華

深度學習資訊新領域

● DrMaster

深度學習資訊新領域

http://www.drmaster.com.tw

Visual Basic 2012
從零開始

資訊教育研究室 著

Studying from the Beginning Level

從零開始系列

- ·VB 2012整合開發環境介紹
- ·主控台應用程式開發
- ·結構化程式設計
- ·陣列與副程序應用
- ·物件導向程式設計
- ·各類型控制項視窗應用程式設計

- ·GDI+繪圖與多媒體程式設計
- ·ADO.NET資料庫程式設計
- ·LINQ資料庫存取技術
- ·ASP.NET Web應用程式開發
- ·簡介jQuery Mobile 跨平台行動網站設計

博碩文化

作　　者：資訊教育研究室
責任編輯：Cathy
設計總監：蕭羊希
行銷企劃：黃譯儀

總 編 輯：古成泉
總 經 理：蔡金崑
顧　　問：鐘英明
發 行 人：葉佳瑛

出　　版：博碩文化股份有限公司
地　　址：221 新北市汐止區新台五路一段 112 號 10 樓 A 棟
　　　　　電話 (02) 2696-2869　傳真 (02) 2696-2867

郵撥帳號：17484299　戶名：博碩文化股份有限公司
博碩網站：http://www.drmaster.com.tw
讀者服務信箱：DrService@drmaster.com.tw
讀者服務專線：(02) 2696-2869 分機 216、238
（周一至周五 09:30 ～ 12:00；13:30 ～ 17:00）

版　　次：2013 年 8 月初版一刷

建議零售價：新台幣 560 元
I S B N：978-986-201-793-7（平裝）
律師顧問：劉陽明

Visual Basic 2012 從零開始

本書如有破損或裝訂錯誤，請寄回本公司更換

國家圖書館出版品預行編目資料

Visual Basic 2012從零開始 / 資訊教育研究室
著. -- 初版-- 新北市；博碩文化, 2013.08

面；　公分

ISBN　978-986-201-793-7 (平裝附光碟片)

1.Basic(電腦程式語言)

312.32B3　　　　　　　　　102016246

Printed in Taiwan

歡迎團體訂購，另有優惠，請洽服務專線
博 碩 粉 絲 團　(02) 2696-2869 分機 216、238

作者序

　　微軟於 2002 年推出 Visual Studio .NET，分別於 2003 年、2005 年、2008 年、2010 年改版，2012 年發表 Visual Studio 2012(簡稱 VS 2012)。Visual Studio 是一組完整的開發工具所組成，可用來建置視窗應用程式、ASP .NET Web 應用程式、Silverlight 應用程式、XML Web Services 及 Windows Phone 行動裝置應用程式的一套完整開發工具。VS 2012 將 Visual Basic、Visual C++、Visual C# 全都使用相同的整合式開發環境 (簡稱 IDE)，該環境讓它們能共用工具和協助混合語言方案的建立，可彼此分享工具並共同結合各種語言的解決方案。新版的 VS 2012 加強了 HTML 5、ASP.NET MVC、Windows Phone 手機應用程式、Windows 市集應用程式以及跨平台 jQuery Mobile 網站開發，並透過 Web Service、WCF Service 以及 Cloud Service(雲端服務)整合網際網路(Internet)平台，降低企業 e 化開發的成本與時程。所以 Visual Studio 是一個能夠建置桌面與小組架構的企業 Web 應用程式的完整套件。除了能建置高效能桌面應用程式之外，還可以使用 Visual Studio 強大的元件架構開發工具和其他的技術，簡化企業方案的小組架構式設計、開發及部署。

　　程式設計本身就是一門尖澀難懂的技術，尤其是使用 Visual Studio 2012 這個巨大的軟體怪獸來學習程式設計。編寫本書的主要目標是為因應如何讓初學者能快速進入 Visual Basic 2012 程式設計的殿堂，並將所學應用到職場上而編寫的教科書。透過書中精挑細選的範例程式來學習程式設計技巧，使得初學者具有紮實和獨立程式設計能力，花費最短的時間，獲得最高的學習效果，且在這次改版對於操作較為煩雜的範例錄成教學影片，方便學生學習與教師授課使用，是一本適用教師教授 Visual Basic 2012 的入門書，也是一本初學者自學的書籍。本書內容由淺入深涵蓋：

第一部分：第 1~5 章為主控台應用程式設計，介紹程式設計基本流程，培養初學者基本電腦素養和程式設計能力。

第二部分：第 7~12 章為視窗應用程式開發，完整介紹表單和常用與進階控制項的屬性、方法、事件處理以及視窗與各類型的控制項應用，使初學者具有開發視窗應用程式的能力。

第三部份：第 6 章以主控台應用程式介紹物件導向程式設計，包括類別的定義，類別中資料成員、欄位、成員函式(方法)的定義、共用成員的使用，與類別

作者序

繼承的介紹，透過主控台應用程式以繼承 Windows Form 類別的方式建立簡單的視窗應用程式，讓您了解視窗應用程式底層的原理，以提昇您物件導向程式設計的能力。

第四部份：第 13 章介紹 GDI+ 繪圖與多媒體程式設計，以便撰寫簡單的 Windows 多媒體應用程式，如播放聲音、播放影片、繪圖以及其他媒體檔之技巧。

第五部份：第 14,15 章為資料庫程式設計，如何使用 SQL Express 建立資料庫、資料控制項及資料集設計工具的活用，資料庫的存取與繫結技術介紹，以及介紹新一代的資料查詢技術 LINQ，透過 LINQ 一致性的語法可快速查詢陣列、集合物件、SQL Server Express 資料庫的資料，讓您快速的在 Windows 平台下存取資料來源。

第六部份：第 16 章為 ASP .NET 網頁應用程式開發，使用 Visual Studio Express 2012 for Web 版本快速開發 ASP .NET 4.5 Web 應用程式，並配合資料控制項，快速開發 Client/Server 架構的 Web 資料庫應用程式。

本書教學或自學流程建議如下：

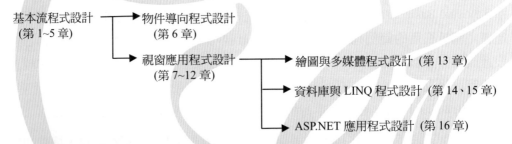

本書提供教學投影片與習題，若您為採用本書的教師請與博碩業務聯繫索取投影片與習題。若您發覺本書有疏漏之處或是對本書有任何疑問，歡迎來信不吝指正 (E-Mail 信箱：jaspertasi@gmail.com)，我們會誠摯地感激。為提升本書的品質，您寶貴的建議於本書改版時會加以斟酌。

資訊教育研究室 編著

2013 年 8 月

Chapter 1 認識 VB 2010 與主控台應用程式

Chapter 2 資料型別與主控台應用程式輸出入

Chapter 3 流程控制與例外處理

Chapter **4 陣列**

Chapter **5 副程式**

Chapter **6 物件與類別**

Chapter **7 視窗應用程式開發**

Chapter 8 表單輸出入介面設計

Chapter 9 常用控制項(一)

Chapter **10 常用控制項(二)**

Chapter 11 視窗事件處理技巧

Chapter 12 對話方塊與功能表控制項

Chapter **13 繪圖與多媒體**

Chapter **14 資料庫應用程式**

認識 Visual Studio 2012 與主控台應用程式

1

⊞ 1.1 Visual Studio 2012 簡介

　　Visual Studio 2012 (簡稱VS 2012) 是一組完整的開發工具所組成，可用來建置主控台應用程式、視窗應用程式、Windows市集應用程式(Win 8 app)、Windows Phone應用程式(手機程式)、ASP .NET Web應用程式、XML Web Service、WCF、Silverlight、Office與Windows Azure(雲端)專案的一套完整開發工具，且可使用Visual Basic 2012、Visual C++ 2012、Visual C# 2012以及F#…等語言來進行開發各類型的應用程式，以上全都使用相同的整合開發環境(簡稱IDE：Integrated Develop Environment)來開發相關的應用程式。IDE環境讓它們能共用工具和建立混合語言的方案，彼此分享工具並共同結合各種語言的解決方案。此外，這些語言可利用 .NET Framework 強大的功能，簡化 ASP .NET Web應用程式與 XML Web Service 開發的工作。所以 Visual Studio 2012 是一個能夠建置桌面與小組架構的企業 Web 應用程式的完整套件。除能建置高效能桌面應用程式外，還可以使用 Visual Studio 2012 強大的元件架構開發工具和其他的技術，簡化企業方案的小組架構式設計、開發及部署。所以「 .NET Framework 」是新的計算平台，設計用來簡化高分散式 Internet 環境的應用程式開發作業。在 .NET Framework 上執行的軟體可在任何地方透過 SOAP 執行的軟體通訊，並可在本機或經由 Internet 散發來使用標準物件。因此，開發人員可以全力專注於功能而不是在探索上。所以，.NET Framework 是提供建置、部署及執行 XML Web Service 與應用程式的多語言環境。Visual Studio 2012 主要特色如下：

1. **Common Language Runtime (簡稱CLR) 共通語言執行時期**

   Cmmon Language Runtime 負責管理記憶體配置、啟動及停止執行緒和處理序 (Process thread)，並且執行安全原則，同時還要滿足元件對其他元件的相依性。開發過程中，由於執行許多自動化 (例如記憶體管理)，因此讓開發人員覺得很簡單。並大幅減少開發人員將商務邏輯轉換為重複使用元件時所需撰寫的程式碼數目。

2. **統一程式設計的 .NET Framework類別庫**

為程式設計人員提供統一、物件導向、階層式及可擴充的.NET Framework 類別庫。目前，C++ 開發人員使用 Microsoft Foundation Class，而 Java 開發人員使用 AWT 或 Swing 元件，而 C++ 和 Java使用的類別庫並不同。 .NET 架構統一了這些不同的模型，並且讓 Visual Basic、C++、C# 程式設計人員都能存取 .NET Framework 類別庫。Common Language Runtime 透過建立跨越所有程式設計語言的通用 API 集，可以進行跨越語言的繼承、錯誤處理和偵錯。從 JScript 至 C++，所有的程式語言存取架構的方式都十分相似，因此開發人員也可以自由選擇要使用的語言。簡單的說，Visual Basic 開發的類別庫可讓 C++、C# ... 等微軟提供的語言存取，而 C# 寫的類別庫也可以讓 Visual Basic 或 C++ 呼叫。

3. **ASP .NET 與 jQuery Mobile**

ASP .NET 建置在 .NET Framework 的程式設計類別上，為 Web 應用程式模型提供一組控制項和基礎結構，讓建置 ASP .NET Web 應用程式變得簡單。ASP .NET 包含一組控制項，將常用的 HTML 使用者介面項目 (例如：文字方塊和下拉式功能表) 封裝起來。不過，這些控制項會在 Web 伺服器上執行，並且以 HTML 方法將其使用者介面推入瀏覽器。在伺服器上，控制項會公開物件導向程式設計模型，帶給 Web 開發人員物件導向程式設計的豐富內容。ASP .NET 也提供基礎結構服務，例如：工作階段狀態管理和處理緒(Process Thread)回收，進一步減少開發人員必須撰寫的程式碼數量，並且提高應用程式的穩定性。此外，ASP .NET 也使用相同的概念，讓開發人員提供軟體做為服務。ASP .NET 開發人員使用 XML Web Service 功能，可以撰寫自己的商務邏輯，並且使用 ASP .NET 基礎架構，透過 SOAP 提供該服務。ASP .NET 4.5 還內建 AJAX 擴充功能，讓 Web 應用程式設計師更容易開發 Web 2.0 網站。此外 ASP .NET 與ASP .NET MVC 更可以輕易整合 jQuery Mobile 函式庫製作跨平台的行動裝置應用程式網站。

4. **LINQ 資料查詢**

   Language-Integrated Query (LINQ) 是 .NET Framework 3.5 的新增功能。其最大的特色是具備資料查詢的能力以及和語言進行整合的能力，LINQ 具備像 SQL Query 查詢能力的功能，可以直接和 VB 2012、C# 2012 語法進行整合，並可以使用統一的語法來查詢陣列、集合、XML、DataSet 資料集以及 SQL Server 資料庫的記錄...等資料來源。

5. **Windows 市集應用程式(Windows 8 App)**

   由於行動裝置設備的流行，帶動了無限的商機，每個人都可以將自己所設計的App(即應用程式簡稱)進行上架來銷售軟體、銷售遊戲，或是收取廣告費，也因此App程式設計變成是時下最流行的課程。微軟的 Windows 8 作業系統可完美搭配滑鼠鍵盤和觸控螢幕，無論是使用哪種類型的電腦，都可快速流暢切換應用程式以及移動物件。而且微軟提供全新的應用程式商店稱之為「Windows 市集」。只要從 [開始] 畫面開啟市集，即可瀏覽並下載遊戲或各種主題的應用程式，而且許多應用程式是完全免費的。此外開發人員也可以將自己設計的Windows 8 App軟體或遊戲上架至Windows市集來進行銷售，以增加自己額外的收入。

   由上可知，Visual Studio 2012的主要特色包含：Common Language Runtime、.NET Framework、用來建立及執行 ASP .NET Web 應用程式、用來建立及執行視窗應用程式的 Windows Forms、LINQ 資料查詢技術以及全新的Windows市集應用程式。所以，.NET Framework 提供了一個管理完善的應用程式來改善生產力，並增加應用程式的可靠性與安全性。本書介紹如何使用 Visual Basic (簡稱VB)程式語言來開發 .NET 應用程式。

▦ **1.2** Visual Studio 2012 版本分類

　　Visual Studio 2012 的版本有 Express、專業版、企業版、企業旗艦版以及品管人員版，下載網址是「http://www.microsoft.com/visualstudio/cht/downloads」，上述除了 Express 版是免費外，其他版本的試用期限為90天。下圖為 Visual Studio 2012 下載中心網站。

以下簡單介紹VS 2012用戶端版本的各項產品。

1. **Visual Studio Express 2012版**

　　主要為初學者提供精簡、易學易用的開發工具，以滿足想學習程式開發或評估 .NET Framework 者。VS Express 2012版提供：Visual Studio Express 2012 for Web、Visual Studio Express 2012 for Windows 8、Visual Studio Express 2012 for Windows Desktop、Visual Studio Express 2012 for Windows Phone…等版本，以供學生、初學者、兼職人員、程式開發熱愛者依需求選擇使用。目前微軟允許使用者免費下載安裝註冊Visual Studio Express 2012，下載網址是「http://www.microsoft.com/visualstudio/cht/downloads」。

① Visual Studio Express 2012 for Web

用來開發 Web應用程式,如:ASP .NET Web Form、ASP .NET MVC、Web服務、WCF服務、Web API以及 jQuery Mobile 跨平台行動裝置網站。本書於第16章介紹如何使用此版本來開發 ASP .NET與 jQuery Mobile Web應用程式。

② Visual Studio Express 2012 for Windows 8

用來開發 Windows市集應用程式的工具,此版本必須安裝在 Windows 8 作業系統上。

③ Visual Studio Express 2012 for Windows Desktop

可使用C#、Visual Basic 及 C++ 等語言建立 Windows Presentation Foundation (WPF)、Windows Forms、Console(主控台)以及Win32應用程式。本書於第1-6章以Console應用程式來學習VB語法、於第7-15章以 Windows Form應用程式來學習開發視窗、多媒體、資料庫應用程式。

④ Visual Studio Express 2012 for Windows Phone

此版本用於開發Windows Phone 8.0、Windows Phone 7.5 的手機應用程式以及 XNA Game Studio Windows Phone 遊戲。

2. **Visual Studio Professional 2012專業版(入門開發)**

是專業的工具,適用個人工作室、專業顧問或小團隊成員,用來建立關聯性任務、多層式架構的智慧型用戶端、RIA 與 WPF 應用程式、Web、雲端以及行動裝置應用程式。可簡化各種平台(包含SharePoint 與 Cloud)上建立、偵錯和部署的應用程式。

3. **Visual Studio Premium 2012 企業版(企業應用開發)**

是一套完整的工具集,適合企業應用開發。此版本提供ALM解決方案,對敏捷開發團隊提供進階偵錯、測試工具以及專案管理,透過此版本可提升團隊效率及程式碼品質。

4. **Microsoft Visual Studio Ultimate 2012企業旗艦版(企業應用與團隊開發)**

主要對象為架構設計人員、系統分析人員、程式開發人員、軟體測試人員。延伸 Visual Studio 的產品線，包含流程導向與高生產力開發團隊所必須的軟體開發生命週期工具組，讓團隊能在 .NET Framework 中提供現代化、以及以服務為導向的解決方案，協助他們更有效率地溝通及協同作業，從架構及模型設計、開發、全方位的偵錯及測試工具、到專案管理工具讓開發人員確保從設計到部署的高品質結果。不論是建立新方案或增強現有的應用程式，都可讓您鎖定逐漸增加的平台與技術，包含雲端與平行運算。

5. **Microsoft Visual Studio Test Professional 2012 品管人員版**

用於專案測試小組的專業工具集，可簡化測試規劃與手動測試執行。此版本可讓開發人員搭配Visual Studio軟體使用，使測試工作與應用程式生命週期可以緊密的結合，提供手動測試記錄與詳細的測試與錯誤報告，使開發人員和測試人員在應用程式的開發週期可有效地共同作業。

⊞ 1.3 主控台應用程式介紹

1.3.1 新增專案

因為 Express 版本和其他版本的畫面有差異，初學者第一次進入時難免會不知所措，本書為入門書主要以 Visual Studio Express 2012 for Windows Desktop 版本為主，當您按開始鈕選取 〔VS Express for Desktop〕 進入 Visual Studio Express 2012 for Windows Desktop 的整合開發環境，接著執行功能表的【檔案(F)/新增專案(P)】指令，出現下圖「新增專案」對話方塊，供你開始建立新專案：

1. **主控台 (Console) 應用程式**

   是指在主控台(Console)模式下所撰寫的程式，即在傳統 DOS 下執行的程式。此部份於本章中介紹，並利用此操作環境在下面六章中學習 VB 程式設計與物件導向程式設計的基本技能。

2. **Windows Form 應用程式**

   是指在視窗環境下所撰寫的程式。使用 IDE 在第七章到十五章中介紹如何透過工具箱所提供的工具建立視窗輸出入介面，並融入在 Console 主控台應用程式下所學到的程式設計基本技能，設計出視窗應用程式。

   接著先熟悉如何在整合開發環境下，建立、儲存和關閉主控台應用程式專案，其步驟如下：

   上機實作

   Step1 新增主控台應用程式專案

   進入 Visual Studio Express 2012 for Windows Desktop 整合開發環境後，執行功能表的【檔案(F)/新增專案(P)】指令，出現下圖「新增專案」對話方塊，供您開始建立新專案。

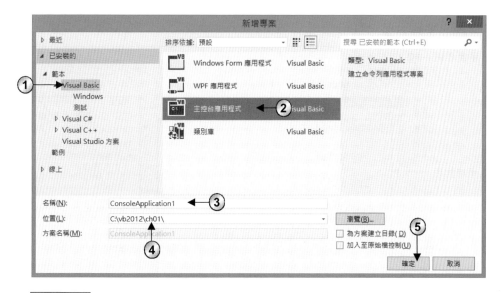

畫面說明

① 選取『Visual Basic』程式語言。

② 選取『主控台應用程式』。

③ 在「名稱(N)」輸入框先採預設專案名稱「ConsoleApplication1」。

④ 在「位置(L)」輸入框可輸入儲存專案的位置或按 [瀏覽(B)...] 鈕指定專案要儲存的位置。本例將專案儲存在「C:\vb2012\ch01」資料夾下。

⑤ 按 [確定] 鈕進入「主控台」整合開發環境。

⑥ [□ 為方案建立目錄(D)]:若打勾會在指定位置(L)上一層以該專案名稱為資料夾名稱再建立一個資料夾。

Step2 主控台整合開發環境

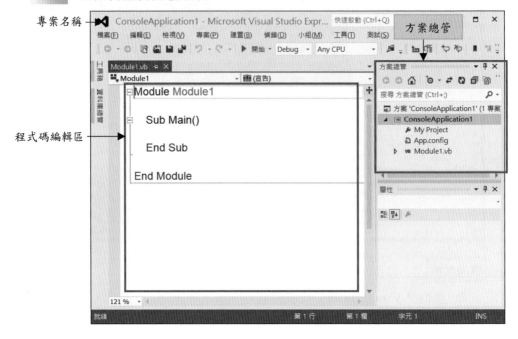

專案名稱 →
方案總管
程式碼編輯區 →

下面的字元中不可以用來設定專案名稱：

① 含有：/ ? ： & * \ # % . | .. 等字元。

② 含有：UniCode 控制字元。

③ 使用系統保留字以及 COM、AUX、PRN、COM1、LPT2。

1.3.2 關閉專案

關閉專案可直接按功能表的【檔案(F)/關閉方案(T)】指令，該專案所屬相關檔案也會同時一起關閉。若專案或 VB 程式檔尚未儲存則直接關閉專案時，會出現下圖提示是否要更新程式？

① 若按 　是(Y)　 鈕，新的程式碼蓋掉舊的程式碼，也就是先存檔完才關閉專案或方案。

② 若按 　否(N)　 鈕，保留舊的程式碼，也就是說不做存檔直接關閉專案或方案。

③ 若按 　取消　 鈕，取消關閉專案，回到原來 IDE 編輯畫面。

　　如果要離開 Visual Studio Express 2012 for Windows Desktop 整合開發環境，可執行功能表的 【檔案(F)/結束(X)】。

▓ 1.4 第一個主控台應用程式

　　本節以一個簡單主控台應用程式為例，學習如何在主控台模式下，新增、儲存、開啟專案以及學習如何在主控台模式下撰寫、編譯、執行和列印程式。

範例演練

使用上面介紹的主控台應用程式設計步驟，撰寫一個簡單的程式。程式執行時在螢幕上顯示 "Hello, World!"。

上機實作

Step1 進入 Visual Studio Express 2012 for Windows Desktop 整合開發環境

Step2 新增主控台應用程式專案

接著執行功能表的【檔案(F)/新增專案(P)】指令，出現下圖「新增專案」對話方塊。依下圖操作選取 Visual Basic 的「主控台應用程式」專案，專案名稱設為「hello」，專案儲存在「C:\vb2012\ch01」，再按 確定 鈕，此時進入主控台專案的開發環境。

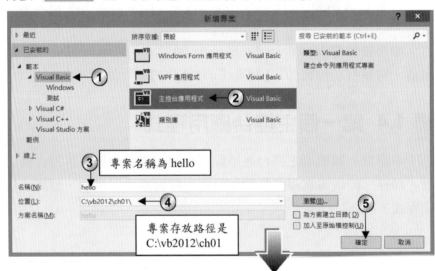

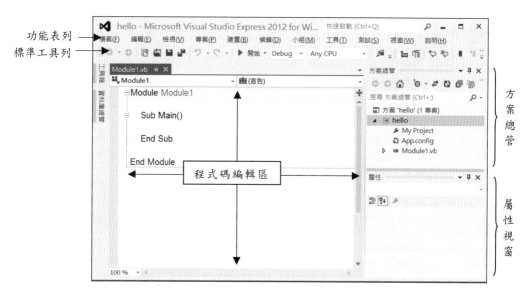

功能表列
標準工具列
方案總管
屬性視窗
程式碼編輯區

Step3 專案重要相關檔案

儲存專案後，接著會在 C:\vb2012\ch01\hello 資料夾下產生下圖所示相關檔案，其中 hello.sln 為方案檔，hello.vbprog 為專案檔，Module1.vb 為 vb 的程式檔。其中方案檔副檔名為*.sln。一個方案可以容納多個專案；專案的副檔名為*.vbproj，一個專案可以容納多個程式檔。

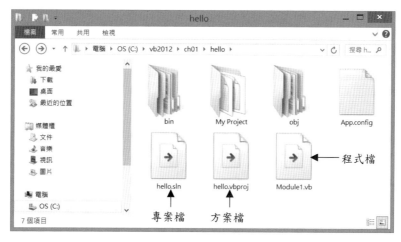

程式檔

專案檔   方案檔

Step4 撰寫程式碼

1. Sub **Main**() … End Sub 主程序

   是 VB 主控台應用程式開始執行的起點(進入點)，必須將程式碼寫在 Main() 程序裡面。

2. 在 Main() 程序內插入下面兩行敘述：

   ```
   ' 這是我的第一個 VB 程式
   Console.WriteLine("Hello, World!")
   ```

   ① 第一行敘述前加上單引號，表示此行為註解行，程式執行時會跳過此行不執行，主要用來對程式中的敘述做說明，以免日後忘記其意義。

   ② 第二行敘述在螢幕上目前游標處顯示 "Hello, World!" 訊息。

3. 按標準工具列的 ▶ 鈕或執行功能表的【偵錯(D)/開始偵錯(S)】指令開始執行程式，發覺執行結果一閃即消失，無法暫停觀看執行結果，因此必須在程式的最後一行插入下面敘述：

   ```
   Console.Read()      ' 等待使用者輸入一個字元
   ```

   程式執行到此行會等待使用者由鍵盤輸入一個字元，便可以使程式暫停來觀看執行的結果。至於有關輸出入敘述將於第二章中再詳細介紹。完整程式如下圖：

4. 按標準工具列的 ▶ 開始鈕執行，下圖即為執行結果。

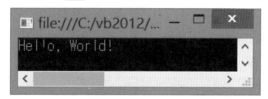

當按標準工具列的 ▶ 鈕或執行功能表的【偵錯(D)/開始偵錯 (S)】指令時，系統會將經過編譯無誤的程式產生一個執行檔 (*.exe)，該執行檔置於 C:\vb2012\ch01\hello\bin\debug 資料夾中。 執行檔可以不必進入 IDE，直接點選該執行檔便可以執行。

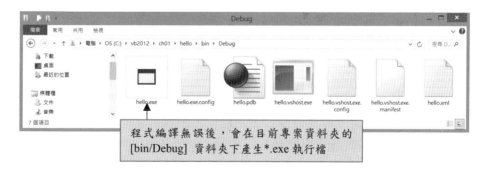

程式編譯無誤後，會在目前專案資料夾的 [bin/Debug] 資料夾下產生*.exe執行檔

Step5 儲存程式

一般當你撰寫程式碼時，每隔一段時間要記得存檔，以免因停電或不當操作而將剛才所撰寫的程式碼遺失，還有程式經過修改，執行結果若正確無誤亦要記得存檔。存檔時請按標準工具列的 　　 全部儲存圖示鈕來存檔，或是執行功能表的【檔案(F)/全部儲存(L)】進行存檔。

Step6 關閉專案

若想要關閉專案，可執行功能表的【檔案(F)/關閉方案(T)】將目前編輯的方案或專案關閉。

Step7 開啟專案

若已經關閉 hello 專案，又想重新編輯程式，此時可執行功能表的【檔案(F)/開啟專案(P)】指令，接著由出現下圖「開啟專案」對話方塊中，選取「C:\vb2012\ch01\hello」資料夾下的 hello.vbproj 專案檔或 hello.sln 方案檔，再按 　開啟(O)　 鈕即可開啟 hello 專案。

若你已經開啟專案但卻看不到程式，請執行功能表的【檢視(V)/方案總管(P)】開啟「方案總管」視窗，然後在下圖「方案總管」視窗內的 Module1.vb 快按滑鼠左鍵兩下，馬上出現 Module1.vb 程式。

選取 Module1.vb 並
快按滑鼠左鍵兩下

進入 Visual Studio Express 2012 for Windows Desktop 的整合開發環境
時在「啟始頁」標籤頁會出現最近使用的專案。如下圖「起始頁」標
籤頁的「最近使用的專案」窗格中出現「hello」專案，你可在「hello」
專案檔案上面快按兩下亦可直接開啟該專案：

此處可選擇最近
使用的專案

Step8 列印程式

若欲列印程式請執行功能表的【檔案(F)/列印(P)...】指令，出現「列印」對話方塊。若 ☑包含行號(I) 有打勾，則每行敘述前面會出現行號。

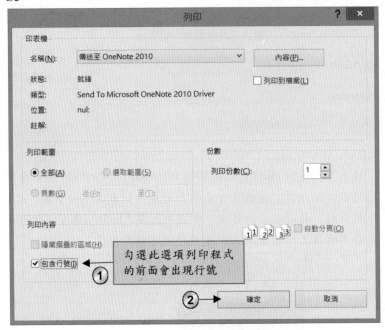

在上圖按 確定 鈕，將程式碼由印表機印出，列印結果如下：

C:\vb2012\ch01\hello\Module1.vb
----
01 Module Module1
02
03　　Sub Main()
04　　　' 這是我的第一個 VB 程式
05　　　Console.WriteLine("Hello, World!")
06　　　Console.Read()　　' 等待使用者輸入一個字元
07　　End Sub
08
09 End Module

1.5 方案與專案

　　方案(Solution)與專案(Project File)是 Visual Studio 2012 為了有效管理開發工作所需的項目。如：參考、資料連接、資料夾和檔案等所提供的兩種容器。同時為了檢視和管理這些容器及其關聯項目的介面，在整合開發環境(IDE)中提供「方案總管」視窗來做整合性的管理。

　　當你在整合開發環境建立一個名稱為 first 的專案(Porject File) 時其副檔名為*.vbproj，自動會伴隨產生一個與專案同名的 first 方案(Solution)其副檔名為*.sln。一個方案下可以建立一個或是一個以上的專案成為多專案，系統自動將第一個建立的專案預設為起始專案。所以，方案內包含一個或多個專案，加上協助定義專案為整體的檔案和中繼資料；至於專案通常會在建置時產生一個或多個輸出檔案，專案它包含一組原始程式檔，加上相關的中繼資料 (Metadata)，例如元件參考和建置指令。所以，不管在主控台應用程式、視窗應用程式、Windows 市集應用程式(Win 8 app)、Windows Phone 應用程式(手機程式)或是 ASP .NET Web 應用程式下撰寫VB 程式時，都會自動產生多個相關檔案，因此建議一個方案下所有相關檔案包括系統自動建立的相關檔案、圖檔、資料檔以及聲音檔，最好置於同一資料夾，以方便日後複製於他部電腦中執行，如此較好管理。

1.6 課後練習

一、填充題

1. Visual Basic 2012 是屬於 _____ 語言。

2. _____ 是一個能夠建置桌面與小組架構的企業 Web 應用程式的完整套件。

3. Visual Basic 2012 可開發 _____ 應用程式、 _____ 應用程式、 _____ 應用程式和 _____ 應用程式。

4. 一個 _____ 可以包含多個專案。

5. 方案的副檔名為 _____，專案的副檔名為 _____ 。

6. VB 程式開始執行的起點為 ＿＿＿＿＿＿＿ 。

7. 整合開發環境簡稱為 ＿＿＿＿＿＿ 。

8. Visual Studio 2012 至少可以使用哪三種語言來開發 .NET 應用程式？ ＿＿＿＿＿＿ 、＿＿＿＿＿＿ 、＿＿＿＿＿＿ 。

9. ASP .NET 4.5 內建 ＿＿＿＿＿ 擴充功能，讓 Web 應用程式設計師更容易開發 Web 2.0 網站。

10. Visual Studio 2012 Express 版提供哪四個版本？＿＿＿＿＿＿＿＿
＿＿＿＿＿＿＿＿ 、＿＿＿＿＿＿＿＿ 、＿＿＿＿＿＿＿ 。

11. 若要新增專案可執行功能表的 ＿＿＿＿＿＿ 指令。

12. 若要關閉專案可執行功能表的 ＿＿＿＿＿ 指令。

13. VB 程式檔的副檔名為 ＿＿＿＿＿ 。

14. VB 程式編譯無誤後，會在目前專案的 ＿＿＿＿＿＿ 資料夾下產生 *.exe 執行檔。

15. VB 程式的註解符號為 ＿＿＿＿＿ 。

二、程式設計

1. 試寫一個程式，在主控台應用程式印出下圖畫面。

```
編號：1234
類別：雷系神奇寶貝
名稱：皮卡丘
特技：十萬伏特
```

2. 試寫一個程式，在主控台應用程式印出下圖畫面。

```
====八點檔排名===
1. 大老公的反擊
2. 敗犬王子
3. 金錢滿天下
```

2

資料型別與
主控台應用程式

▓▓ 2.1 程式的構成要素

2.1.1 識別項

我們每個人一出生都需要取個名字來加以識別。同樣地,在程式中所使用的變數、陣列、結構、函式、類別、介面和列舉型別等,也都必須賦予名稱,以方便在程式中識別,其名稱的命名都必須遵行識別項的命名規則。至於識別項的命名規則如下:

1. 第一個字元不可為數字,且第一個字元必須是大小寫字母、底線字元或中文字開頭,接在後面的字元可以是字母、數字或底線字元或中文字。
2. 識別項中間不允許有空白字元出現。
3. 識別項最大長度限 1,023 個字元。但識別項不宜太長,以免難記且易造成輸入時發生拼字的錯誤。
4. 關鍵字是不允許當作識別項,但若在關鍵字之前後加上中括弧 [ ],則可當作識別項處理。例如 If 為關鍵字,而 [If] 就是非關鍵字。
5. 識別項大小寫視為相同,譬如 tube 和 TuBe 會被視為相同的識別項。

TIPS

① _pagecount、AKB48、薪資、Number_Items 都是合法的識別項。
② 無效識別項:101Metro(不能以數字開頭),M&W(不允許使用 & 字元)。

2.1.2 陳述式

陳述式或稱敘述(Statement)是高階語言所撰寫程式中最小的可執行單位。由一行一行的陳述式所成的集合就構成一個程式(Program)。至於一行完整的陳述式是由關鍵字、運算子、變數、常數及運算式等組合而成的。一般在撰寫程式時,為了讓程式看起來清楚且可讀性高,都是一行接一行由上而下撰寫。VB 中每一行陳述式的結尾時,必須按 ⌨ 鍵跳全下一行繼續書寫。譬如:下面是宣告 money 為整數變數和 userName 為字串變數分成兩行陳述式,其寫法如下:

```
Dim money As Integer ⏎
Dim userName As String ⏎
```

若將上面兩行陳述式改為一行書寫，陳述式中間使用冒號加以區隔：

```
Dim money As Integer  :  Dim userName As String
```

加冒號用來隔開陳述式

若陳述式太長不易閱讀或一行書寫不下時，允許分成兩行或數行書寫。其寫法是將游標移到適合斷行處，先鍵入至少一個空白字元後接底線字元 "_" 再按 ⏎ 鍵，會如下面陳述式將剩餘字串移到下一行：

```
Private Sub Form1_Load(ByVal sender As System.Object, ByVal e  _ ⏎
As System.EventArgs) Handles MyBase.Load
```

空白字元 ——
底線字元 ——

2.1.3 關鍵字

所謂「關鍵字」(KeyWord) 或稱保留字(Reserve Word)是對編譯器有特殊意義而預先定義的保留識別項。下表即為 VB 所保留的關鍵字，編寫程式碼時不得拿來當作變數名稱：

AddHandler	AddressOf	Alias	And	AndAlso
Ansi	As	Assembly	Auto	Boolean
ByRef	Byte	ByVal	Call	Case
Catch	CBool	CByte	CChar	CDate
CDec	CDbl	Char	CInt	Class
CLng	CObj	Const	CShort	CSng
CStr	CType	Date	Decimal	Declare
Default	Delegate	Dim	DirectCast	Do
Double	Each	Else	ElseIf	End
Enum	Erase	Error	Event	Exit
False	Finally	For	Friend	Function
Get	GetType	GoSub	GoTo	Handles

If	Implements	Imports	In	Inherits
Integer	Interface	Is	Let	Lib
Like	Long	Loop	Me	Mod
Module	MustInherit	MustOverride	MyBase	MyClass
Namespace	New	Next	Not	Nothing
NotInheritable	NotOverridable	Object	On	Option
Optional	Or	OrElse	Overloads	Overridable
Overrides	ParamArray	Preserve	Private	Property
Protected	Public	RaiseEvent	ReadOnly	ReDim
REM	RemoveHandler	Resume	Return	Select
Set	Shadows	Shared	Short	Single
Static	Step	Stop	String	Structure
Sub	SyncLock	Then	Throw	To
True	Try	TypeOf	Unicode	Until
Variant	When	While	With	WithEvents
WriteOnly	Xor			

TIPS 撰寫程式碼時，若陳述式中有些字串以藍色字顯現，表示這些識別項就是 VB 的關鍵字。

2.2 常值與變數

電腦主要的功能是用來處理資料。在設計程式時，依程式執行時該資料是否允許做四則運算，將資料分成數值資料和字串資料。若依程式執行時資料是否具有變動性，將資料分成常數(Constant)和變數(Variable)。

2.2.1 常數

常數(Constant)是程式執行的過程中，其值是固定無法改變，VB 將常數細分成常值常數和符號常數兩種：

一、常值常數 (Literal Constant)

若程式中直接以特定值的文數字型態存在於程式碼中，稱為「常值常數」。譬如：15、"Price" 等都屬於常值常數。常值常數可為運算式的一部份，也可指向一個符號常數或變數。VB 常用的常值常數型別有：

常值常數

- 布林常值：True (真)、False(假)
- 整數常值：25、-30
- 浮點常值：24.5、7.1E+10
- 字串常值："Hello"、"24.5"、"Visual Basic 從零開始"
- 字元常值："a"、"8"
- 日期常值：#03/17/2011#、#12:34:56 PM#

二、符號常數 (Symbolic Constant)

設計程式時經常會發生同一常數值重複出現在程式中，這些常數值可能是某些很難記住或沒有明顯意義的數字，在程式中可讀性不高。VB 可以使用有意義的名稱直接取代這些常值常數，我們將它稱為「符號常數」(Symbolic Constant)，程式中使用符號常數可提高程式的可讀性且易維護。所以，「符號常數」是以有意義名稱來取代程式執行中不允許改變的數值或字串，如同它的名稱，是用來儲存應用程式執行過程中維持不變的值，不能像變數在程式執行的過程中允許變更其值或指派新值。

符號常數在程式中經過宣告後，便無法修改或指派新的值。符號常數是用 Const 關鍵字及運算式來宣告並設定初值。其宣告方式如下：

[存取修飾詞] Const 符號名稱 As 資料型別 = [數值|字串|運算式]

[存取修飾詞]	符號名稱	資料型別	[數值|字串|運算式]
常使用的關鍵字： ① Public ② Private(預設) ③ Protected	遵循識別項的命名規則	包括： Integer、Single、String…(其他型別請參考 2.3 節)	中括號內擇一不可省略

注意

1. 有關常數和變數的存取修飾詞在後面章節會陸續介紹,本章先採預設值即省略不寫。

2. 若省略資料型別,預設由編譯器自動指派該符號常數的資料型別。依預設值,整數常值會轉換成 Integer 資料型別,浮點數值預設的資料型別為 Double,關鍵字 True 和 False 則用來當作 Boolean 常數。

3. 簡例:

```
Public Const DaysInYear As Integer = 365
Const PI As Double = 3.1416
Const pass As Boolean = True
Const bookName As String = "Viusal Basic 從零開始"
```

您也可以在同一行中宣告多個符號常數,以程式碼的可讀性考量,建議每行宣告一個符號常數較宜。如果您在同一行宣告多個符號常數,要注意同一行的符號常數必須具有相同的存取層次,而且以逗號隔開宣告。

```
Const x As Double = 1.0, y As Double = 2.0, z As Double = 3.0
Const four As Integer = 4, cFour As String = "四"
```

2.2.2 變數

一個變數(Variable)代表一個特定的資料項目或值,系統會在記憶體中預留一個位置來儲存該資料的內容。當程式執行碰到變數時,會到該變數的位址,取出該值加以運算。變數和常數是不一樣,程式執行過程中常數的值是固定不變,而變數則允許重複指定不同的值。當您指派一個值給變數後,該變數會維持該值,一直到您指派另一個新值給它為止。

變數在使用之前必須事先宣告,在宣告變數的同時必須給予變數名稱,和指定變數的資料型別。變數的命名方式則遵循識別項的命名規則。宣告變數時要設定該變數的資料型別,以方便在程式進行編譯時配置適當的記憶空間來存放變數的內容。宣告時設定變數合適的資料型別,可提高電腦的處理速率。所以,變數是以一個英文名稱出現在陳述式中的識別項。變數在程式執行時,會在電腦的主記憶體的資料保留區對應一個位址,在程式相同的層級內,同樣的變數名稱對應相同的記憶體位址。例如:

x = y + 10

其中 10 是常值常數，記憶體儲存常數 10 的位址，該位址的內容是固定無法改變。而 x、y 為變數名稱，而儲存在 x 和 y 變數的內容是可以改變的。VB 允許變數可使用的資料型別如下：

變數
- 數值變數
  - 整數：Short、Integer、Long、Byte
  - 非整數：Decimal、Single、Double (含小數及實數)
- 字元變數：Char、String
- 其他變數：Boolean、DateTime、Object

2.3 如何宣告變數的資料型別

程式中使用到的變數，必須事先宣告，經過宣告的變數便可知道該資料的資料型別，程式在編譯時會保留適當的記憶體空間給該資料使用。VB 是使用下面語法來宣告變數的資料型別：

> 語法： [存取修飾詞] Dim 變數名稱　As 資料型別

1. 變數名稱：遵循識別項命名規則。

2. 資料型別：VB 允許使用的資料型別如下表：

資料型別	大小	該資料型別有效範圍
Byte 位元組	1 Byte	宣告：Dim a As Byte 大小：0 至 255 (無正負號 8 位元整數)
SByte 位元組	1 Byte	宣告：Dim a As SByte 大小：-128~127 (帶正負號 8 位元整數)
Short 短整數	2 Bytes	宣告：Dim a As Short 大小：-32,768~+32,767
UShort 短整數	2 Bytes	宣告：Dim a As UShort 大小：0~65,535

資料型別	大小	該資料型別有效範圍
Integer 整數	4 Bytes	宣告：Dim a As Integer 大小：-2,147,483,648 至 +2,147,483,647
UInteger 整數	4 Bytes	宣告：Dim a As UInteger 大小：0~4,294,967,295
Long 長整數	8 Bytes	宣告：Dim a As Long 大小：-9,223,372,036,854,775,808 至 　　　+9,223,372,036,854,775,807
ULong 長整數	8 Bytes	宣告：Dim a As ULong 大小：0~18,446,744,073,709,551,615
Single 單精確度	4 Bytes	宣告：Dim a As Single 大小：$\pm 1.5 \times 10^{-45}$ 至 $\pm 3.4 \times 10^{38}$ 有效位數 7 位數。
Double 倍精確度	8 Bytes	宣告：Dim a As Double 大小：$\pm 5.0 \times 10^{-324}$ 至 $\pm 1.7 \times 10^{308}$ 有效位數 15~16。
Decimal 貨幣	16 Bytes	宣告：Dim a As Decimal 整數：$\pm 1.0 \times 10e^{-28}$ 至 $\pm 7.9 \times 10e^{28}$ 有效位數 28~29。
Char 字元	2 Bytes	宣告：Dim a As Char 大小：0 至 65,535 (為 Unicode 碼) 可寫成字元常值，或用 Chr、ChrW 將數值 轉換成字元。 下列為 Char 宣告變數方式並以字元 A 初始化： Dim chr1 As Char="A"　　'字元常值表示 Dim chr2 As Char=Chr(&H41) '十六進制表示 Dim chr3 As Char=Chr(65) '整數常值轉字元常值 Console.WriteLine (chr1 & chr2 & chr3) 輸出結果為：　A A A
String 字串	依實際 需要	宣告：Dim a As String 大小：大約 0 至 20 億(2^{31})個字元以雙引號括住。
Boolean 布林	2 Bytes	宣告：Dim a As Boolean 大小：True(真), False(假)
DateTime 日期	8 Bytes	宣告：Dim a As DateTime 大小：1 年 1 月 1 日 0:00:00 ~ 9999 年 12 月 31 日 11:59:59 PM。
Object 物件 (預設值)	4 Bytes+	宣告：Dim a As Object 大小：可儲存任何資料型別

宣告變數時也能在同一行敘述中同時宣告多個變數，各變數之間必須使用逗號隔開。譬如：同時宣告 a 和 b 都是整數變數。寫法：

```
Dim a,b As Integer
```

宣告變數時，亦允許同時對變數初始化(設定初值)，寫法：

語法：Dim 變數名稱 As 資料型別 = 初值

[例 1] 宣告 a 是一個整數變數，且初值為 10。寫法：

```
Dim a As Integer =10
```

[例 2] 同時宣告 a 是一個整數變數，且初值為 10；宣告 b 為布林變數，且初值為 False。寫法：

```
Dim a As Integer =10 , b As Boolean = False
```

2.4 運算子與運算式

2.4.1 運算子與運算元

運算子(Operator)是指運算的符號，如：四則運算的＋、－、×、÷、…等符號。程式中利用運算子可以將變數、常數及函式連接起來形成一個運算式或稱表示式(Expression)。運算式必須經過 CPU 的運算才能得到結果。我們將這些被拿來運算的變數、常數和函式稱為「運算元」(Operand)。所以，運算式就是由運算子和運算元組合而成的。譬如：

price * 0.05

上述為一個運算式，其中 price 為變數和 0.05 為常值常數，兩者都是運算元，「＊」為乘法運算子。若運算子按照運算子運算時需要多少個運算元，可分成：

1. **一元運算子(Unary Operator)**

   運算時在運算子後面只需要一個運算元，是採前置標記法(Prefix Notation)。如：-5(負5)。

2. **二元運算子(Binary Operator)**

   運算時，在運算子前後各需要一個運算元，是採中置標記法(Infix Notation)即運算子置於兩個運算元的中間。如：5 + 8。

若運算子按照特性加以分類，可分成下面六大類：

① 算術運算子　　② 關係運算子

③ 邏輯運算子　　④ 指定(複合)運算子

⑤ 合併運算子　　⑥ 移位運算子

2.4.2 算術運算子

算術運算子是用來執行一般的數學運算。VB 提供的算術運算子如下：

運算子	說明	範例
()	小括號	10 * (20 + 5) ⇨ 250
^	次方	5 ^ 3 ⇨ 125
—	負號	-5 ， (-5) ^ 3 = -125
*、/	乘、除	5 * 6 / 2 ⇨ 15
\	整數相除	7 \ 2 ⇨ 3
Mod	相除取餘數	8 Mod 5 ⇨ 3 ，12 Mod 4.3 ⇨ 3.4
+、—	加、減	20 − 6 + 5 ⇨ 19

上表中算術運算子的優先執行順序是由上而下遞減。最內層小括號內的運算式最優先執行，加、減運算式最低。同一等級的運算式由左而右依序執行，譬如：a + (b - c) * d % k 運算式的執行順序如下所示：

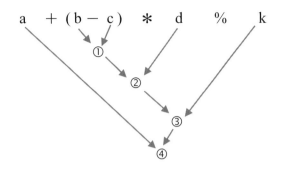

2.4.3 關係運算子

「關係運算子」亦稱「比較運算子」，當程式中遇到兩個數值或字串要做比較時，就需要使用到「關係運算子」。關係運算子執行運算時使用到兩個運算元，而且這兩個運算元必須同時是數值或字串方可比較，經過比較後會得到 True(真)或 False(假) 兩種結果。在程式中可透過此種運算配合選擇結構陳述式，來改變程式執行的流程。VB 所提供的關係運算子如下：

運算子	運算式	範例
<　(小於)	x < y	5 < 2 ⇨ False
<= (小於等於)	x <= y	5 <= 2 ⇨ False
>　(大於)	x > y	5 > 2 ⇨ True
>= (大於等於)	x >= y	5 >= 2 ⇨ True
=　(等於)	x = y	5 = 2 ⇨ False
<> (不等於)	x <> y	5 <> 2 ⇨ True

2.4.4 邏輯運算子

一個關係運算式就是一個條件，當有多個關係式要一起判斷時便需要使用到邏輯運算子來連結。VB 所提供的邏輯運算子如下：

1. Not　邏輯運算子

若一個條件式只有一個條件，想傳回該條件的相反值時，就必須使用 Not 運算子。真值表如下：

A	Not A
True	False
False	True

2. And、AndAlso 邏輯運算子

若一個條件式含有 (條件 1) 和 (條件 2) 兩個條件，當 (條件 1) 和 (條件 2) 都為真(True) 時，此條件式才成立；若其中一個條件為假 (False)，則條件是不成立(假)。此時就需要使用到 And(且) 運算子，此種情況相當於數學上的交集。AndAlso 功能和 And 相同，但當 (條件 1) 為 False 時，就不再判斷 (條件 2)，因此可以加快判斷的速度。

A(條件 1)	B(條件 2)	A And B
True	True	True
True	False	False
False	True	False
False	False	False

[例] $70 < score \leq 79$ (分數大於 70 且小於等於 79)條件式寫法：

```
(score > 70) And (score <= 79)  或
(score > 70) AndAlse (score <= 79)
```

3. Or、OrElse 邏輯運算子

若一個條件式含有兩個條件分別為 (條件 1) 和 (條件 2)，只要其中一個條件為真(True)時，此條件式便成立。只有 (條件 1) 和 (條件 2) 都為假(False) 時，此條件式才不成立。此時就需要使用 Or(或) 邏輯運算子，此種情況相當於數學上的聯集。 OrElse 功能和 Or 相同，但當 (條件 1) 為 True 時，就不再判斷 (條件 2) ，因此可加快判斷速度。

A(條件 1)	B(條件 2)	A Or B
True	True	True
True	False	True
False	True	True
False	False	False

[例] score<0 或 score≧100 (分數小於 0 或是大於等於 100)條件式寫法：

```
(score<0) Or (score>=100) 或
(score<0) OrElse (score>=100)
```

4. **Xor 邏輯運算子**

若一個條件式含有多個條件 (條件 1)、(條件 2)...，若所有條件中為真的個數為奇數時，則該條件式成立(為真)；若為偶數，則該條件式不成立(為假)。此時就需要使用 Xor(互斥) 運算子，真值表如下：

A(條件 1)	B(條件 2)	A Xor B
True	True	False
True	False	True
False	True	True
False	False	False

2.4.5 指定(複合)運算子

指定運算子是用來將指定運算子(=) 右邊運算式運算後的結果指定給指定運算子(=)左邊的變數。VB 所提供的各種指定運算子如下：

運算子	運算式	假設 x=5, y=2 運算後 x 值
=	x = y	x 值為 5
+=	x += y 相當於 x = x + y	x 值為 7 ⇦（5＋2）
-=	x -= y 相當於 x = x - y	x 值為 3 ⇦（5－2）
*=	x *= y 相當於 x = x * y	x 值為 10 ⇦（5 x 2）

/=	x /= y 相當於 x = x / y	x 值為 2.5 ⇦（5 / 2）
\=	x \= y 相當於 x = x \ y	x 值為 1 ⇦（5 \ 2）
^=	x ^= y 相當於 x = x ^ y	x 值為 25（5 ^ 2）

2.4.6 合併運算子

　　+ 符號除可當作加法運算子外，也可用來合併字串。若 + 運算子前後的運算元都是數值資料 (Byte、Integer…)，會視為加法運算處理，其結果為數值。反之，若兩個運算元皆為字串，則視為合併運算子，將兩個運算元前後合併成一個字串。另外 & 符號也是字串的合併運算子，功能和 + 相同。譬如：

```
Dim myStr As String
myStr= "To be " + "Or Not to be"  ' 傳回 " To be Or Not to be" 給 myStr
myStr= "Visual Basic " & "2010" ' 傳回 " Visual Basic 2010" 給 myStr
```

　　因為 + 運算子有相加和字串合併兩種用途，建議做字串合併時，請使用 & 運算子以免發生錯誤。

2.4.7 移位運算子

　　移位運算子主要使用在數值資料，對於一個二進制的正整數或帶有小數的整數，該數值往左移一個位元(Bit)，即該數值乘以 2；若往右移一個位元(Bit)，即該數值除以 2。可使用的移位運算子如下：

　　1. << ：左移運算子

　　2. >> ：右移運算子

譬如：

```
假設 : Dim a As Integer =10
 ① Console.WriteLine(a>>1)  ' 10₁₀=1010₂ ⇨右移一位 ⇨ 0101₂ = 5₁₀
 ② Console.WriteLine(a<<2)  ' 10₁₀=1010₂ ⇨左移兩位 ⇨ 101000₂ = 40₁₀
```

2.4.8 運算子優先順序和順序關聯性

運算式的運算子評估順序是由運算子的優先順序和順序關聯性 (Associative) 來決定的。當運算式包含多個運算子時，運算子的優先順序會控制評估運算式的順序。例如，運算式 x + y * z 的評估方式是 x + (y * z)，因為 * 運算子的運算次序比 + 運算子高。下表由高至低列出各運算子的優先執行順序；同一列內的運算子具有相同優先順序，並且是依下表中第三欄指定方向進行運算：

優先次序	運算子	同一列運算子運算方向
1	( )（小括號）	由內至外
2	+、 −（正負號）	由內至外
3	*、 ／	由左至右
4	＼	由左至右
5	Mod	由左至右
6	+、−（加減號）	由左至右
7	&、+（字串串連）	由左至右
8	<<、 >>	由左至右
9	=、<>、<、>、<=、>=	由左至右
10	Not（否定）	由左至右
11	And、AndAlso (且)	由左至右
12	Or、OrElse (或)	由左至右
13	Xor (互斥)	由左至右
14	=、+=、-=、*=...（指定運算子）	由右至左

當運算元出現在具有相同優先順序的兩個運算子之間時，運算子的順序關聯性會控制執行作業的順序。所有二元運算子都是左向設定關聯的，表示作業是由左至右執行的。優先順序和順序關聯性可使用括號運算式來改變。當運算式中出現優先順序相同的運算子時 (例如：乘法和除法)，會依運算出現順序由左至右評估。可用括號改變優先順序，並強制優先評估

部份運算式。括號內的運算一定會先執行，之後才會執行括號外的運算。但是，在括號內仍然會維持運算子優先順序。

[例 1]　-1 + 15 * 3 / 5 Mod 5

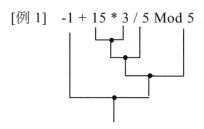

[例 2]　X And Y Or Z　（X= False、Y= True、Z=True）

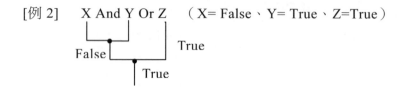

▦ 2.5　主控台應用程式輸出入方法

　　主控台(Console)是系統命名空間(NameSpace)內所定義的類別之一，Console 類別提供基本支援主控台應用程式的讀取和寫入字元。譬如：Read 或 ReadLine 方法提供由鍵盤輸入字元，Write 或 WriteLine 方法將資料顯示在螢幕上。

2.5.1 Write / WriteLine 方法

一、Console.Write()方法

　　用來將資料流寫入標準輸出裝置(預設為螢幕)，將接在 Console.Write 後面小括號內頭尾用雙引號括住的字串，顯示在螢幕目前插入點游標處，當字串顯示完畢插入點游標會停在字串的最後面。譬如：將 "光陰的故事" 顯示在螢幕目前游標處，寫法：

```
Console.Write("光陰的故事")
```

如果輸出的字串間要插入指定的變數或運算式的內容，可在插入處依序置入 {0}、{1}.....，緊接著字串雙引號後面加上逗號分隔，其後依序插入對應的變數名稱、常數值、符號常數、運算式或函式。譬如：單價以 price 整數變數表示其值為 120，數量以常數常值 50 表示，欲在目前游標處顯示：

> 單價：120△△△數量：50 　　　(其中△：表空白字)

[寫法]

```
Console.Write("單價：{0}△△△數量：{1}", price, 50)
```

也可使用 + 或 & 合併運算子來做字串與數值的合併。例如上述可改成下面寫法：

```
Console.Write("單價：" & price & "  數量：" & 50)
```

範例演練　　　　　　　　　　　　　　　檔名：write1.sln

使用主控台應用程式，寫出簡單的單價和數量顯示程式。

問題分析

1. 宣告 price 為整數變數記錄單價，並指定初值為 120。
2. 在主控台應用程式中，Main() 程序為 VB 主程式執行的進入點，所以程式碼要寫在該程序中。
3. 在主控台應用程式中可使用 Console.Write() 方法顯示文字和變數資料。
4. 使用 Console.Read() 方法等候使用者按任意鍵，在等待按鍵時讓程式暫停以便觀察輸出結果。

完整程式碼

```
FileName: write1.sln
01  Module Module1
02
03    Sub Main()
04      Dim price As Integer = 120
05      Console.Write("單價:{0}  數量:{1}", price, 50)
06      Console.Read()
07    End Sub
08
09  End Module
```

程式說明

1. 第 1~9 行：系統預設建立模組（Module）名稱為 Module1，程式碼都包含在模組中。

2. 第 3~7 行：Main() 程序是主程式執行的進入點，因此程式執行時即會執行第 3-7 行敘述。

3. 第 5 行：使用 Console.Write() 方法顯示文字資料，其中包含 price 變數和常值常數 50。

4. 第 6 行：使用 Console.Read() 方法讓使用者讀完資料後按任意鍵結束程式。

二、Console.WriteLine()方法

　　Console.WriteLine()方法功能和 Console.Write()方法一樣是用來輸出資料流，兩者的差異在 Console.WriteLine()方法會在輸出字串的最後面自動加入換行字元(Carriage Return)，使得游標自動移到下一行的最前面。Console.Write()方法是將游標停在輸出字串後面。若 Console.WriteLine() 小括號內空白即未加任何參數可用來空一行。

檔名：writeLine1.sln

　　試在程式中按照下圖輸出結果，先設定產品的單價(price)為 120，數量(qty)為 50 兩者顯示在第一行，接著將單價和數量相乘得到的總金額顯示在第二行，最後再將總金額打八折後的實際金額顯示在第四行。

1. 宣告 price 為整數變數存放單價,並指定初值為 120。
2. 宣告 qty 為整數變數存放數量,並指定初值為 50。
3. 因需換行顯示,使用 Console.WriteLine()方法,使得顯示相關文字和變數資料後會自動換行。
4. 因要計算總金額,即 price 和 qty 兩者中間使用「*」乘號運算子相乘。
5. 若有字串資料需要合併時,可以使用 & 字串合併運算子。
6. 空一行可使用 Console.WriteLine()方法,即小括號內空白。
7. 因為要計算出打八折後的實際金額,可以將 price 使用 * 運算子乘以 0.8。

完整程式碼

```
FileName: writeLine1.sln
01 Module Module1
02
03    Sub Main()
04       Dim price As Integer = 120, qty As Integer = 50
05       Console.WriteLine("單價:{0}   數量:{1}", price, qty)
06       Console.WriteLine("總金額:" & price * qty)
07       Console.WriteLine()
08       Console.WriteLine("八折後實售:" & price * qty * 0.8)
09       Console.Read()
10    End Sub
11
12 End Module
```

程式說明

1. 第 4 行:以一行的方式宣告 price、qty 為整數變數,並分別指定初值為 120、50。

2. 第 5 行：使用 Console.WriteLine()方法顯示文字資料，使用 & 字串合併運算子將單價和數量設定值以合併字串方式顯示。

3. 第 6 行：使用 Console.WriteLine()方法顯示文字資料，其中使用 * 運算子計算出總金額。

4. 第 8 行：使用 Console.WriteLine()方法顯示文字資料，其中使用 * 運算子乘以 0.8 計算出打八折後的實際金額。

2.5.2 Read / ReadLine 方法

一、Console.Read()方法

從標準輸入裝置(鍵盤)讀取一個字元。使用時機是當需要按任意鍵繼續時，或只允許需要輸入一個字元時使用，而輸入的字元是以該字元的 ASCII 碼存放，其資料為整數型別，例如輸入 "A" 字元會以 65 儲存。

> 使用 Console.Read()方法時，若使用者輸入一個以上的字元，系統只會儲存第一個字元。

二、Console.ReadLine()方法

從標準輸入裝置(鍵盤)讀取一整行字元，一直到按 ⌨ 鍵為止。使用時機是當需要輸入字串且中間允許有空白字元時使用，可將輸入的字串放入 String 字串資料型別中。使用 Console.ReadLine()方法讀取使用者輸入的資料時，系統會自動轉換資料型別。例如：

```
Dim a As Integer
a = Console.ReadLine()    ' 輸入的資料會以整數型別儲存在 a
Dim b As String
b = Console.ReadLine()    ' 輸入的資料會以字串型別儲存在 b
```

若希望輸入數值資料，但是使用者卻輸入字串資料，在執行時期系統會產生錯誤要特別注意。

範例演練　　　　　　　　　　　　　　　　檔名：discount.sln

試設計一個折扣試算系統，如下圖依序接受產品名稱(product)、金額(price)，折扣(off) 輸入，最後將計算結果顯示。

問題分析

1. 宣告 product 為字串變數來存放「品名」，宣告 price 和 off 為整數變數分別來存放「金額」和「折扣」。

2. 因為需要讀取使用者輸入的資料，所以使用 Console.ReadLine()方法，並存放入對應的字串變數和整數變數中。

3. 使用 Console.ReadLine()方法讀取使用者輸入的資料到變數中，可以讓程式靈活有彈性。

4. 因為要計算出打折後的售價，所以可使用運算式 price * off / 10。譬如在「折扣」處輸入值為 8 表示打八折，計算售價時要將輸入值除以 10 變成 0.8，才能算出實際售價。

完整程式碼

```
FileName: discount.sln
01 Module Module1
02
03   Sub Main()
04     Dim product As String
05     Dim price, off As Integer
06     Console.WriteLine("   折扣試算系統")
07     Console.WriteLine("====================")
08     Console.Write(" 1. 品名:")
09     product = Console.ReadLine()   ' 輸入品名並指定給 product 變數
10     Console.Write(" 2. 金額:")
```

```
11      price = Console.ReadLine()      ' 輸入金額並指定給price
12      Console.Write(" 3. 折扣:")
13      off = Console.ReadLine()         ' 輸入折扣並指定給off
14      Console.WriteLine("====================")
15      Console.WriteLine(product & "金額" & price & "元 折扣:" & off & _
                "折 實售" & price * off / 10 & "元 ")
16      Console.Read()
17   End Sub
18
19 End Module
```

程式說明

1. 第 9 行：使用 Console.ReadLine()方法來讀取使用者輸入的「品名」，並存放在 product 字串變數中。

2. 第 11 行：使用 Console.ReadLine()方法來讀取使用者輸入的「金額」，並存放在 price 整數變數中。

3. 第 15 行：使用 Console.WriteLine()方法顯示產品實際售價，其中使用 & 運算子合併變數、文字常數和運算式。因為程式碼太長不易閱讀，所以使用 _ 字元拆成兩行來顯示。

4. 第 16 行 ：使用 Console.Read()方法讓程式暫停執行。

▦ 2.6 課後練習

一、選擇題

1. 資料型別為整數的變數，是佔用多少 Bytes 記憶空間？
   (A) 1　　(B) 2　　(C) 4　　(D) 8。

2. 在 VB 宣告一個變數的資料型別為 Byte，該變數的最小值為？
   (A) -32,768　　(B) -256　　(C) -128　　(D) 0。

3. 若一個變數的值只在 -36~36 的範圍，此變數最適合宣告為？
   (A) Double　　(B) Integer　　(C) Long　　(D) SByte。

4. Boolean 關鍵字若要當做程式中的識別項，必須改為？
   (A) (Boolean)　　(B) [Boolean]　　(C) {Boolean}　　(D) <Boolean>。

5. 變數欲存放字串資料，請問該變數宣告何者資料型別？

(A) Integer　　(B) Char　　(C) Boolean　　(D) String 。

6. 下列哪個識別項命名正確？　(A) and　　(B) _3M　　(C) x-y　　(D) a　b。

7. 在 VB 程式中可以用哪個字元，來將兩行敘述連結成一行？

(A) +　　(B) &　　(C) :　　(D) _ 。

8. 在 VB 程式中可以用哪個字元，可以將一行敘述拆成兩行？

(A) +　　(B) &　　(C) :　　(D) _ 。

9. Dim x As Integer = 5 :　x *= -2 請問執行後 x =　？

(A) 3　　(B) 5(C) 10　　(D) -10。

10. Console.WriteLine("{0}", 9 \ 2) 結果為？

(A) 4　　(B) 4.5　　(C) 9 (D) 9 \ 2。

11. Console.WriteLine("{0}", 12 << 2)，執行結果為？

(A) 3　　(B) 6　　(C) 24　　(D) 48

12. Console.WriteLine(-3 + 2 * 8 Mod 6 / 2)，執行結果為？

(A) -2　　(B) -1　　(C) 1　　(D) 2

13. 下列何者為一元運算子？

(A) ^　　(B) \　　(C) Mod　　(D) Not。

14. 在 VB 中要表示兩個資料不等於，要使用哪個運算子？

(A) <<　　(B) <>　　(C) ><　　(D) ≠。

15. Dim a As Integer = 4

Console.WriteLine("{0} {1} {2}", "a" ,a >> 2, a)，執行結果為？

(A) a 1 4　　(B) a 1 1　　(C) a 16 4　　(D) 4 True 4。

二、程式設計

1. 完成符合下列執行情形的程式。

2. 完成符合下列執行情形的程式。

3. 完成符合下列執行情形的程式。

流程控制與例外處理

3

▦ 3.1 三種流程控制結構

上一章所介紹的程式碼,都是一行敘述接著一行敘述由上往下逐行執行,每次執行都得到相同的結果,我們將此種架構稱為「循序結構」。但是較複雜的程式會應程式的需求,按照所給予條件的不同而執行不同的敘述,此種因條件而改變程式執行的流程而得到不同的結果,我們將此程式的架構稱為「選擇結構」。有些程式區塊在程式執行期間,有指定次數的重複執行,有滿足條件或不滿足條件的重複執行,我們將此程式的架構稱為「重複結構」。上述三種控制結構的流程圖如下:

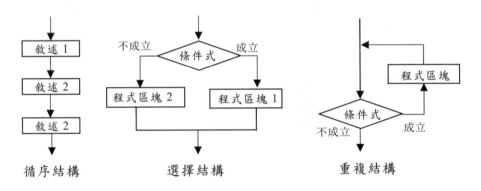

循序結構   選擇結構   重複結構

▦ 3.2 選擇結構

「選擇結構」會因滿足條件或不滿足條件而決定程式的執行流程,因而得到不同的結果。譬如:設計程式時,當成績大於等於 60 分時顯示『及格』,否則顯示『不及格』。VB 所提供的選擇結構敘述有下列三種:

1. If... Then... Else...   (單一選擇或雙重選擇)

2. If... Then... ElseIf...   (兩種以上的多重選擇)

3. Select Case   (多重選擇)

3.2.1 If… Then… Else… 敘述

　　If… Then… Else… 敘述就好像你開車由甲地到乙地，有山路和高速路兩條路線可選擇，若趕時間則走高速路，若不趕時間就走山路看風景，此時趕時間與否就是一個決策點，由於此決策點只有兩種解決問題的方案，稱為「雙重選擇」決策。在程式中此種雙重選擇決策只有兩種不同流程，VB 提供 If… Then… Else… 敘述來完成。語法與流程圖如下：

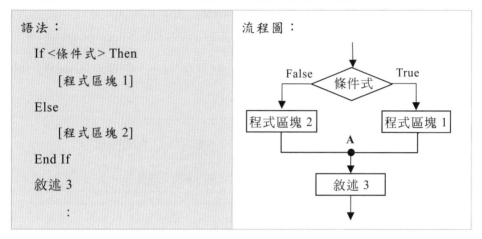

　　上面語法中的 <條件式> 成立與否而有兩種不同選擇，若滿足條件即為真(True)，執行 [程式區塊1] 若不滿足條件即為假(False)，執行 [程式區塊2]，最後兩者都會回到同一終點(即 A 點)，再繼續執行接在 A 點後面的 [敘述3]。至於 <條件式> 是由關係運算式或邏輯運算式組成。「程式區塊」是指一行(含)以上敘述的集合。若上述語法條件式不滿足時不做任何事情，可省略 Else 部分的 [程式區塊2]，就成為「單一選擇」，如下：

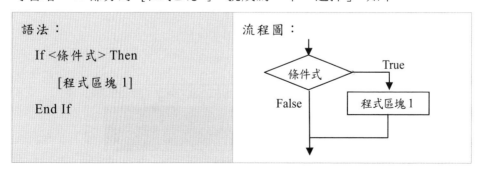

[例1] 求數值(num)的絕對值。寫法如下：

```
If num < 0 Then
    num = -num        合併成一行 If num < 0 Then num = -num
End If
```

[例2] 若數值(num)是 3 的倍數，顯示 num 被 3 整除的商數。寫法如下：

```
If num Mod 3 = 0 Then
    quotient = num / 3
    Console.WriteLine("{0}被 3 整除的商為{1}", num, quotient)
End If
```

[例3] 若年齡(age)是 10 歲(含)以下或 60 歲(不含)以上，則票價(price)為 100 元，否則為 200 元。寫法如下：

```
If age <= 10 Or age > 60 Then
    price = 100         '年齡 ≤ 10 或 年齡 > 60，執行此敘述
Else
    price = 200         '10 < 年齡 ≤ 60，執行此敘述
End If
```

若 If 或 Else 的程式區塊內還有 If...Else 敘述，此時就構成「巢狀 If」。下面的範例有三個條件要判斷，可以使用 巢狀 If 來完成。

 範例演練   檔名：IfElse.sln

由鍵盤輸入兩個整數(num1 和 num2)，試使用 巢狀 If 結構來判斷下列三種情況，並做出資料的顯示：

① 若 num1 = num2，則顯示　num1 = num2。

② 若 num1 > num2，則顯示　num1 > num2。

③ 若 num1 < num2，則顯示　num1 < num2。

流程圖

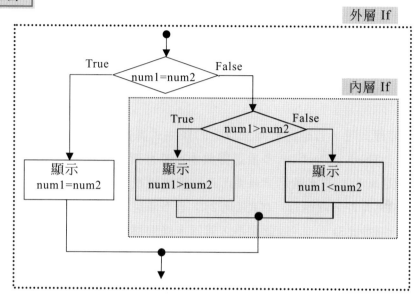

上機實作

Step1　新增專案

新增「主控台應用程式」專案，其專案名稱設為「IfElse」。

Step2　撰寫 Module1.vb 程式碼

```
FileName : IfElse.sln
01   Module Module1
02
03     Sub Main()
04       Dim num1, num2 As Integer
05       Console.Write("請輸入第一個整數(num1) : ")
06       num1 = Console.ReadLine()
07       Console.Write("請輸入第二個整數(num2) : ")
08       num2 = Console.ReadLine()
09       If num1 = num2 Then
10         Console.WriteLine("{0} = {1}", num1, num2)
11       Else
12         If num1 > num2 Then
13           Console.WriteLine("{0} > {1}", num1, num2)
14         Else
15           Console.WriteLine("{0} < {1}", num1, num2)
16         End If
```

```
17      End If
18      Console.Read()
19   End Sub
20
21 End Module
```

3.2.2 If ...Then ... ElseIf 敘述

　　撰寫程式時，若碰到有兩個以上的條件式需要連續做判斷時，就必須使用 If... Then... ElseIf... 多重選擇敘述，其意謂若滿足 <條件式 1>，就執行 [程式區塊 1]；若不滿足 <條件式 1>，繼續檢查是否滿足 <條件式 2>，若滿足 <條件式 2>，就執行 [程式區塊 2]；若不滿足 <條件式 2>，繼續檢查是否滿足 <條件式 3>，...... 以此類推，若以上條件都不滿足，則執行接在 Else 後面的 [程式區塊n+1]。語法與流程圖如下：

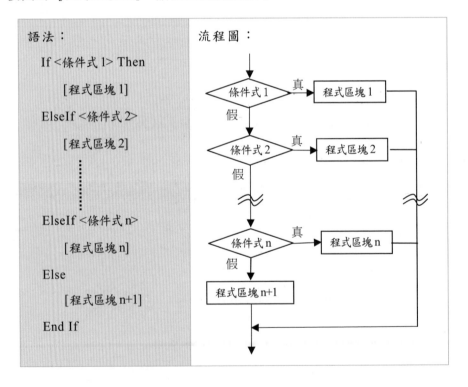

範例演練 檔名：IfElseIf.sln

延續上一範例，改用 If...Then...ElseIf 多重選擇敘述來撰寫兩數比大小的程式碼。

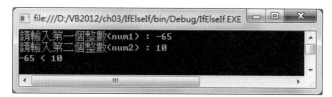

流程圖

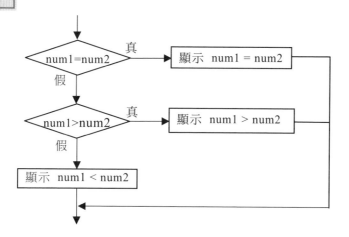

上機實作

Step1 新增專案

新增「主控台應用程式」專案，其專案名稱設為「IfElseIf」。

Step2 撰寫 Module1.vb 程式碼

```
FileName : IfElseIf.sln
01  Module Module1
02
03    Sub Main()
04      Dim num1, num2 As Integer
05      Console.Write("請輸入第一個整數(num1) : ")
06      num1 = Console.ReadLine()
07      Console.Write("請輸入第二個整數(num2) : ")
08      num2 = Console.ReadLine()
```

```
09    If num1 = num2 Then          '判斷 num1 是否等於 num2
10      Console.WriteLine("{0} = {1}", num1, num2)
11    ElseIf num1 > num2 Then      '判斷 num1 是否大於 num2
12      Console.WriteLine("{0} > {1}", num1, num2)
13    Else                         '判斷 num1 是否小於 num2
14      Console.WriteLine("{0} < {1}", num1, num2)
15    End If
16    Console.Read()
17   End Sub
18
19 End Module
```

3.2.3　Select Case 敘述

　　If… Then… ElseIf… 與 Select Case 兩者在使用上的差異，前者可使用多個不同的〈條件式〉，後者只允許使用一個〈運算式〉的結果來判斷其值是落在哪個範圍。使用太多的 If 結構使得程式看起來複雜且不易維護，使用 Select Case 多重選擇結構較整齊，維護較容易，其語法與流程圖如下：

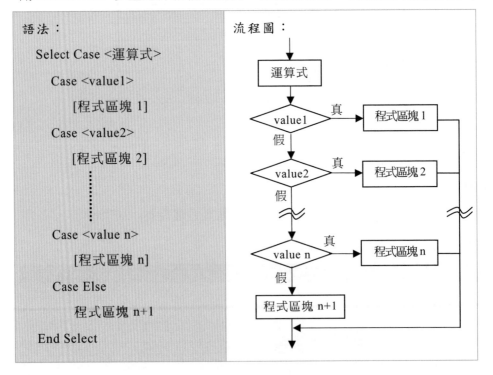

說明

1. value 值可為數值或字串變數或運算式。

2. 執行 Select Case 多重選擇結構時

　① 任兩個 Case 敘述不能擁有相同的 value 值。

　② 從第一個 Case 開始比較，若滿足 <value1>，則執行 [程式區塊 1]，執行後離開 Select Case 敘述，繼續執行接在 End Select 後面的敘述。

　③ 若不滿足第一個 Case，繼續往下比較是否滿足第二個 Case 的 <value2> 值，若滿足第二個 Case 的 <value2>，執行 [程式區塊 2]。

　④ 以此類推下去，若所有 Case 都不滿足，則執行 Case Else 內的 [程式區塊 n+1] 後才離開 Select Case 敘述。

3. 如果結構中沒有 Case Else 敘述，程式控制權就直接轉移到接在 End Select 後面的敘述。為避免碰到未知情況而造成錯誤，建議加上 Case Else 敘述。

4. Case 的 value 值有多種寫法，以簡例說明如下：

　① Case 1　　　　　　⇨ 條件值為 1

　② Case 0 To 59　　　⇨ 條件值為 0 到 59

　③ Case 1, 3, 6, 9　　⇨ 條件值為 1、3、6 或 9

　④ Case Is >= 60　　　⇨ 條件值為大於等於 60

　⑤ Case "Y", "y"　　　⇨ 條件值為 "Y" 或 "y"

　⑥ Case "a" To "z"　　⇨ 條件值為 "a"、"b"…"z"

範例演練

檔名：SelectCase.sln

試使用 Select Case 多重選擇結構，由鍵盤輸入現在的月份(1~12)，譬如：輸入 3，表示 3 月份，由程式判斷 3 月份是屬於什麼季節，此時會顯示 "現在是 春天"；若輸入值超出 1~12 範圍，則顯示 「... 輸入值超出範圍 ...」。

問題分析

1. 依據使用者輸入的數值(month)做多重選擇,因一個 month 值會有多個條件式,所以本例使用 Select Case 會比巢狀 If 簡潔。

2. 當使用者輸入的值為 3～5 時,Case 條件值寫法為 Case 3 To 5,符合時顯示「現在是春天」;若輸入 6～8 時,顯示「現在是夏天」;若輸入 9～11 時,顯示「現在是秋天」;若輸入 12、1、2 時,Case 條件值寫法為 Case 12, 1, 2,顯示「現在是冬天」。

3. 當使用者輸入的值為 1～12 以外的情形,則寫在 Case Else 敘述中,顯示「... 輸入值超出範圍 ...」。

上機實作

Step1 新增專案

新增「主控台應用程式」專案,其專案名稱設為「SelectCase」。

Step2 撰寫 Module1.vb 程式碼

```
FileName : SelectCase.sln
01  Module Module1
02
03    Sub Main()
04      Dim month As Integer
05      Console.Write("=== 請輸入現在的月份: ")
06      month = Console.ReadLine()
07      Console.WriteLine()
08      Select Case month
09        Case 3 To 5              '判斷 month 是否為 3~5
10          Console.WriteLine("現在是 春天")
11        Case 6 To 8              '判斷 month 是否為 6~8
12          Console.WriteLine("現在是 夏天")
13        Case 9 To 11             '判斷 month 是否為 9~11
14          Console.WriteLine("現在是 秋天")
15        Case 12, 1, 2
16          Console.WriteLine("現在是 冬天")
17        Case Else
18          Console.WriteLine("... 輸入值超出範圍 ...")
19      End Select
20      Console.Read()
```

```
21    End Sub
22
23 End Module
```

3.2.4 IIf、Choose、Switch 選擇函式

除上述的選擇結構外，VB 另外提供好用的 IIf、Choose、Switch 函式，也可達到多重選擇效果，使用時機是當在條件式中，將判斷後的結果直接傳回或指定給等號左邊的變數。

一、IIf 函式

使用 IIf 函式也可以達成 If...Then...Else...雙重選擇結構的效果。IIf 函式有三個參數，當條件運算式的結果為 True，會傳回第二個參數；若結果為 False，則傳回第三個參數，三個參數都不可省略。IIf 函式的語法如下：

> 語法：IIf (條件運算式, True 的傳回值, False 的傳回值)

[例 1] 若分數(score 變數)大於等於 60 顯示「通過」，否則顯示「不通過」。

```
Console.WriteLine(IIf(score >= 60, "通過", "不通過"))
```

[例 2] 若是貴賓(vip 變數)，折扣(discount 變數)為 0.8，否則為 1。

```
discount = IIf(vip = "Y", 0.8, 1)
```

二、Choose 函式

Choose 函式可以當做多重選擇結構使用，該函式會根據第一個參數的值(整數)，傳回相對的參數值。若 Choose 函式第一個參數 index =1 時，函式傳回值為 V1；index = 2 傳回 V2 值，以此類推。但是若 index 的值小於 1 或大於 Vn，表示無對應值，此時傳回值為 Nothing。其語法如下：

> 語法：Choose(index, V1[, V2, …[, Vn]])

[例] 根據 i 的數值傳回四季(season 變數)的名稱，譬如 i = 2，傳回「夏天」。

```
Dim season As String
season = Choose(i, "春天", "夏天", "秋天", "冬天")
```

由於 i 值限 1~4，若程式中欲判斷輸入值錯誤(i ≠ 1~4)，寫法如下：

```
If (season = Nothing) Then
  Console.WriteLine(" 輸入值範圍限(1~4)")
EndIf
```

三、Switch 函式

　　Switch 函式也可當做多重選擇結構使用，Switch 函式會根據運算式的值，傳回對應的參數值。Switch 函式會先判斷 <運算式1> 是否為 True(真)，若為真就傳回 v1；否則再判斷 <運算式2>，依此類推。但是若所有運算式的結果皆為 False(假)，則傳回 Nothing。語法：

> 語法：Microsoft.VisualBasic.Switch(運算式 1, v1[,運算式 2, v2,...[,運算式 n, vn]])

[例 1] 根據首都名(city 變數)傳回國名(nation 變數)，
　　　 若 city = "倫敦"，傳回 nation = "英國"。

```
 nation = Microsoft.VisualBasic.Switch(city ="華盛頓", "美國", _
             city ="倫敦", "英國", city ="東京", "日本")
```

[例 2] 根據分數(score 變數)，將結果傳回給等級(grade 變數)，
　　　 若 score = 81 時，傳回 grade = "甲"。

```
grade = Microsoft.VisualBasic.Switch(score >= 90, "優", _
                  score >= 80 And score <= 89, "甲", _
                  score >= 60 And score <= 79, "乙", _
                  score <= 59, "丙")
```

⊞ 3.3 重複結構

所謂「重複結構」或稱「迴圈」(Loop) 是指設計程式時需要將某部份程式區塊重複執行指定的次數,或是一直執行到滿足或不滿足條件為止。前者指定次數者稱為「計數器」控制迴圈,如:For 迴圈;後者依條件者稱為「條件式」控制迴圈,如:Do 迴圈。

3.3.1 For...Next 迴圈敘述

For 計數器控制迴圈敘述,其語法是以 For 開頭而以 Next 結束。count 為計數變數,start 為計數變數的初值,end 為計數變數的終值,而 increment 為計數變數的增值。其語法與流程圖如下:

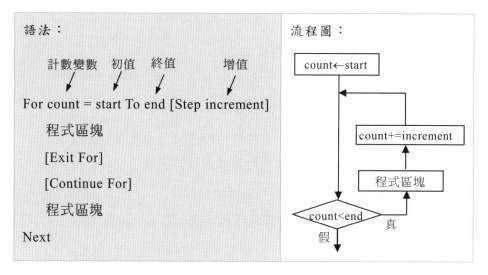

當初值小於終值,增值必須設為正值,便構成遞增的 For 迴圈敘述,其執行流程如右上圖,演算法如下:

① count ⇦ start
② 若 count ≤ end,繼續下一步驟。若 count > end 跳至步驟⑤
③ 執行迴圈內的程式區塊一次,繼續下一步驟。
④ 將 count = count + increment,回到步驟②
⑤ 離開 For 迴圈。

當初值大於終值，增值必須設為負值，構成遞減的 For 迴圈敘述，其執行方式：

① count ⇦ start

② 若 count ≥ end，繼續下一步驟。若 count < end 跳至步驟⑤

③ 執行迴圈內的程式區塊一次，繼續下一步驟。

④ 將 count = count - increment，回到步驟②

⑤ 離開 For 迴圈。

由上可知，For 迴圈結構是由計數變數、計數變數的初值、計數變數的終值以及計數變數的增值構成。若中途欲離開 For 迴圈，可使用 Exit For 敘述。譬如：金額(Money)大於等於 1000 元就離開 For 迴圈。

```
If money >= 1000 Then Exit For
```

下面列舉一般常用 For 迴圈的常用寫法：

① For k = 1 To 5 Step 2　　　　 ' 增值採遞增

　k = 1、3、5 共執行迴圈內的程式區塊 3 次。

② For k = -0.5 To 1.5 Step 0.5　　 ' 初值、增值可為小數

　k = -0.5、0、0.5、1.0、1.5 共執行迴圈內程式區塊 5 次。

③ For k = 6 To 1 Step -2　　　　 ' 增值採遞減

　k = 6、4、2 共執行迴圈內的程式區塊 3 次。

④ For k = x To y + 9 Step z　　　 ' 初值、終值和增值可為運算式

⑤ For k As Integer = 1 To 10　　　 ' 宣告計數變數為整數資料型別

 範例演練

檔名：series.sln

試求下列級數的和：

$$\sum_{x=1}^{5}(3x+2) = \underline{5} + \underline{8} + \underline{11} + \underline{14} + \underline{17} = ?$$
　　　　　　　　 x=1　 x=2　 x=3　　 x=4　　 x=5

問題分析

1. 使用 For 計數迴圈來設計程式值會由 1（初值）到 5（終值），依序增加 (增值為 1)。

2. 宣告 sum 整數變數來記錄總和，並設定 sum 的初值為 0。

3. 顯示 x 的值以及 3x+2 的值，將 3x+2 的值累加入總和 sum 中，來計算並 顯示出總和 sum。

上機實作

Step1 新增專案

新增「主控台應用程式」專案，其專案名稱設為「series」。

Step2 撰寫 Module1.vb 程式碼

```
FileName : series.sln
01  Module Module1
02
03    Sub Main()
04      Dim x, sum As Integer
05      sum = 0
06      Console.WriteLine("=== 求級數的總和   ==== ")
07      Console.WriteLine("   x      3x + 2 ")
08      Console.WriteLine("======   ======= ")
09      For x = 1 To 5
10        Console.WriteLine("   {0}         {1} ", x, 3 * x + 2)
11        sum += 3 * x + 2
12      Next
13      Console.WriteLine(" -------------------------- ")
14      Console.WriteLine(" 此級數總和為 : {0}", sum)
```

```
15      Console.Read()
16    End Sub
17
18  End Module
```

範例演練

檔名：For1.sln

試寫一個程式，將介於 1 到 100(含)之間，是 4 的倍數顯示出來，顯示時，每五個 4 的倍數印一行。

問題分析

1. 使用 For 計數迴圈由 1 到 100，逐一檢查某數除以 4 餘數是否為 0，就可以知道是否為 4 的倍數。

2. 因為每顯示五個就要換行，所以宣告 count 整數變數來記錄 4 的倍數個數，當 counter 除以 5 餘數為 0 就換行，表示一行顯示五個數值。

3. For 計數迴圈，由 1 到 100 共會執行 100 次。

4. 若 k Mod 4 = 0，就用 Console.Write 方法(不換行)顯示 k 的值，並將 count 加 1 用來存放 4 的倍數的總個數。

5. 若 count = 5，就用 Console.WriteLine 方法來換行，count 再歸 0。

上機實作

Step1 新增專案

新增「主控台應用程式」專案，其專案名稱設為「For1」。

Step2 撰寫 Module1.vb 程式碼

```
FileName : For1.sln
01  Module Module1
02
03    Sub Main()
04      Dim count As Integer = 0              '宣告 k 為 for 迴圈的控制變數
05      For k = 1 To 100
06        If (k Mod 4) = 0 Then
07          Console.Write("{0} ", k)         '若 k 為 4 的倍數則執行此行
08          count += 1                       'count 變數為 5 時將游標移下一行
09          If count = 5 Then                '若印 5 個數後即將游標移下一行
10            Console.WriteLine()
11            count = 0                      'count 變數為 0
12          End If
13        End If
14      Next
15      Console.Read()
16    End Sub
17
18  End Module
```

3.3.2 巢狀迴圈

若 For 計數迴圈內還有 For 迴圈,此時就構成巢狀迴圈。巢狀迴圈結構一般會應用在二維資料列表。

                                                    檔名:ForSample.sln

使用巢狀迴圈,以階梯式顯示數字,第一列顯示 1、第二列顯示 1 2、第三列顯示 1 2 3、...,數字間空一格,共顯示六列。

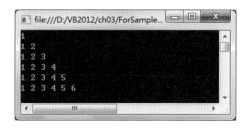

問題分析

1. 使用兩層迴圈來處理本例。

2. 外層迴圈:使用 For 計數迴圈使變數 i 由 1 到 6 依序出現。

3. 內層迴圈:使用 For 計數迴圈使變數 k 在每列依序顯示 1 到 i。如下:

i = 1 時,k 在第 1 列顯示 1 ~ 1,即顯示 1

i = 2 時,k 在第 2 列顯示 1 ~ 2,即顯示 1 2

……

i = 6 時,k 在第 6 列顯示 1 ~ 6,即顯示 1 2 3 4 5 6

上機實作

Step1 新增專案

新增「主控台應用程式」專案,其專案名稱設為「ForSample」。

Step2 撰寫 Module1.vb 程式碼

```
FileName : ForSample.sln
01  Module Module1
02
03    Sub Main()
04      For i = 1 To 6                    '外層迴圈計算列數
05        For k = 1 To i                  '內層迴圈代表欲顯示的數字
06          Console.Write("{0} ", k)      '顯示 k 值
07        Next
08        Console.WriteLine()             '將游標移到下一列最前面
09      Next
10      Console.Read()
11    End Sub
12
13  End Module
```

3.3.3 前測式迴圈

所謂「前測式」迴圈就是將 條件式 放在迴圈的最前面,依據條件式的真假來決定是否進入迴圈,若 <條件式> 為 True,則將迴圈內的 [程式區塊] 執行一次,然後再回到迴圈最前面的 <條件式>。若還是滿足 <條件式> 為 True,則繼續執行迴圈內的 [程式區塊],直到不滿足時才離開迴圈。若前測式迴圈第一次進入迴圈之前便不滿足 <條件式>,會馬上離開迴

圈，此時迴圈內的程式區塊一次都沒執行到。VB 提供的前測式迴圈的語法和流程圖如下：

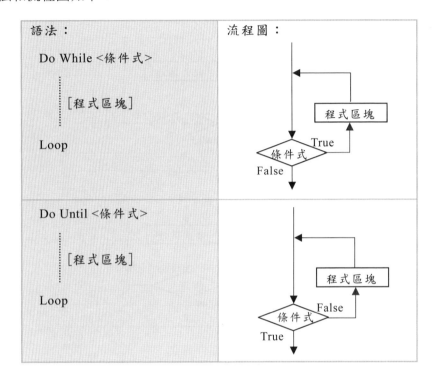

　　兩種語法大同小異，只是 While 是當 <條件式> 為 True 時進入迴圈執行；而 Until 則是 <條件式> 為 False 時進入迴圈執行。要記得在迴圈內的程式區塊內必須有將條件式變更為不成立的敘述，否則會變成無窮迴圈，使得程式無法繼續往下執行。如果想中途離開 Do…Loop 迴圈，可以使用 Exit Do 敘述。

3.3.4 後測式迴圈

　　「後測式」迴圈就是將 <條件式> 放在迴圈的最後面，第一次不用檢查 <條件式>，直接執行迴圈內 [程式區塊]，再判斷接在迴圈最後面 <條件式> 的真假。若滿足 <條件式> 為 True，再進入迴圈內執行 [程式區塊] 一次，一直到不滿足迴圈最後面的 <條件式> 才離開迴圈。所以，此種架

構迴圈內的程式區塊至少會執行一次。其語法和流程圖如下：

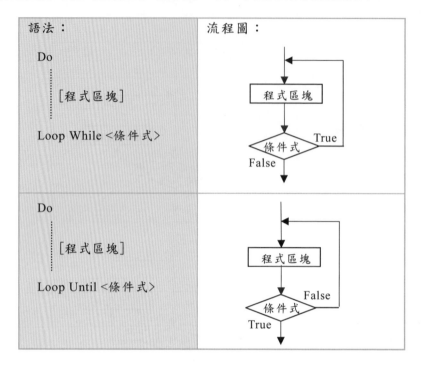

範例演練

檔名：DoLoop.sln

試用四種語法寫出計算五階乘(5!)的程式，階乘值的算法為
n! = n×n-1×…3×2×1，所以 5! = 5×4×3×2×1。

問題分析

1. 設 num 值為 5，factorial 值(階乘值)為 0。

2. 使用 Do While 前測式迴圈，當 num 值 >=1 時，就進入迴圈。

其程式區塊內容為：

① 計算階乘值。

② num 值減 1，未來 num 值將由 5、4、3...遞減到 1。

3. 使用 Do Until 前測式迴圈，除非 num < 1 時，否則進入迴圈執行，程式區塊內容同上。

4. 使用 Loop While 後測式迴圈，當 num >= 1 時，繼續執行迴圈區塊。

5. 使用 Loop Until 後測式迴圈，直到 num < 1 時，才離開迴圈。

上機實作

Step1 新增專案

新增「主控台應用程式」專案，其專案名稱設為「DoLoop」。

Step2 撰寫 Module1.vb 程式碼

```
FileName : DoLoop.sln
01  Module Module1
02
03    Sub Main()
04      Dim num, factorial As Integer
05      num = 5 : factorial = 1
06      Do While num >= 1
07        factorial *= num
08        num -= 1
09      Loop
10      Console.WriteLine("前測式迴圈 Do While:5! = {0} ", factorial)
11      num = 5 : factorial = 1
12      Do Until num < 1
13        factorial *= num
14        num -= 1
15      Loop
16      Console.WriteLine("前測式迴圈 Do Until:5! = {0} ", factorial)
17      num = 5 : factorial = 1
18      Do
19        factorial *= num
20        num -= 1
21      Loop While num >= 1
22      Console.WriteLine("後測式迴圈 Loop While:5! = {0} ", factorial)
23      num = 5 : factorial = 1
```

```
24      Do
25          factorial *= num
26          num -= 1
27      Loop Until num < 1
28      Console.WriteLine("後測式迴圈 Loop Until:5! = {0} ", factorial)
29      Console.Read()
30   End Sub
31
32 End Module
```

3.4 Exit 與 Continue 敘述

當你使用迴圈時，在迴圈內的程式區塊中，欲中途離開迴圈時，可在離開處插入 Exit For 敘述或 Exit Do 敘述，便可直接離開計數迴圈(For)或條件迴圈(Loop)，繼續執行接在迴圈後面的敘述。若要中途返回迴圈開始處，可在欲返回處插入 Continue For 敘述或 Continue Do 敘述即可。所以 Exit 和 Continue 敘述分別是用來中斷執行離開迴圈或重新回到迴圈的開頭，故迴圈內接在 Exit 和 Continue 敘述後面的敘述是不會被執行到。其語法如下：

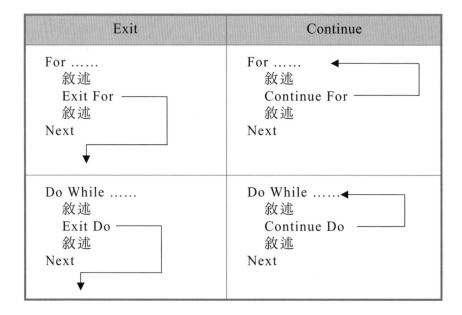

Exit	Continue
For ...... 　　敘述 　　Exit For 　　敘述 Next	For ...... 　　敘述 　　Continue For 　　敘述 Next
Do While ...... 　　敘述 　　Exit Do 　　敘述 Next	Do While ...... 　　敘述 　　Continue Do 　　敘述 Next

範例演練

檔名：ExitContinue.sln

試寫一個連續輸入數值累加總和的程式，在無窮迴圈 Do...Loop 中，透過 Exit Do 和 Continue Do 來判斷是否繼續累加輸入值。

問題分析

1. 在一個無窮迴圈中，由鍵盤輸入數值，存入 keyin 整數變數中，由 sum 變數來累加輸入值，count 來記錄輸入的次數。

2. 詢問是否繼續輸入數值，若按 Y 或 y 字元，則跳到迴圈開始處，繼續輸入 數值；若按其它字元，則跳離迴圈顯示累加輸入值的結果。

上機實作

Step1 新增專案

新增「主控台應用程式」專案，其專案名稱設為「ExieContinue」。

Step2 撰寫 Module1.vb 程式碼

```
FileName : ExitContinue.sln
01  Module Module1
02
03    Sub Main()
04      Dim count As Integer, keyin As Integer, sum As Integer
05      Dim str1 As String
06      Do
07        Console.Write(" 請輸入一個數值: ")
08        keyin = Console.ReadLine()        '輸入整數
09        sum += keyin                      '累加輸入值
10        count += 1
11        Console.Write(" 是否繼續(Y/N) ? ")
```

```
12      str1 = Console.ReadLine()
13      If (str1 = "y") Or (str1 = "Y") Then
14        Continue Do              '如果輸入"Y" 或 "y"則返回迴圈開始處
15      Else
16        Exit Do                  '離開迴圈
17      End If
18    Loop                         '無窮迴圈
19    Console.WriteLine(" {0}個數的總和= {1} ", count, sum)   '顯示累加結果
20    Console.Read()
21    End Sub
22
23 End Module
```

▦ 3.5 程式除錯

當程式執行若發覺所得結果不符合預期，就表示程式設計上有錯誤，此種錯誤可能發生在編譯階段或執行階段。當程式進行編譯時發生的錯誤會停止程式執行，並將發生錯誤的訊息顯示在錯誤清單中。一般編譯發生的錯誤大都是語法錯誤，表示你所撰寫的敘述不符合 VB 所規定的語法，此時在該識別字的正下方會出現藍色的波浪線，表示該識別字 VB 無法辨別。此時便要做除錯(Debug)的工作，一直到你發生錯誤的地方無誤時，藍色波浪線才會消除。

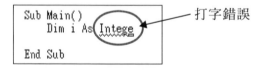

當一個程式在編譯時沒有錯誤發生，在執行階段若無法得到預期的結果，就表示發生邏輯上的錯誤。所謂「邏輯錯誤」並不是語法錯誤，而是程式的流程、運算式、變數誤用等錯誤。此時就需要使用「區域變數」視窗來做逐行偵錯，觀察每行執行結果是否正確？以找出發生錯誤的地方。

3.5.1 逐行偵錯

VB 提供的「區域變數」視窗用來評估變數和運算式，並保存其結果，也可使用「區域變數」視窗來編輯變數或暫存器的數值。下例透過 For 迴

圈來學習如何對程式做逐行偵錯。首先自行鍵入下列程式，或由書附光碟中載入 debug1.sln 來練習。

程式碼

```
FileName : debug1.sln
01 Module Module1
02
03   Sub Main()
04     Dim i, k, sum As Integer
05     k = 11 : sum = 0
06     For i = 1 To 3
07       k += 5
08       sum += i
09       Console.WriteLine("i={0} , k={1}", i, k)
10     Next
11     Console.WriteLine("i={0} , sum = {1} ", i, sum)
12     Console.Read()
13   End Sub
14
15 End Module
```

```
file:///...                    □ X
i=1 , k=16
i=2 , k=21
i=3 , k=26
i=4 , sum = 6
```

上面程式執行時，請按照下面步驟對上面程式做逐行偵錯練習：

上機實作

Step1 點選功能表的 [偵錯(D)/逐步執行(I)] 指令或直接按 F8 鍵，此時在 Sub Main() 程序前面會出現 ➡ 向右箭頭，表示下次執行由此行敘述開始，進入逐行偵錯。

TIPS　若再按 F11 鍵，➡ 箭頭會移動位置，可藉此觀察程式執行的步驟。

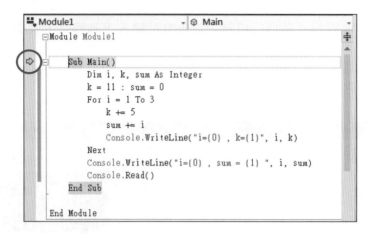

Step2 接著點選功能表 [偵錯(D)/視窗(W)/區域變數(L)] 指令,開啟「區域變數」監看視窗,可以觀察目前各變數的值。

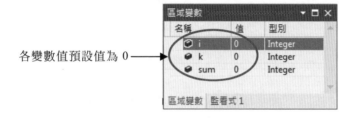

各變數值預設值為 0

Step3 接著按 F11 功能鍵兩次即執行兩行敘述,此時已執行過 k = 11 和 sum = 0 敘述,則「區域變數」監看視窗內的 k 值,由 0 ⇨ 11;sum 值為 0,i 為 0。

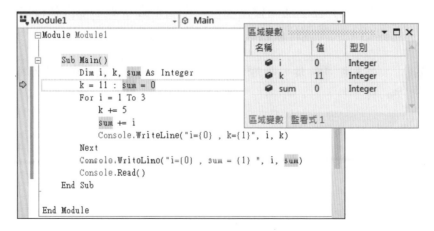

Step4 接著按 F11 功能鍵五次即 For …Next 共五行敘述，執行 k += 5、sum += i 和 Console...，此時「區域變數」監看視窗內的 i 由 0⇨1、k 由 11⇨16、sum 由 0⇨1。並執行 Console 敘述，此時會將 i 和 k 值按照設定格式顯示在主控台視窗中。

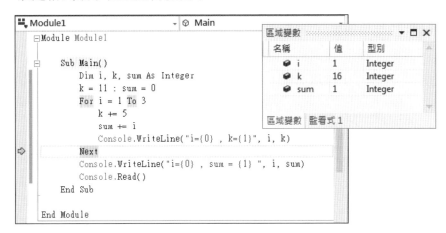

輸出結果

Step5 接著按 F11 功能鍵一次，跳回再執行 For...敘述，將 i 值 1⇨2。以此類推下去，便可看到各敘述中，各變數的變化情形。

Step6 若要中斷逐行偵錯，將尚未執行的敘述一次執行完畢，可以按 ▶ 開始偵錯鈕，會顯示最後結果。

3.5.2 設定中斷點

在做程式除錯時，除了可採上一節所介紹的逐行偵錯是屬於細部除錯，VB 另外提供中斷點設定允許做大範圍除錯。其做法是在程式中欲監看的敘述前面設定中斷點，每次執行碰到所設定的中斷點便會停止執行，

Visual Basic 2012
從零開始

此時你可透過區域變數監看視窗或是移動滑鼠到該變數上，會顯示該變數目前的值。下面繼續使用 debug1.sln 透過 For 迴圈來學習如何設定中斷點。

上機實作

Step1 設定中斷點

① 移動滑鼠到左下圖所示箭頭指標處。

② 按一下滑鼠左鍵，出現 ● 中斷點圖示，就可以設成中斷點。

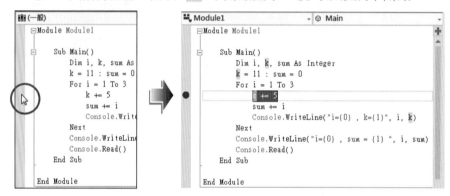

Step2 接著如下圖所示，再增設兩行敘述中斷點。

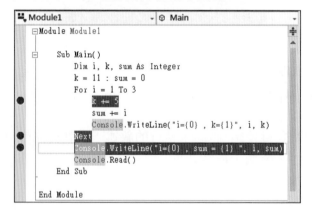

Step3 開始偵錯

① 點選功能表 [偵錯(D)/開始偵錯(S)] 指令或直接按 F5 功能鍵。

② 程式開始執行到第一個中斷點處便暫停執行。在 k += 5 前面出現 ➡ 箭頭，表示下次由此行敘述開始往下執行。

③ 從「區域變數」監看視窗可觀看目前變數的值。

 若螢幕未出現「區域變數」監看視窗，可執行功能表 [偵錯(D)/
視窗(W)/區域變數(L)] 指令，開啟「區域變數」視窗。

Step4 繼續執行

再按 F5 功能鍵或 ▶ 鈕，會在下一個中斷點 Next 處暫停執行。
以此類推下去，便可大範圍觀看變數的變化情形，以驗證輸出的結
果是否正確？

Step5 停止偵錯

若中途欲停止偵錯可以執行功能表 [偵錯(D)/停止偵錯(E)] 指令或
直接按 ■ 停止偵錯圖示即可。

Step6 取消中斷點

移動滑鼠到欲取消中斷點敘述前面的 ● 圖示上按一下，中斷點便
消失，該行敘述即恢復正常狀態。

▦ 3.6 例外處理

所謂「例外」(Exception)就是指當程式在執行時期(Run-Time)所發生的錯誤。VB 2012 提供一個具有結構且易控制的機制，用來處理執行時期原程式未考慮的狀況所發生的錯誤，稱之為「例外處理」(Exception Handle)。

設計良好的錯誤處理程式碼區塊，可以讓程式更為穩定，並且更不容易因為應用程式處理此類錯誤而當機。例外處理敘述主要由 Try、Catch、Throw、Finally 四個關鍵字構成。其方式是將要監看可能會發生錯誤的程式碼放在 Try 區塊內，當 Try 區塊內的任何敘述執行發生錯誤時，會將這個錯誤當做例外丟出(throw)，並在程式碼中利用 Catch 抓取此例外情況。

VB 會由上而下逐一檢查每個 Catch 敘述，當找到符合的 Catch 敘述，會將控制權移轉到該 Catch 程式區塊的第一列敘述去執行。當該 Catch 程式區塊執行完畢，不再繼續往下檢查 Catch 敘述，直接跳到 Finally 內執行 Finally 程式區塊。若未找到符合的 Catch 敘述，最後也會執行 Finally 內的 Finally 程式區塊後才離開 Try。語法如下：

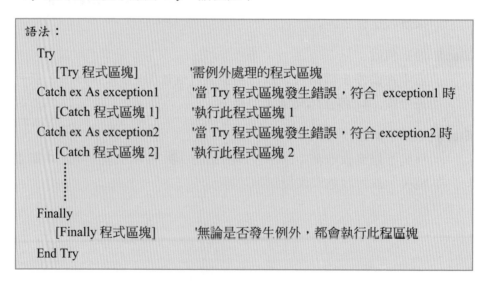

```
語法：
Try
    [Try 程式區塊]              '需例外處理的程式區塊
Catch ex As exception1         '當 Try 程式區塊發生錯誤，符合 exception1 時
    [Catch 程式區塊 1]          '執行此程式區塊 1
Catch ex As exception2         '當 Try 程式區塊發生錯誤，符合 exception2 時
    [Catch 程式區塊 2]          '執行此程式區塊 2
        ⋮
Finally
    [Finally 程式區塊]          '無論是否發生例外，都會執行此程區塊
End Try
```

下表列出 exception1、exception2....的常用類別：

例外類別	發生錯誤原因
ArgumentOutOfRangeException	當參數值超過某個方法所允許的範圍時所產生的例外。
DivideByZeroException	當除數為零時所產生的例外。
IndexOutOfRangeException	當陣列索引值超出範例時所產生的例外。
InvalidCastException	資料型別轉換錯誤時所產生的例外。
OverFlowException	資料發生溢位時所產生的例外。
Exception	執行時期發生錯誤時產生的所有例外。

　　程式執行時若產生例外,此時會由 Try 敘述中的第一個 Catch 開始往下找出符合條件的例外。由於例外類別都是繼承自 Exception 例外,若將 Try 敘述中的 Exception 放在 InvalidCastException 或 OverFlowException 之前,此時若發生 InvalidCastException 或 OverFlowException 例外時,會被 Exception 例外先捕捉到,而發生捕捉的例外不精確。因此,建議可將捕捉愈多(發生例外機會大的)的例外類別放在愈後面的 Catch 敘述。

　　因此 Exception 類別必須放在所有 Catch 敘述的最後面且在 Finally 程式區塊的前面。

 範例演練

檔名：try1.sln

試寫一個會發生除數為零 DivideByZeroException 例外的程式,或者直接開啟 try1.sln 範例程式。本程式中先宣告 i、k、p 為整數變數,並設定 i 初值為 6,k 初值為 0。當執行 i/k 時會發生除數為零的 DivideByZeroException 例外,此時程式即會終止執行。

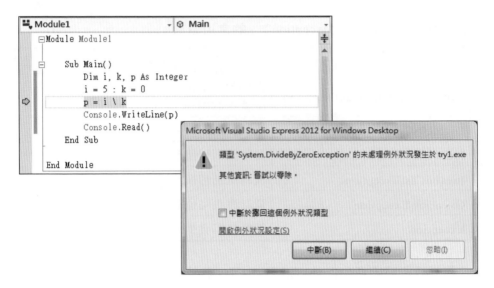

範例演練

檔名：try2.sln

延續上例，在程式碼中插入 Try… Catch… Finally… End Try 來處理例外。

問題分析

1. 將 p = i / k 和 Console.WriteLine(p) 程式碼寫在 Try 程式區塊內，只要程式區塊內發生錯誤，會自動去找符合 Catch 敘述。

2. 若 k = 0，則分母為零產生錯誤，符合 Catch 敘述的例外補捉而產生 Exception 類別的 ex 例外物件，印出「發生例外」訊息。

3. Finally 程式區塊一定會被執行，使其顯示 「.... 結束程式執行!! ....」。

上機實作

Step1 新增專案

新增「主控台應用程式」專案,其專案名稱設為「try2」。

Step2 撰寫 Module1.vb 程式碼

```
FileName: try2.sln
01  Module Module1
02
03    Sub Main()
04      Dim i, k, p As Integer
05      i = 5 : k = 0
06      Try
07        p = i \ k
08        Console.WriteLine(p)
09      Catch ex As Exception
10        Console.WriteLine("發生例外")
11      Finally
12        Console.WriteLine(".... 結束程式執行!! ....")
13      End Try
14      Console.Read()
15    End Sub
16
17  End Module
```

若將第 5 行 k = 0 改成 k = 2,由於未發生錯誤所以會先印出結果「2」後,就直接跳至第 11~12 行執行 Finally 的程式區塊。結果如下圖:

若在第 9 行插入 Catch ex As DivideByZeroException 敘述,並將 k = 2 改回成 k = 0。由於先符合 Catch ex As DivideByZeroException 敘述,所以執行第一個 Catch 內的程式區塊後,跳過第二個 Catch 敘述,而直接執行 Finally 敘述的程式區塊。本例執行結果如下:

程式碼

```
FileName : try2.sln
01  Module Module1
02
03    Sub Main()
04      Dim i, k, p As Integer
05      i = 5 : k = 0
06      Try
07        p = i \ k
08        Console.WriteLine(p)
09      Catch ex As DivideByZeroException
10          Console.WriteLine("除數不得為 0!")
11      Catch ex As Exception
12          Console.WriteLine(ex.Message) ' ex.Message 可以用來顯示目前的例外訊息
13      Finally
14          Console.WriteLine(".... 結束程式執行!! ...")
15      End Try
16      Console.Read()
17    End Sub
18
19  End Module
```

　　上面範例中透過例外物件的 Message 屬性，可以顯示目前例外的相關訊息。下表列出幾個例外物件常用的成員(屬性與方法)，透過這些成員可供你了解一些例外的資訊。

例外物件的成員	說明
GetType 方法	取得目前例外物件的資料型別。
ToString 方法	取得目前例外狀況的文字說明。
Message 屬性	取得目前例外的訊息。
Source 屬性	取得造成錯誤的應用程式或物件的名稱。
StackTrace 屬性	取得發生例外的方法或函式。

檔名：try3.sln

延續上例，請使用例外物件的 Message、StackTrace、Source、GetType、ToString 成員將例外的資訊顯示出。

```
file:///D:/VB2012/ch03/try3/bin/Debug/try3.EXE
例外訊息：嘗試以零除。
發生例外的函式：　於 try3.Module1.Main() 於 D:\VB2012\ch03\try3\Module1.vb: 行
7
發生例外的物件：try3
發生例外的物件型別：System.DivideByZeroException
發生例外的文字說明：System.DivideByZeroException: 嘗試以零除。
　　於 try3.Module1.Main() 於 D:\VB2012\ch03\try3\Module1.vb: 行 7
.... 結束程式執行!! ...
```

程式碼

```
FileName: try3.sln
01 Module Module1
02
03   Sub Main()
04     Dim i, k, p As Integer
05     i = 5 : k = 0
06     Try
07       p = i \ k
08       Console.WriteLine(p)
09     Catch ex As DivideByZeroException
10       Console.WriteLine("例外訊息:{0}", ex.Message)
11       Console.WriteLine("發生例外的函式:{0}", ex.StackTrace)
12       Console.WriteLine("發生例外的物件:{0}", ex.Source)
13       Console.WriteLine("發生例外的物件型別:{0}", ex.GetType())
14       Console.WriteLine("發生例外的文字說明:{0}", ex.ToString())
15     Catch ex As Exception
16       Console.WriteLine(ex.Message) ' ex.Message 可以用來顯示目前的例外訊息
17     Finally
18       Console.WriteLine(".... 結束程式執行!! ...")
19     End Try
20     Console.Read()
21   End Sub
22
23 End Module
```

3.7 課後練習

一、選擇題

1. 請問下列哪個不是 VB 的選擇敘述？ (A) If...Then...Else (B) If...Then...Else If (C) Select Case (D) 以上皆是

2. 前測式重複結構至少執行多少次？
   (A) 0 (B) 1 (C) 2 (D) 視條件判斷式

3. 後測式重覆結構至少執行多少次？
   (A) 0 (B) 1 (C) 2 (D) 視條件判斷式

4. 下例何者非 VB 的選擇函式
   (A) Choose (B) IIf (C) ... ? ... : ... (D) Switch

5. 在 VB 使用 Select Case 選擇敘述，條件值為小於等於 59，寫法為
   (A) Case <= 59 (B) Case Is <= 59 (C) Case 0 To 59
   (D) Case <59 And =59

6. 假若迴圈內的敘述至少要執行一次，應使用以下哪一種迴圈較好？
   (A) For (B) Do While...Loop (C) Do Until...Loop (D) Do...Loop Until

7. 下列何者為無窮迴圈？ (A) For i = 1 To 10 (B) Do While x > 0
   (C) Do...Loop Until x < 0 (D) Do While (True) ... Loop

8. 假若使用無窮迴圈可以配合下面哪個敘述來離開迴圈？
   (A) Break (B) Continue (C) Exit (D) Stop

9. Choose 函式若第一個參數值大於對應的參數時，傳回值為
   (A) 空字串 (B) 0 (C) Nothing (D) 最後一個參數

10.For 迴圈的 Step 增值省略時，系統內定增值為
   (A) 0 (B) 1 (C) -1 (D) 不能省略

11.有一程式如下：

```
Dim i, sum As Integer
sum =0
For i=1 To 15 Step 3
    sum+=i
Next
```

試問 sum 最後等於多少？　(A) 34　(B) 35　(C) 36　(D) 37

12.延續上題，試問 For 敘述執行完後，i 的值是多少呢？

(A) 13　(B) 14　(C) 15　(D) 16

13.Try…Catch…Finally…End Try 敘述的哪個區塊可用來監控可能會發生例外的程式碼？　(A) Try　(B) Catch　(C) Finally　(D) 以上皆是。

14.Try…Catch…Finally…End Try 敘述的哪個區塊無論有沒有發生例外都會執行？　(A) Try　(B) Catch　(C) Finally　(D) 以上皆是。

15.想要補捉資料發生溢位時的例外，可透過下面哪個類別？

(A) IndexOutOfRangeException　(B) InvalidCastException

(C) OverFlowException　(D)ArgumentOutOfRangeException

二、程式設計

1. 將求階乘的 DoLoop.sln 範例改以 For…計數迴圈方式撰寫。

2. 撰寫一程式，程式執行時要求使用者輸入帳號及密碼，若輸入的帳號為「Basic」且密碼為「2012」則顯示 "登入成功" 訊息，否則顯示 "登入失敗" 訊息。

3. 修改習題 2,當帳號及密碼輸入錯誤達三次時,顯示 "不得登入" 訊息。

4. 撰寫一個程式,程式執行時要求使用者輸入一個整數 n,接著會印出小於 n 整數的質數(質數就是除了 1 和本身可以整除以外,其他小於他的數字都沒辦法整除,例如 7 是質數,因為除了 1 和 7 質數為不能為其他數整除)。

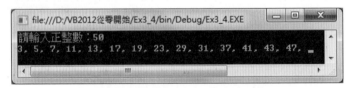

5. 由鍵盤輸入兩個整數,透過程式模擬輾轉相除法求出兩數最大公因數。

6. 試用 Select Case 敘述配合例外處理，撰寫下面主功能表選項程式。

　①若輸入 1~4 數值，就提示 "進入新增作業" …（如下圖所示）

　②若輸入是 5 的數值，則顯示 "離開…" 並結束程式。

　③若輸入不是 1~5 的數值，則顯示 "輸入值超出範圍…"。

　④若輸入其他字元，則顯示 "其它種類錯誤"。

7. 由鍵盤輸入一個整數，並判斷它是奇數或偶數。

8. 由鍵盤輸入學生姓名及分數，並判斷學生分數的等級。等級分類如下：

　① 90~100：等級 A　　　　② 80~89：等級 B

　③ 60~79：等級 C　　　　④ 0~59：等級 D

筆記頁

陣列

4

▦ 4.1 陣列

4.1.1 何謂陣列

在設計程式時，每使用到一個資料就需要宣告一個變數來存放。當資料一多時，變數亦跟著增加，不但會增加變數命名的困擾，而且程式的長度亦會增長而不易維護。所幸 VB 對相同性質的資料，提供陣列(Array)來存放，只要在宣告陣列時，設定好陣列名稱、陣列大小以及陣列的資料型別，VB 在編譯時期會自動在記憶體中保留連續空間來存放該陣列的所有資料，我們將陣列中的每個資料稱為「陣列元素」，相當於一個變數。所以「陣列」是一群同性質資料的集合，各資料不以變數名稱表示，每個資料改採陣列名稱其後緊跟小括號內的註標(index)或稱索引值來表示。

4.1.2 陣列的宣告

我們將陣列名稱後小括號內只有一個註標的陣列稱為「一維陣列」，若陣列有兩個註標稱為「二維陣列」，若陣列有三個以上的註標稱為「多維陣列」。VB 允許陣列最大維度最多 32 維。陣列使用前必須先經宣告，陣列的宣告方式如下：

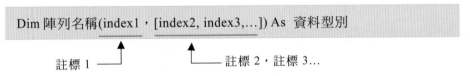

Dim 陣列名稱(index1，[index2, index3,...]) As 資料型別

註標 1 ⟶
⟶ 註標 2，註標 3...

譬如：建立一個名稱為 myAry 的一維整數陣列，該陣列含有五個陣列元素，依序為 myAry(0)~myAry(4)，相當於五個變數，每個陣列元素裡面都是存放整數。寫法如下：

```
Dim myAry(4) As Integer        '產生 myAry(0)~myAry(4)五個陣列元素
```

以上為 VB 6.0 傳統用法，由於 .NET 下已將陣列視為類別，因此可用 New 來建立新的陣列執行個體(即實體化)，此種用法在 Visual C#、Visual C++ 物件導向程式語言中亦適用。寫法如下：

1. 先宣告陣列，尚未配置記憶體給陣列：

　　Dim　陣列名稱　As　資料型別()

2. 建立陣列，配置連續記憶空間存放陣列元素：

　　陣列名稱　= New　資料型別(index) {}

　　VB 允許在宣告陣列同時建立陣列，即將上面兩行合併成一行陳述式。寫法：

> Dim　陣列名稱　As　資料型別() = New　資料型別(index) {}

　　譬如：建立一個名稱為 myAry 的一維整數陣列，該陣列含有五個陣列元素，依序為 myAry(0)~myAry(4)，每個陣列元素裡面所存放都是整數。寫法如下：

　　　　　　　　　　　　　　　　　　 註標必須省略不寫

```
Dim myAry As Integer()
myAry = New Integer(4){}
合併成一行：
Dim myAry As Integer() = New Integer(4){}
```

4.1.3 陣列初值的設定

　　陣列經宣告和建立完畢，接著便可透過下列指定運算子(=)直接在程式中設定各陣列元素的初值。我們將陣列設定初值的過程稱為「初始化」(Initialization)：

```
Dim myAry(4) As Integer
  或
Dim myAry As Integer() = New Integer(4){}
```

　　使用指定運算子設定各陣列元素的初值

```
myAry(0) = 10      '第 1 個陣列元素值為 10
myAry(1) = 20      '第 2 個陣列元素值為 20
myAry(2) = 30      '第 3 個陣列元素值為 30
myAry(3) = 40      '第 4 個陣列元素值為 40
myAry(4) = 50      '第 5 個陣列元素值為 50
```

若希望陣列在宣告和建立能同時設定陣列元素的初值，其寫法有下列兩種方式：

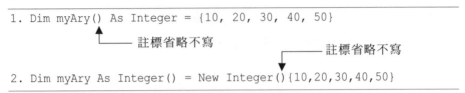

```
1. Dim myAry() As Integer = {10, 20, 30, 40, 50}
                            ┌── 註標省略不寫
                                                    ┌── 註標省略不寫
2. Dim myAry As Integer() = New Integer(){10,20,30,40,50}
```

若陣列在宣告和建立時未設定初值，若是數值資料型別預設值為零；若是字串資料型別預設為 Nothing；若是布林資料型別預設為 False。

4.1.4 一維陣列的存取

若將陣列的註標值以變數取代，在程式中欲存取指定的陣列元素時，只要改變註標值即可。所以可將一個陣列元素視為一個變數，也就是將 myAry(0)~myAry(4) 視為五個變數名稱，變數間以陣列註標來加以區別，如此可免去變數命名之困擾。由於程式中的陣列經過宣告，在編譯時期會保留連續記憶體位址給該陣列中的元素使用，陣列元素會依註標先後次序存放在這連續的記憶體位址內，存取陣列元素只要指定陣列的註標，VB 便會透過註標自動計算出該陣列元素的位址來存取指定的陣列元素。

同性質的資料若使用陣列來存放，可透過 For 迴圈配合計數變數當陣列的註標，逐一將鍵盤鍵入的資料存入陣列中，也可將資料由陣列中讀取出來。譬如下例：以變數 k 當計數變數，並將對應的 k 值當做陣列元素的註標，連續由鍵盤輸入資料五次，便可放入陣列 a 相對的陣列元素中，其步驟如下：

Step1　當 k = 0，透過 Console.ReadLine()方法將輸入值置入 a(k)即 a(0)。

Step2　當 k = 1，透過 Console.ReadLine()方法將輸入值置入 a(k)即 a(1)。

Step3　當 k = 2，透過 Console.ReadLine()方法將輸入值置入 a(k)即 a(2)。

Step4　當 k = 3，透過 Console.ReadLine()方法將輸入值置入 a(k)即 a(3)。

Step5　當 k = 4，透過 Console.ReadLine()方法將輸入值置入 a(k)即 a(4)。

將上面步驟由鍵盤輸入的資料置入陣列 a，其程式片段：

```
Dim a(4) As Integer
For k As Integer = 0 To 4
    a(k) = Console.ReadLine()
Next
```

至於使用 For 迴圈，讀取陣列 a 中所有陣列元素的內容，寫法：

```
For k As Integer = 0 To 4
    Console.WriteLine ("{0} ", a(k))
Next
```

範例演練

檔名：array1.sln

請參照下圖的輸出入畫面，將本小節使用 For 迴圈存取陣列元素值的方法寫成一個完整程式。執行程式時，先由鍵盤連續輸入五個整數並存放到 myAry(0)～myAry(4) 陣列元素內，最後再將 myAry(0)～myAry(4) 陣列元素值顯示出來。

完整程式碼

```
FileName : array1.sln
01 Module Module1
02   Sub Main()
03     Dim k As Integer
04     Dim myAry(4) As Integer          '宣告一個含有五個陣列元素的整數陣列 myAry
05     Console.WriteLine("=== 由鍵盤連續輸入五個整數值到 myAry 陣列 ")
06     For k = 0 To 4                    '連續輸入5個整數並指定給 myAry(0)~myAry(4)
07       Console.Write(" {0}. 第 {1} 個陣列元素 : myAry({2}) = ", k + 1, k + 1, k)
08       myAry(k) = Console.ReadLine()   '將資料放入指定的陣列元素內
09     Next
```

```
10    Console.WriteLine()        '空一行
11    Console.WriteLine(" == myAry 陣列的內容 == ")
12    For k = 0 To 4             '顯示 myAry(0)~myAry(4)
13      Console.WriteLine(" myAry({0}) = {1}", k, myAry(k))
14    Next
15    Console.Read()
16  End Sub
17 End Module
```

程式說明

1. 第 4 行：可以寫成 Dim myAry() As Integer = New Integer(4) {}

4.1.5 For Each…Next 陣列迴圈

For Each…Next 陳述式和 For…Next 功能相同，當陣列元素個數無法預期時，就使用 For Each…Next 陳述式比較便利。語法：

```
For Each 變數 In 陣列名稱
    敘述區塊
    (Exit For)
    (Continue For)
    (敘述區塊)
Next
```

語法中變數用來存放陣列中的元素值，所以變數和陣列的資料型別必須一致。當進入 For Each…Next 陳述式時，會依序將第一個陣列元素值放入變數中，然後將迴圈內的敘述區塊執行一次。執行後再將第二個元素值放入變數中，再執行迴圈內的敘述區塊一次，一直到陣列的所有元素都執行完畢才離開迴圈。

[例] 將 money 整數陣列中的金額全部加總置入 sum 整數變數中。

```
Dim money() As Integer = {1000, 12000, 400, 1600}
Dim sum As Integer
For Each m In money       '將 money 陣列元素依序放入 m 變數
    sum += m
Next                      '執行結果 sum = 15000
```

4.1.6　動態陣列

　　所謂「動態陣列」是指程式執行時，允許重新配置陣列的大小。VB 提供 ReDim 來重新宣告陣列大小。語法如下：

> 語法：ReDim [Preserve] 陣列名稱(index1 [, index2...])

[例] 將 money 陣列大小由 3 調整為 5，寫法如下：

```
Dim money(3) As Integer
ReDim money(5)
```

　　ReDim 陳述式使用上有下列限制：

1. ReDim 只能對已宣告過的一維陣列或多維陣列的最後一維調整大小。所以用 Dim 宣告多維陣列時，要將會改變大小的維度放在最後。

2. ReDim 只能調整陣列大小，不能改變維度，例如將二維改為一維。

3. ReDim 不能改變陣列的資料型別，如無法將整數陣列改為字串陣列。

4. 陣列經 ReDim 重新宣告後，陣列中元素都會被初始化成預設值，若想保留陣列元素值，就必須加上 Preserve 關鍵字。

[例] 將 score(3, 10, 30)陣列的最後一維大小調整成 35，並保留陣列原值：

```
Dim score(3,10,30) As Integer
ReDim Preserve score(3,10,35)
```

 範例演練

　　　　　　　　　　　　　　　　　　　　　檔名：ReDim1.sln

宣告一個 score 整數陣列，其大小為 3 並設定初值，然後使用 ReDim 重新宣告大小為 5 陣列，來觀察重新宣告後的情形。

問題分析

1. 用 ReDim Preserve 重新宣告 score 陣列可以改變陣列元素個數,而且可以保留原來陣列元素值。

2. 用 ReDim 重新宣告 score 陣列時,也可以改變陣列元素個數,但所有的元素值都會被初始化成預設值 0。

3. 因為陣列大小會變動,所以讀取陣列元素值時,用 For Each 陣列迴圈比較方便。

完整程式碼

```
FileName : ReDim1.sln
01 Module Module1
02   Sub Main()
03     Dim score() As Integer = {100, 88, 92} '宣告整數陣列score並設初值
04     Console.WriteLine(" == Dim score() = {100, 88, 92} 執行後 == ")
05     Dim i As Integer = 0
06     For Each s In score                      '顯示score陣列中元素值
07       Console.WriteLine(" score({0}) = {1}", i, s)
08       i += 1
09     Next
10     Console.WriteLine()              '空一行
11
12     ReDim Preserve score(5)          '宣告整數陣列score大小為6(5+1)並保留原值
13     Console.WriteLine(" == ReDim Preserve score(5) 執行後 == ")
14     i = 0
15     For Each s In score              '顯示score陣列中元素值
```

```
16       Console.WriteLine(" score({0}) = {1}", i, s)
17        i += 1
18     Next
19     Console.WriteLine()          '空一行
20
21     ReDim score(4)              '宣告整數陣列 score 大小為 5
22     Console.WriteLine(" == ReDim score(4) 執行後 == ")
23     i = 0
24     For Each s In score          '顯示 score 陣列中元素值
25        Console.WriteLine(" score({0}) = {1}", i, s)
26        i += 1
27     Next
28     Console.Read()
29   End Sub
30 End Module
```

程式說明

1. 第 12~18 行：用 ReDim Preserve score(5)重新宣告 score 陣列，讓陣列元素個數由 3 個改成 6(5+1)個並保留原值。使用 For Each 迴圈顯示陣列的元素值。

2. 第 21~27 行：用 ReDim 重新宣告 score 陣列，讓陣列個數由 6 個改成 5 個。使用 For Each 迴圈顯示 score 陣列的元素值，因為沒有保留原值所以元素值均為 0。

上面範例透過 For Each 迴圈讀取陣列元素值，也可用 UBound (陣列名稱)取得陣列的最大註標，所以程式碼可以改為：
    For i = 0 To UBound(score)
        Console.WriteLine(" score({0}) = {1}", i, score(i))
    Next

▦ 4.2 陣列物件常用的屬性與方法

由於 VB 是屬於物件導向的程式語言，將陣列視為類別，所以陣列物件被建立時(實體化)，即可以使用陣列物件所提供的方法與屬性，透過這些方法可以取得陣列的相關資訊，例如：陣列的維度、陣列元素個數…等。下表為陣列物件常用的屬性與方法：

陣列物件的成員	說明
Length 屬性	取得陣列元素的總數。 [例] a1 = ary1.Length　　　'a1 = ary1 陣列元素總數 　　　a2 = ary2.Length　　　'a2 = ary2 陣列元素總數
Rank 屬性	取得陣列維度數目。 [例] r1 = ary1.Rank　　　　'r1 = ary1 陣列的維度
GetUpperBound 方法	取得陣列某一維度的上限。 [例] u1 = ary1.GetUpperBound(0)　　'u1=第 1 維上限 　　　u2 = ary2.GetUpperBound(1)　　'u2=第 2 維上限
GetLowerBound 方法	取得陣列某維度的下限，陣列維度下限由 0 開始。
GetLength 方法	取得陣列某一維度的陣列元素總數。 [例] t1 = ary1.GetLength(0)　　't1 = ary1 第 1 維元素總數 　　　t2 = ary2.GetLength(1)　　't2 = ary2 第 2 維元素總數

▦ 4.3 Array 類別常用共用方法

　　Array 類別即是支援陣列實作的基底類別，用來提供建立、管理、搜尋和排序陣列物件的方法。本章介紹 Array 類別常用的共用(Shared)方法，所謂「共用」方法，就是類別不用實體化為物件便可直接呼叫該共用方法，下面介紹的 Array 類別共用方法僅限用在一維陣列的處理上。若能活用下面介紹的 Array 類別提供的屬性與方法，便能輕易地對陣列物件做各種處理。

4.3.1 陣列的排序

　　Array.Sort() 方法可用來對指定的一維陣列物件內所有陣列元素由小而大做遞增排序。語法如下：

1. 將一維陣列物件中的陣列元素做由小到大排序。其語法：

> 語法：Array.Sort(陣列物件)

2. 將 陣列物件 1 中的元素由小到大排序,且 陣列物件 2 的元素會隨著陣列
物件 1 的索引相對位置跟著做同步的移動。其語法:

> 語法:Array.Sort(陣列物件 1, 陣列物件 2)

 範例演練

檔名:ArraySort1.sln

先在程式中直接設定陣列元素的初值,再透過 For 迴圈顯示陣列的初值。接
著使用 Array.Sort() 方法做遞增排序後,再顯示排序後的結果。

問題分析

1. 使用 Array.Sort 方法來對指定的陣列作遞增排序。

完整程式碼

```
FileName: ArraySort1.sln
01 Module Module1
02   Sub Main()
03     Dim avg() As Integer = {80, 86, 70, 95, 64, 78}
04     Console.WriteLine(" ===排序前=== ")
05     For k As Integer= 0 To avg.GetUpperBound(0)    '印出avg陣列排序前的結果
06       Console.WriteLine(" avg({0}) = {1}", k, avg(k))
07     Next
08     Console.WriteLine()                '換行
09     Array.Sort(avg)                '由小到大排序avg陣列
10     Console.WriteLine(" ===排序後=== ")
11     For k As Integer= 0 To avg.GetUpperBound(0)    '印出avg陣列排序後的結果
12       Console.WriteLine(" avg({0}) = {1}", k, avg(k))
```

```
13      Next
14      Console.Read()
15   End Sub
16 End Modile
```

程式說明

1. 第 11 行：使用 Array.GetUpperBound()方法取得陣列的上限，當迴圈終值。

 範例演練

檔名：ArraySort2.sln

下表為某個班級的學期成績，由於有兩個不同性質的資料，必須使用兩個一維陣列分別來存放姓名和學期成績。假設陣列名稱分別為 name 和 avg，初值如左下表，學期成績由小而大排序後如右下表。

姓名(name)	學期成績(avg)
小強	82
志明	66
春嬌	75
阿榮	93
豪哥	70
大雄	89

排序前

姓名(name)	學期成績(avg)
志明	66
豪哥	70
春嬌	75
小強	82
大雄	89
阿榮	93

排序後(遞增排序)

程式執行時，將排序前後的元素內容顯示出來。

問題分析

1. 由於每個人的姓名和成績都要對應到一個相同的註標值，若使用 Array.Sort(avg) 排序時，只單獨對 avg 陣列物件做遞增排序，而 name 姓名陣列仍維持原狀，則會導致姓名和成績無法一致。

2. 若希望按照學期成績由小而大排序，姓名也同時跟著更動時，就必須改成 Array.Sort(avg, name)。

完整程式碼

```
FileName : ArraySort2.sln
01 Module Module1
02   Sub Main()
03     '學生姓名name陣列
04     Dim name() As String = {"小強", "志明", "春嬌", "阿榮", "豪哥", "大雄"}
05     Dim avg() As Integer = {82, 66, 75, 93, 70, 89}
06     Console.WriteLine(" === 排序前 === ")
07     For k As Integer= 0 To avg.GetUpperBound(0)
08       Console.WriteLine(" name({0}) = {1}  vg({2}) = {3}", k, name(k), k, avg(k))
09     Next
10     Console.WriteLine()
11     Array.Sort(avg, name)   'name 陣列依 avg 陣列做由小而大排序
12     Console.WriteLine(" === 排序後 === ")
13     For k As Integer= 0 To avg.GetUpperBound(0)
14       Console.WriteLine(" name1({0}) = {1}  avg({2}) = {3}", k, name(k), k, avg(k))
15     Next
16     Console.Read()
17   End Sub
18 End Module
```

程式說明

1. 第 11 行：如果希望依照姓名字母排序時，程式碼為 Array.Sort(name, avg)

4.3.2 陣列的反轉

　　Array.Reverse() 方法可用來反轉整個一維陣列元素的順序。上例使用 Array.Sort() 方法來對指定的陣列由小而大做遞增排序。若希望改成由大而小作遞減排序，就必須將已做完遞增排序的陣列，再使用 Array.Reverse() 方法反轉，即可將陣列由大而小作遞減排序。語法如下：

> 語法：Array.Reverse(陣列物件)

[例] 欲對陣列名稱 avg 做由大而小遞減排序，寫法如下：

```
Array.Sort(avg)          '將 avg 陣列做由小而大遞增排序
Array.Reverse(avg)       '將 avg 陣列做反轉元素由大而小遞減排序
```

若同時有兩個相關的陣列 name 和 avg，若以 avg 陣列為基準由大而小做遞減排序，其相關陣列需要同時反轉，程式寫法如下：

```
Array.Sort(avg,name)     'avg 陣列由小而大遞增排序，name 同步調整
Array.Reverse(avg)       '將 avg 陣列反轉做由大而小遞減排序
Array.Reverse(name)      '將 name 陣列反轉做由大而小遞減排序
```

範例演練

檔名：ArrayReverse.sln

宣告一個 score 整數陣列，其大小為 3 並設定初值，然後使用 ReDim 重新宣告大小為 5 陣列，來觀察重新宣告後的情形。

問題分析

1. 因為要依照成績作遞減排序，所以要先用 Array.Sort() 方法讓成績和姓名兩個陣列同步遞增排序，隨後兩個陣列都用 Array.Reverse() 方法將陣列元素反轉順序。

2. 因為成績已經遞減排序好，且由於名次從 1 算起而非零，所以必須將註標值加 1。

完整程式碼

```
FileName: ArrayReverse.sln
01 Module Module1
02
03  Sub Main()
04    Dim name() As String = {"小強", "志明", "春嬌", "阿榮", "豪哥", "大雄"}
05    Dim avg() As Integer = {82, 66, 75, 93, 70, 89}
06    Console.WriteLine(" === 排序前 === ")
07    For k As Integer = 0 To name.GetUpperBound(0)
08       Console.WriteLine("name({0}) = {1}  avg({2}) = {3}", _
                           k, name(k), k, avg(k))
09    Next
10    Console.WriteLine()
11    Array.Sort(avg, name)    '由小到大排序avg與name陣列
12    Array.Reverse(avg)       '反轉avg陣列
13    Array.Reverse(name)      '反轉name陣列
14    Console.WriteLine(" === 排序後 === ")
15    Console.WriteLine("       姓名    學期成績    名次 ")
16    For k As Integer = 0 To name.GetUpperBound(0)
17       Console.WriteLine("name1({0}) = {1} avg({2}) = {3} {4}", _
                           k, name(k), k, avg(k), k + 1)
18    Next
19    Console.Read()
20  End Sub
21
22 End Module
```

程式說明

1. 第 11~13 行：以成績做遞減排序。

2. 第 15 行：顯示 「姓名」、「學期成績」、「名次」 標題。

3. 第 16~18 行：由於成績由上而下做遞減排序，因此排名次需由 1 開始，而註標值 k 是由零開始，所以執行時必須將 k 值加 1。

4.3.3 陣列的搜尋

.NET Framework 類別程式庫的 Array 類別提供 Array.IndexOf() 及 Array.BinarySearch() 方法,可用來搜尋某個資料是否在陣列物件中。關於這兩個方法的使用說明如下:

一、Array.IndexOf() 方法

使用 Array.IndexOf() 方法可用來搜尋陣列中是否有相符的資料。若有找到,則會傳回該陣列元素的註標值;若沒有找到時,會傳回-1。語法如下:

> 語法: Array.IndexOf(陣列名稱, 查詢資料[, 起始註標] [, 查詢距離])

上面敘述是由指定 陣列名稱 中,由指定的 起始註標 開始往後找 查詢距離 中符合 查詢資料 的陣列元素。若有找到傳回時,就傳回該陣列元素的註標值,若沒有找到就傳回 -1。

[例] 假設字串陣列 name 中含有 {"Jack", "Tom", "Fred", "Mary", "Lucy", "Jane" } 共六個陣列元素,觀察下列各陳述式輸出結果:

① Array.IndexOf(name, "Tom")

[結果] 由註標 0 開始找起,找到 Tom 註標為 1,所以傳回值為 1。

② Array.IndexOf(name, "Tom", 3)

[結果] 由註標 3 開始找起,找不到 Tom,所以傳回值為 -1。

③ 若 str1="Lucy", start=1, offset=2,引數改用數值查詢。
Array.IndexOf(name, str1, start, offset)

[結果] 由註標 1 開始往下找 2 個陣列元素,其內容("Tom"、"Fred") 是否有 "Lucy" 字串,找不到所以傳回值為 -1。

二、Array.BinarySearch() 方法

使用 Array.IndexOf() 方法來搜尋陣列中的資料,每次搜尋資料都由最前面開始找起。若陣列未經排序,而且資料量大時,愈後面的資料搜尋所花費的時間愈多，導致搜尋時間不平均。為了使資料搜尋時間與資料存放前後位置無關，即資料的平均搜尋時間都差不多，在 .NET Framework 類別程式庫另外提供 Array.BinarySearch() 二分化搜尋方法來搜尋資料是否在陣列中。此種方法在使用前，陣列必須先經過由小而大遞增排序後才可使用，在資料量大的陣列可以加速搜尋速度。語法如下：

> 語 法 ： Array.BinarySearch(陣列名稱, 查詢資料)

 範例演練

檔名：ArraySearch.sln

有一個英語水果單字陣列 fruit，先將陣列元素由小而大做遞增排序，接著由鍵盤輸入欲查詢的英文單字，透過 Array.BinarySearch()方法查詢，若有找到即顯示該陣列元素的註標和內容以及顯示是第幾個陣列元素；若找不到該資料，則顯示 "該資料不存在!"。

程式說明

1. 要使用 Array.BinarySearch() 二分化搜尋方法來查詢陣列元素前，必須先用 Array.Sort() 方法將陣列元素由小而大排序。

2. 用 Array.BinarySearch() 方法查詢陣列元素時，若查詢到資料，其傳回值為註標值；若查詢不到，傳回值則為 -1 (小於 0)。根據傳回值，使用 If 判斷式作不同的回應訊息。

完整程式碼

```
FileName: ArraySearch.sln
01 Module Module1
02   Sub Main()
03     Dim index As Integer        '宣告用來存放搜尋結果的陣列元素
04     Dim myObject As String      '宣告欲搜尋的資料
05     Dim fruit() As String = {"apple", "banana", "mango", "guava", _
                                 "melon", "strawberry"}
06     Array.Sort(fruit)           'fruit 陣列遞增排序
07     Console.WriteLine(" === 排序後 === ")
08     For k As Integer = 0 To fruit.GetUpperBound(0)
09       Console.WriteLine(" {0}.fruit({1}) = {2} ", k + 1, k, fruit(k))
10     Next
11     Console.WriteLine("---------------------------")
12     Console.Write("請輸入欲查詢的水果：")
13     myObject = Console.ReadLine()        '輸入欲搜尋的資料
14     '搜尋 name 陣列是否有 myObject 資料,若找到則傳回註標值並指定給 index
15     index = Array.BinarySearch(fruit, myObject)
16     Console.WriteLine("---------------------------")
17     Console.WriteLine()
18     Console.WriteLine("*** 查詢結果：")
19     Console.WriteLine()
20     If index < 0 Then           'index 小於 0,表示找不到資料
21       Console.WriteLine("== 該資料不存在！")
22     Else
23       Console.WriteLine("== 該資料位於陣列中 name({0}) = {1}", index, _
                           fruit(index))
24       Console.WriteLine("  相當於陣列中的第 {0} 個元素....", index + 1)
25     End If
26     Console.Read()
27   End Sub
28 End Module
```

程式說明

1. 第 15 行：使用 Array.BinarySearch() 方法搜尋 fruit 陣列中 myObject 的
   註標值,然後再指定給 index。

2. 第 20~25 行：若 index 小於 0,表示 fruit 陣列並沒有 myObject,接著會
   執行第 21 行；若 index 大於 0,表示 fruit 陣列有 myObject,接著會執行
   第 23~24 行。

4.3.4 陣列的拷貝

當你希望將某個陣列複製給另一個陣列時，可以使用 Array.Copy() 方法進行陣列的拷貝。語法如下：

> 語法：Array.Copy(來源陣列, 起始註標, 目的陣列, 目的註標, 元素個數)

[說明]

① 來源陣列：來源陣列即被拷貝的陣列。

② 起始註標：代表來源陣列的註標，由指定註標的元素開始複製。

③ 目的陣列：接收資料的目的陣列。

④ 目的註標：代表目的陣列的註標，由指定註標值的陣列元素開始儲存。

⑤ 元素個數：表示要複製的陣列元素個數。

範例演練

檔名：ArrayCopy.sln

練習使用 Array.Copy()方法來進行拷貝陣列。先建立來源陣列與目的陣列，兩個陣列的初值設定如下：

① 來源陣列：sArray = {10, 20, 30, 40, 50, 60}

② 目的陣列：dArray = {0, 1, 2, 3, 4, 5, 6, 7, 8, 9, 10}

請將 sArray 來源陣列註標值為 2 開始往下拷貝 3 個陣列元素到 dArray 目的陣列，並從 dArray 目的陣列的註標為 5 開始放起。其程式執行結果如下圖：

問題分析

1. 使用 Array.Copy() 方法可以將一個陣列中所指定範圍的陣列元素，複製到另一陣列的指定位置。

2. 因為 sArray 和 dArray 兩個陣列的個數不相同，所以用 If 判斷式來區隔，當註標 k <= 5 時顯示兩個陣列元素值；若註標 k > 5 時只顯示 dArray 陣列元素值。

完整程式碼

```
FileName: ArrayCopy.sln
01 Module Module1
02   Sub Main()
03     Dim sArray() As Integer = { 10, 20, 30, 40, 50, 60 }                '建立來源陣列
04     Dim dArray() As Integer = { 0, 1, 2, 3, 4, 5, 6, 7, 8, 9, 10 } '建立目的陣列
05     Array.Copy(sArray, 2, dArray, 5, 3)
06     Console.WriteLine(" 來源陣列     目的陣列")
07     For k As Integer= 0 To 10
08       If k <= 5
09         Console.WriteLine("sArry({0})={1}  dArray({2})={3}", _
                             k, sArray(k), k, dArray(k))
10       Else
11         Console.WriteLine("            dArray({0})={1}", k, dArray(k))
12       End If
13     Next
14     Console.Read()
15   End Sub
16 End Module
```

4.3.5 陣列的清除

當你需要將某個陣列中指定範圍內的陣列元素內容清除，可以透過 Array.Clear() 方法。其語法如下：

> 語法 ： Array.Clear (陣列名稱, 起始註標, 刪除元素個數)

[例 1] 將 myAry 陣列中，註標為 3~4 兩個陣列元素的內容清除，寫法：

```
Array.Clear(myAry, 3, 2)
```

[例 2] 將 myAry 陣列中，所有陣列元素的內容清除，假設該陣列共有六
　　　　個陣列元素。其寫法：

```
Array.Clear(myAry, 0, 6)
```

▦ 4.4 多維陣列

　　本章前面所介紹的陣列只會有一個註標，其維度為 1，稱為「一維陣列」
(One-Dimensional Array)。若一個陣列會有兩個註標，其維度為 2，稱為「二
維陣列」(Two-Dimensional Array)。若有三個註標，其維度為 3，稱為「三
維陣列」(Three-Dimensional Array)，我們將維度超過兩個(含)以上稱為「多
維陣列」(Multi-Dimensional Array)。二維陣列是由兩個註標構成，我們將
第一個註標稱為列(Row)，第二個註標稱為行(Column)。譬如：座位表、電
影座位等以表格方式呈現者都可用二維陣列來表示。二維陣列若每一列的
個數都相同，就構成一個如下圖所示的「矩形陣列」(Rectangular Array)。
若每一列的個數長短不一則構成「不規則陣列」(Jagged Array)。不規則陣
列將於下一節中探討，本節僅介紹矩形陣列。譬如：下表為一個 3×4 的 ary2
矩型陣列：

	第 0 行	第 1 行	第 2 行	第 3 行
第 0 列	ary2(0,0)	ary2(0,1)	ary2(0,2)	ary2(0,3)
第 1 列	ary2 (1,0)	ary2(1,1)	ary2(1,2)	ary2(1,3)
第 2 列	ary2 (2,0)	ary2(2,1)	ary2(2,2)	ary2(2,3)

上表二維陣列建立方式如下：

```
Dim ary2(3,4) As Integer
```

設定各陣列元素的初值：

```
ary2(0,0)=1 : ary2(0,1)=2 : ary2(0,2)=3 : ary2(0,3)=4
ary2(1,0)=5 : ary2(1,1)=6 : ary2(1,2)=7 : ary2(1,3)=8
ary2(2,0)=9 : ary2(2,1)=10 : ary2(2,2)=11 : ary2(2,3)=12
```

將上面建立和設定初值陳述式合併成一行敘述：

```
Dim ary2(,) As Integer = {{1,2,3,4},{5,6,7,8},{9,10,11,12}}
```

範例演練

檔名：array2.sln

請參照下圖的輸出入畫面，使用陣列物件所提供的方法並配合 For 迴圈，將下列的 ary1 一維陣列及 ary2 二維陣列的所有元素讀取出來。

Dim ary1() As Integer = {1,2,3,4,5}

Dim ary2(,) As Integer = {{1,2,3,4},{5,6,7,8},{9,10,11,12}}

問題分析

1. 逐一讀取一維陣列元素值時，通常使用 For 或是 For Each 迴圈。

2. 要逐一讀取二維陣列元素值時，則可以使用 For 的巢狀迴圈。外層迴圈起始值為 0，而終止值為第一維的註標最大值，最大值可以用 GetUpperBound(0) 取得。而內層迴圈終止值為第二維的註標最大值，最大值可以用 GetUpperBound(1) 取得。

完整程式碼

```
FileName: array2.sln
01 Module Module1
02    Sub Main()
03      Dim ary1() As Integer = { 1, 2, 3, 4, 5 }
04      Dim ary2(,) As Integer = { { 1, 2, 3, 4 }, { 5, 6, 7, 8 }, { 9, 10, 11, 12 } }
05      Console.WriteLine()
06      Console.WriteLine("讀取ary1一維陣列")
07      '如下For 可改成 For i As Integer=0 To ary1.Length - 1
08      For i As Integer=0 To ary1.GetUpperBound(0)
09        Console.Write("ary({0})={1}  ", i, ary1(i))
```

```
10      Next
11      Console.WriteLine()
12      Console.WriteLine()
13      Console.WriteLine("讀取ary2 二維陣列")
14      '外層迴圈取得第1維陣列上限
15      For i As Integer= 0 To ary2.GetUpperBound(0)
16        '內層迴圈取得第2維陣列上限
17        For j As Integer= 0 To ary2.GetUpperBound(1)
18          Console.Write("ary({0},{1})={2}  ", i, j, ary2(i, j))
19        Next
20        Console.WriteLine()
21      Next
22      Console.Read()
23   End Sub
24 End Module
```

> **TIPS**
> 若想知道陣列的維度可以使用前面介紹的 Rank 屬性，例如上面
> 範例中 ary2.Rank 的值為 2，表示 ary2 為二維陣列。

範例演練   檔名：election.sln

透過鍵盤輸入各選區每位候選人的得票數，以行為主 Column-Majored 方式存
入陣列，輸入完畢電腦自動計算每位候選人的總得票數，並顯示哪位候選人
當選及得票數訊息。

候選人	第一選區	第二選區	第3選區
朱敬山	10200	15567	17002
蕭麗華	13502	16806	29890
羅錦池	30023	27891	30369

問題分析

1. 表格型態的資料，可以使用二維陣列來儲存資料，而且可以橫向或縱向來統計數據資料。所以本範例宣告一個二維整數陣列 vote(2, 2)，來存放三個選區三位候選人的各區得票數。

2. 宣告一個字串一維陣列 name，來存放三位候選人的姓名。再宣告一個整數一維陣列 tot，來存放三位候選人的總得票數。

3. 輸入得票數時，要依照選區逐一輸入各候選人的得票數，所以要使用 For 巢狀迴圈。外圈由 0 到 2 為選區的註標，內圈由 0 到 2 分別代表 "朱敬山"、"蕭麗華"、"羅錦池" 三位候選人，將每區各候選人的票數存入 vote 陣列中。

4. 計算各候選人總得票數時，必須固定列，累加同列的三行資料即可獲得該候選人的總得票數，然後將總得票數存入 tot 陣列中。

5. 顯示最高票時，將存放各候選人總得票數的 tot 陣列，先使用 Array.Sort() 方法由小而大遞增排序，再使用 Array.Reverse()方法改成遞減排序，使得最高票置於陣列的最前面，再將最高票的候選人及總得票數顯示出來。排序時要注意，姓名 name 陣列也要同步處理。

完整程式碼

```
FileName : election.sln
01 Module Module1
02   Sub Main()
03     Dim i, k As Integer
04     Dim name() As String = {"朱敬山", "蕭麗華", "羅錦池"}  '建立姓名陣列
05     Dim tot(name.Length - 1) As Integer     '指定 tot 陣列元素總數與 name 陣列相同
06     Dim vote(2, 2) As Integer               '存放各候選人各區得票數
07     For i = 0 To 2                          '輸入各選區各候選人得票數
08       Console.WriteLine(" 第 {0} 選區各候選人得票數:", i + 1)
09       For k = 0 To 2
10         Console.Write(" {0}. {1} : ", (k + 1), name(k))
11         vote(i, k) = Console.ReadLine()
12       Next
13       Console.WriteLine(" --------------------------------")
14     Next
15     For i = 0 To 2                          '計算各候選人總得票數存入 tot 陣列中
16       For k = 0 To 2
17         tot(i) += vote(k, i)
18       Next
19     Next
20     Console.WriteLine(" 候選人 第一區  第二區  第三區  總得票數")  '顯示結果
21     Console.WriteLine(" ====== ====== ====== ======  =======")
22     For i = 0 To 2
23       Console.WriteLine(" {0}  {1}   {2}   {3}   {4}", _
                       name(i), vote(0, i), vote(1, i), vote(2, i), tot(i))
24     Next
25     '對存放各候選人總得票數的 tot 陣列作遞減排序
26     Array.Sort(tot, name)        '排序 tot，name 依 tot 索引做排序
27     Array.Reverse(tot)           '反轉 tot 陣列
28     Array.Reverse(name)          '反轉 name 陣列
29     Console.WriteLine()
30     Console.WriteLine(" === {0} 獲得最高票, 共計: {1} 票", name(0), tot(0))
31     Console.Read()
32   End Sub
33 End Module
```

程式說明

1. 第 3~6 行：宣告變數與建立陣列。

2. 第 7~14 行：得票數輸入方式是依選區輸入各候選人的得票數，i 為選區
   的註標，k 值由 0~2 分別代表 "朱敬山", "蕭麗華", "羅錦池"，並將各候
   選人的每區票數存入 vote(i, k) 得票陣列 vote 中。

3. 第 15~19 行：計算各候選人總得票數，外迴圈固定列使用 i = 0~2，內迴圈使用 k = 0~2，累加同列的三欄票數存入 tot(i) 陣列中。

4. 第 20~24 行：使用 For 迴圈以列表方式將 vote(3, 3) 陣列存放各候選人各區得票數並顯示。

5. 第 26~30 行：先使用 Array.Sort(tot,name) 依照總得票數，tot 和 name 陣列由小而大遞增排序。再使用 Array.Reverse()方法反轉 tot 和 name 陣列。

▦ 4.5 不規則陣列

不規則陣列(Jagged Array)和矩陣陣列不一樣的地方在於，每列的長度(即陣列元素的個數)不相同。其使用時機是當你在程式中建立一個二維陣列，若每一列的陣列元素的個數長短不一時或有少數列的陣列元素個數很大，其它列的陣列元素個數很少時，就可以使用不規則陣列，如此可使得陣列佔用較少的記憶體空間，執行時，陣列的存取速度會較快。二維不規則陣列建立的語法如下：

> 語法 ： Dim 陣列名稱(size)() As 資料型別

語法中 size 是表示陣列總共有幾列(Row)。若想建立三列的不規則整數陣列，第一列有三個元素，第二列有兩個元素，第三列有四個元素，建立步驟如下：

1. 先宣告不規則整數二維陣列 myAry，此陣列共有 3(2+1) 列，即第 1 維大小固定，第 2 維大小不固定。

```
Dim myAry(2)() As Integer      '先建立第一維有 3 列
```

2. 經過上面建立一維陣列之後，接著再對一維陣列的每一個元素使用 New 關鍵字建立新的一維陣列，且新的一維陣列的大小都不一樣，如此即形成不規則陣列。其寫法如下：

```
myAry(0) = New Integer(2) {}  '第 1 列建立 3 個陣列元素
myAry(1) = New Integer(1) {}  '第 2 列建立 2 個陣列元素
myAry(2) = New Integer(3) {}  '第 3 列建立 4 個陣列元素
```

經過上述宣告後，所建立的不規則陣列表列如下：

myAry(0)(0)	myAry(0)(1)	myAry(0)(2)	
myAry(1)(0)	myAry(1)(1)		
myAry(2)(0)	myAry(2)(1)	myAry(2)(2)	myAry(2)(3)

3. 由於每列的個數不一樣，就必須透過陣列的 Length 屬性來取得該維度的最大值。譬如：
   ① myAry.Length   ' 取得整個 myAry 陣列共有多少列
   ② myAry(i).Length   ' 取得 myAry 陣列的第 i 列有多少陣列元素

4. 設定和取得陣列元素值，寫法如下：
   ① myAry(1)(0) = 4   ' 設定第 2 列第 1 個陣列元素值為 4。
   ② num = myAry(2)(3)   ' 設 num 值為第 3 列第 4 個陣列元素值。

範例演練

檔名：jaggedAry.sln

建立學生評語表，如下表所示：

	第 0 行	第 1 行	第 2 行	第 3 行	第 4 行
第 0 列	林子厚	反應敏捷	熱心公務	表現大方	
第 1 列	趙玲玲	溫和良善	主動求知	做事負責	待人親切
第 2 列	吳學剛	性情率真	尚知勤學		

使用不規則陣列來建立資料，使按照下圖顯示結果：

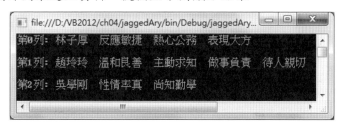

問題分析

1. 因為各個學生的評語個數不相同,所以需要用不規則陣列來存放資料。本範例中有三個學生,而資料均為字串所以宣告一個有三列的二維字串陣列 styAry(2)(),然後再逐列宣告陣列元素個數。

2. 要逐一讀取陣列元素值時,可以使用 For 的巢狀迴圈。外層迴圈起始值為 i = 0,而終止值為第一維的註標最大值,最大值可以用 i = stuAry.Length-1 取得。而內層迴圈終止值為第二維的註標最大值,最大值可以用 stuAry(i).Length-1 取得。

完整程式碼

```
FileName : jaggedAry.sln
01 Module Module1
02   Sub Main()
03     Dim stuAry(2)() As String          '先建立第一維有 3 列的字串陣列
04     '第 1 列建立 3 個陣列元素
05     stuAry(0) = New String() {"林子厚", "反應敏捷", "熱心公務", "表現大方"}
06     '第 2 列建立 2 個陣列元素
07     stuAry(1) = New String() {"趙玲玲","溫和良善","主動求知","做事負責","待人親切"}
08     '第 3 列建立 4 個陣列元素
09     stuAry(2) = New String() {"吳學剛", "性情率真", "尚知勤學"}
10     For i As Integer = 0 To stuAry.Length - 1    '外迴圈執行次數依照陣列列數
11       Console.Write("第{0}列: ", i)
12       '取得 stuAry 陣列的第 i 列共有多少個陣列元素
13       For k As Integer = 0 To stuAry(i).Length - 1
14         Console.Write("{0} ", stuAry(i)(k))
15       Next
16       Console.WriteLine(vbNewLine)
17     Next
18     Console.Read()
19   End Sub
20 End Module
```

▦ 4.6 課後練習

一、選擇題

1. Dim a () As Integer

   如上敘述會產生幾個陣列元素？ (A) 5　(B) 6　(C) 7　(D) 以上皆非。

2. 承上例，試問陣列元素的資料型別為何？

   (A) 浮點數　(B) 字串　(C) 整數　(D) 物件。

3. Dim name () As String = {"Tom", "Mary", "Jack"}

   如上敘述試問 name(1)值為？

   (A) "Tom"　(B) "Mary"　(C) "Jack"　(D) 以上皆非。

4. 承上例，試問印出 name(3) 內容為何？

   (A) null　(B) 空字串　(C) "Jack"　(D) 產生陣列超出索引範圍的例外。

5. Dim a () As Integer = {1, 2, 3, 4, 5}

   For i As Integer = 0 To a.GetUpperBound(0)

   　　Console.WriteLine("{0} ", a(i))

   Next

   請問　a.GetUpperBound(0) 不可替換為何？

   (A) 4　(B) a.Length - 1　(C) a.Rank　(D) a.GetLength(0) - 1。

6. 下列哪個方法可用來反轉陣列？ (A) Array.Sort()　(B) Arran.Rank()

   (C) Array.Reverse()　(D)Array.Clear()。

7. 下列哪個方法可用來清除陣列的所有內容？ (A) Array.Sort()

   (B) Arran.Rank()　(C) Array.Reverse()　(D) Array.Clear()。

8. 下列哪個方法可用來將陣列內的陣列元素進行由小到大排序？

   (A) Array.Sort()　(B) Arran.Rank()　(C) Array.Reverse()

   (D) Array.Clear()。

9. 有一陣列物件 score，若欲將 score 做由大到小排序，應如何撰寫程式？

(A) Array.Reverse() : Array.Sort()　(B) Array.Clear()　(C) Array.Sort()

(D) Array.Sort() : Array.Reverse()

10. 陣列的拷貝可以使用？　(A) Array.CopyRight()　(B) Array.Copy()

(C) Array.CopyArray　(D) CopyToArray()。

11. 若搜尋某個資料是否在陣列中，但不想排序陣列的資料，可使用哪個方法？(A) Array.Search()　(B) Array.BinarySearch()　(C) Array.IndexOf()

(D) Array.Index()

12. 若想要使用二分化搜尋方法來查詢某個資料是否在 score 陣列中，程式應如何撰寫？

(A) Array.Search() : Array.Sort()　(B) Array.BinarySearch() : Array.Sort()

(C) Array.Sort() : Array. Search()　(D) Array.Sort() : Array.BinarySearch()

13. Dim n As Integer = 5

Dim a(n-1) As Double

上面敘述會產生幾個陣列元素？

(A) 5　(B) 6　(C) 7　(D) 以上皆非。

14. 承上例，試問陣列元素的資料型別為何？

(A) 浮點數　(B) 字串　(C) 整數　(D) 物件。

15. 下例何者說明正確？

(A) Array.Sort()方法適用於多維陣列

(B) 使用 Array.BinarySearch()方法搜尋陣列中的元素，不用先排序陣列

(C) 欲清除陣列的所有元素可使用 Array.Cls()方法

(D) 使用 Array.IndexOf() 搜尋陣列中的元素，若沒有找到會傳回 -1。

二、程式設計

1. 首先讓使用者連續輸入 6 位同學的整數成績，並存放在整數陣列中，然後再由該陣列中找出最高成績和最低成績。

2. 建立 userId 與 passWord 字串陣列，用來存放五組帳號(abc, bcd, cde, def, efg)與密碼(123, 234, 345, 456, 567)皆互相對應。接著讓使用者輸入帳號及密碼，當帳號與密碼皆正確時即顯示「登入成功」訊息，否則顯示「登入失敗」訊息。

3. 如下表有 books 書籍名稱字串陣列及 sales 銷售量整數陣列；請如下圖依銷售量來進行由大到小排序並列出排名。

Books	sales
青春無悔	671
暮光之城	506
人生不設限	174
心靈雞湯	892
祕密旅行	758

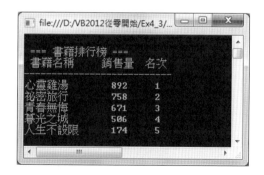

4. 讓使用者輸入四位同學的姓名和成績，並分別存放 stuName 字串陣列和 score 整數陣列中。接著讓使用者輸入欲查詢的同學名稱是否在 stuName 字串陣列中，若存在就顯示成績。本例請使用 Array.IndexOf() 方法。

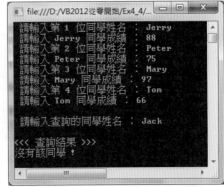

5. 程式執行時先詢問使用者欲輸入的收入筆數,接著再將所輸入的每筆金額進行加總,最後請算出總金額及平均並顯示出來。例如:輸入 4 表示要輸入四筆收入,接著輸入四筆收入之後,算出四筆收入的總金額及平均並顯示出來。

6. 某公司有 XBox, PS3, PS 2, Wii 四個產品,這四個產品在北、中、南、東四區的銷售量如下,試印出如下圖內容並計算出北、中、南、東四區的總銷售量。

5 副程式

▦ 5.1 結構化程式設計

在開發較大的應用程式時，程式設計人員和使用者若雙方溝通不良，會導致開發出的應用程式滿意度降低。如果在開發過程未察覺錯誤，亦會降低了使用者對該應用程式品質的信賴度。若對開發完成的應用程式測試不正確，或是文件說明不完整或不明確，也會增加日後對該應用程式維護的困難。所以設計大型的應用程式，若能朝「結構化」去設計，就能減少上述事情發生的機會。一個符合結構化的程式，是指該程式具有「由上而下程式設計」的精神，以及具有模組化設計概念。

「由上而下程式設計」(Top-Down Programming Design)是一種逐步細緻化的設計觀念，它具有層次性，將程式按照性能細分成多個單元，再將每個單元細分成各個獨立的模組，模組間儘量避免相依性，使得整個程式的製作簡單化。設計一個完整的程式，就好像蓋房子一樣，先打完地基，再蓋第一層樓，逐步往上砌。設計程式亦是如此，如下圖是由頂端的主程式開始規劃，然後逐步往下層設計，不但層次分明有條理且易於了解，可減少程式發生邏輯上的錯誤。此種設計觀念就是「由上而下程式設計」。

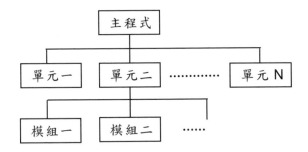

所謂「模組化程式設計」(Modular Programming Design) 就是在分析問題時，由大而小，由上而下，將應用程式切割成若干模組。若模組太大還可以再細分成小模組，使得每個模組成為具有獨立功能的程序或函式。因為 VB 是屬於物件導向語言，每個模組允許各自獨立撰寫和測試，不但可以減輕程式設計者負擔，而且容易維護和降低開發成本。由於模組分開獨立撰寫，因此稍加修改就可套用到不同的應用程式而提昇生產力。譬如：在

Windows Form 視窗上的功能表的「檔案」功能可視為一個大模組，又可細分成「新增檔案」、「開啟舊檔」、「關閉檔案」小模組，將小模組分給程式設計成員獨立撰寫，再合併成一個大模組。模組與模組間的資料是透過引數來傳遞，執行結果可以傳回也可以不傳回。

　　譬如，本章介紹的程序或函式都可視為模組。一個製作好的模組，使用者只要給予輸入值，不必瞭解模組內如何運作，便可輸出結果，模組有如各式各樣的積木，每塊積木相當於一個模組，可組合成不同形狀的東西出來。同樣地，使用者可透過不同模組組合出不同功能的程式出來。更神奇的是，模組可供各不同的程式呼叫使用，大大減少程式開發的時間。

　　至於「結構化程式設計」(Structured Programming Design) 是指程式的流程由循序結構、選擇結構(If…Then…Else…、Switch…)、重複結構(For…、Do While…Loop) 等程式區塊組合而成，程式流程保持一進一出的基本架構，因而增加了程式的可讀性。同時在結構化程式設計中，無論在規劃程式階段或編寫程式階段都注重由上而下設計和模組化的精神，使得程式層次分明、可讀性高、易分工編寫、除錯與維護。至於有關 VB 物件導向程式設計請參閱第六章說明。

▦ 5.2 副程式簡介

　　在撰寫較大的程式時，有些具有某種特定功能的程式區塊會在程式中多次重複出現，使得程式看起來冗長和不具結構化，VB 允許將這些程式區塊單獨編寫成一個副程式（可分為程序和函式兩種），並賦予副程式一個名稱，程式中需要時才進行呼叫。因此，副程式符合了模組化程式設計的精神。譬如：系統分析師在分析一個較大的應用程式時，首先會將一個大系統由上往下逐層細分成具有特定功能的小模組，再將這些小模組交給不同程式設計師，同時進行編寫程式碼，最後只要透過最上層的主程式將各個副程式連結起來就成為一個完整的大系統。

　　一般我們將程式開始執行的起點稱為「主程式」，在主控台應用程式下 VB 程式預設的起點是 Main() 程序，所以 Main() 程序視為主程式。至於一般的副程式是不會自動執行，只有在被主程式或另一個程序呼叫時才會被執行。程式中使用副程式來建構程式碼有下列優點：

1. 副程式可將大的應用程式分成若干不連續的邏輯單元，由多人同時進行編碼，可提高程式設計效率。

2. 只需寫一次就可在同個程式中多處呼叫使用；也可不需做太多的修改或甚至不用修改，套用到其它的程式來共用，在程式開發上省時省力。

3. 可縮短程式長度，簡化程式邏輯，有助提高程式的可讀性。

4. 採用物件導向程式設計，不同功能的程式單元獨立成為某個模組的程序或函式，使得較易除錯和維護。

　　程式設計者應程式需求而自行定義的使用者自定程序或函式，依不同需求和常用性可分成下列兩種：

1. **事件處理程序**
   依據使用者動作或程式項目所觸發的事件，此時會去執行該物件相對應的事件處理程序。例如在 btnOk 按鈕的上面按一下，會觸發 btnOk 按鈕的 Click 事件，此時會執行 btnOk_Click() 事件處理程序。

2. **一般程序**
   一般程序是指程式設計者應程式需求自己定義的程式模組，可細分為自定函式「Function…End Function」或自定程序「Sub…End Sub」。自定函式可傳回一個結果值，自定程序也可透過引數傳回值。兩者都透過呼叫才能執行。

　　視窗應用程式中控制項事件處理程序的使用方式將於第七章以後介紹，關於一般程序的定義和呼叫將於本章中陸續介紹。一般程序適用於進行重複或共用的工作，例如常用的計算、文字和控制項的操作，以及資料庫作業。

▦ 5.3 亂數類別的使用

　　「內建類別」是廠商將一些經常用到的數學公式、字串處理、日期運算以及方法(函式)的資料型別直接建構在該程式語言的系統內。以 VB 來說，就可以使用 .Net Framework 內建類別，程式設計者不必了解這些類別以及物件程序內部的寫法，只要給予引數輸入值，直接呼叫物件的程序名稱，便可得到輸出結果。我們將此類的類別稱為「系統內建類別」。在 .Net Framework 提供的常用內建類別包括：亂數類別、數學類別、字串類別以及日期類別，本章只簡單介紹亂數類別的使用方式，以方便在後面章節的範例中使用。關於常用的內建類別收錄於附錄 A。

　　亂數多用於電腦、離散數學、作業研究、統計學、模擬、抽樣、數值分析、決策等各領域。.Net Framework 所提供的 Random 類別是屬於 System. Random 型別是用來產生亂數。使用 Random 類別中的方法(函式)時，必須先建立 Random 物件實體才能使用。下面步驟介紹亂數類別的使用方式：

1. Random 類別可用來產生亂數，使用時要先宣告一個 Random 型別的物件參考，並使用 New 來初始化建立亂數物件。例如要建立 ranObj 為 Random 類別的物件實體，寫法：

```
Dim ranObj As New Random
```

2. 接著可以使用 Random 類別所提供的 Next()方法，來產生某個範圍的亂數值。有下面幾種用法：

① 產生介於 0~2,147,483,647 (=2^{31}-1)之間的亂數值並指定給 ranNum 整數變數。寫法：

```
Dim ranNum As Integer = ranObj.Next()
```

② 產生 0~4 之間的亂數值並指定給 ranNum 整數變數，寫法：

```
Dim ranNum As Integer = ranObj.Next(5)
```

③ 產生 7~99 之間的亂數值並指定給 ranNum 整數變數，寫法：

```
Dim ranNum As Integer = ranObj.Next(7, 100)
```

上面陳述式 Random 類別的 Next 方法第一個引數 7 表示產生亂數的最下限,第二個引數 100 表示會產生亂數的最上限為 99 (即 100-1),因此上面陳述式會產生範圍 7~99(含)的亂數。

範例演練　　　　　　　　　　　　　　　　　檔名:RndObj.sln

試使用 For 迴圈與 Random 類別來產生兩組不同 1~20(含)之間的六個整數亂數,並觀察兩次執行的結果是否一樣?

↑第一次執行結果

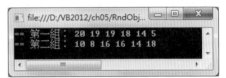

↑第二次執行結果

問題分析

1. 要產生亂數使用亂數類別最為簡便,本範例要產生 1~20 之間的亂數,其寫法為:rndObj.Next(1, 21)。

完整程式碼

```
FileName : RndObj.sln
01 Module Module1
02   Sub Main()
03     Dim RndObj As New Random
04     '第一組 1-20 的六個亂數
05     Console.Write("== 第一組:")
06     For i As Integer = 1 To 6
07       Console.Write(" {0}", RndObj.Next(1, 21))
08     Next
09     Console.WriteLine()
10     '第二組 1-20 的六個亂數
11     Console.Write("== 第二組:")
12     For j As Integer = 1 To 6
13       Console.Write(" {0}", RndObj.Next(1, 21))
14     Next
15     Console.Read()
16   End Sub
17 End Module
```

5.4 一般程序的使用

撰寫程式時，常會將程式中具有特定功能的部份獨立出來，成為較小的邏輯單元，並可個別編輯成一般程序。其中有傳回值的稱為「Function 自定函式」；沒傳回值的稱為「Sub 自定程序」。Function 自定函式和 Sub 自定程序必須放在模組或類別之內，不可以獨立在模組或類別之外。Function 自定函式和 Sub 自定程序都不會自己執行，是供給事件處理程序或其它一般程序呼叫使用。

5.4.1 Function 自定函式的定義

定義 Function 自定函式時，必須先為自定函式命名、指定呼叫該自定函式時要傳入多少個引數(或稱為參數)、同時宣告這些引數的資料型別、為該自定函式設定傳回值的資料型別，以上這些都如下面語法在定義的自定函式第一行敘述中書寫，接著在該自定函式的主體內撰寫相關的程式碼。基本語法如下：

```
[Public|Private] Function  函式名稱([引數串列]) [As  資料型別]
    [ 敘述區段 ]
    Return  運算式    或    函式名稱 ＝ 運算式
    [ Exit Function ]
    [ 敘述區段 ]
End Function
```

自定函式的命名比照識別項命名規則，引數串列若超過一個以上，中間使用逗號隔開。每個自定函式和變數一樣都有一個資料型別，該資料型別是放在自定函式最後面，用 As 來宣告，由它來決定傳回值的資料型別。自定函式是一組以 Function 開頭，而以 End Function 結束所組成的程式區塊。每當自定函式被呼叫時，先將傳入值指定給對應的引數串列，接著跳到自定函式內第一個可執行的陳述式，開始往下執行，若碰到的 End Function、Exit Function 或 Return 陳述式就結束函式，然後返回原呼叫陳述

式處。例如下面自定函式 compute，整數引數 r 採傳值呼叫，倍精確度引數 v 採參考呼叫，傳回值資料型別設為整數，函式寫法如下：

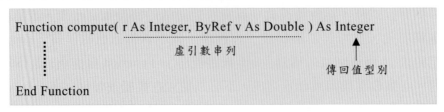

為了區別呼叫陳述式和被呼叫自定函式的引數串列，我們將前者的引數串列稱為「實引數」(Actual Argument)，後者稱為「虛引數」(Dummy Argument)。虛引數串列的引數資料型別，若前面設定為 ByRef，即為「參考呼叫」，此時實引數和虛引數會佔用相同記憶位址，表示除了允許接收由原呼叫陳述式對應的實引數外，離開時也可以將值傳回給原呼叫敘述對應的引數；若虛引數資料型別前面沒有加上 ByRef，即為「傳值呼叫」，表示該引數只能接收由原呼叫陳述式對應的引數，但離開自定函式時無法將值傳回。關於傳值呼叫與參考呼叫的詳細用法將於下節詳細介紹。

傳值呼叫可以加上 ByVal 來宣告，但 ByVal 可省略不寫。
即上面的函式寫法也可以為：

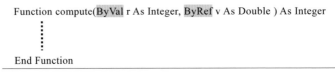

傳入值是指當呼叫自定函式時，可透過引數串列來取得由呼叫該自定函式的陳述式處所傳入的常數、變數或運算式等引數當作初值。傳回值是指自定函式將執行結果傳回給原呼叫程式的值，自定函式可使用 Return 敘述或函式名稱來傳回值。使用方式說明如下：

一、Return 敘述

使用 Return 陳述式來傳回一個指定值。當此陳述式執行完畢立即將控制權傳回給原呼叫程式，接在 Return 後面的陳述式都不會執行。

```
Function compute(r As Double) As Double

    Return 4.0/3.0 * PI * r * r * r          ' 傳回計算後的結果值
                                             ' 並將控制權由此離開方法返迴呼叫處
End Function
```

二、函式名稱 = 運算式

　　其方法是將傳回值置於指定運算子(=)等號的右邊，函式名稱置於等號的左邊，當執行此敘述時，先將等號右邊的結果指定給函式名稱，再透過函式名稱傳回給原呼叫敘述。

```
Function compute(r As Double) As Double

    compute = 4.0/3.0 * PI * r * r * r          '透過函式名稱傳回
End Function
```

　　自定函式除可寫在 Main() 程序前面外，也可寫在 Main() 程序的後面，但自定函式必須置於類別或模組之內。程式中的自定函式有個限制，就是自定函式內不允許再定義另一個自定函式。自定函式前面允許加上 Public、Private 等來設定自定函式有效的存取範圍(權限)。若宣告為 Public 表示該自定函式的存取範圍沒有限制，允許其它類別或模組彼此共用。若宣告為 Private，則該自定函式只能在目前的類別或模組中使用。預設為 Public 公開型態。

5.4.2 Function 自定函式的呼叫

　　程式中呼叫自定函式的語法如下：

　　變數名稱 = 函式名稱([引數串列])　　　　'傳回一個結果值

　　上面語法將自定函式的傳回值指定給等號左邊的變數名稱，此時變數名稱的資料型別必須和所定義的自定函式名稱最後所接的資料型別一致。譬如：呼叫 compute 自定函式，該函式有一個引數，下列寫法都是合法的呼叫陳述式：

```
volume = compute(r)
volume = 20 + compute(r+3)        '函式可放入 r+3 運算式
```

在撰寫呼叫陳述式和被呼叫自定函式兩者間引數傳遞時，要注意除了實引數和虛引數兩者的個數要相同外，兩者間對應引數的資料型別也要一致。實引數允許使用常值、變數、運算式、陣列、結構、物件當引數。虛引數不允許使用常值、運算式當引數，允許使用變數、陣列、結構、物件當引數。下面介紹三種呼叫自定函式的用法：

1. 呼叫同模組之自定函式，呼叫時可直接撰寫函式名稱和傳入實引數即可。例如呼叫 add() 函式時，直接將實引數「1」傳入給虛引數 a；實引數「6」傳入給虛引數 b，最後透過 Return 敘述將 a+b 的相加結果傳回給原呼叫敘述等號左邊的 sum 變數，寫法如下：

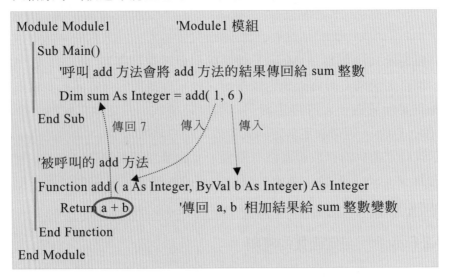

```
Module Module1                  'Module1 模組
    Sub Main()
        '呼叫 add 方法會將 add 方法的結果傳回給 sum 整數
        Dim sum As Integer = add( 1, 6 )
    End Sub          傳回 7        傳入        傳入

    '被呼叫的 add 方法
    Function add ( a As Integer, ByVal b As Integer) As Integer
        Return a + b              '傳回 a, b 相加結果給 sum 整數變數
    End Function
End Module
```

2. 呼叫不同模組用 Public 公開型別修飾詞宣告的自定函式時，必須撰寫完整的模組名稱和函式名稱，接著再傳入函式的引數即可。例如：呼叫 Module2 類別的 add() 函式，並將實引數「1」傳入給虛引數 a；實引數「6」傳入給虛引數 b，最後透過 Return 敘述將 a+b 的結果傳回給原呼叫敘述等號左邊的 sum 變數，寫法如下：

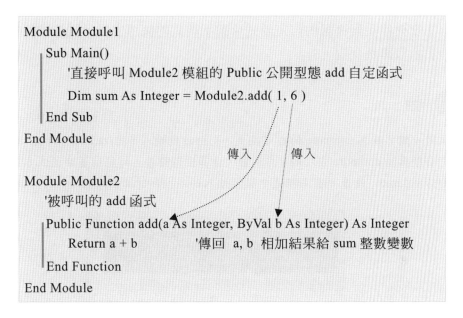

```
Module Module1
    Sub Main()
        '直接呼叫 Module2 模組的 Public 公開型態 add 自定函式
        Dim sum As Integer = Module2.add( 1, 6 )
    End Sub
End Module

                            傳入      傳入

Module Module2
    '被呼叫的 add 函式
    Public Function add(a As Integer, ByVal b As Integer) As Integer
        Return a + b          '傳回 a, b 相加結果給 sum 整數變數
    End Function
End Module
```

3. 呼叫不同類別的方法(即自定函式)。首先必須使用 New 關鍵字建立該
   類別的物件實體,接著透過「物件.方法名稱()」來呼叫即可。例如先
   建立 obj 屬於 Class1 類別的物件,接著呼叫 obj 物件的 add() 方法並傳
   入虛引數 1 和 6 給實引數 a 和 b,最後透過 Return 敘述將 a+b 的結果
   傳回給原呼叫敘述等號左邊的 sum 變數,寫法如下:

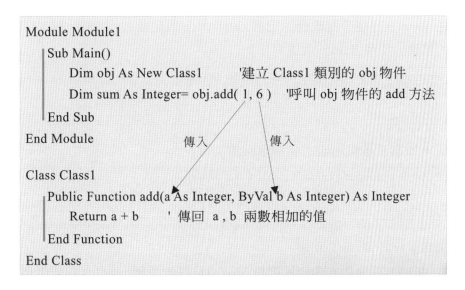

```
Module Module1
    Sub Main()
        Dim obj As New Class1        '建立 Class1 類別的 obj 物件
        Dim sum As Integer= obj.add( 1, 6 )   '呼叫 obj 物件的 add 方法
    End Sub
End Module
                            傳入        傳入

Class Class1
    Public Function add(a As Integer, ByVal b As Integer) As Integer
        Return a + b        ' 傳回 a , b 兩數相加的值
    End Function
End Class
```

本章先以在同模組內自定函式來說明函式的使用方式,關於物件與類別待第六章再做介紹。

範例演練

檔名:ball.sln

試寫一個名稱為 compute 的自定函式。先由鍵盤輸入半徑(radius),再將 radius 實引數傳給 compute 方法的 r 虛引數,計算出體積後,再將結果由函式本身傳回給 volume,最後,在主程式中顯示輸入的半徑和計算出的體積。

問題分析

1. 宣告 PI 為圓周率常數,常數 PI 必須在 Main() 程序前面或後面宣告。其寫法如下:

```
Const PI = 3.1416
```

2. 定義 compute()自定函式

在 Main() 程序前面或後面定義 compute() 自定函式,用來計算並傳回圓的體積,使用 Return 敘述寫法:

```
Function compute(r As Double) As Double
    Return 4.0 / 3.0 * PI * r * r * r        ' 傳回值
End Function
```

另一種寫法是使用函式名稱傳回值:

```
Function compute(r As Double) As Double
    compute = 4.0 / 3.0 * PI * r * r * r     ' 傳回值
End Function
```

3. 撰寫主程式 Main() 程序

在 Main() 程序內宣告相關變數,volume 存放體積,radius 存放半徑,為求體積正確，變數資料型別設為 Double。寫法如下：

```
Sub Main()
    Dim volume As Double
    Dim radius As Double
    Console.Write(" 請輸入半徑(公分) : ")
    radius = Console.ReadLine()
    ' 呼叫 compute 自定函式並傳入半徑，最後再將結果傳回給 volume
    volume = compute(radius)
    Console.WriteLine()
    Console.WriteLine(" 半徑 = {0} 公分　圓球體積 = {1} 立方公分", _
                    radius, volume)
    Console.Read()
End Sub
```

完整程式碼

```
FileName : ball.sln
01 Module Module1
02
03    '宣告 PI 為圓周率常數
04    Const PI = 3.1416
05
06    'compute 自定函式可算出圓球的體積
07    Function compute(r As Double) As Double
08      Return 4.0 / 3.0 * PI * r * r * r          '傳回值
09    End Function
10
11    Sub Main()
12      Dim volume As Double
13      Dim radius As Double
14      Console.Write(" 請輸入半徑(公分) : ")
15      radius = Console.ReadLine()                '輸入半徑
16      '呼叫 compute 自定函式並傳入半徑，最後再將結果傳回 volume
17      volume = compute(radius)
18      Console.WriteLine()
19      Console.WriteLine(" 半徑 = {0} 公分　圓球體積 = {1} 立方公分", radius, volume)
20      Console.Read()
21    End Sub
22
23 End Module
```

5.4.3 Sub 自定程序的定義

Sub 自定程序和 Function 自定函式兩者都可以做引數傳遞，但兩者在使用上最主要的差異是：Function 自定函式透過函式本身能傳回值；Sub 自定程序透過引數傳回值，本身不傳回值。Sub 自定程序的基本語法如下：

```
[ Public | Private ] Sub 程序名稱([引數串列])
    [ 敘述區段 ]
    [ Return ]
    [ Exit Sub ]
End Sub
```

自定程序是一組以 Sub 開頭而以 End Sub 結束所組成的程式區塊。若 Sub 自定程序最前面的使用權限不特別宣告時，預設為 Public，表示該自定程序可供其它模組呼叫；若宣告為 Private，表示該自定程序限模組內使用。

自定程序被呼叫執行時，當執行到 End Sub、Exit Sub 或 Return 都會結束返回原呼叫陳述式處。Sub 自定程序的定義與 Function 自定函式相同，其程序名稱的命名比照識別項命名規則，實引數與虛引數的關係同自定函式。因 Sub 自定程序沒有傳回值，故在定義時不需要用 As 來宣告傳回值的資料型別。

5.4.4 Sub 自定程序的呼叫

Sub 自定程序的呼叫方式有下列兩種方式：

```
語法 1：Call 程序名稱（[引數串列]）
語法 2：程序名稱（[引數串列]）
```

呼叫 Sub 自定程序可使用 Call 敘述加上程序名稱，也可以省略 Call 敘述直接撰寫程序名稱來達成呼叫的動作。

範例演練   檔名：checkYear1.sln

試寫一個名稱為 CheckYear()的自定程序，由鍵盤輸入西元年份置入 year 整數變數，採傳值呼叫方式將 year 變數傳給 CheckYear()自定程序中的 y 整數變數，程序中將 y 經過判斷是否為閏年？若是閏年則印出 "xxxx 年為 閏年!" 訊息，否則印出 "xxxx 年為 平年!" 訊息。

問題分析

1. 閏年的計算規則是「能被 4 整除且不被 100 整除，或是能被 400 整除的年份」，條件式寫法如下：

```
If (y Mod 4 = 0 And y Mod 100 <> 0 Or y Mod 400 = 0) Then
    '為閏年
Else
    '為平年
End If
```

2. 將傳入年份與檢查顯示閏平年的程式碼寫入自定程序
   CheckYear (y As Integer)，供各程序呼叫使用。

3. 在 Main()程序呼叫 CheckYear()自定程序，因為輸入年份時，有可能會輸入錯誤的資料型別，所以使用 Try…Catch…End Try 來捕捉錯誤。

完整程式碼

```
FileName : checkYear1.sln
01 Module Module1
02
03   '呼叫CheckYear自定程序,可判斷並顯示傳入的y年份是閏年還是平年
04   Sub CheckYear(y As Integer)
05     If (y Mod 4 = 0 And y Mod 100 <> 0 Or y Mod 400 = 0) Then
06       Console.WriteLine(vbNewLine + "=== {0} 年 為 閏年! ===", y)
07     Else
08       Console.WriteLine(vbNewLine + "=== {0} 年 為 平年! ===", y)
```

```
09        End If
10    End Sub
11
12    Sub Main()
13       Dim year As Integer        '宣告 year 用來存年份
14       Console.Write("請輸入年份：")
15       '處理例外
16       Try
17          '由鍵盤輸入年份並轉成整數再指定給 year 整數變數
18          year = Console.ReadLine()  ' 輸入年份置入 year 變數
19          '呼叫 CheckYear()自定程序，並傳入 year 引數
20          CheckYear(year)
21       Catch ex As Exception  '若輸入字串非數值，則會產生例外被 Catch 補捉
22          Console.WriteLine(ex.Message)
23       End Try
24       Console.Read()
25    End Sub
26
27 End Module
```

▦ 5.5 引數的傳遞方式

　　一般程序包含自定函式和自定程序，兩者都是應程式需求而自己定義
的，因此需透過呼叫才能執行。所謂「引數傳遞」是指自定函式或自定程
序被呼叫開始執行前，應指定哪些實引數要從呼叫的陳述式傳給被呼叫自
定函式或自定程序的虛引數，以及哪些虛引數在離開自定函式或自定程序
要傳回給原呼叫陳述式的實引數。VB 提供常用的引數傳遞有兩種方式：

　　1. 傳值呼叫(Call By Value)

　　2. 參考呼叫(Call By Reference)

　　在被呼叫的自定程序或函式名稱後面引數串列中的虛引數以及呼叫敘
述後面實引數串列前面可指定或省略 ByRef 關鍵字，若省略 ByRef 關鍵字
代表採傳值(By Value)方式來傳遞引數給被呼叫的自定程序或函式；若虛引
數型別前加上 ByRef 關鍵字，代表採參考(By Reference)方式來傳遞引數給
被呼叫的自定程序或函式。

5.5.1　傳值呼叫

　　所謂「傳值呼叫」是指當呼叫陳述式將實引數傳給虛引數時，只做傳入的動作。也就是說，VB 此時將虛引數視為區域變數，自動配置新的記憶位址給虛引數來存放實引數傳入的內容，實引數和虛引數兩者在記憶體分別佔用不同的記憶位址。所以，當虛引數在自定函式或自定程序內資料有異動時，並不會影響實引數的值。

　　當離開自定函式或自定程序時，虛引數佔用的記憶體位址自動釋放，交還給系統。當程式執行控制權返回到原呼叫的陳述式時，實引數的內容仍維持不變。所以用傳值方式來傳遞引數，表示該自定函式或自定程序無法變更實引數中原呼叫程式碼裡的變數內容。

5.5.2　參考呼叫

　　所謂「參考呼叫」，是指當呼叫陳述式將實引數傳給虛引數時，可以做傳入和傳出的動作。也就是說實引數和虛引數兩者，參用相同的記憶體位址來存放引數。當虛引數在自定函式或自定程序內資料有異動時，離開後虛引數解除參用，但實引數仍繼續參用。當程式執行控制權返回到原呼叫的陳述式時，實引數的內容已是異動過的資料，這表示參考呼叫是可以修改變數本身。引數做參考呼叫時，虛引數須使用 ByRef 來宣告。

 範例演練　　　　　　　　　　　　　　　　檔名：checkYear2.sln

延續上例 checkYear1.sln。試使用名稱為 CheckYear()的自定程序，由鍵盤輸入西元多少年(year)，採傳值呼叫方式將 year 變數傳給 CheckYear()方法中的 y 整數變數；採參考呼叫方式使實引數 str1 和虛引數 s1 佔用相同記憶位址。經過判斷：
　　① 若是閏年，則傳回　"閏年!" 訊息；
　　② 若是平年，則傳回　"平年!" 訊息。
執行結果與上例 checkYear1.sln 同。

問題分析

1. CheckYear()自定程序的虛引數 s1 用 ByRef 宣告採參考呼叫方式，因此原
呼叫陳述式實引數 str1 會和虛引數 s1 佔用相同記憶位址。也就是說當 s1
等於 "閏年" 時，傳回給 str1 也是 "閏年"；當 s1 等於 "平年" 時，傳回
給 str1 也是 "平年"。

2. 因為自定程序沒有傳回值，如果希望程序的執行結果傳回原呼叫程序，
就需要使用 ByRef 參考呼叫方式。但是在參考呼叫時，要特別注意程序
間引數是否會交互影響，而造成程式執行結果錯誤。

完整程式碼

```
FileName: checkYear2.sln
01 Module Module1
02
03    'y虛引數採傳值呼叫，s1虛引數採參考呼叫
04    's1虛引數與實引數會共用同一記憶空間
05    Sub CheckYear(y As Integer, ByRef s1 As String)
06       If (y Mod 4 = 0 And y Mod 100 <> 0 Or y Mod 400 = 0) Then
07          s1 = "閏年! "
08       Else
09          s1 = "平年! "
10       End If
11    End Sub
12
13    Sub Main()
14       Dim year As Integer
15       Dim str1 As String = ""
16       Console.Write("請輸入年份:")
17       Try
18          year = Console.ReadLine()
19          CheckYear(year, str1)
20          Console.WriteLine(vbNewLine + "=== {0}年為{1} === ", year, str1)
21       Catch ex As Exception
22          Console.WriteLine(ex.Message)
23       End Try
24       Console.Read()
25    End Sub
26
27 End Module
```

5.6 陣列的傳遞方式

　　自定函式與自定程序間引數的傳遞，除了常值、變數外，還可以使用陣列、結構，或物件來傳遞。若引數是陣列，必須要注意，單一個陣列元素可依需求採傳值或參考呼叫，但物件或整個陣列做引數傳遞時，只能使用參考呼叫。假設 myAry 為一個整數陣列，透過 myMethod 自定程序作引數傳遞。其寫法如下：

1. 傳遞陣列元素

　　傳遞方式和一般變數引數傳遞方式相同，說明如下：

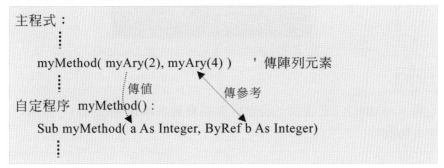

說明：① myAry(2) 陣列元素以傳值方式傳給 myMethod 自定程序
　　　　　的 a 整數變數。
　　　　② myAry(4) 陣列元素以參考方式傳給 myMethod 自定程序
　　　　　的 b 整數變數。

2. 傳遞整個陣列

　　被呼叫程式內的虛引數若為陣列，則在陣列變數名稱後面加上()，原呼叫陳述式可直接設定陣列名稱即可。寫法如下：

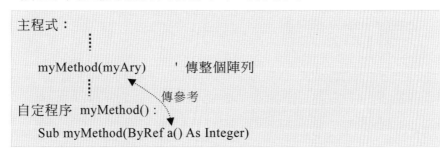

[說明] 物件或陣列傳遞為參考呼叫，若宣告時省略了 ByRef 或改用
ByVal 宣告，亦會是參考呼叫。上面寫法是將 myAry 整個陣列
以參考方式傳給 myMethod 自定程序的 a 整數陣列。

 範例演練

檔名：SendArray.sln

試寫一個將 ary1 整個整數陣列傳給 GetMin()自定程序，經比較後傳回 ary1 陣
列中的最小值。

問題分析

1. 定義 GetMin()自定函式，若虛引數在變數名稱後面加上()，表示該虛引
數為陣列：

```
Function GetMin(ByRef tempAry() As Integer) As Integer
```

2. 因為要找出陣列元素中的最小值，若陣列大小無法預測時，使用 For Each
陣列迴圈是最簡便的方法：

完整程式碼

```
FileName : SendArray.sln
01 Module Module1
02
03   'GetMin()自定函式找出傳入的陣列中的最小值
04   Function GetMin(ByRef tempAry() As Integer) As Integer
05     Dim min As Integer = tempAry(0)   '預設最小值為第一個陣列元素
06     '使用迴圈找出陣列中的最小值
07     For Each i As Integer In tempAry
08       If i < min Then
09         min - i
10       End If
11     Next
12     Return min        '傳回陣列中的最小值
13   End Function
14
```

```
15   Sub Main()
16       '建立並初始化ary1陣列
17       Dim ary1() As Integer = {10, 88, 6, 34, 77}
18       Console.Write("ary1 陣列為 -> ")
19       '逐一印出陣列中的每一個陣列元素
20       For Each i As Integer In ary1
21           Console.Write("{0} ", i)
22       Next
23       Console.WriteLine()
24       Console.WriteLine(vbNewLine + "ary1 陣列最小數為: {0}", GetMin(ary1))
25       Console.Read()
26   End Sub
27
28 End Module
```

範例演練

檔名：RandomArray.sln

試寫一個 GetRan()自定程序，採傳遞整個陣列方式，在方法內產生 10~20 之間 8 個不重複整數亂數值，再將得到的亂數值傳回主程式按照下圖輸出格式顯示到螢幕。

　　▲第一次執行結果　　　　　　　　▲第二次執行結果

問題分析

1. 宣告 GetRnd()自定程序來產生一個能存放 num 個不重複出現的亂數值的陣列，其亂數的範圍介於 min~max 之間。其演算法如下：

① 由引數傳入一個能存放 num 個亂數的陣列 ranAry()。

② 產生一個 min~max 之間的整數亂數。

③ 檢查陣列 ranAry()中所有陣列元素是否有與新產生亂數相同的數？

④ 若沒有，新亂數存入陣列 ranAry()中，亂數數目 n 加 1，跳至⑤；若

已存在，不存入陣列跳至②繼續產生新亂數。

⑤ 檢查亂數數目 n 的產生數目是否已達到 num 個亂數？若已達到，則結束程序；若還沒達到，則跳至②繼續產生亂數。

2. 在主程式 Main() 中，

① 宣告 min = 10 : max = 20 : num = 8。

② 撰寫 Dim ran(num) As Integer，即宣告一個能存放 num 個亂數的陣列。

③ 呼叫 GetRnd()自定程序，即為 GetRnd(ran, min, max, num)。

④ 將參考呼叫由 ranAry()陣列所傳遞回來給 ran()陣列的元素內容顯示出來。

完整程式碼

```
FileName : RandomArray.sln
01 Module Module1
02
03   'GetRnd()自定程序取得不重複的亂數值
04   Sub GetRnd(ByRef ranAry() As Integer, min As Integer, max As Integer, _
             num As Integer)
05     Dim temp As Integer              ' 存放暫時取得之亂數值
06     Dim n As Integer = 1             ' 存放目前的陣列索引值
07     Dim more As Boolean
08     Dim rndObj As New Random
09     Do
10       more = False
11       temp = rndObj.Next(min, max + 1)  ' 取得亂數值
12       For k = 1 To n                     ' 檢查取得之亂數值是否重複
13         If ranAry(k) = temp Then
14           more = True                    ' 如果重複,more 為 True
15           Exit For                       ' 如果 more 為 True, 則重新取得亂數
16         End If
17       Next
18       If more = False Then
19         ranAry(n) = temp                 ' 則亂數值指定給陣列元素
20         n += 1                           ' 且陣列索引值加 1
21       End If
22     Loop While n <= num
23   End Sub
24
25   Sub Main()
26     Dim min, max, num As Integer
```

```
27    min = 10 : max = 20 : num = 8
28    Dim ran(num) As Integer
29    '取得10~20之間8(num)個不重複出現的亂數值
30    GetRnd(ran, min, max, num)
31    For i = 1 To num
32      Console.WriteLine("第{0}個亂數: {1}", i, ran(i))
33    Next
34    Console.Read()
35  End Sub
36 End Module
```

程式說明

1. 第 3-26 行：定義 GetRnd()自定程序，其引數 ranAry 為整數陣列，其傳遞屬參考呼叫。即本方法的功能是將取得之不重複亂數值存放在 ranAry 陣列，再藉由參考呼叫，將不重複亂數值轉交給呼叫敘述的 ran 陣列(第 30、32 行)。

2. 第 30 行：為呼叫 GetRnd()方法的敘述，呼叫後會在 ran 陣列存放著 8 個介於 10~20 間不重複出現的亂數值。

▓▓ 5.7　遞迴

　　所謂「遞迴」(Recursive)是指在自定函式中再呼叫自己本身就構成遞迴。像數學的求階乘、排列、組合、數列等都可使用。撰寫遞迴函式時必須在自定函式內有陳述式使其能離開自定函式的條件式，否則會造成無窮迴圈。

範例演練

檔名：Recursive.sln

西元 1202 年義大利數學家費波納西(Fibonacci)在他出版的「算盤全書」中介紹費波納西數列。該數列的最前面兩項係數都為 1，其它項係數都是由位於該項係數前兩項係數相加之和。該數列依序：1、1、2、3、5、8、13、21、... 以此類推下去。當數字越大時，將前項數字除以緊接其後之數字，其比值有逐漸向 0.618 收斂。此比率就是常聽到的「黃金比率」。在大自然植物的花瓣、

美學、建築分析等都看到它的蹤影。現在就以此數列來撰寫一個遞迴方法，由鍵盤輸入一個正整數，若輸入 10，如下圖會顯示出費波納西數列的前十個係數。

問題分析

1. 費波納西數列是前兩項係數的和，費波納西數列是第 1 項為 1、第 2 項為 1、第 3 項以後為 Fib(n) = Fib(n-1) + Fib(n-2)

2. 如果要求第 10 項的費波納西數列 Fib(10)，就是要將 Fib(9) 和 Fib(8) 相加。那 Fib(9) 的值是 Fib(8)+Fib(7)；Fib(8) 的值是 Fib(7)+Fib(6)...。如此不斷呼叫本身直到值為 1 時，才結束呼叫就是遞迴。其流程圖如下所示：

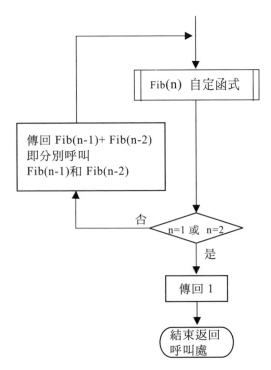

完整程式碼

```
FileName: Recursive.sln
01 Module Module1
02
03    '定義Fib自定函式可傳回第n個費波納西係數
04    Function Fib(ByVal n As Integer) As Integer
05      If (n = 1 Or n = 2) Then
06        Return 1
07      Else
08        Return (Fib(n - 1) + Fib(n - 2))
09      End If
10    End Function
11
12    Sub Main()
13      Dim keyin As Integer
14      Console.Write("=== 請輸入欲列印到第幾個費波納西係數:")
15      Try                          ' 監控可能發生例外的程式
16        keyin = Console.ReadLine()
17        Console.WriteLine(vbNewLine + "=== 費波納西數列的係數為:")
18        Console.Write("   ")
19        For i As Integer = 1 To keyin
20          '呼叫Fib()函式取得第i個費波納西係數
21          Console.Write("{0} , ", Fib(i))
22        Next
23      Catch ex As Exception   ' 補捉並處理發生例外
24        Console.WriteLine(ex.Message)
25      End Try
26      Console.Read()
27    End Sub
28
29 End Module
```

▦ 5.8 多載

所謂「多載」(Overloading)是指多個自定程序或自定函式可以使用相同的程序名稱或函式名稱,它是透過不同的引數串列個數以及引數的資料型別來加以區分。譬如下例中:GetMax(a, b)、GetMax(ary)、GetMax(a, b, c) 三個為自定函式的多載。

 範例演練

檔名：OverLoads.sln

請定義三個相同名稱的 GetMin()自定函式，一個用來傳回兩個整數的最小數；
一個用來傳回三個整數的最小數；另一個用來傳回整數陣列中的最小數。

問題分析

1. 同樣是要求最小數，因為不同的條件會有不同的程式碼，將這些不同的
程式碼都使用同一個函式名稱，就稱為多載。主程式呼叫時，會根據引
數的情形呼叫適當的函式。同類功能的多個函式，可使用多載達到方便
管理和使用。

2. 在本範例要由兩個、三個和整數陣列中傳回最小數，所以要建立三個多
載自定函式 GetMim()來處理。

完整程式碼

```
FileName : OverLoads.sln
01 Module Module1
02
03   '傳回 a, b 中的最小數
04   Function GetMin(a As Integer, b As Integer)
05     Return IIf(a < b, a, b)
06   End Function
07
08   '傳回 a, b, c 中的最小數
09   Function GetMin(a As Integer, b As Integer, c As Integer)
10     Dim min As Integer = IIf(a < b, a, b)
11     Return IIf(min < c, min, c)
12   End Function
13
14   '傳回整數陣列中元素的最小數
15   Function GetMin(b() As Integer)
16     Dim min As Integer = b(0)
17     For Each i As Integer In b
18       If min > i Then
```

```
19          min = i
20        End If
21      Next
22      Return min
23    End Function
24
25    Sub Main()
26      Console.WriteLine("5, 7 最小數為: {0}", GetMin(5, 7))
27      Console.WriteLine("3, 9, 6 最小數為: {0}", GetMin(3, 9, 6))
28      Dim ary() As Integer = {25, 6, 899, 30}
29      Console.WriteLine("25, 6, 899, 30 最小數為: {0}", GetMin(ary))
30      Console.Read()
31    End Sub
32 End Module
```

▦ 5.9 課後練習

一、選擇題

1. 下例哪個類別可用來產生亂數？
   (A) Rnd　(B) Randomize　(C) Random　(D) Connection。

2. 使用亂數類別建立 rndObj 物件，試問下列哪行敘述可以產生 3~10 之間的亂數？　(A) rndObj.Next(3, 10)　(B) rndObj.Next(3, 11)
   (C) rndObj.Next(2, 9)　(D) rndObj.Next(2, 10)。

3. 承上題，rndObj.Next(4) 敘述不可能產生哪一個值？
   (A) 0　(B) 1　(C) 3　(D) 4。

4. 呼叫不同模組自定函式，呼叫時需撰寫完整模組名稱及什麼修飾詞？
   (A) Public　(B) Static　(C) Private　(D) Const。

5. 參考呼叫為 (A) 虛引數要用 ByRef 宣告　(B) 實引數之前要加上 ByRef
   (C) 虛引數要用 ByVal 宣告　(D) 實引數之前要加上 ByVal。

6. 下列何者說明正確？
   (A) Switch 為迴圈
   (B) 使用參考呼叫表示實引數和虛引數會佔用相同記憶體空間

(C) 使用傳值呼叫表示實引數和虛引數會佔用相同記憶體空間

(D) Do…Loop 是選擇敘述。

7. 下列何者有誤？

(A) 程序的引數可採傳值或參考呼叫

(B) 程序間陣列引數的傳遞方式為傳值呼叫

(C) 定義自定函式時，最後是 As Integer，表示會傳回整數

(D) 自定程序不傳回值。

8. 自定函式中再呼叫自己本身稱為：

(A) 多載　　(B) 覆寫　　(C) 遞迴　　(D) 泛型。

9. 定義多個自定程序或自定函式可以使用相同的名稱，可稱為？

(A) 多載　　(B) 覆寫　　(C) 遞迴　　(D) 泛型。

10. 自定函式若碰到下列哪些陳述式就會結束函式，然後返回原呼叫陳述式處？　(A) End Sub　　(B) Exit　　(C) Return　　(D) End。

11. 下列哪個程序不需被呼叫可以自己執行：　(A) 事件處理程序

(B) Function 自定函式　　(C) Sub 自定程序　　(D) Sub Main()。

12. 下列何者敘述不是結構化程式設計的優點：　(A) 程式層次分明

(B) 模組間相依性高　　(C) 容易分工編寫　　(D) 可讀性高

13. 將應用程式分析後，由大而小切割成若干副程式，此種觀念稱為：

(A) 由上而下程式設計　　(B) 模組化程式設計

(C) 選擇結構程式設計　　(D) 循序結構程式設計。

14. 因為 Sub 自定程序沒有傳回值，若需要傳回資料時必須將引數作何宣告？

(A) ByVal　　(B) ByRef　　(C) Public　　(D) Private。

15. 下列者不是 Sub GetMax(ByVal a As Integer)的多載程序：

(A) Sub GetMax(ByVal a As Integer, ByVal b As Integer)

(B) Sub GetMax(ByVal a As Single)

(C) Sub GetMax(ByVal b As Integer)

(D) Sub GetMax(ByVal a() As Integer)

二、程式設計

1. 試寫一個名稱為 PrintNum()的自定程序，會顯示 1 到引數值。將鍵盤
   輸入的值當作 PrintNum 程序的引數，若輸入值為 6，則顯示 "1 2 3 4 5
   6"。程式會不斷執行，一直到輸入"/ " 才結束程式執行。

2. 試寫一個計算階乘的遞迴自定函
   式。如下圖輸入整數後，會逐行
   列出1到輸入值的階乘計算結果。

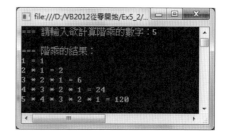

3. 試寫一個名稱為 AryCopy 的自定程序，該程序有三個引數，前面兩個
   引數為要合併的陣列，第三個為合併後傳回的陣列。要合併的兩個陣
   列，使用者可以指定個數，並由鍵盤輸入陣列元素值。透過呼叫 AryCopy
   程序，將輸入的兩個陣列合併，再將合併後的結果傳回主程式的陣列
   中，最後顯示結果。

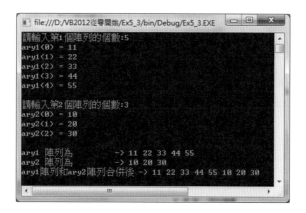

4. 定義了三個相同名稱的 GetMax() 多載方法，第一個 GetMax() 方法
用來傳回兩個整數的最大數；第二個 GetMax() 方法用來傳回兩個浮
點數的最大數；第三個 GetMax() 用來傳回整數陣列中的最大數。如
下圖顯示三個 GetMax() 方法的執行結果。

5. 使用 Random 類別產生六個 1~49 之間，不能重複的大樂透號碼。程式
會不斷執行，一直到輸入 "/" 才結束程式執行。

6. 設計一個 Mora()自定函式，會隨機傳回 "剪刀"、"石頭"、"布" 等字串。
程式會不斷執行，一直到輸入 "/ " 才結束程式執行。

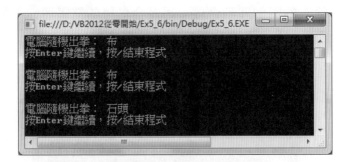

6

物件與類別

　　傳統的結構化程式設計對現今軟體的開發技術已不敷使用，取而代之是目前最流行的物件導向技術。 VB 提供完整的物件導向技術，例如類別繼承、多型、介面、泛型(泛型就類似 C++ 的樣板)...等機制，讓使用 VB 的程式設計師能大幅度減少程式的撰寫及提昇應用程式的效能。本章主要探討物件與類別之間的關係，讓初學者了解如何定義類別，透過類別來產生物件，學會定義類別中的資料成員（欄位、屬性和方法），學會定義類別建構函式，以及學會類別的繼承來增加程式的延展性。由於本書是屬入門教科書，只針對 VB 所提供物件導向的基本語法做介紹，至於完整物件導向程式設計介紹請參閱其他 VB 物件導向相關進階專書。

▦ 6.1 物件與類別

6.1.1 何謂物件與類別

　　開始學習物件導向程式設計，首先要了解什麼是物件(Object)，什麼是類別(Class)。「物件」簡單的說就是一個實體，物件可以被識別和描述、有狀態(屬性)、有行為(方法)；而「類別」是物件抽象的定義，也就是說類別是定義物件的一個藍圖。例如：Peter(物件)是一個人(類別)，Peter 物件是屬於人這一種類別，Peter 的身高是 164(身高的屬性)，Peter 會走路(行為, 方法)，如果用程式設計來描述上述 Peter 物件的話可撰寫下面程式碼：

```
Dim Peter As New Person ' 建立 Peter 物件屬於 Person 類別
Peter.Height=164         ' 設定 Peter 身高屬性為 164
Peter.Walk(10)           ' Peter 執行走路方法，並設定走 10 公里
```

再比較下面使用 TextBox 類別建立物件名稱為 txtId 文字方塊的敘述：

```
Dim txtId As New TextBox ' 建立 txtId 物件屬於 TextBox 類別
txtId.Height=20 ' 設定 txtId 物件的高度屬性為 20
txtId.Clear()    ' 執行 txtId 的 Clear() 方法，將 txtId 文字方塊的內容清為空白
```

　　由上述可知類別與物件之間的關係，因此在建立物件之前必須先定義類別，在 .NET Framework 中已經提供許多內建的類別讓您使用，可以讓使用 VB 的程式設計師大幅提高應用程式開發的速度。

6.1.2 類別的定義

VB 使用 Class 關鍵字來定義類別，Class 後面接的是類別名稱，並在 Class…End Class 區塊內加入該類別所定義的資料成員(包括欄位、屬性、方法…等)，類別檔的副檔名為 *.vb，在一個類別檔內可以定義多個名稱不同的類別，為管理方便建議將一個類別儲存在一個 *.vb 類別檔。至於定義類別的方式如下：

```
Public Class 類別名稱
    〔成員存取修飾詞〕欄位
    〔成員存取修飾詞〕屬性
    〔成員存取修飾詞〕方法
End Class
```

說明

1. Public：Class 前面加 Public 表該類別為公開型態，存取無限制。
2. 成員存取修飾詞
   ① Public：該成員為公開型態，表示該成員的存取沒限制，允許其它類別存取。
   ② Private：該成員為私有型態，表示該成員只能在自身類別內部存取使用。
   ③ Protected：該成員為保護型態，表示該成員只能在自身類別內部和繼承的子類別內部進行存取。
3. 類別中常定義的資料成員說明如下：
   ① 欄位：如同變數，可以直接存取。用來儲存物件的資料以表示物件擁有的狀態，可用一般的資料型別或其他的類別來宣告。
   ② 屬性：若欄位資料需受到限制或管理使用時，需採 Property 屬性程序來定義以建立屬性。「屬性」是用來保護物件的「欄位」資料，其存取必須透過 Get 程序及 Set 程序的處理。關於 Property 屬性程序的詳細情形，在 6.1.4 節再做介紹。
   ③ 方法：可使用方法(或稱程序)有 Sub 和 Function 兩種來定義，用來執行類別可擁有的行為。

【簡例】

定義 Person 類別擁有 Height(身高) 及 Weight(體重) 的欄位，及一個
Walk(走路)方法。

```
Public Class Person                  ' 定義 Person 類別
  Public Height As Integer           ' Height 身高欄位
  Public Weight As Integer           ' Weight 體重欄位
  Public Sub Walk(ByVal x As Integer )  ' 走路方法
      Console.WriteLine("走了{0}公里" , x)
  End Sub
End Class
```

6.1.3 物件的宣告與建立

類別定義完後，接著透過 New 關鍵字來建立該類別的物件實體。建立
物件實體的方法有下面兩種：

方法 1：先宣告，再建立物件，分成兩行敘述書寫：

```
Dim 物件變數 As 類別名稱      ' 宣告某個物件變數屬於某個類別
物件變數 = New 類別名稱        ' 使用 New 建立物件實體
```

方法 2：宣告物件同時建立物件，合併成一行書寫：

```
Dim 物件變數 As New 類別名稱
```

下面簡例是以上節介紹的 Person 類別為例，來產生 Person 類別的 Peter
物件實體。當建立物件時，該類別中的成員即屬於該物件所擁有，若要存
取類別的 Public 成員可以使用「.」運算子來達成。寫法如下：

```
Dim Peter As Person ' 宣告 Peter 物件為 Person 類別
Peter=New Person        ' 建立 Peter 物件實體
Peter.Height=164        ' 設定 Peter 身高為 164
Peter.Weight=65         ' 設定 Peter 體重為 65
Peter.Walk(50)          ' 呼叫 Peter 的 Walk(50)方法,結果會印出 "走了 50 公里" 訊息
Dim Mary As New Person    ' 宣告並建立 Mary 物件,屬於 Person 類別
Mary.Height=172           ' 設定 Mary 身高為 172
Mary.Weight=53            ' 設定 Mary 體重為 53
Mary.Walk(20)            ' 呼叫 Mary 的 Walk(20)方法,結果會印出 "走了 20 公里" 訊息
```

綜合上述我們可以知道，當建立同類別的不同物件時，每個物件都視為不同的執行個體，且每一個物件都會擁有該類別所定義的成員，因此物件才是類別的執行個體，而類別是定義物件的藍圖。

範例演練　　　　　　　　　　　　　　　　　　　檔名：MyClass.sln

在 MyClass.sln 專案新增 Product.vb 類別檔，Product(產品)類別有 PartNo(編號)、PartName(品名)、Qty(數量)三個欄位成員；以及定義 ShowInfo()方法用來顯示該項產品的編號、品名、數量等資訊。最後在 Module1.vb 的 Main()程序使用 Product(產品)類別建立 DVD 與 PDA 兩個產品物件。

問題分析

1. 定義 Product(產品)類別擁有 PartNo(編號)、PartName(品名)、Qty(數量)等欄位成員，且欄位成員皆宣告為 Public(公開型態)。以及建立可顯示產品編號、品名、數量的 ShowInfo()方法。

2. 在 Main()程序內使用 New 關鍵字來建立屬於 Product 類別的物件，如果要存取類別中的成員，因 Product 類別的欄位成員皆宣告為 Public，故所建立的物件可以直接使用「.」運算子來存取資料。

上機實作

Step1　新增專案
新增「主控台應用程式」專案，其專案名稱設為「MyClass」。

Step2　在專案中新增類別檔
執行功能表的【專案(P)/加入類別(C)...】出現下圖「加入新項目」視窗，請選取「類別」選項，建議類別名稱最好與類別檔名相同。

所以，將 [名稱(N):] 設為「Product.vb」，最後再按 ［新增(A)］ 鈕
開啟 Product.vb 檔。

Step3 撰寫 Product.vb 程式碼

```
FileName : Product.vb
01  Public Class Product      ' 定義 Proudct(產品)類別
02
03    ' 宣告 Public 公開型態的 PartNo(編號)與 PartName(品名)欄位
04    Public PartNo, PartName As String
05    Public Qty As Integer      ' 宣告 Public 公開型態的 Qty(數量)欄位
06
07    Public Sub ShowInfo()      ' 定義 ShowInfo 方法用來顯示產品的編號、品名、數量
08      Console.WriteLine("編號：{0}", PartNo)
09      Console.WriteLine("品名：{0}", PartName)
10      Console.WriteLine("數量：{0}", Qty)
11      Console.WriteLine("=============================")
12    End Sub
13
14 End Class
```

Step4 撰寫 Module1.vb 程式碼

```
FileName : Module1.vb
01  Module Module1
02
03    Sub Main()
04      ' 宣告並建立 DVD 物件屬於 Product(產品)類別
05      Dim DVD As New Product
```

```
06    DVD.PartNo = "B001"              ' 設定 PartNo (編號) 欄位
07    DVD.PartName = "變形金剛 2"       ' 設定 PartName (品名) 欄位
08    DVD.Qty = 20                     ' 設定 Qty (數量) 欄位
09    DVD.ShowInfo()
10    Dim PDA As Product               ' 宣告 PDA 物件屬於 Product 類別
11    PDA = New Product                ' 建立 PDA 物件屬於 Proudct 類別
12    PDA.PartNo = "P001"
13    PDA.PartName = "惠普 HP iPAQ PDA 行動手機"
14    PDA.Qty = -5                     ' 數量小於 0 (不合理)，留待下一小節校正
15    PDA.ShowInfo()
16    Console.Read()
17  End Sub
18
19 End Module
```

6.1.4 使用 Property 屬性程序定義屬性

　　使用 Public 的欄位來存取物件的欄位資料是非常方便，但遇到資料需要受到控管或限制時，會碰到因不當輸入而存放不合理的資料。例如前一個範例第 14 行 PDA.Qty = -5，即將 PDA 產品的數量設為-5 (不合理)，因 Qty(數量)欄位的值不能少於 0，故必須將該 Qty(數量)欄位值限制在某個範圍之內。

　　要解決上述的情況，將受限制的欄位宣告為 Private，接著透過 Public 的「屬性程序」來取得或設定 Private 私有型態的欄位值。「屬性程序」是以 Property…End Property 括住 Get…End Get 和 Set…End Set 兩個程序區塊，其中 Get 程序可用來傳回私有(Private)欄位值，而 Set 程序是用來設定類別私有欄位值，因此若要限制某個欄位值的範圍，可以將條件規則的敘述撰寫在 Set…End Set 程序內。Property 屬性程序語法如下：

```
Public Property 屬性名稱() As 資料型別
  Get
     Return 傳回值
  End Get
  ' 設定的屬性會傳給引數 value，value 會放入 Set 程序內
  Set(ByVal value 資料型別)
     [程式區塊]
  End Set
End Property
```

延續上例，在 MyClass.sln 專案 Product 類別中加入一個_Qty 的私有欄位，然後將原本 Public 的 Qty 欄位改使用 Public 的 Property 屬性程序來設定 Qty 屬性，並在 Set 程序中判斷 Qty 屬性傳入的 value 是否小於 0，若 value 小於 0 則_Qty 欄位則指定為 0，否則_Qty 欄位值即是我們所設定的 value 值；Get 程序則是直接使用 Return 敘述將_Qty 私有欄位傳回。下面 Product.vb 檔中的第 8~16 行敘述即是新加入的程式碼：(完整程式參閱 Property.sln)

```
FileName : Product.vb
01  Public Class Product            ' 定義 Proudct 類別
02
03    ' 宣告 Public 公開型態的 PartNo 編號、PartName 品名欄位
04    Public PartNo, PartName As String
05    Private _Qty As Integer        ' 宣告 Private 私用型態的 Qty 數量欄位
06
07    ' ===  設定數量 Qty 屬性不可小於 0，若小於 0 則設定 _Qty 欄位為 0
08    Public Property Qty() As Integer
09      Get
10        Return _Qty                ' 傳回 _Qty
11      End Get
12      Set(ByVal value As Integer)
13        If value < 0 Then value = 0        ' 若 value 小於 0 則指定 value 為 0
14        _Qty = value
15      End Set
16    End Property
17    ' ===  定義 ShowInfo 方法用來顯示產品的編號、品名、數量
18    Public Sub ShowInfo()
19      Console.WriteLine("編號:{0}", PartNo)
20      Console.WriteLine("品名:{0}", PartName)
21      Console.WriteLine("數量:{0}", Qty)
22      Console.WriteLine("============================")
23    End Sub
25  End Class
```

此時觀察 Module1.vb 檔中的第 14 行敘述，雖將 PDA.Qty 屬性值設為 -5，最後顯示 PDA.Qty 數量屬性會以 0 表示。(完整程式參閱 Property.sln)

```
FileName : Module1.vb
01  Module Module1
02
03    Sub Main()
04      ' 宣告並建立 DVD 物件屬於 Product 類別
05      Dim DVD As New Product
06      DVD.PartNo = "B001"                  ' 設定 PartNo 編號欄位
```

```
07      DVD.PartName = "變形金剛2"        ' 設定 PartName 品名欄位
08      DVD.Qty = 20                    ' 設定 Qty 產品數量屬性
09      DVD.ShowInfo()
10      Dim PDA As Product              ' 宣告 PDA 物件屬於 Product 類別
11      PDA = New Product()             ' 建立 PDA 物件屬於 Proudct 類別
12      PDA.PartNo = "P001"
13      PDA.PartName = "惠普 HP iPAQ PDA 行動手機"
14      PDA.Qty = -5     ' 設定 Qty 屬性值為-5，-5 會傳給 Qty Property 屬性程序中的
15                       ' Set 程序區塊內的 value 引數進行判斷，結果 PDA.Qty 為 0
16      PDA.ShowInfo()
17      Console.Read()
18   End Sub
19
20 End Module
```

程式執行情形：

6.1.5 唯讀與唯寫屬性

1. 唯讀屬性

讓 Property 屬性程序內只有 Get 程序而沒有 Set 程序，表示該屬性只允許傳回值而不允許設定值，接著在 Property 之前加上 ReadOnly 關鍵字定義此屬性是唯讀屬性

```
Public ReadOnly Property 屬性名稱() As 資料型別
    Get
        Return 傳回值
    End Get
End Property
```

2. 唯寫屬性

讓 Property 屬性程序內只有 Set 程序而沒有 Get 程序，並在 Property 之

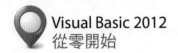
前加上 WriteOnly 關鍵字定義此屬性為唯寫屬性。

```
Public WriteOnly Property 屬性名稱() As 資料型別
    Set (ByVal value 資料型別)
        [程式區塊]
    End Set
End Property
```

6.1.6 自動屬性實作

　　由上例可知，屬性能讓類別可以隱藏實作或驗證程式碼的同時，以公開方式取得並設定值。除此之外，類別的屬性還能夠繫結至控制項的屬性，這是欄位所做不到的，因此建議將類別的公開欄位修改成屬性。但若將上例的 PartNo 編號及 PartName 品名公開欄位改成以屬性表示，在早期 VB (VB .NET, VB 2005, VB 2008)的版本必須使用 Property 屬性程序分別定義 PartNo 屬性及 PartName 屬性的 Set 和 Get 程序區塊來存取_PartNo 和 _PartName 私有欄位，就像下面寫法一樣。

```
Public Class Product                      ' 定義 Product 類別
    Private _PartNo, _PartName As String  ' 私有欄位
    ' === 定義 PartNo 編號屬性
    Public Property PartNo() As String
        Get
            Return _PartNo
        End Get
        Set(ByVal value As String)
            _PartNo = value
        End Set
    End Property
    ' === 定義 PartName 品名屬性
    Public Property PartName() As String
        Get
            Return _PartName
        End Get
        Set(ByVal value As String)
            _PartName = value
        End Set
    End Property
```

> End Class

上面的程式碼，當屬性一多就必須逐一定義 Property 屬性程序，而且像字串屬性這種不需要設定屬性存取範圍的資料型別，早期還是非要撰寫這麼多程式碼，幸好從 VB 2010 開始提供「自動實作屬性」來解決這個問題。透過自動屬性實作可省略 Get 和 Set 程序區塊，且編譯器會自動建立私有匿名欄位來存放屬性的狀態。例如：當您將上例改以自動實作屬性的方式來定義 PartName 及 PartNo 屬性，寫法如下，可發現程式碼真得減少很多。

```
Public Class Product                        ' 定義 Product 類別
    Public Property PartNo As String        ' 定義 PartNo 編號屬性
    Public Property PartName As String      ' 定義 PartName 品名屬性
    ......
    ......
End Class
```

6.2 建構函式

6.2.1 建構函式的使用

前一節我們都先建立物件，再逐一設定該物件的屬性或欄位狀態。若希望在建立物件的時能同時完成屬性或欄位的初值設定，就必須使用建構函式(Constructor Function)簡稱建構式來達成。建構函式是一個以名稱為 New 的 Sub 程序，建構函式的使用方式和一般程序相同，當使用 New 關鍵字來建立物件的同時，馬上自動執行該類別中的符合條件的 New 建構函式。

 範例演練

檔名：Constructor.sln

延續上例，在 Product 類別中新增一個可傳入編號、品名、數量三個引數的建構函式，讓使用者在建立 Product 類別之物件的同時即能指定編號、品名、數量的初值。

問題分析

1. 本例的設計目的，是讓使用者可以使用

   Dim DVD As New Product ("B001", "變形金剛 2", 15)

   敘述，來建立 Product 類別的 DVD 物件之同時，即指定 PartNo(編號),
   PartName(品名)以及 Qty(數量)的初值。

2. 在 Product.vb 類別檔中定義建構函式(名稱需為 New)，在被物件呼叫
   時必須傳入 vNo(編號)、vName(品名)、vQty(數量)三個引數，然後再
   指定給 PartNo、PartName、Qty 用來初始化物件的屬性值。

3. 在 Main()程序內，使用 New 關鍵字建立 Product 類別的物件實體的同
   時，會呼叫 Product.vb 類別檔中的建構函式 New()，並傳入編號、品
   名、數量三個引數來初始化物件的 PartNo、PartName、Qty 的屬性值。

上機實作

Step1 新增專案

新增「主控台應用程式」專案，其專案名稱設為「Constructor」。

Step2 建立 Product 類別

執行功能表【專案(P)/加入類別(C)...】指令出現「加入新項目」視
窗，請選取「類別」選項，將 [名稱(N):] 設為「Product.vb」，最
後再按 新增(A) 鈕開啟 Product.vb 檔。

Step3 撰寫 Product.vb 程式碼。若延續上例請在 Product 類別中加入
Sub New() 程序的建構函式(6~10 行)。

```
FileName : Product.vb
01 Public Class Product
02    Public Property PartNo As String       ' PartNo 編號屬性
03    Public Property PartName As String      ' PartName 品名屬性
04    Private _Qty As Integer      '_Qty 為私有成員
```

```
05     ' === Product 建構函式
06   Public Sub New(ByVal vNo As String, ByVal vName As String, _
       ByVal vQty As Integer)
07       PartNo = vNo               ' 將傳入的vNo 指定給 PartNo 屬性
08       PartName = vName           ' 將傳入的 vName 指定給 PartName 屬性
09       Qty = vQty                 ' 將傳入的 vQty 指定給 Qty 屬性
10   End Sub
11   ' === 設定數量 Qty 屬性不可小於 0，若小於 0 則設定_Qty 欄位為 0
12   Public Property Qty() As Integer
13       Get
14           Return _Qty
15       End Get
16       Set(ByVal value As Integer)
17           If value < 0 Then value = 0
18           _Qty = value
19       End Set
20   End Property
21   ' === 印出產品的編號、品名、數量
22   Public Sub ShowInfo()
23       Console.WriteLine("編號：{0}", PartNo)
24       Console.WriteLine("品名：{0}", PartName)
25       Console.WriteLine("數量：{0}", Qty)
26       Console.WriteLine("============================")
27   End Sub
28
29 End Class
```

Step4 撰寫 Module1.vb 程式碼

```
FileName : Module1.vb
01  Module Module1
02
03    Sub Main()
04      ' 使用建構函式建立物件時並給予初值，
        ' 即在建立 DVD 物件時，便指定 PartNo, PartName,Qty 的初值
05      Dim DVD As New Product("B001", "變形金剛2", 15)
06      DVD.ShowInfo()
07      ' Dim DVD As New Product 無法使用
08      Console.Read()
09    End Sub
10
11 End Module
```

程式說明

1. 第 7 行：本敘述無法使用。因為 VB 的類別中會預設產生一個沒有帶引數的建構函式，若在其它類別檔中撰寫該類別的建構函式時，其預設建構函式無法使用。

6.2.2 建構函式的多載

　　若我們希望在建構物件的同時，也能呼叫不帶引數或帶引數的建構函式，此時就必須使用建構函式的多載。您可在定義建構函式時，以不同的引數個數或不同引數的資料型別來加以區隔這些名稱相同的建構函式，建構函式的多載和一般方法的多載(程序多載)的使用方式相同。

檔名：OverLoads.sln

延續上例，在 Product 類別中再新增一個不帶引數的建構函式，當使用 Dim 物件名稱 As New Proudct 敘述呼叫不帶引數的建構函式時，不帶引數的建構函式會將 "送審中"、"品名未定"、0 初值分別指定給 Product 類別的 PartNo、PartName、Qty 屬性。在本例中再加入 ShowInfo() 方法多載(程序多載)，透過此方法可設定 PartNo、PartName、Qty 並顯示產品資訊。

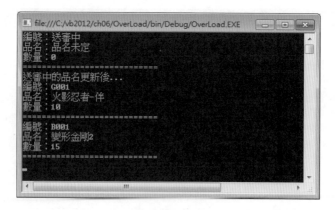

問題分析

1. 若延續上例程式碼，則在 Product 類別中加入不帶引數之 Sub New() 程序的建構函式；再加入 ShowInfo() 多載方法，用來設定 PartNo、PartName、Qty 的屬性值並顯示產品資訊。

2. 在 Main()程序內，使用不帶引數的方式來建立 Product 類別的 Game 物件，會呼叫 Product.vb 類別檔中的建構函式 New()，此時 Game.PartNo="送審中"、Game.PartName="品名未定"、Game.Qty=0。但當執行呼叫 ShowInfo()方法可設定 PartNo、PartName、Qty 的屬性值並顯示產品資訊。

上機實作

Step1 新增專案
新增「主控台應用程式」專案，其專案名稱設為「OverLoads」。

Step2 建立 Product 類別
執行功能表【專案(P)/加入類別(C)…】指令新增 Product.vb 類別檔。

Step3 撰寫 Product.vb 程式碼

```
FileName : Product.vb
01  Public Class Product
02    Public Property PartNo As String      ' PartNo 編號屬性
03    Public Property PartName As String    ' PartName 品名屬性
04    Private _Qty As Integer               ' _Qty 為私有成員
05    '===== 建構函式#1  定義不帶引數的 Product 類別的多載建構函式
06    Public Sub New()
07        PartNo = "送審中"
08        PartName = "品名未定"
09        Qty = 0
10    End Sub
11    ' ===== 建構函式#2  呼叫 Product 類別的多載建構函式必須傳入編號、品名、數量三個引數
12    Public Sub New(ByVal vNo As String, ByVal vName As String, _
        ByVal vQty As Integer)
13        PartNo = vNo
14        PartName = vName
15        Qty = vQty
16    End Sub
17    ' ===== 設定數量 Qty 屬性不可小於 0，若小於 0 則設定_Qty 欄位為 0
```

```
18    Public Property Qty() As Integer
19       Get
20          Return _Qty
21       End Get
22       Set(ByVal value As Integer)
23          If (value <= 0) Then value = 0
24             _Qty = value
25       End Set
26    End Property
27    ' ===== 定義不帶參數的 ShowInfo() 多載方法，此方法可顯示產品資訊
28    Public Sub ShowInfo()
29       Console.WriteLine("編號:{0}", PartNo)
30       Console.WriteLine("品名:{0}", PartName)
31       Console.WriteLine("數量:{0}", Qty)
32       Console.WriteLine("=============================")
33    End Sub
34    ' ===== 此 ShowInfo() 多載方法可設定產品的編號、品名、數量，並同時顯示資品資訊
35    Public Sub ShowInfo(ByVal vNo As String, ByVal vName As String, _
      ByVal vQty As Integer)
36       PartNo = vNo
37       PartName = vName
38       Qty = vQty
39       ShowInfo()      ' 呼叫 Product 類別的 ShowInfo
40    End Sub
41
42 End Class
```

Step4　撰寫 Module1.vb 程式碼

```
FileName : Module1.vb
01 Module Module1
02    Sub Main()
03       Dim Game As New Product    ' 無參數之建構函式
04       Game.ShowInfo()
05       Console.WriteLine("送審中的品名更新後...")
06       Game.ShowInfo("G001", "火影忍者-伴", 10)
07       ' === 使用此建構函式建立物件時並給予 編號、品名、數量的初值
08       Dim DVD As New Product("B001", "變形金剛2", 15)
09       DVD.ShowInfo()
10       Console.Read()
11    End Sub
12 End Module
```

6.2.3 物件初始設定式

當我們使用 New 來建立物件，此時會呼叫指定的多載建構函式，若初始化物件的欄位和屬性有很多種方式時，那就要定義多個多載建構函式。例如：Employee(員工)類別擁有 EmpID(編號)、EmpName(姓名)、EmpTel(電話)、EmpAdd(住址)、EmpSalary(薪水)五個屬性，現在希望建立物件的同時可初始化員工物件的屬性成員，此時最少要定義下面六個 Employee 類別的建構函式，且在初始化物件的屬性內容會變得非常麻煩。

```
Public class Employee                '定義 Employee 類別
    Public Property EmpID As String
    Public Property EmpName As String
    Public Property EmpTel As String
    Public Property EmpAdd As String
    Private _Salary As Integer ' _Salary 薪資欄位
    ' === Salary 屬性必須大於 20000 以上
    Public Property EmpSalary() As Integer
       Get
          Return _Salary
       End Get
       Set(ByVal value As Integer)
          If value <= 20000 Then value = 20000
          _Salary = value
       End Set
    End Property
    ......
    ' === 建構函式#1
    Public Sub New()
    End Sub
     ' === 建構函式#2
    Public Sub New(ByVal vID As String)
       EmpID=vID
    End Sub
     '=== 建構函式#3
    Public Sub New(ByVal vID As String, ByVal vName As String)
       EmpID=vID : EmpName=vName
    End Sub
         :
     '=== 建構函式#6
    Public Sub New(ByVal vID As String, ByVal vName As String, ByVal _
    vTel As String, ByVal vAdd As String, ByVal vSalary As Integer)
```

```
      EmpID=vID : EmpName=vName : EmpTel=vTel
      EmpAdd=vAdd : EmpSalary=vSalary
   End Sub
End Class
```

　　若使用「物件初始設定式」的宣告方式來初始化物件的欄位或屬性值，不需要明確呼叫類別的建構函式即可進行物件屬性或欄位初始化的動作。下面簡例示範如何使用物件初始設定式來初始化 Employee 類別物件的 EmpID 編號、EmpName 姓名、EmpTel 電話、EmpAdd 住址、EmpSalary 薪資的內容，完全不需要使用類別的建構函式來初始化物件的屬性值。

```
Public Class Employee                '定義 Employee 類別
   Public Property EmpID As String
   Public Property EmpName As String
   Public Property EmpTel As String
   Public Property EmpAdd As String
   Private _Salary As Integer '定義 _Salary 欄位
   Public Property EmpSalary() As Integer  '定義 EmpSalary 屬性
      Get
         Return _Salary
      End Get
      Set(ByVal value As Integer)
         If value <= 20000 Then value = 20000
            _Salary = value
      End Set
   End Property
End Class


Module Module1
   Sub Main()
      ' == Mary 物件設定員工編號為 "A01"
      Dim Mary As New Employee With {.EmpID="A01"}
      ' == Jack 物件設定員工編號為 "B01"、 姓名為 "傑克"、 薪資為 25000
      Dim Jack As New Employee With _
              {.EmpID="B01", .EmpName="傑克", .EmpSalary=25000}
      ' == Tom 物件初始化員工編號、 姓名、 薪資、 住址、 電話
      Dim Tom As New Employee With _
              {.EmpID="B01", .EmpName="湯姆", .EmpSalary=25000, _
               .EmpAdd="台中市忠明南路 1 號", .EmpTel="04-1236587"}
   End Sub
End Module
```

範例演練　　　　　　　　　　　　　　　　檔名：ObjectSetValue.sln

將上面簡例寫成一個完整的範例，並練習使用「物件初始設定式」的宣告方式來初始化物件的屬性值。定義 Employee 類別擁有 EmpID 編號、EmpName 姓名、EmpTel 電話、EmpAdd 住址、EmpSalary 薪資，薪資不可小於 20,000；定義 ShowInfo()方法用來顯示員工所有資訊。最後在 Main()程序中，使用物件初始設定來初始化 MoMo(莫莫)及 Dora(朵拉)兩個員工物件的 EmpID 編號、EmpName 姓名、EmpAdd 住址、EmpTel 電話、EmpSalary 薪資的值，最後再將這兩位員工的資料顯示出來。

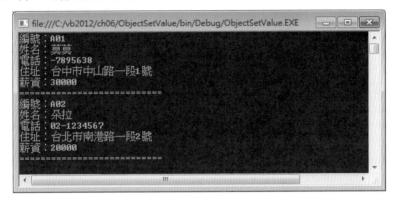

問題分析

1. 在 Employee(員工)類別中：

   ① 定義 EmpID(編號)、EmpName(姓名)、EmpTel(電話)、EmpAdd (住址)屬性。

   ② 定義 EmpSalary 薪水屬性，且 EmpSalary 屬性值不可小於 20,000。

   ③ 定義 ShowInfo()方法，用來顯示員工的編號、姓名、住址、電話、薪水...等資訊。

2. 在 Main()程序中，使用物件初始設定式來初始化 MoMo(莫莫)及 Dora(朵拉)兩個員工物件的 EmpID 編號、EmpName 姓名、EmpAdd 住址、EmpTel 電話、EmpSalary 薪水的值，最後再將這兩位員工的資料顯示出來。

上機實作

Step1 新增專案

新增「主控台應用程式」專案,其專案名稱設為「ObjectSetValue」。

Step2 建立 Employee 類別

執行功能表【專案(P)/加入類別(C)...】指令新增「Employee.vb」類別檔。

Step3 撰寫 Employee.vb 程式碼

```
'FileName : Employee.vb
01 Public Class Employee
02
03   Public Property EmpID As String
04   Public Property EmpName As String
05   Public Property EmpTel As String
06   Public Property EmpAdd As String
07   Private _Salary As Integer          '_Salary薪資欄位
08   ' === EmpSalary屬性必須大於20000以上
09   Public Property EmpSalary() As Integer
10     Get
11        Return _Salary
12     End Get
13     Set(ByVal value As Integer)
14        If value <= 20000 Then value = 20000
15        _Salary = value
16     End Set
17   End Property
18
19   Public Sub ShowInfo()            ' 顯示員工資訊
20     Console.WriteLine("編號:{0}", EmpID)
21     Console.WriteLine("姓名:{0}", EmpName)
22     Console.WriteLine("電話:{0}", EmpTel)
23     Console.WriteLine("住址:{0}", EmpAdd)
24     Console.WriteLine("薪資:{0}", EmpSalary.ToString())
25     Console.WriteLine("===========================")
26   End Sub
27
28 End Class
```

Step4 撰寫 Module1.vb 程式碼

```
FileName : Module1.vb
01 Module Module1
02
03   Sub Main()
04     Dim MoMo As New Employee With {.EmpID = "A01", .EmpName = "莫莫", _
         .EmpAdd = "台中市中山路一段1號", .EmpTel = 04-7895642", _
         .EmpSalary = 30000}
05     Dim Dora As New Employee With {.EmpID = "A02", .EmpName = "朵拉", _
           .EmpAdd = "台北市南港路一段2號", .EmpTel = "02-1234567", _
           .EmpSalary = 10000}
06     MoMo.ShowInfo()   ' 顯示員工資訊
07     Dora.ShowInfo()
08     Console.Read()
09   End Sub
10
11 End Module
```

程式說明

1. 第 5 行：初始設定 Dora.EmpSalary = 10,000，由於 Employee 類別中的
   第 9~17 行設定 EmpSalary 屬性必須是 20,000 以上，所以顯示員工資訊
   時，該員工薪資會顯示 20,000。

⊞ 6.3 共用成員

　　使用 Shared 關鍵字宣告的成員稱為「共用成員」，Shared 共用成員可以
讓類別所建立的物件一起共用，共用成員不需要使用 New 建立物件即可使
用，只要類別名稱再加上「.」運算子直接呼叫共用成員即可。呼叫 Shared
共用成員的寫法如下：

類別名稱.欄位
類別名稱.屬性
類別名稱.方法([引數串列])

 檔名：ShareMember.sln

延續上例，在 Product 類別新增一個 _num 私有共用欄位，用來記錄目前共生產幾個產品；新增 Num 公開共用唯讀屬性，用來讀取目前生產產品的個數；新增 ShowNum()公開共用方法，用來印出『目前共生產幾個產品』的訊息。

問題分析

1. 延續上例請在 Product 類別中：
   ① 加入宣告 _num 的私有共用欄位，用來記錄建立物件的個數。
   ② 加入 ShowNum() 公開共用方法，用來顯示『目前共生產幾個產品』訊息。
   ③ 加入定義 Num 的公開共用唯讀屬性，用來取得目前生產物件的個數。
   ④ 在兩個 Sub New() 程序的建構函式中加入 _num+=1 的敘述，表示建立物件的同時_num 會進行加 1 的動作，如此才可以記錄物件建立的數量。

2. 在 Main()程序內：
   ① 直接以 Product 類別名稱來呼叫 ShowNum()公開共用方法，即 Product.ShowNum()。
   ② 直接以 Product 類別名稱來取得 Num 公開共用唯讀屬性，即 Product.Num。

上機實作

Step1 新增專案

新增「主控台應用程式」專案,其專案名稱設為「SharedMember」。

Step2 建立 Product 類別

執行功能表【專案(P)/加入類別(C)...】指令新增 Product.vb 類別檔。

Step3 撰寫 Product.vb 程式碼

```
FileName : Product.vb
01  Public Class Product
02    Public Property PartNo As String              ' PartNo 編號屬性
03    Public Property PartName As String            ' PartName 品名屬性
04    Private _Qty As Integer          ' _Qty 為私有成員
05    Private Shared _num As Integer   ' _num 為私有共用成員,記錄共產生幾個物件
06    ' === ShowNum 公開共用方法,用來印出目前共產生幾個產品
07    Public Shared Sub ShowNum()
08        Console.WriteLine("目前共生產 {0} 個產品!!", _num)
09        Console.WriteLine()
10    End Sub
11    Public Sub New()   ' 無參數的建構函式
12        _num += 1
13        PartNo = "送審中"
14        PartName = "品名未定"
15        Qty = 0
16    End Sub
17    ' === 可設定編號、品名、數量的建構函式
18    Public Sub New(ByVal vNo As String, ByVal vName As String, _
      ByVal vQty As Integer)
19        _num += 1
20        PartNo = vNo
21        PartName = vName
22        Qty = vQty
23    End Sub
24    ' === Num 公開共用唯讀屬性,用來傳回目前所產生的物件數目
25    Public Shared ReadOnly Property Num() As Integer
26      Get
27        Return _num
28      End Get
29    End Property
30    ' === 設定數量 Qty 屬性不可小於 0,若小於 0 則設定 _Qty 欄位為 0
31    Public Property Qty() As Integer
32      Get
33        Return _Qty
```

```
34        End Get
35      Set(ByVal value As Integer)
36        If value < 0 Then value = 0
37        _Qty = value
38      End Set
39    End Property
40
41    Public Sub ShowInfo()
42        Console.WriteLine("編號:{0}", PartNo)
43        Console.WriteLine("品名:{0}", PartName)
44        Console.WriteLine("數量:{0}", Qty)
45        Console.WriteLine("===========================")
46    End Sub
47
48    Public Sub ShowInfo(ByVal vNo As String, ByVal vName As String, _
      ByVal vQty As Integer)
49        PartNo = vNo
50        PartName = vName
51        Qty = vQty
52        ShowInfo()   ' 呼叫 Product 類別的 ShowInfo() 方法
53    End Sub
54
55 End Class
```

Step4 　撰寫 Module1.vb 程式碼

```
FileName : Module1.vb
01  Module Module1
02
03    Sub Main()
04        Dim DVD As New Product("B001", "變形金剛2", 20)
05        DVD.ShowInfo()
06        Product.ShowNum()    ' 呼叫共用成員 ShowNum() 方法
07        Dim PDA As New Product("P001", "惠普HP iPAQ PDA行動手機", 10)
08        PDA.ShowInfo()
09        ' 呼叫 Product 類別的 Num 共用唯讀屬性
10        Console.WriteLine("目前建立第 {0} 個產品!!", Product.Num)
11        Console.Read()
12    End Sub
13
14 End Module
```

⚙ 6.4　物件陣列

　　欲使用類別建立物件陣列，首先必須先宣告屬於該類別的陣列，接著再逐一使用 New 關鍵字來對每一個陣列元素做物件實體化。如下寫法，先宣告 p(0)~p(4) 的五個陣列元素是屬於 Product 類別的物件，此時 p(0)~p(4) 的值皆為 Nothing 並未做物件實體化的動作，接著再使用 New 關鍵字對 p(0)~p(4) 做物件實體化，最後逐一設定 p(0)~p(4) 每一個物件的屬性內容，其設定方式即是在 () 括號之後加上「.」運算子就可以了。

```
Dim p(4) As Product        ' 宣告 p(0)~p(4) 五個陣列元素屬於 Product 類別物件
p(0) = New Product         ' 建立 p(0) 為 Product 類別的物件，並設初值
p(0).PartNo = "A01" : p(0).PartName = "火影忍者" : p(0).Qty = 100

p(1) = New Product         ' 建立 p(1) 為 Product 類別的物件，並設初值
p(1).PartNo = "A02" : p(1).PartName = "哈利波特" : p(1).Qty = 250
    ⋮
p(4) = New Product         ' 建立 p(4) 為 Product 類別的物件，並設初值
p(4).PartNo = "A05" : p(4).PartName = "網球王子" : p(4).Qty = 50
```

📝 範例演練

檔名：ObjectArray.sln

　　延續上例，使用 Product 類別來建立物件陣列。程式開始執行先詢問要產生多少個產品，接著再讓使用者逐一輸入產品的編號、品名及數量。

問題分析

1. 假設使用者先輸入『3』，接著會產生 p 陣列物件，且陣列元素為 p(0)~p(2)，接著再讓使用者逐一輸入 p(0)~p(2) 的編號、品名、數量的資料，最後再印出『目前共生產幾個產品』的訊息。

2. 在 Main()程序內，為防止使用者輸入不符合的資料，使用 Try…Catch…End Try 來補捉與處理可能會發生的例外。

3. 在 Main()程序內，使用迴圈並配合 New 關鍵字建立 p(0)~p(n-1) 的物件實體，再讓使用者由鍵盤輸入產品的編號、品名、數量並存放到 PartNo、PartName、Qty 的屬性內。

上機實作

Step1 新增專案
新增「主控台應用程式」專案，其專案名稱設為「ObjectArray」。

Step2 建立 Product 類別
執行功能表【專案(P)/加入類別(C)…】指令新增 Product.vb 類別檔。

Step3 撰寫 Product.vb 程式碼
定義 Product 類別，該類別的成員和前一範例差不多，但本例為減少程式碼，將 ShowInfo()方法刪除了。

```
FileName : Product.vb
01  Public Class Product
02    Public Property PartNo As String          ' PartNo 編號屬性
03    Public Property PartName As String        ' PartName 品名屬性
04    Private _Qty As Integer        ' _Qty 為私有成員
05    Private Shared _num As Integer ' _num 為私有共用成員，用來記錄共產生幾個物件
06    ' === 顯示共產生幾個產品
07    Public Shared Sub ShowNum()
08      Console.WriteLine("目前共生產 {0} 個產品!!", _num)
09      Console.WriteLine()
10    End Sub
11    ' === 無參數的 Product 建構函式
12    Public Sub New()
13      _num += 1            ' 物件數量+1
14    End Sub
15    ' === 設定數量 Qty 屬性不可小於 0，若小於 0 則設定_Qty 欄位為 0
16    Public Property Qty() As Integer
```

```
17      Get
18        Return _Qty
19      End Get
20      Set(ByVal value As Integer)
21        If value < 0 Then value = 0
22          _Qty = value
23      End Set
24    End Property
25
26 End Class
```

Step4　撰寫 Module1.vb 程式碼

```
FileName : Module1.vb
01 Module Module1
02   Sub Main()
03     Try  ' === 監控可能會發生例外的程式碼
04       Console.Write("請輸入欲產生幾個產品:")
05       Dim n As Integer = Integer.Parse(Console.ReadLine())
         ' 輸入的資料轉型成整數
06       Dim p(n - 1) As Product      ' 產生p(0)~p(n-1) 的陣列元素
07       For i As Integer = 0 To p.GetUpperBound(0)
08         p(i) = New Product()      ' 建立p(i) 物件的實體
09         Console.WriteLine("請輸入第 " & (i + 1).ToString() & " 筆產品")
10         Console.Write(" 編號:")
11         p(i).PartNo = Console.ReadLine()     ' 輸入編號
12         Console.Write(" 品名:")
13         p(i).PartName = Console.ReadLine()   ' 輸入品名
14         Console.Write(" 數量:")
15         p(i).Qty = Integer.Parse(Console.ReadLine()) ' 輸入數量轉型成整數
16         Console.WriteLine("====================")
17       Next
18       Product.ShowNum()              ' 顯示共產生幾個產品
19     Catch ex As Exception
20       Console.WriteLine(ex.Message)
21       Console.WriteLine("輸入資料有誤, 準備離開程式!")
22     End Try
23     Console.Read()
24   End Sub
25 End Module
```

▦ 6.5 類別繼承

在物件導向程式設計中最為有力的機制就是繼承，透過類別繼承可增加程式的延展性。被繼承的類別稱為「基底類別(base class)」或「父類別(parent class)」；繼承別人的類別稱為「衍生類別(derived class)」或「子類別(child class)」。若要定義類別 B 繼承類別 A 的方式，是在類別 B 的 Class B 之下一行敘述加入 Inherits A 敘述。如下：

```
Class A
    ...........          ' A 類別的欄位、屬性、方法
End Class
```

```
class B
    Inherits A          ' 指定類別 B 要繼承類別 A
    ...........          ' 此時類別 B 會擁有類別 A 所有非 Private 成員
    ...........          ' 可自行在類別 B 加入新的欄位、屬性、方法
End Class
```

衍生類別無法使用基底類別的 Private 成員，但是可以使用基底類別的 Public 和 Protected 成員。若衍生類別的成員想要使用基底類別的成員但不想公開，此時基底類別的成員必須宣告為 Protected 保護層級。

檔名：ClassInherits.sln

試寫一個類別繼承程式，Person 類別繼承自 Animal 類別，說明如下：

① 定義 Animal 基底類別中含有 Protected 保護層級的_Num 共用欄位用來計算目前共產生多少個動物；執行 Public 的建構函式時_Num 欄位會加 1，該類別中亦定義 Eat()方法與 ShowNum()共用方法，其中 ShowNum 共用方法()用來顯示目前共產生多少個動物。

② 定義 Person 衍生類別繼承自 Animal 基底類別並加入 Public 的 Move()方法，此時 Person 類別會擁有 Animal 類別中的_Num 欄位和 Show Num() 共用方法，以及自己本身 Person 類別提供的 Eat()和 Move()方法，且建立 Person 物件時也會執行 Animal 基底類別的建構函式

③ 在 Main()程序中，使用 Animal 類別及 Person 類別建立物件並執行 Eat()
和 Move()方法，最後再呼叫 Animal.ShowNum()或 Person.ShowNum()來
顯示共產生多少個動物。

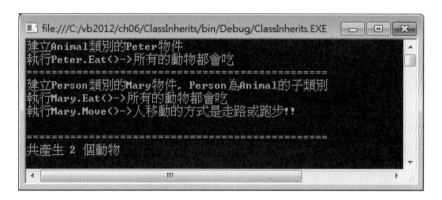

問題分析

1. Person 類別繼承自 Animal 類別，因此 Person 類別除了擁有自行定義的
   Move()方法，還可以使用 Animal 類別 Public 的 Eat()方法、ShowNum()
   共用方法和 _Num 共用欄位。

2. 若 Animal 類別的 Eat()方法為 Private，則 Person 類別則無法使用 Eat()
   方法。因此衍生類別無法使用基底類別的 Private 成員。

3. 若衍生類別想要使用基底類別的成員但又不想公開給外部使用，就必須
   將讓成員宣告為 Protected 保護層級。

4. 在 Main()程序中

   ① 使用 Animal 類別建立 Peter 物件，並執行該物件的 Eat()方法；再使
      用 Person 類別建立 Mary 物件，並執行 Mary 物件的 Eat()、Move()
      方法。

   ② Person 類別中並沒有定義 Eat()方法，Person 類別的 Eat()方法是由
      Animal 類別繼承而來的。

   ③ Animal 類別的_Num 共用欄位宣告為 Protected 保護層級，因此_Num
      只能在 Animal 類別和 Person 類別內使用，無法直接以 Animal._Num
      或 Person._Num 公開給外部使用。

④ Mary 物件可執行 Eat() 和 Move() 方法；但 Peter 物件只能執行 Eat()
方法，而不能執行 Move() 方法。

上機實作

Step1 新增專案

新增「主控台應用程式」專案，其專案名稱設為「ClassInherits」。

Step2 建立 Animal 類別

執行功能表【專案(P)/加入類別(C)...】指令新增 Animal.vb 類別檔。

Step3 撰寫 Animal.vb 程式碼

```
FileName : Animal.vb
01  Public Class Animal          '所有的動物都擁有吃的方法
02
03    '用來記錄共產生多少個動物，為保護層級，可讓衍生類別使用
04    Protected Shared _Num As Integer
05    ' === 呼叫此建構式動物數量+1
06    Public Sub New()
07      _Num += 1    '動物數量+1
08    End Sub
09    ' === Eat()方法為 Public，此方法可以被繼承
10    Public Sub Eat()
11      Console.WriteLine("所有的動物都會吃")
12    End Sub
13    ' === 顯示共產生多少個動物
14    Public Shared Sub ShowNum()
15      Console.WriteLine("共產生 {0} 個動物", _Num)
16    End Sub
17  End Class
```

Step4 建立 Person 類別

執行功能表【專案(P)/加入類別(C)...】指令新增 Person.vb 類別檔。

Step5 撰寫 Person.vb 程式碼

```
FileName : Person.vb
01  Public Class Person
02    Inherits Animal          ' Person 類別繼承 Animal 類別,
                               ' Person 類別會擁有 Animal 類別的功能
03
04    ' === Person 類別會移動，而移動的方式是走路或跑步
05    Public Sub Move()
```

```
06      Console.WriteLine("人移動的方式是走路或跑步!!")
07      Console.WriteLine()
08    End Sub
09
10  End Class
```

Step6   撰寫 Module1.vb 程式碼

```
FileName : Module1.vb
01  Module Module1
02
03    Sub Main()
04      Dim Peter As New Animal   '建立 Animal 類別的 Peter 物件
05      Console.WriteLine("建立 Animal 類別的 Peter 物件")
06      Console.Write("執行 Peter.Eat()->")
07      Peter.Eat()              '執行 Peter 物件的 Eat() 方法
08      Console.WriteLine("==========================================")
09      Dim Mary As New Person()
10      Console.WriteLine("建立 Person 類別的 Mary 物件, Person 為 Animal 的子類別")
11      Console.Write("執行 Mary.Eat()->")
12      Mary.Eat()              '執行 mary 物件的 Eat() 方法
13      Console.Write("執行 Mary.Move()->")
14      Mary.Move()             '執行 Mary 物件的 Move() 方法
15      Console.WriteLine("==========================================")
16      Animal.ShowNum()          '顯示共產生多少個動物，也可用 Person.ShowNum()
17      Console.Read()
18    End Sub
19
20  End Module
```

程式說明

1. 第 4、9 行：當使用衍生類別建立物件時除了先行呼叫衍生類別自已的建構函式外，接著會再呼叫基底類別的建構函式。因此建立 Animal 及 Person 類別的物件時，皆會執行 Animal 類別的建構函式使 Animal 類別的 _Num 共用欄位進行加 1。所以執行第 16 行 Animal.ShowNum() 方法時會顯示 "共產生 2 個動物"。

2. 第 16 行：Person 類別繼承自 Animal 類別，所以 Person 類別也可以使用 ShowNum() 共用方法，因此也可以改使用 Person.ShowNum() 由 Person 類別直接呼叫 ShowNum() 共用方法。

6.6 使用主控台程式建立視窗程式

　　.NET Framework 的類別程式庫就是以類別的架構繼承而來，因此我們也可以自己撰寫一個類別然後繼承 .NET Framework 的類別並加以延伸。下面 MyForm.sln 範例我們使用主控台應用程式並繼承 .NET 的 System. Windows.Forms 命名空間的 Form 類別來實作視窗應用程式。您可以跟著練習來體會使用手動寫程式的方式來繼承 System.Windows.Forms 命名空間的 Form 類別，並實作第一個 Windows Form 視窗應用程式。

範例演練

檔名：MyForm.sln

建立一個 HiForm 類別繼承 System.Windows.Forms.Form 類別，在 MyForm 類別中加入 歡迎 鈕，並建立該鈕的 Click 事件，使得按下 歡迎 鈕之後會顯示右下圖的對話方塊訊息。

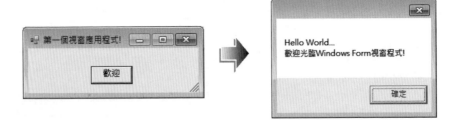

上機實作

Step1　新增專案

　　新增「主控台應用程式」專案，其專案名稱設為「MyForm」。

Step2　加入 System.Windows.Forms 命名空間

　　1. 在方案總管的工具列上先按 顯示所有檔案鈕，使得方案總管內顯示「參考」資料夾，接著再按「參考」資料夾，此時參考資料夾會如下圖列出目前專案所引用參考的命名空間。

2. 由於主控台應用程式預設未加入 System.Windows. Forms 命名空間的參考,可執行功能表的【專案(P)/加入參考(R)】或如下圖在方案總管的 MyForm 專案上壓滑鼠右鍵,由快顯功能表中點選 [加入參考(R)],由出現的「參考管理員」對話方塊的「加入參考」清單中勾選「System.Windows. Forms」元件名稱(即命名空間)來加入此元件。以允許在主控台模式下建立一個 HiForm 類別繼承自 System.Windows.Forms.Form 類別並製作視窗程式。。

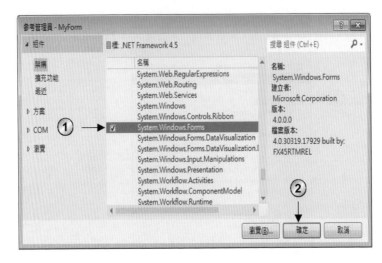

3. 完成上述步驟後，方案總管視窗的參考資料夾下會出現「System.Windows.Forms」命名空間。

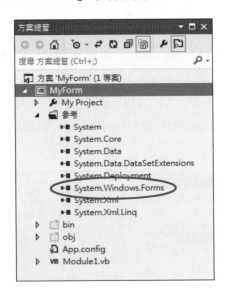

Step3 撰寫程式碼

接著請在 Module1.vb 撰寫下面程式碼。建立 HiForm 類別並繼承 System.Windows.Forms 命名空間的 Form 類別，此時 HiForm 類別會擁有 Form 表單視窗的所有屬性及方法；接著在 HiForm 類別的建構函式加入一個 Button 類別名稱的 btnHi ［歡迎］ 物件(或稱控制項)。

```
FileName : Module1.vb
01  Imports System.Windows.Forms '引用System.Windows.Forms命名空間
02                               '才能使用較簡潔的名稱來使用Form表單類別
03
04  Class HiForm
05    Inherits Form   'HiForm繼承System.Windows.Forms命名空間下的Form類別
06    '宣告btnHi為System.Windows.Forms命名空間下的Button按鈕類別
07    Dim btnHi As Button
08
09    Public Sub New()
10      btnHi = New Button()     '建立btnHi按鈕物件
11      btnHi.Text = "歡迎"       '設定btnHi上的文字為「歡迎」
12      btnHi.Width = 60          '設定btnHi鈕的寬為60
13      btnHi.Height = 25         '設定btnHi鈕的高為25
14      btnHi.Visible = True      '設定btnHi鈕顯示
15      btnHi.Left = 90           '設定btnHi距離表單左上角的水平位置為90
16      btnHi.Top = 25            '設定btnHi距離表單左上角的垂直位置為25
17      Me.Width = 260            '設定表單物件的寬度260
18      Me.Height = 100           '設定表單物件的高度100
19      Me.Controls.Add(btnHi)    '在表單物件中加入一個btnHi鈕(即「歡迎」鈕)
20      '表單的標題顯示「第一個視窗應用程式!」
21      Me.Text = "第一個視窗應用程式!"
22      '指定btnHi按鈕的Click事件被觸發時會執行Click_Event事件處理程序
23      '所以當按下btnHi鈕時會執行Click_Event事件處理程序
24      AddHandler btnHi.Click, AddressOf Click_Event
25    End Sub
26
27    ' === Click_Event事件處理程序用來處理btnHi.Click事件
28    Private Sub Click_Event(ByVal sender As Object, ByVal e As EventArgs)
29      MessageBox.Show("Hello World..." + vbNewLine + _
                        "歡迎光臨Windows Form視窗程式! ")
30    End Sub
31  End Class
32
33  Module Module1
34    Sub Main()
35      Dim f As New HiForm()    '使用HiForm類別建立 f 物件
36      f.ShowDialog()           '使用ShowDialog()方法顯示視窗
37    End Sub
38  End Module
```

程式說明

1. 第 17~19 行：Me 表示目前物件，在此即是目前 HiForm 表單物件。

2. 第 24 行：指定 btnHi 按鈕的 Click 事件被觸發時會執行 Click_Event 事

件處理程序(方法)，也就是說當按 [歡迎] 鈕時即會執行 Click_Event 事件處理程序(第 28-30 行)。

3. 第 28~30 行：當在 btnHi 鈕上按一下時觸發該鈕的 Click 事件，此時即會執行 Click_Event 事件處理程序。

4. 第 34-37 行：在 Main() 程序建立 f 為 HiForm 類別物件，接著再呼叫 f.ShowDialog() 方法使視窗強佔顯示。

Step4 顯示表單設計畫面

接著快按 Module1.vb 檔兩下，結果會顯示表單的設計畫面，且右方會顯示工具箱。關於 Windows Form 表單設計使用方式將在第七章詳細介紹。

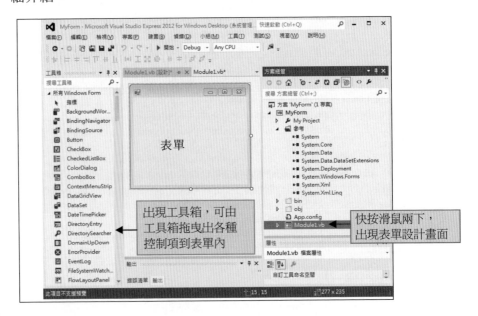

Step5 執行程式

執行【偵錯(D)/開始偵錯(S)】指令，將程式執行並測試結果。

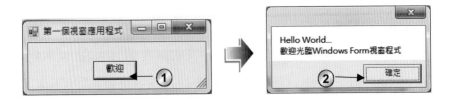

6.7 課後練習

一、選擇題

1. 下列哪個關鍵字可用來定義類別？
   (A)Class　　　(B)Final　　　(C)Imports　　　(D)Interface。

2. 下列哪個關鍵字可用來宣告私有成員？
   (A)Class　　(B)Private　(C)Protected　(D)Public。

3. 下列哪個關鍵字可用來宣告保護層級的成員？
   (A)Class　　　(B)Private　　(C)Protected　　(D)Public。

4. 下列哪個關鍵字可用來宣告公開成員？
   (A)Class　　(B)Private　　(C)Protected　　(D)Public。

5. 若基底類別的成員想要讓衍生類別的成員使用，但又不想公開存取，必須宣告成什麼成員？
   (A)Shared　　(B)Private　　(C)Protected　　(D)Public。

6. 下列哪個成員是不需要使用 New 來建立物件實體，可以由類別來直接呼叫？　(A)Shared　(B)Private　(C)Protected　(D)Public。

7. 下列哪個成員可以讓同一類別所建立的物件一起共用。
   (A)Shared　　(B)Private　　(C)Protected　　(D)Public。

8. 下列何者說明錯誤？
   (A)定義參考呼叫時，實引數與虛引必須宣告為 ByRef
   (B)使用 Return 可離開方法
   (C)定義參考呼叫時，實引數與虛引必須宣告為 ByVal
   (D)若宣告為 Public 成員，表示讓成員可公開呼叫使用。

9. 下列何者說明錯誤？
   (A)建構函式的名稱必須和類別同名
   (B)建構函式的名稱為 New
   (C)共用成員可讓同一類別的物件一起共用
   (D)If…Else…Then 是選擇敘述。

10. 下列何者說明錯誤？

(A)方法無法多載

(B)共用成員不須使用 New 建立物件即可直接呼叫使用

(C)建構函式可用來設定物件初始化的工作

(D)當建立衍生類別時，除了呼叫衍生類別的建構函式，還會再呼叫基底類別的建構函式

11. 方法中再呼叫自己本身就構成？

(A)多載　　　(B)覆寫　　　(C)遞迴　　　(D)以上皆非。

12. 定義多個方法可以使用相同的名稱，可稱為

(A)多載　　　(B)覆寫　　　(C)遞迴　　　(D)以上皆非。

13. 下列何者非 Student 類別的多載建構函式？

(A) Public Sub New()

(B) Public Sub Student()

(C) Public Sub New(ByVal _w As Integer)

(D) Public Sub New(ByVal _w As Integer, ByVal _h As Integer)

14. 下列何者非 ShowSum 的多載方法？

(A) Public Sub ShowSum(ByVal _s As Integer)

(B) Public Sub ShowSum(ByVal _s As Integer, ByVal _e As Integer)

(C) Public Sub New(ByVal _s As Integer)

(D) Public Sub ShowSum(ByVal _s As Integer, ByVal _e As Integer, ByVal int _i As Integer)

15. 下例何者有誤？

(A) 共用方法可以不用建立物件即可使用。

(B) 方法可傳入多個參數。

(C) 若方法定義為 Private 表示是私有型態，此時該方法只能在目前的類別使用。

(D) 若方法定義為 Public 表示是私有型態，此時該方法只能在目前的類別使用。

二、程式設計

1. 假設有一個類別 Csum，定義如下：

```
Public Class Csum
    Public n1 As Integer
    Public n2 As Integer
    Public sum As Integer
    Public Sub add()
        sum = n1 + n2
    End Sub
End Class
```

試撰寫程式碼完成下列敘述：

① 建立一個 Csum 類別的物件 cal。

② 將 cal 物件的欄位成員 n1 與 n2 的值分別設為 23、17。

③ 呼叫 cal 物件的欄位方法 add()。

④ 顯示 cal 物件欄位成員 n1、n2、sum 的值。

2. 試撰寫程式碼完成下列敘述：

① 定義 Ccircle(圓形)類別，內含兩個用 Function 建立的方法成員 CalLen(求圓周長)及 CalArea(求圓面積)。如下：

```
Public Class Ccircle
    Public Function CalLen(ByVal r As Double) As Double
        ……………
    End Sub
    Public Function CalArea(ByVal r As Double) As Double
        ……………
    End Sub
End Class
```

其中引數 r 代表半徑

② 建立一個圓形類別的物件 cir，指定 cir 物件的半徑為 10 公分。

③ 取得 cir 物件的圓周長與圓面積。

④ 顯示 cir 物件的半徑值、圓周長、圓面積。

3. 試撰寫程式碼完成下列敘述：

① 設計父類別 Calcul_1，內含求計算兩數之和的方法成員 GetAdd()。

② 設計子類別 Calcul_2 繼承父類別 Calcul_1，子類別內含求計算兩數之積的方法成員 GetMult()。

③ 建立一個類別 Calcul_1 的物件 res1，呼叫 GetAdd()方法，取得並顯示 4 和 3 兩數之和。

④ 建立一個類別 Calcul_2 的物件 res2，分別呼叫 GetAdd()與 GetMult()方法，取得並顯示 5 和 6 兩數之和與兩數之積。

4. 撰寫一個 MathDemo 類別，在該類別定義多載的 GetMax 方法可用來印出兩個數或三個數的最大數，也可以用來印出陣列中的最大數。

5. 使用主控台應用程式撰寫視窗應用程式，執行程式時表單內有 打招呼 鈕、姓名標籤及文字方塊，在文字方塊內輸入使用者姓名再

按 打招呼 鈕即出現一個訊息方塊並顯示『XXX 你好嗎』的訊息。結果如下圖:(PS:用 Label 類別建立姓名標籤,用 TextBox 類別來建立文字方塊)

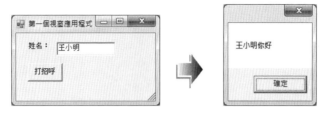

6. 修改 ObjectArray.sln 範例,當輸入產品資料之後,接著會詢問所要搜尋的產品,搜尋以產品的編號為依據。若找不到該產品則顯示『找不到』,若找到則顯示該產品的編品、品名、數量。

7. 修改 ObjectArray.sln 範例,當輸入產品資料之後,接著會自動會顯示數量最多及數量最少的產品資訊。

筆記頁

視窗應用程式開發

7

Visual Basic 2012 提供的視覺化整合開發環境(Integrated Development Environment 簡稱 IDE)下，將程式的編輯、編譯、執行、除錯、部署、管理以及建立應用程式的相關資訊，整合在一個開發平台，讓程式設計者能快速、有效率地開發和管理程式。在第 1~6 章已經介紹如何開發主控台應用程式，並學會 VB 的基本語法，從本章起將介紹如何在視窗模式下開發視窗應用程式。在 Windows Form 模式下，使用工具箱提供的工具在表單(Form)上透過滑鼠的拖曳不用編寫程式碼，在程式設計階段便可設計出統一操作和美觀的輸出入界面是其優點。至於在前面章節所介紹的 Console 模式下編寫程式，必須自己編寫輸出入介面的相關程式碼，等到程式執行階段才能看到輸出入介面是否正確，不但設計費時且無法統一操作輸出介面是其缺點。我們先以如何建立一個 Windows Form 應用程式為例，來介紹 Visual Basic 2012 Express 的整合開發環境。

::: 7.1 建立視窗應用程式專案

本書以微軟 Windows 7 視窗作業系統下介紹 VB2012，當你的電腦作業系統是 Windows 7，而且已經安裝 Microsoft Visual Studio 2012 Express for Desktop，請執行工具列【 ＠ / 所有程式 / Microsoft Visual Studio 2012 Express / VS Express for Desktop】指令，就會進入「起始頁」畫面。

起始頁中有「開始」(含「新增專案」、「開啓專案」指令)、「最近」、「開始使用」(內含「歡迎」主題)、「最新消息」標籤頁等⋯和 Express 2012 for Windows Desktop 相關的功能。若想關閉起始頁，可以在 起始頁 ⌐ ✕ 標籤上面點按 ✕ 即可。若希望能顯示起始頁時，只要執行功能表的【檢視(V)/起始頁(G)】即可重新打開起始頁。其中「最近」標籤頁中會顯示最近使用過的專案清單，方便由此直接開啟最近使用的專案。

7.1.1 如何新增專案

在起始頁上點選「新增專案⋯」指令，或是按工具列上 🔳 新增專案圖示鈕，或執行功能表【檔案(F)/新增專案(P)⋯】指令，就會開啟「新增專案」對話方塊，供我們對新專案做相關的設定。

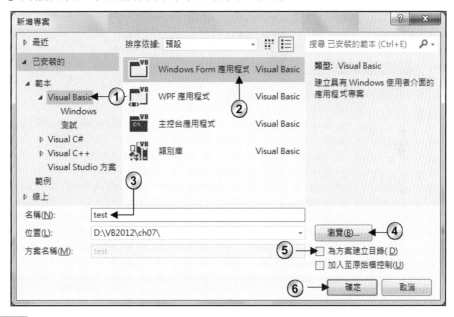

說明

① 在左窗格點選「Visual Basic」。

② 點選「Windows Form 應用程式」，設定要建立一個 Visual Basic 視窗應用程式的專案。

③ 在「名稱(N):」文字方塊中輸入專案的名稱，預設專案名稱為「WindowsApplication1」，本例專案名稱更名為「test」。

④ 在「位置(L)」右邊的 瀏覽(B)... 鈕，設定專案的儲存位置是「D:\VB2012\ch07」。若儲存位置未建立，系統會自動建立預設在媒體櫃\文件\Visual Studio 2012\Projects 的資料夾。

⑤ 不勾選「為方案建立目錄(D)」項目。若有勾選 ☑ 為方案建立目錄(D) 表示允許為該方案建立一個資料夾，此時「方案名稱(M)：」欄位允許輸入資料夾名稱。若以上面設定為例，會在 test 指定資料夾的上層再建立一個此欄位所指定的資料夾。一般都不勾選此項目，以避免開啟專案時須點選多層的資料夾。

⑥ 按 確定 鈕後即進入下圖 Visual Basic 2012 Express 的 IDE 環境：

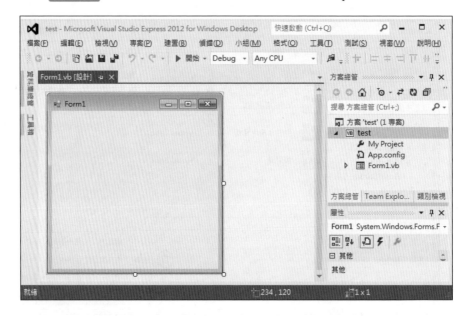

7.1.2 如何儲存專案

執行【檔案(F)/全部儲存(L)】，或按工具列中 「全部儲存」鈕可以進行儲存專案。

7.1.3 如何固定工具箱視窗

1. 系統預設「工具箱」視窗是採彈跳式而未固定，但因為「工具箱」視窗常使用，所以將其改為固定式。請移動滑鼠指標到左邊「工具箱」處，工具箱會向右彈出。若滑鼠在工具箱範圍外點按滑鼠左鍵，工具箱視窗又自動彈回隱藏起來。

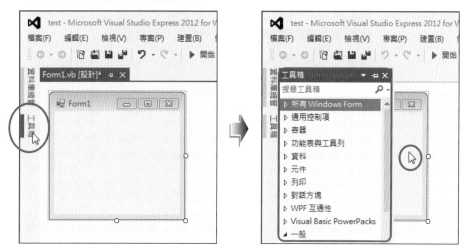

2. 若工具箱如右上圖已向右彈出，移動滑鼠到工具箱標題欄右側的平躺 🔲 圖示上按一下，會如下圖變成直立 📌 圖示，表示將工具箱視窗改為固定式，以方便建立視窗中的各種控制項。

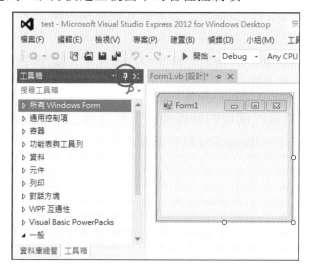

3. 到工具箱內點按 ◀ 所有 Windows Form 索引標籤，會拉出該標籤內的工具清單供你選用。

工具清單

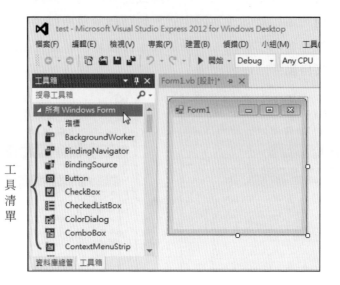

4. 若在 IDE 開發環境看不到工具箱視窗，可以執行【檢視(V)/工具箱(X)】指令來開啟該視窗。

7.1.4 如何將方案總管和屬性視窗上下置於右邊界

　　一般正常的整合開發環境，方案總管和屬性視窗上下疊在一起，兩者黏在視窗的右邊界，工具箱固定在視窗的左邊界，表單置於正中央。至於如何將方案總管和屬性視窗黏在視窗的右邊界，其操作方式如下：

1. 將屬性視窗變成浮動式視窗

移動滑鼠到屬性視窗的標題欄上，壓滑鼠左鍵拖曳將視窗往左上拖曳，結果屬性視窗變成浮動式視窗。

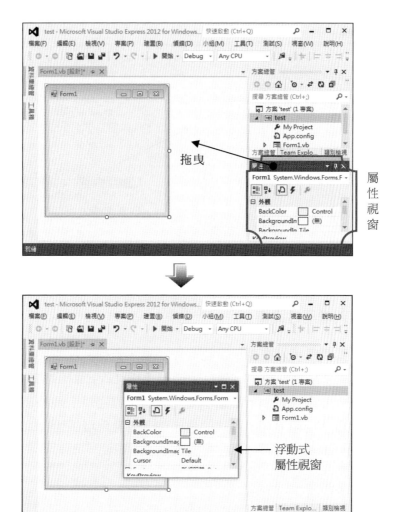

2. 將屬性視窗變成固定式視窗

移動滑鼠到浮動式屬性視窗的標題欄處,壓滑鼠左鍵拖曳到方案總管正下方出現 箭頭圖示。若拖曳屬性視窗到此箭頭上,會將選取的視窗以藍底置於設定位置,此時放開滑鼠,選取的屬性視窗會置於藍底處,此時屬性視窗置於方案總管的正下方,彼此上下疊在一起。

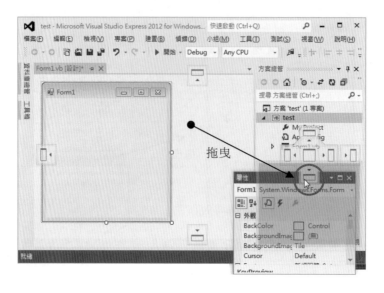

7.1.5 如何新增屬性視窗

　　有了工具箱就可以在表單上建立控制項，若控制項需要更改屬性值，此時就要透過「屬性」視窗。執行功能表【檢視(V)/屬性視窗(W)】指令，就會在右邊「方案總管」下面顯示屬性視窗。經過以上調整後，就成為初學者用來撰寫 Visual Basic 程式的最佳整合開發環境(簡稱 IDE)。

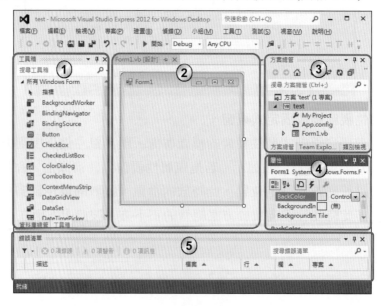

畫面說明

① 「工具箱」視窗

位於 IDE 的左視窗。只要將工具箱的工具，透過滑鼠拖曳到表單上，並調整控制項的大小，不用寫程式便可輕易地製作出輸出入介面，符合所見即所得的精神。

② 「設計工具」視窗

位於 IDE 的正中央。以標籤頁方式放置表單設計、程式碼、起始頁…等標籤頁供切換。提供程式自動偵錯的功能，會標示出程式語法錯誤的地方，減少程式撰寫的錯誤。並有物件屬性、事件「敘述」完成的功能，加快寫程式的速度，減少查閱手冊的時間。建立和管理物件，也非常輕鬆容易。

③ 「方案總管」視窗

用來管理方案內各種檔案。

④ 「屬性」視窗

位於 IDE 的右下方。用來快速設定各個控制項的屬性值和事件。

⑤ 「錯誤清單」視窗

錯誤清單視窗預設位於 IDE 下方，會顯示程式的錯誤情形。執行【檢視(V)/錯誤清單(I)】功能，可以開啟錯誤清單視窗。

如果將各種視窗搬移或刪除後，想恢復系統預設的操作環境時，可執行【視窗(W)/重設視窗配置(R)】指令。

7.2 整合開發環境介紹

當我們開啟專案後，就會進入 Visual Basic 2012 Express 的整合開發環境(IDE)。使用整合開發環境的視覺化操作介面，讓管理、設計和測試「Windows Form 應用程式」專案都變得輕鬆和容易操作。下面將逐一介紹在整合開發環境下，對設計 Windows Form 應用程式專案所提供的各種常用功能。

7.2.1 標題欄

標題欄中會顯示目前編輯的專案名稱以及整合開發環境的版本。

7.2.2 功能表列

功能表列位在標題欄的正下方,將各種功能指令分類置於相關的下拉式功能表中,方便使用者選取。

主功能表	說明
檔案(F)	提供檔案存取、列印和專案新增等指令。
編輯(E)	提供復原、複製、尋找...等和編輯相關的指令。
檢視(V)	提供開啟或關閉 IDE 的各種視窗。
專案(P)	提供加入專案中表單、控制項、元件...等的指令。
建置(B)	提供方案的建置、重建、清除及發行的指令。
偵錯(D)	提供程式啟動、逐行執行...等和程式除錯相關的指令。
資料(A)	提供產生資料集和預覽資料的指令。
格式(O)	提供控制項的對齊、順序、鎖定的指令。
工具(T)	提供新增工具和設定 IDE 環境的相關指令。
視窗(W)	提供視窗各種顯示方式的相關指令。
說明(H)	提供輔助說明。

7.2.3 標準工具列

「標準」工具列位在功能表列的下方，是將最常用的功能，以圖示按鈕的方式集中在一起，讓操作更加快速。

上圖「標準」工具列各圖示鈕說明如下：

圖示	對應的功能指令	說明
⏴	[檢視/向後巡禮]	向後巡禮
⏵	[檢視/向前巡禮]	向前巡禮
📄	[檔案/新增專案]	新增專案或空白方案。
📂	[檔案/開啟檔案]	開啟現有的專案。
💾	[檔案/儲存 Form1.cs]	儲存目前編輯中的檔案。
💾	[檔案/全部儲存]	儲存方案中全部的檔案。
↺	[編輯/復原]	取消前一個編輯動作。
↻	[編輯/取消復原]	復原前一個取消的編輯動作。
▶	[偵錯/開始偵錯]	執行程式（快速鍵為 F5）。
🔍	[編輯/尋找和取代/檔案中尋找]	尋找指定的字串。

7.2.4 配置工具列

「配置」工具列是控制項在表單上配置的最常用功能，以圖示按鈕的方式集中在一起。

上圖「配置」工具列各圖示說明如下：

圖示	對應的功能表指令	功能說明
🕂	[格式/對齊/格線]	選取的控制項對齊格線
⊨	[格式/對齊/左]	對齊主控制項的左緣
÷	[格式/對齊/置中]	對齊主控制項的水平中央
⊒	[格式/對齊/右]	對齊主控制項的右緣
🇹	[格式/對齊/上]	對齊主控制項的上緣
⊪	[格式/對齊/中間]	對齊主控制項的垂直中央
⊥	[格式/對齊/下]	對齊主控制項的下緣
|*|	[格式/設定成相同大小/寬度]	選取的控制項設成相同寬度
工	[格式/設定成相同大小/高度]	選取的控制項設成相同高度
🔀	[格式/設定成相同大小/兩者]	選取的控制項設成相同大小
🔲	[格式/設成相同大小/依格線調整大小]	選取的控制項大小貼齊格線
⊪	[格式/水平間距/設成相等]	將選取多個控制項的水平間距設成相同
÷	[格式/垂直間距/設成相等]	將選取多個控制項的垂直間距設成相同
🔳	[格式/順序/提到最上層]	選取的控制項移到所有控制項的最上層
🔳	[格式/順序/移到最下層]	選取的控制項移到所有控制項的最下層

7.2.5 工具箱

工具箱中用來放置系統所提供的各種控制項工具，只要在該工具圖示上快按兩下，就可以在表單建立一個控制項(或稱物件)。至於各個控制項工具的用法，在下面章節陸續介紹。

前面我們將工具箱設為固定式，但為使表單工作區加大，也可點選工具箱標題右邊的　圖示使變成　圖示，工具箱會由固定式變成彈跳式，此時工具箱會縮到左邊界隱藏起來，代以直立的工具箱圖示顯現。

　　當需要工具箱時，滑鼠移動到左邊界點按工具箱圖示，工具箱就會彈出。當工具選取完畢滑鼠離開工具箱視窗外，再操作滑鼠，工具箱便會自動彈回隱藏，使得表單有較大的操作空間。

7.2.6 方案總管

　　方案（Solution）就像是一個容器，它可以包含多個專案(Project)，而一個專案通常含有多個項目。項目可以是檔案和專案的其他部分，如參考、資料連接或資料夾。Visual Basic 2012 Express 提供一個「方案總管」視窗，提供整個方案的圖形檢視畫面，協助您在開發應用程式時管理其專案和檔案。若在 IDE 開發環境看不到方案總管視窗，可以執行【檢視(V)/方案總管(P)】指令來開啟該視窗。

7.2.7 屬性視窗

　　我們將 Visual Basic 2012 Express 工具箱所提供的工具拖曳到表單上，所建立的物件就稱為「控制項」(Control)或稱物件(Object)，當然表單亦是一個大物件。每個控制項或表單物件都有自己的屬性和方法，有些屬性在別的控制項也具有，但有些屬性則是該控制項所特有。

　　我們只要在表單上選取一個控制項,使其周圍出現小白方框(控點),該控制項就變成「作用控制項」,作用控制項的所有屬性會出現在「屬性視窗」上,可以用視覺化的操作方式選取和設定屬性值。每個屬性都有其預設值,你可以在設計階段(即程式未執行前)和程式執行中更改其屬性值。建議熟悉的屬性需要時才更改,不熟悉的屬性建議最好先保持預設值,以免程式執行時發生異常,而不易除錯。

　　若在 IDE 中找不到「屬性」視窗時,可執行【檢視(V)/屬性視窗(W)】指令來開啟。至於屬性設定步驟如下:

① 由控制項清單的 ▾ 下拉按鈕選取控制項,或直接在表單上的控制項壓滑鼠右鍵由快顯功能表中選取 🔧 屬性(R) 選項。

② 若按分類選取屬性則點選 🔳 圖示(如圖一):若按字母順序則點選 🔢 圖示(如圖二)。

③ 移動屬性值右側的捲動軸快捲鈕,在欲修改屬性的屬性值上按一下選取,若在屬性值後面出現 ▾ 圖示,按此鈕表示有選項清單提供選擇;若出現 ⋯ 表示此鈕會出現對話方塊,供你設定相關參數;若出現插入點游標表示可直接鍵入資料。

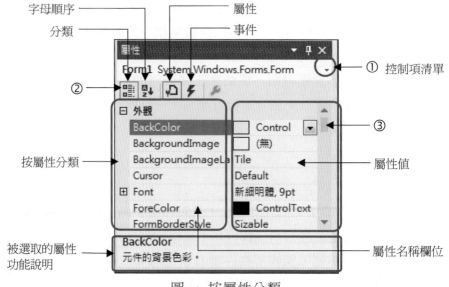

圖一　按屬性分類

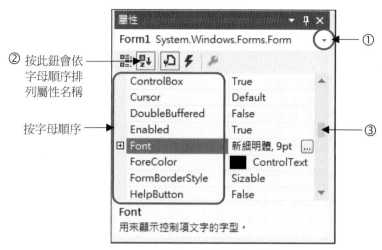

② 按此鈕會依
　字母順序排
　列屬性名稱

按字母順序

圖二 按字母順序

7.2.8 設計工具標籤頁

　　「設計工具」標籤頁是用來顯示和設計表單。我們可以在表單上新增控制項，做為程式輸出和輸入的介面。若在 IDE 環境下，沒看到「設計工具」標籤頁，可執行功能表的【檢視(V)/設計工具(D)】指令或到「方案總管」視窗內快按兩下 ▷ ▦ Form1.vb 表單檔(副檔名為.vb)，會在 IDE 正中央出現「設計工具」標籤頁含有表單物件的畫面。

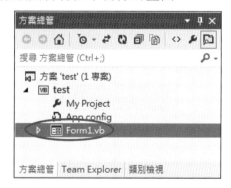

　　下圖方框處即為「設計工具」標籤頁範圍。表單四周出現三個控點(小白方框)，用來調整表單大小，當移動滑鼠到控點處會出現雙箭頭，在控點按住滑鼠左鍵並依箭頭方向拖曳滑鼠即可調整表單大小。表單標題欄左上角 Form1 為表單標題名稱。

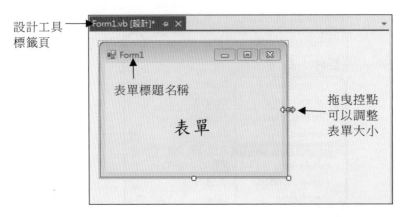

設計工具
標籤頁

表單標題名稱

拖曳控點
可以調整
表單大小

表單

7.2.9 程式碼標籤頁

「程式碼」標籤頁是用來顯示和撰寫程式碼的地方，每個表單檔都有一個對應的程式碼標籤頁。譬如：上圖有 Form1 表單檔，有一個對應的「Form1.vb」。若沒有看到「程式碼」標籤頁，可執行【檢視(V)/程式碼(C)】指令。

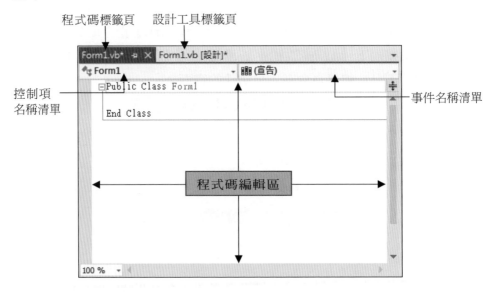

程式碼標籤頁　　設計工具標籤頁

控制項
名稱清單

事件名稱清單

程式碼編輯區

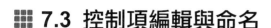

7.3 控制項編輯與命名

　　我們將從工具箱中的工具拖曳到表單上,所建立的物件稱為「控制項」(Control)或稱「物件」(Object)。在表單上所建立的控制項就成為程式執行時的使用者輸出入介面。Visual Basic 2012 Express 將工具箱內的工具分為:所有 Windows Form、通用控制項、容器、功能表與工具列、資料、元件、列印、對話方塊、WPF 互通性、Visual Basic PowerPacks。譬如:如左下圖在通用控制項前面的 ▷ 展開鈕按一下變成右下圖 ◢ 縮小鈕,便可看到通用控制項所提供的各種工具。

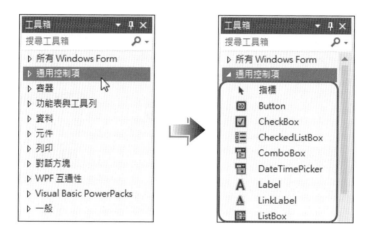

7.3.1 如何建立控制項

　　首先移動滑鼠到工具箱中,點選欲使用的工具類別,接著使用下列方式在表單上建立需要的控制項,下面以建立 Label 標籤控制項為例:

方式一　直接拖曳方式

① 滑鼠點選工具箱中 A Label 標籤工具不放。

② 拖曳到表單中適當位置放開滑鼠左鍵,會產生一個預設固定大小的標籤控制項。由於標籤控制項的 AutoSize 屬性預設為 True,表示控制項會隨著控制項文字的長度自動調整寬度,而無法手動調整,此時控制項的左上角會出現一個控點表示無法手動調整大小。

③ 先點選 AutoSize 屬性名稱，然後在 AutoSize 屬性欄位預設值右側的
下拉鈕 ▾ 按一下，會出現下圖的下拉式清單。

④ 由清單中選取 False 屬性值，將標籤控制項改成可手動調整。

⑤ 此時標籤控制項的四周出現八個白色控點，移動滑鼠指標到控點
上，按照所出現的箭頭方向便可調整控制項的大小。

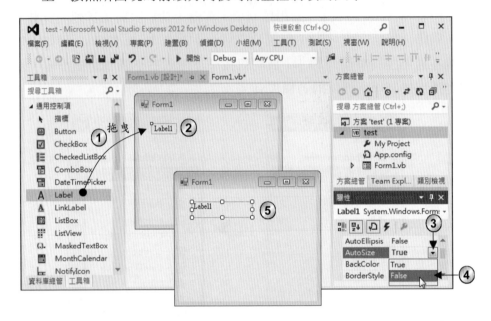

當在表單上建立第一個標籤控制項時，表單的標籤控制項上面顯示
Label1，它是標籤控制項 Text 屬性的預設值，若再建立第二個標籤控制
項，則 Text 屬性的預設值為 Label2，以此類推下去。

方式二 直接點按方式

① 用滑鼠指標在工具箱中的工具圖示上點按一下，該工具圖示會反白
顯示。

② 到表單中指定位置，點按滑鼠或拖曳滑鼠，可在表單指定產生該反
白工具圖示的控制項。若該控制項的 AutoSize 屬性值為 false，則拖
曳期間可調整至適當大小後再鬆開滑鼠鍵。

方式三　快按兩下工具圖示

① 在工具箱中的工具圖示上快按兩下，自動在表單建立指定的控制項。

② 若目前是選取表單狀態(即表單出現三個控點時)，則該控制項會置於表單的左上角；若目前是在選取某個控制項狀態，會在該控制項上方產生新建的控制項。

③ 將新產生的控制項拖曳到適當的位置並調整其大小即可。

方式四　以複製的方式建立控制項物件

① 在表單中先選取要複製的控制項，使其成為作用控制項(此時該控制項四周出現控點)。

② 在該控制項的上面壓滑鼠右鍵，由快顯功能表中選取 ⏹ 複製(Y) 。再壓滑鼠右鍵，由出現的快顯功能表中選取 ⏹ 貼上(P) ，會在表單的正中央附近產生所複製新的控制項。

③ 最快速的複製方式，是先按住 Ctrl 鍵不放，再拖曳控制項物件到指定位置即可。

④ 此種方式是當欲複製的控制項和來源控制項屬性大同小異時使用，拷貝完後，只需要對新的控制項修改部份屬性值即可。若是新建控制項，則會修改較多的屬性值。

7.3.2 如何選取控制項

　　當你要對表單或表單中控制項的屬性做修改時，就必須先選取表單或控制項使其變成作用物件，其點選方式如下：

① 單選：移動滑鼠到表單或控制項上點按一下，使其當控制項四周有控點出現，表示該控制項被選取。

② 單選：另一方式連續按 Tab 鍵，可在各控制項和表單間輪流切換選取。

③ 多選：使用工具箱的 ▶ 指標 指標工具將欲選取的多個控制項框住。

④ 多選：先按住 Ctrl 或 ⇧ Shift 鍵，再用滑鼠點選控制項，也可以選取多個控制項。

7.3.3 控制項的排列

如下圖表單上有多個控制項，當你移動 Button1 按鈕控制項時，若按鈕四個邊界有對齊到其中一個標籤控制項，如左下圖會出現藍色線表示這兩個控制項邊框相互對齊。若出現粉紅色線條，則表示控制項內的文字互相對齊。

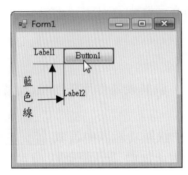
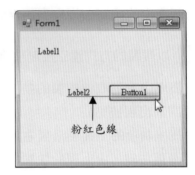

但是若有很多個控制項需要做控制項之間的對齊，或是調整水平/垂直間距，以及控制項的鎖定時，那就要借重配置工具列或【格式】功能表指令較為快速。首先，將欲做各項排列的多個控制項，利用 指標 指標工具框住，再移動滑鼠點選以哪個控制項作為基準，此時當基準的控制項四周會出現小白框，其它框住的控制項則是小黑框，然後點按配置工具列圖示或【格式】功能表指令。例如，點選 圖示或執行【格式/對齊/左】指令，其它控制項的左緣會對齊基準控制項的左緣。當表單上的控制項都排列妥當後，可以鎖定控制項使其無法移動。【格式】功能表中有「鎖定控制項(L)」指令，此指令對表單上所有的控制項有效，當點選控制項時，控制項的左上角出現鎖頭圖示 Button1 。

7.3.4 如何刪除控制項

刪除控制項的方法非常簡單，先選取要刪除的控制項或框住欲刪除多個控制項，壓滑鼠右鍵由快顯功能表中選取【刪除(D)】，也可以直接按鍵盤的 Del 鍵即可。若欲復原直接按標準工具列的 復原鈕即可。

7.3.5 控制項的命名

當你在表單上建立一個控制項，系統會自動產生一個預設的名稱給該控制項，以方便在程式中分辨和呼叫，這個預設的名稱是放在 Name 屬性中。譬如：標籤控制項預設名稱為 Label1、Label2、Label3…，當表單中有許多控制項時以此種方式命名很難區分，所以允許程式設計者重新命名，改以有意義且易記的名稱，以提高程式的可讀性減少錯誤發生。

控制項名稱 Name 屬性的命名,建議名稱的前三個字母為控制項名稱的小寫英文簡稱，後面接著是該控制項有意義的名稱（第一個字母建議為大寫）。例如：某個按鈕的功能是用來結束程式，可以命名為 btnExit。撰寫程式時，看到「btn」開頭的控制項，就知道是「按鈕」控制項。控制項的命名規則亦是遵循識別字的命名規則，說明如下：

1. 名稱可以使用英文字母、數字、底線和中文，但不可以使用標點符號和空白。

2. 名稱可以用英文字母、底線或中文開頭。

3. 盡量使用有意義的名稱，方便日後容易維護程式。

下表為常用控制項建議命名名稱：

控制項中文名稱	控制項英文名稱	建議字首	實例
表單	Form	frm	frmScore
標籤	Label	lbl	lblUserName
按鈕	Button	btn	btnDelete
文字方塊	TextBox	txt	txtPassWord
圖片方塊	PictureBox	pic	picMan
影像清單	ImageList	img	imgFlyBird
核取方塊	CheckBox	chk	chkGrade
選項按鈕	RadioButton	rdb	rdbPass
清單方塊	ListBox	lst	lstBook
超連結標籤	LinkLabel	lnk	lnkIP

控制項中文名稱	控制項英文名稱	建議字首	實例
計時器	Timer	tmr	tmrMove
豐富文字方塊	RichTextBox	rtx	rtxInput

▦ 7.4 視窗應用程式的開發

7.4.1 視窗應用程式的開發步驟

熟悉 Visual Basic 2012 Express 的 IDE 整合開發環境後，接著要知道在視窗環境下開發一個應用程式的步驟：

Step1 設計輸出入介面

根據輸出入的需求在表單上建立適當的控制項，並設定相關屬性值。

Step2 設計流程圖或編寫演算法

使用演算法或流程圖規劃出程式的執行流程，以免設計出來的程式，執行時發生邏輯上的錯誤。

Step3 撰寫程式碼

在適當的事件處理程序中，按照演算法或流程圖撰寫相關程式碼，並進行程式偵錯和驗證執行結果是否正確。至於進入「程式碼檢視」模式撰寫程式的方式有下列三種：

① 直接選取「Form1.vb*」標籤頁。

② 在控制項或表單物件上壓滑鼠右鍵，由快顯功能表中選取【檢視程式碼(C)】指令。

③ 執行功能表的【檢視(V)/程式碼(C)】指令。

當你使用上面其中一種方式，便可進入下圖的「程式碼檢視」模式：

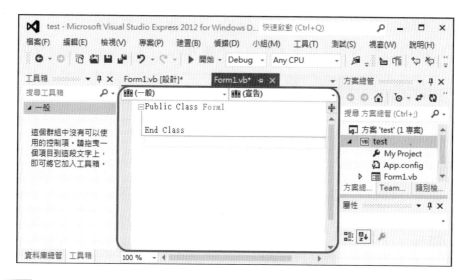

Step4　執行程式與除錯

程式碼撰寫完畢後,就要執行程式並測試輸出結果是否符合預期?
若程式執行時發生語法上的錯誤,或是輸出結果錯誤,就要修改程
式碼。程式碼修改後,還要再執行程式測試是否正確?如此,反覆
測試一直到輸出完全正確才結束工作。

7.4.2 如何撰寫控制項的事件處理程序

　　至於控制項事件處理程序內的程式碼如何撰寫。現以在 Button1 按鈕控
制項的 Click 事件處理程序內撰寫程式碼為例做介紹,其操作方式如下:

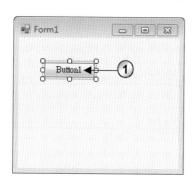

① 先選取要撰寫事件的物件,本例選取 Button1 按鈕。

② 在屬性視窗的 事件圖示鈕按一下，會切換到事件清單。

③ 在 Click 清單快按兩下，即進入下圖 Button1_Click 事件處理程序。

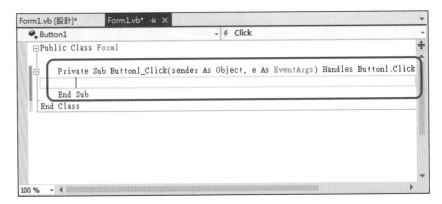

TIPS　點按屬性視窗的 🗲 事件圖示鈕用來設定可事件程序，若要切換設定控制項或表單的屬性，必須再點按 🗔 屬性圖示鈕。

若要撰寫的事件是該控制項的預設事件，Visual Basic 另外提供下面更快速方式進入事件處理程序編碼視窗。例如按鈕的預設事件為 Click 事件，現以編輯 Button2_Click()事件處理程序為例：

先在左下圖的表單另外建立一個新的 Button2 按鈕控制項，然後直接在表單的 Button2 按鈕控制項上面快按滑鼠左鍵兩下即進入 Button2_Click 事件處理程序。

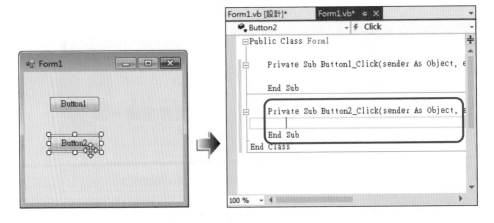

接下來我們以一個簡單的範例，來介紹如何撰寫一個視窗應用程式。

範例演練

檔名：hello.sln

使用上面介紹的視窗應用程式設計步驟撰寫一個簡單的程式。要求如下：

① 程式開始執行時表單的標題欄會顯示 "我的第一個程式"，以及表單上方出現 "Hello ！" 打招呼訊息，表單下方出現三個按鈕分別為 [問候]、[日期]、[結束] 三個按鈕，表單的背景色為淺黃色。

② 按 [問候] 鈕，原 "Hello!" 文字改為 "大家好！"，文字的背景色為淺藍色(Aqua)。

③ 按 [日期] 鈕，改顯示今天日期和現在時間，文字的背景色為巧克力色(Chocolate)。

④ 按 [結束] 鈕，關閉視窗結束程式執行。

開始執行 　　　　按 [問候] 鈕 　　　　按 [日期] 鈕

問題分析

1. 建立一個標籤控制項用來顯示按鈕未按前的提示訊息，以及按鈕按下後應顯示的訊息。

2. 本例要求透過按鈕執行三個不同的功能，需建立三個按鈕控制項。

3. 程式開始執行預設在標籤控制項上面顯示 "Hello !"，需在設計階段設定 Text 屬性值。

4. 只要將表單 Text 屬性值設為 "我的第一個程式"，就可變更表單的標題欄文字內容。

5. 要變更表單的背景色，只要設定表單的 BackColor 屬性值。

6. 當按鈕按下時，才顯示其他訊息和變更背景色，此部分需撰寫程式碼。因為按鈕按下時會觸動 Click 事件，所以程式碼要寫在該事件中。

上機實作

Step1 建立 Windows Form 應用程式專案

執行功能表 【檔案(F)/新增專案(P)】，開啟下圖新增專案視窗，專案名稱設為「hello」。將專案儲存在「D:\VB2012\ch07」資料夾下。

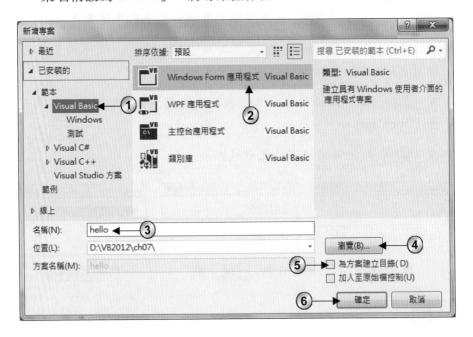

Step2 設計輸出入介面

依題目要求在表單上建立一個標籤控制項以及三個按鈕控制項。各控制項需變更的屬性如下圖所示：

Name=lblShow
Text="Hollo!"
Font/Size=18

Name=btnHi
Text="你好"

Name=Form1
Size=315,160
BackColor
=255,255,192

Name=btnDate
Text="日期"

Name=btnQuit
Text="結束"

接著依下面步驟來建立上圖的控制項，以及設定屬性值：

① 建立控制項

　先在表單上建立一個 Label 及三個 Button 控制項，設定表單的大小其寬度為 315，高度為 160。

② 設定表單標題欄初值

　先在表單中沒有控制項的地方按一下，將表單設成作用表單。接著在屬性視窗中的 Text 屬性值上快按兩下，將表單標題欄的 "Form1" 更改為 "我的第一個程式"。

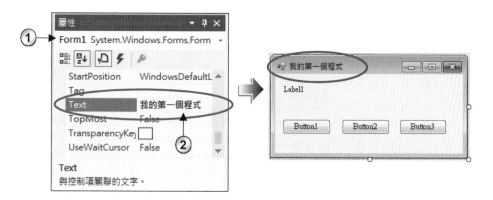

③ 設定表單的 BackColor 屬性

　在表單屬性視窗中的 BackColor 屬性值右邊的 ▾ 下拉鈕按一下，然後點選「自訂」標籤頁，從中選取淺黃色(屬性值會改為 255,255,192)。

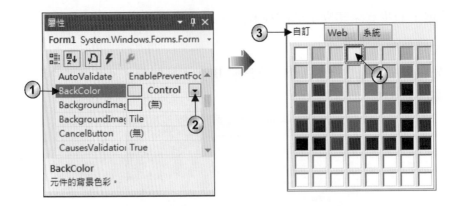

④ 設定標籤控制項的 Name 屬性

先在表單中的標籤控制項上按一下，設成作用控制項。接著在屬性視窗中的 Name 屬性值上快按兩下，將「Label1」更改為「lblShow」。

⑤ 設定標籤控制項的 Text 屬性

接著在屬性視窗中的 Text 屬性值上快按兩下，將 "Label1" 更改為 "Hello !"。

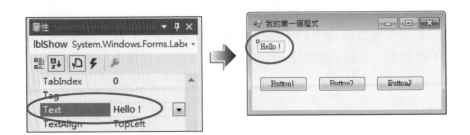

若輸入的字串太長一行放不下
時,可以按 ▼ 鈕,出現輸入
框,以方便看到整個輸入的字
串,輸入完畢再按

⎡Ctrl⎤ + ⎡Enter↵⎤ 鍵結束。

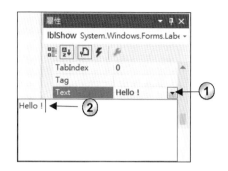

⑥ 設定標籤控制項的 Font 屬性

接著在屬性視窗中的 Font 屬性值上按一下出現 ⃛ 圖示鈕,在該鈕上
按一下開啟字型對話方塊,將「大小(S)」改成 18。另一種方式,點
選「Font」前面的 ⊞ 展開鈕,會展開 Font 的副屬性清單。在 Size
屬性值直接鍵入 18,結束時再按 ⊟ 縮回鈕,恢復原狀。

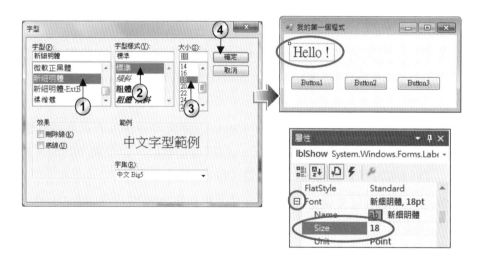

⑦ 設定 Button1 按鈕控制項的 Name 屬性

先在表單中的 Button1 按鈕控制項上按一下設成作用控制項,接著在屬
性視窗的 Name 屬性的屬性值上按一下,將 "Button1" 改成 "btnHi"。

⑧ 設定 Button1 按鈕控制項的 Text 屬性

接著在屬性視窗中的 Text 屬性的屬性值上按一下,會出現插入點游
標,將 "Button1" 改成 "問候"。

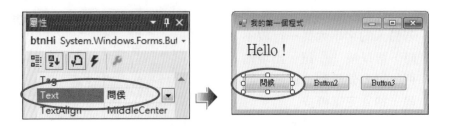

⑨ 比照上一步驟更改 Button2 的 Name 和 Text 屬性

Name 屬性的 Button2 ⇨ btnDate；Text 屬性的 "Button2" ⇨ "日期"

⑩ 比照上一步驟更改 Button3 的 Name 和 Text 屬性

Name 屬性的 Button3 ⇨ btnQuit；Text 屬性的 "Button3" ⇨ "結束"

Step3 分析問題

由於按下各按鈕才顯示訊息及結束程式，因此必須將相關的程式碼撰寫於對應按鈕的 Click 事件處理程序中，如下說明：

① 按 問候 鈕會執行 btnHi_Click 事件處理程序，在此程序中設定 lblShow 標籤控制項顯示 "大家好！"，以及將 lblShow 標籤控制項的背景色設為淺藍色(Aqua)。

② 按 日期 鈕會執行 btnDate_Click 事件處理程序，在此程序中設定 lblShow 標籤控制項顯示今日日期和目前時間，以及將 lblShow 標籤控制項的背景色設為巧克力色(Chocolate)。

③ 按 結束 鈕會執行 btnQuit_Click 事件處理程序，在此程序中設定結束本程式。

Step4 撰寫程式碼

一、撰寫 btnHi_Click 事件處理程序

① 程式執行時，當你在 問候 鈕上按一下，會觸動 btnHi 按鈕的 Click 事件，會將此事件處理程序內的程式碼執行一次。本例希望按下 問候 鈕後，會在 lblShow 標籤控制項上面顯示 "大家好！"，以及將 lblShow 標籤控制項的背景色設為淺藍色(Aqua)。

② 程式中要指定控制項名稱中的某個屬性名稱，是以控制項名稱開頭，屬性名稱在後，中間使用小數點符號當作分隔符號。例如，欲設定 lblShow 標籤控制項的 BackColor 背景色屬性值為淺藍色 (Aqua)，寫法如下：

標籤控制項名稱 . 屬性名稱 = 結構 . 成員

上面敘述中 Color.Aqua 是指定結構為 Color，其中 Aqua 是淺藍色為 Color 的成員。

③ 程式中欲設定 lblShow 的 Text 屬性顯示訊息為 "大家好！"，寫法如下：

lblShow.Text = "大家好！"

標籤控制項名稱 . 屬性名稱 = 字串常值

④ 表單設計階段時，在 [問候] 鈕快按兩下，會進入 btnHi_Click 事件處理程序內，接著輸入下面兩行敘述，使程式執行時按下 [問候] 鈕，會在 lblShow 標籤控制項上面顯示 "大家好！"，且 lblShow 標籤背景色設為淺藍色。

注意

撰寫程式碼時系統提供了 IntelliSense 功能，可以讓輸入資料的速度加快並減少輸入錯誤。在輸入部分程式碼時，系統會根據我們輸入的部分文字，開啟適當的清單來建議後續的程式碼。當你由鍵盤鍵入 lblShow 標籤控制項的名稱後，接著鍵入小數點當分隔符號時，會如下圖自動出現清單，清單中包含

該控制項的屬性、方法，若繼續鍵入 B 後，清單會由 B 開頭往下依序列出屬性和方法供你選取。此時移動上下鍵，找到 BackColor 屬性名稱後按 `Tab` 鍵，或用滑鼠指標點選，便可將該屬性名稱置入目前插入點游標處。

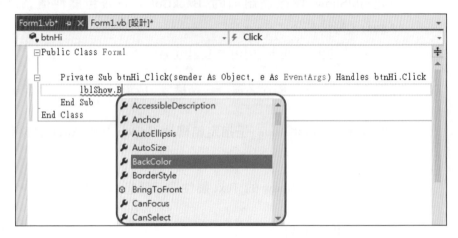

二、撰寫 btnDate_Click 事件處理程序

程式執行時按 `日期` 鈕，希望在 lblShow 標籤上面顯示今天日期和目前時間，且 lblShow 標籤的背景色為巧克力色。

① 表單設計階段時，在 `日期` 鈕快按兩下，會進入 btnDate_Click 事件處理程序內。

② 在下圖虛框處撰寫下面兩行敘述：

```
Public Class Form1

    Private Sub btnHi_Click(sender As Object, e As EventArgs) Handles btnHi.Click
        lblShow.BackColor = Color.Aqua
        lblShow.Text = "大家好！"
    End Sub

    Private Sub btnDate_Click(sender As Object, e As EventArgs) Handles btnDate.Click
        lblShow.BackColor = Color.Chocolate
        lblShow.Text = DateTime.Now.ToString()
    End Sub
End Class
```

注意

DateTime.Now 屬性可用來取得今天的日期和目前時間，因為 DateTime.Now 為日期型別資料，所以要加上「.ToString()」方法將日期型別轉為字串，然後再指定給 lblShow.Text 屬性。寫法如下：

lblShow.Text = DateTime.Now.ToString()

三、撰寫 btnQuit_Click 事件處理程序

程式執行時按 結束 鈕，希望可以結束程式執行，可使用另外一種方式來撰寫事件處理程序。其步驟如下：

① 在表單設計階段先選取 結束 鈕。

② 接著在屬性視窗的 ⚡ 事件圖示鈕按一下切換到事件清單。

③ 在事件清單中的 Click 上快按兩下進入 btnQuit_Click 事件處理程序。

④ 在此事件處理程序內插入『End』或『Application.Exit()』來結束程式執行。

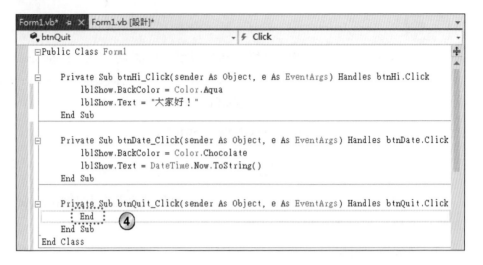

完整程式碼如下：

```
FileName : hello.sln
01 Public Class Form1
02
03   Private Sub btnHi_Click(sender As Object, e As EventArgs) Handles _
     btnHi.Click
04      lblShow.BackColor = Color.Aqua
05      lblShow.Text = "大家好！"
06   End Sub
07
08   Private Sub btnDate_Click(sender As Object, e As EventArgs) Handles _
     btnDate.Click
09      lblShow.BackColor = Color.Chocolate
10      lblShow.Text = DateTime.Now.ToString()
11   End Sub
12
13   Private Sub btnQuit_Click(sender As Object, e As EventArgs) Handles _
     btnQuit.Click
14      End
15   End Sub
16 End Class
```

程式說明

1. 第 3~6 行：在 btnH 問候 i 按鈕按一下會觸動 Click 事件，此時會執行 btnHi_Click 事件處理程序。

2. 第 8~11 行：按 btnDate 日期 按鈕會觸動 Click 事件，此時會執行

btnDate_Click 事件處理程序。

3. 第 13~15 行：按 btnQuit  結束 按鈕會觸動 Click 事件，此時會執行 btnQuit_Click 事件處理程序。

7.5 課後練習

一、選擇題

1. 當視窗上有 圖示，表示視窗為
   (A) 固定式視窗　(B) 彈跳式視窗　(C) 浮動式視窗　(D) 隱藏式視窗。

2. 若要將目前編輯專案內的檔案全部儲存，可以按標準工具列的哪個圖示？(A) 　(B) 　(C) 　(D) 。

3. 若想將所選取多個控制項的水平間距設成相同，應按配置工具列的哪個圖示？ (A) 　(B) 　(C) 　(D) 。

4. 下列哪個控制項名稱正確？ (A) 3 M　(B) _3M　(C) 3M　(D) 3.M 。

5. 為提高程式的可讀性，下列哪個名稱較適合做  結束 按鈕控制項的名稱？ (A) btnAbc　(B) btnEnd　(C) Abc　(D) End。

6. 要開啟某個控制項的指定事件，可以在屬性視窗上按哪個圖示？
   (A) 　(B) 　(C) 　(D) 。

7. 要改變 Label 標籤控制項的文字內容，要設定哪個屬性？
   (A) Font　(B) Font.Name　(C) Name　(D) Text。

8. 程式執行時，在 Button 按鈕控制項上點按一下，會開啟下列哪個事件？
   (A) Click　(B) Double　(C) DoubleClick　(D) Load。

9. 按鈕控制項的預設名稱為
   (A) Btn　(B) Btn1　(C) Button　(D) Button1。

10. 要設定 Label 標籤控制項的文字內容,可以下列哪個階段?

(A) 只能在設計階段　(B) 只能在執行階段

(C) 可以在設計和執行階段　(D) 以上皆非。

二、程式設計

1. 試撰寫一個符合下列程式的要求。

① 程式開始執行時,顯示「Hello World!」文字。

② 按 ▢日期▢ 鈕顯示目前日期。

③ 按 ▢時間▢ 鈕顯示目前時間。

④ 按 ▢結束▢ 鈕結束程式執行。

[提示] ① 現在日期的寫法:DateTime.Now.ToLongDateString ()

② 現在時間的寫法:DateTime.Now.ToLongTimeString()

表單輸出入介面設計

在上一章熟悉了 Visual Basic 2012 Express 的整合開發環境，以及如何撰寫和執行一個簡單的視窗應用程式的過程，知道不用撰寫程式碼，便能在表單上面設計輸出入介面。例如在前章第一個範例程式中，將「標籤」控制項置於表單上，當作輸出介面來顯示資料；使用「按鈕」控制項，當作輸入介面用來執行功能。

由於視窗應用程式中，表單是最重要的基本容器，用來在表單上面安置各種控制項。本章將深入探討表單常用的屬性、方法與事件。另外，介紹常用來當做輸出入介面的控制項：Label 標籤控制項、LinkLabel 超連結控制項、TextBox 文字方塊控制項、Button 按鈕控制項、InputBox()輸入方塊函式，和 MessageBox.Show()訊息對話方塊方法。

8.1 Form 常用的屬性

表單（Form）是視窗應用程式中最重要的容器（Container）之一，它可以容納各種控制項。由於表單或控制項的屬性都很多，本書只介紹常用的屬性。為方便在屬性視窗中操作，Visual Basic 提供兩種方式選取欲更改的屬性，其中一種方式是在屬性視窗點選 分類圖示，另一種方式在屬性視窗點選 按字母順序圖示。至於表單的所有屬性分類如右圖所示。現在介紹表單的常用屬性：

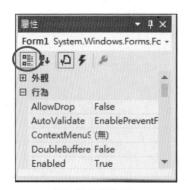

按屬性分類排列

按字母順序排列

一、Text 屬性

用來設定表單標題欄上面的文字。譬如：欲在程式執行中將目前作用的表單 Form1 的標題欄名稱由預設的 Form1 更名為 "我的表單"。由於 VB 將目前被點選的表單當「作用表單」，在程式中以 Me 代替目前作用的表單名稱 Form1。如在程式中將目前作用表單的標題欄設為 "我的表單"，寫法如下：

```
Me.Text = "我的表單"
```

二、ForeColor/BackColor 屬性

ForeColor、BackColor 屬性分別用來設定表單的前景色和背景色。因為 VB 所建立的控制項具有繼承的特性，例如：表單的 ForeColor 屬性值的變更後，會影響修改以後在表單新建立控制項的字體顏色。在程式中將目前作用表單的前景色設成淺藍色，寫法如下：

```
Me.ForeColor = Color.Aqua
```

三、Font 屬性

Font 屬性可設定表單的字型和 ForeColor 屬性一樣會影響設定以後新建立控制項的字型。當你在 Font 屬性上面按一下，可看到 Font 的預設值是新細明體，大小 9 pt。在左下圖 Font 屬性值右邊的 [...] 圖示上按一下，出現右下圖的「字型」對話方塊，可做字型種類、大小、樣式...設定：

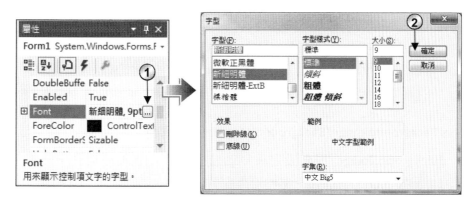

另一種方式是如左下圖點選 Font 屬性名稱前面的 ⊞ 展開鈕，會將 Font 的子屬性展開供你直接設定，設定完畢再按 ⊟ 縮回鈕還原。

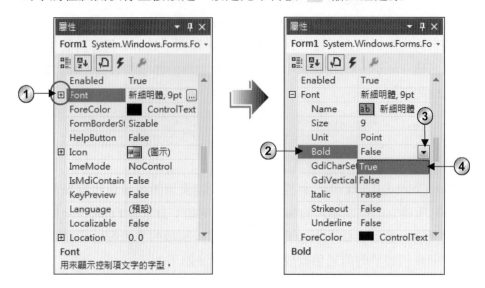

程式中欲設定表單的字型為："標楷體"、大小為"24"、樣式為"粗體"，其寫法如下：

Me.Font = New Font("標楷體",　　24,　　FontStyle.Bold)
　　　　　　　　　　　字體種類　字體大小　　字體樣式

TIPS　New Font() 建構函式的第三個引數用來設定字型樣式，可設定為：

① FontStyle.Bold：粗體　　　　② FontStyle.Italic：斜體

③ FontStyle.Strikeout：刪除線　　④ FontStyle.Underline：底線

⑤ FontStyle.Bold | FontStyle.Italic：粗斜體（粗體＋斜體）

⑥ FontStyle.Italic | FontStyle.Underline：斜體＋底線

⑦ FontStyle.Bold |FontStyle.Italic | FontStyle.Underline：粗斜體＋底線

四、BackgroundImage/BackgroundImageLayout 屬性

BackgroundImage 用來設定表單的背景圖片，預設是空白。一般配合 BackgroundImageLayout 屬性用來配置背景圖，預設值為 Tile 表示若背景圖比表單小時，會以貼磁磚方式佈滿整個表單。若載入的背景圖比表單大，希望能以目前表單大小顯示整張背景圖，必須設為 Stretch。

1. 如何載入圖檔當表單的背景圖

可使用「匯入資源檔」及「指定路徑」兩種方式設定背景圖：

方式一　將圖檔匯入到專案資源檔內的步驟

Step1 先點選表單，接著在屬性視窗點選 BackgroundImage 屬性的 ⌐…⌐
圖示，打開「選取資源」對話方塊。選取 ◉ 專案資源檔(P): 選項，
表示將背景圖納入專案資源檔，接著按 匯入(M)... 鈕。

[注意] 採 ◉ 專案資源檔(P): 選項比 ◉ 本機資源(L): 選項好，因拷貝時
不用再複製圖片檔及其路徑。

Step2 出現「開啟」視窗，切換到書附光碟 ch08/images 資料夾，按
▤▼ 檢視功能表圖示，由縮圖視窗中選取資料夾內的 bg.gif
圖檔，最後按 開啟舊檔(O) 鈕離開回到「選取資源」對話方塊。

Step3 返回「選取資源」對話方塊，按 ［ 確定 ］ 鈕，匯入圖檔完畢
時會在方案總管的 Resource(資源檔)資料夾會看到此背景圖
檔，此種將圖檔匯入到資料檔的方式比較好管理，因為複製專
案時會將圖檔一起拷貝。

Step4 由於 BackgroundImageLayout 屬性預設為 Tile，且背景圖比表單
小，因此背景圖以貼磁磚方式顯示在表單上當背景。

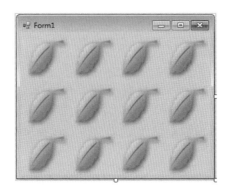

方式二　指定圖檔的路徑的步驟

Step1 另一種方式是不把載入的圖檔拷貝到專案的 Resource 資料夾中。其做法是先點選表單，接著在屬性視窗點選 Background Image 屬性的 … 圖示，打開「選取資源」對話方塊。選取 ◎ **本機資源(L):** 選項，再按 匯入(M)… 鈕。

Step2 出現「開啟」視窗，切換到書附光碟 ch08/images 資料夾，按 ⌷ ▼ 檢視功能表圖示，由縮圖視窗中選取資料夾內的 photo.jpg，按 開啟舊檔(O) 鈕離開回到「選取資源」對話方塊。

Step3 返回「選取資源」對話方塊，按 ▢ 確定 鈕，匯入圖檔完畢
時在方案總管的 Resource 資料夾無此背景圖檔，圖檔仍放在
原來資料夾內。此種方式拷貝整個專案時要記得同時將背景
圖對應的資料夾路徑和圖檔一起拷貝。

Step4 若將 BackgroundImageLayout 的屬性值設為 Stretch，背景圖會
縮小或放大填滿整個表單。

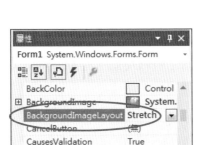

Step5 若將 BackgroundImageLayout 的屬性值設為 Zoom，背景圖會等
比例縮放，並置於表單的正中央。

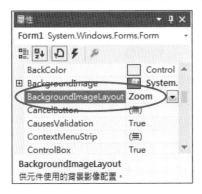

2. 如何清除表單的背景圖

若欲將表單背景還原為空白，如右圖在屬性視窗 BackgroundImage 屬性
名稱上壓滑鼠右鍵選取「重設(R)」指令即可。

3. 程式中如何設定與清除表單的背景圖

若欲在程式中由「D:\VB2012\ch08」資料夾載入「pic.bmp」圖檔，且表單的背景圖設成貼磁磚樣式，其寫法如下：

```
Me.BackgroundImage = new Bitmap("D:\\VB2012\\ch08\\pic.bmp")
Me.BackgroundImageLayout = ImageLayout.Tile
```

若欲在程式中將表單的背景圖清成空白，其寫法如下：

```
Me.BackgroundImage = Nothing
```

五、FormBorderStyle 屬性 (預設值：Sizable)

用來設定表單視窗的邊框樣式，其屬性值有：

① None：無邊框、大小固定、無標題欄。

② FixedSingle：單線邊框、大小固定、有標題欄。

③ Fixed3D：立體邊框、大小固定、有標題欄。

④ FixedDialog：單線邊框、無法調整大小、有標題欄。

⑤ Sizable：立體邊框、可調整大小、有標題欄 (預設值)。

⑥ FixedToolWindow：單線邊框大小固定、標題欄只有結束鈕。

⑦ SizableToolWindow：單線邊框、可調大小、標題欄只有結束鈕。

六、Enabled 屬性 (預設值：True)

設定表單中的控制項是否有作用。True：有作用；False：無作用。

七、StartPosition 屬性(預設值：WindowDefaultLocation)

設定表單開啟時顯示的位置，其值有：

① Manual（手動）。

② CenterScreen：置於螢幕中央。

③ WindowDefaultLocation；預設位置。

④ WindowDefaultBounds：系統預設位置和大小。

⑤ CenterParent：父視窗中央。

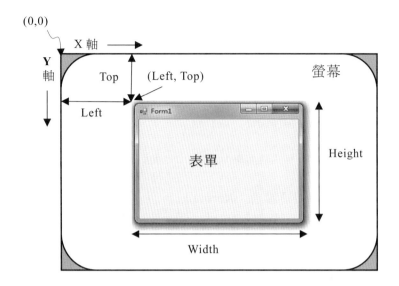

八、Location、Top、Left 屬性

當 StartPosition 屬性值設為 Manual(手動)時,才能透過 Location 屬性變更表單顯示的位置。

① Location 屬性

有兩個子屬性 X 和 Y,分別代表 X-座標和 Y-座標。在設計階段可輸入 (100, 50) 直接更改表單位置,當然也可以按 Location 前面的展開鈕,直接更改 X 和 Y 值。

② Top、Left 屬性

可以在設計或程式執行時設定表單的位置。

- Top 屬性:是指表單上緣到螢幕上邊界的距離,單位為像素 pixel,即表單左上角的 Y 座標。

- Left 屬性:是指表單左邊到螢幕左邊界的距離,即表單左上角的 X 座標。兩者合起來 (Left, Top) 代表表單左上角座標。

③ 程式中設定表單位置有兩種方式:

```
Me.Location = new Point(x,y)        ' Me 代表目前作用的表單
    或
Me.Left = x : this.Top = y
```

九、Size、Width、Height 屬性

① Size 屬性設定表單的大小，包含寬度(Width)和高度(Height)兩個子屬性。

② 在程式執行階段設定表單大小的語法如下：

```
Me.Size = new Size(width, height)
    或
Me.Width = width : this.Height = height
```

十、WindowState 屬性 (預設值：Normal)

用來設定表單視窗開啟時的顯示狀態，其值有：

① Normal：一般 (預設值)

② Minimized：視窗最小化

③ Maximized：視窗最大化

程式寫法：

```
Me.WindowState = FormWindowState.Maximized    ' 最大化
Me.WindowState = FormWindowState.Minimized    ' 最小化
Me.WindowState = FormWindowState.Normal       ' 正常
```

十一、ControlBox、MaximizeBox、MinimizeBox 屬性

① 分別設定表單的標題欄是否顯示控制盒(ControlBox 屬性)、最大化鈕(MaximizeBox 屬性)、最小化鈕(MinimizeBox 屬性)。若設為 True 表示顯示。若設為 False 表不顯示。

② 程式中設定表單的標題欄左上角不顯示控制盒，其寫法如下：

```
Me.ControlBox =false
```

十二、AcceptButton 屬性

當表單中有按鈕控制項時，可設定按 ⌨ 鍵相當於按下哪個按鈕控制

項。如表單中有 Button1 和 Button2 兩個按鈕控制項，欲將 AcceptButton 屬性設成 Button1 時，執行時按 ⌨ 鍵相當於按 Button1 按鈕。程式敘述如下：

```
Me.AcceptButton = Button1
```

十三、CancelButton 屬性

當表單中有按鈕控制項時，設定按 Esc 鍵相當於按下哪個按鈕控制項。譬如表單有 Button1 和 Button2 兩個按鈕控制項，欲將 CancelButton 屬性設成 Button2 時，執行時按 Esc 鍵相當於按 Button2 按鈕。程式敘述如下：

```
Me.CancelButton = Button2
```

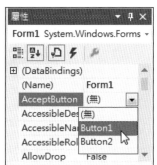
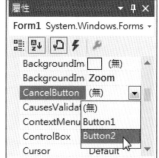

十四、Opacity 屬性 (預設值：100%)

設定表單的透明度，其值由 0%（完全透明）~ 100%（完全不透明）。

透明度 = 100%　　　　　　　　　　　透明度 = 50%

十五、ShowInTaskbar 屬性 (預設值：True)

　　用來設定表單是否顯示在工作列中，其值有：True 表示當表單最小化時
會置於工作列的上面；若設為 False 表示最小化時不出現在工作列上面
隱藏起來，可按 Alt + Tab 鍵切換重新顯示出來。

十六、TopMost 屬性 (預設值：False)

　　用來設定表單是否永遠出現在所有視窗最上層。若設為 False 表示不必
置於所有視窗的最上層；若設為 True 表示永遠保持置於最上層。

十七、Icon 屬性

　　用來更改標題欄左邊的小圖示，圖檔的副檔名為 .ico。

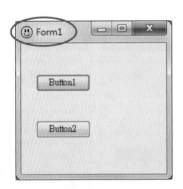

▦ 8.2 Form 常用的事件

　　在 Windows 環境下，表單啟動、按下或放開滑鼠、拖曳滑鼠、按下或
放開鍵盤的按鍵、打開或關閉視窗等動作的處理狀況都屬於「事件」。我們
將為回應事件時，所要執行的程式碼稱為「事件處理程序」。每個表單和控
制項 VB 都提供一組預先定義好的事件處理程序，事件處理程序內預設空
的程式碼，需要時再依需求撰寫相關的程式碼。程式執行中，若觸發(引發)
到該事件，就會將此事件處理程序內的程式碼執行　次。所以在視窗應用
程式設計中，事件處理扮演著舉足輕重的地位。

物件或稱控制項所引發的事件有多種類型，但對大部分控制項來說，許多類型都是常見的。例如大部分控制項都會處理 Click 事件。當使用者按下某個表單時，該表單 Click 事件處理程序內的程式碼便會被執行。表單的預設事件為 Load，當你建立新專案後，在預設的 Form1 表單上快按滑鼠左鍵兩下，馬上進入程式碼編輯畫面，出現 Form1_Load 事件處理程序。此時您可在 Form1_Load 事件處理程序內，撰寫表單第一次開啟時所要處理的程式碼。

```
Private Sub Form1_Load(sender As Object, e As EventArgs) Handles _
MyBase.Load
        事件處理程序程式碼寫在此處
End Sub
```

　　至於在執行階段動態引發事件，將在第十一章中再做介紹。本節先介紹表單常用到的事件：

1. **Load 事件**

   表單第一次載入時會觸發 Load 事件，但表單載入後此事件一直到程式結束時都不會再執行。所以，在此事件內可用來設定變數的初值或更改控制項的屬性值。

2. **Activated 事件**

   當表單第一次啟動時，Activated 事件緊接在 Load 事件之後被觸發執行。當程式執行時只要表單被選取變成作用表單時，就會觸發此事件，不像 Load 事件只在啟動時執行一次。

3. **Click 事件**

   當用滑鼠在表單沒有控制項的空白地方按一下滑鼠左鍵，就會觸發表單的 Click 事件。

4. **DoubleClick 事件**

   當用滑鼠在表單空白處快按兩下會觸發 DoubleClick 事件。但要特別注意觸發 DoubleClick 事件的同時也會觸發 Click 事件，而且 Click 事件會先觸發。至於操作滑鼠會觸發的相關事件，會在第十一章作詳細的介紹。

5. **KeyPress 事件**

當使用者按鍵盤的按鍵時會觸發 KeyPress 事件。至於按鍵會觸發的相關事件，會在第十一章作詳細的說明。

範例演練

檔名：FormEventTest.sln

試寫測試表單五個常用事件的程式：

① 當表單載入時，在 Load 事件將表單置於螢幕的正中央，並在標題欄顯示 "表單事件測試"。

② 當在表單上按一下，在 Click 事件會使表單的寬度增長 10 Pixels，高度減少 10 Pixels。

③ 若在表單上快按兩下，在 DoubleClick 事件表單往右移 20 Pixels。

④ 在桌面按一下，Activated 事件將表單變成無作用，再按表單一下，表單又變成作用表單，表單重新置於螢幕正中央且表單恢復成原大小。

⑤ 當在鍵盤上按任一鍵，在 KeyPress 事件結束程式執行。

上機實作

Step1 設計輸出入介面

本例只用到一個表單物件，請將表單的 StartPosition 屬性值設為 CenterScreen，讓視窗預設位置在螢幕中央。另外將 FormBorderStyle 屬性值設為 Fixed3D，讓視窗不能手動調整大小。

Step2 問題分析

① 宣告 form_left、form_top、form_width、form_height 這四個整數成員變數，用來存放表單的原始座標和原始大小。這四個成員變數必須放在事件處理程序之外，當做 Form1 類別的成員以便讓所有程序共用。

② 表單載入時會觸發 Form1_Load 事件處理程序，並儲存表單的原始座標和大小。

③ 在表單上按一下時會觸發 Click 事件，此時會執行 Form1_Click 事件處理程序，讓表單寬度加 10 (Me.Width += 10)，高度減 10 (Me.Height -= 10)。

④ 在表單上快按兩下時會觸發 DoubleClick 事件，此時會執行 Form1_DoubleClick 事件處理程序，讓表單往右移 20 pixels (Me.Left += 20)。

⑤ 當表單成為作用表單會觸發 Activated 事件，此時會執行 Form1_Activated 事件處理程序，讓表單還原為原來的大小。

⑥ 表單成為作用表單時，按下鍵盤會觸發表單的 KeyPress 事件，此時會執行 Form1_KeyPress 事件處理程序，使程式結束執行。

Step3 撰寫程式碼

本例主要測試表單的 Load、Activated、Click、DoubleClick、KeyPress 這五個事件，請撰寫下列 Form1 表單的事件處理程序內的程式碼，注意事件處理程序要使用前章介紹的方式建立，如果只是自行輸入程式碼是不會執行的。

```
FileName : FormEventTest.sln
01 Public Class Form1
02   Dim form_left, form_top, form_width, form_height As Integer
03   '=================================================
04   Private Sub Form1_Load(sender As Object, e As EventArgs) Handles _
     MyBase.Load
05       form_left = Me.Left
06       form_top = Me.Top
07       form_width = Me.Width
08       form_height = Me.Height
09       Me.Text = "表單事件測試"
10   End Sub
11   '=================================================
12   Private Sub Form1_Click(sender As Object, e As EventArgs) Handles Me.Click
13       Me.Width += 10
14       Me.Height -= 10
15   End Sub
16   '=================================================
17   Private Sub Form1_DoubleClick(sender As Object, e As EventArgs) _
     Handles Me.DoubleClick
18       Me.Left += 20
19   End Sub
20   '=================================================
21   Private Sub Form1_Activated(sender As Object, e As EventArgs) Handles _
     Me.Activated
22       Me.Location = New Point(form_left, form_top)
23       Me.Size = New Size(form_width, form_height)
24   End Sub
25   '=================================================
26   Private Sub Form1_KeyPress(sender As Object, e As KeyPressEventArgs) _
     Handles Me.KeyPress
27       Application.Exit()
28   End Sub
29 End Class
```

程式說明

1. 第 17~19 行：在表單上快按兩下時會執行 Form1_DoubleClick 事件處理
   程序，讓表單往右移 20 pixels。因為 Form1_Click 事件處理程序也會被
   觸動，所以表單也會將寬度加 10，高度減 10。

2. 第 27 行：讓程式結束除了可使用 Application.Exit()方法外，也可以使
   用 End 敘述。

▦ 8.3 Label 和 LinkLabel 標籤控制項

8.3.1 標籤控制項

標籤控制項 A Label 是非常重要的輸出介面，可以用來在表單上面顯示文字以及小圖示。在前一章中已經簡單使用過標籤控制項，下面再將標籤控制項的一些重要屬性做詳細的介紹：

屬 性	說 明
Text	用來設定控制項上面顯示的訊息，只能顯示資料，無法輸入資料。表單的 Text 屬性則設定標題欄名稱。其程式寫法為： Label1.Text = "Hello!"
TextAlign	設定文字在標籤控制項顯示的位置，其值有： ①TopLeft 左上(預設值) ②TopCenter（中上） ③TopRight（右上） ④MiddleLeft（左中） ⑤MiddleCenter（中央） ⑥MiddleRight（右中） ⑦BottomLeft（左下） ⑧BottomCenter（中下） ⑨BottomRight（右下）
Font	設定控制項上面顯示文字的字型，上一章已介紹過如何在設計階段的設定方法，至於程式中的寫法如下： [例] 將 Label1 標籤控制項上面文字設成標楷體、 　　　字體大小 16、粗體字。其寫法： 　　　Label1.Font = New Font("標楷體 ", 16, FontStyle.Bold)
BackColor	用來設定標籤控制項的背景色。假設表單有背景圖，若將Label1 標籤控制項的背景色設為透明，可避免標籤控制項的背景色遮住破壞表單背景圖。其程式寫法如下： Label1.BackColor = Color.Transparent

屬性	說明
ForeColor	設定控制項上面顯示文字的顏色。
AutoSize	設定控制項的寬度是否隨文字長度自動縮放。若設為 true，控制項的寬度會隨文字長度自動調整，此時控制項左上角出現一個控點如 Label1 所示無法調整；若設為 False 則控制項允許手動調整，控制項四周出現八個控點如 Label1 所示。預設值為 True。
BorderStyle	設定標籤的邊框樣式。其值如下： ①None：不加邊框(預設值) Label1 ②FixedSingle：加邊框 Label1 ③Fixed3D：立體凹陷 Label1
Enabled	設定該控制項是否有作用。若設為 True，該控制項有作用即可點選；若為 False，該控制項文字會以淺灰色顯示。預設值為 True。
Visible	設定該控制項是否被隱藏。若設為 True，表示該控制項在表單看得到；若設為 False，將該控制項隱藏。要注意在設計階段雖設為隱藏，還是看得到該控制項，執行時才會自動隱藏。預設值為 True。

8.3.2 連結標籤控制項

連結標籤控制項 A LinkLabel 除具備標籤控制項的功能外，還增加一些超連結的功能。下表列出連結標籤控制項所增加的常用屬性，至於和標籤控制項相同屬性不再贅述：

一、LinkLabel 常用屬性

屬性	說明
LinkColor	設定控制項上面超連結文字的起始顏色，預設藍色
LinkVisited	設定控制項上面超連結文字超連結後顏色是否設為 VisitedLinkColor 的屬性值，以和尚未點選過的超連結控制項區分，預設值為 True 表示會變色。

屬　性	說　明
VisitedLinkColor	設定控制項上面超連結文字已經超連結過的顏色，預設值為紫色。
DisabledLinkColor	設定控制項超連結被停用時超連結文字的顏色，預設值為灰色。
LinkBehavior	設定超連結文字是否要加底線，說明如下： ①SystemDefault：系統預設（預設值） ②AlwaysUnderline：加底線 ③HoverUnderline：游標在文字上才加底線 ④NeverUnderline：不加底線
LinkArea	設定控制項上面文字超連結的範圍。屬性值為(Start, Length)，Start 為文字起始位置、Length 為長度。 例如：Text ="SuperMan"，LinkArea 屬性值為(5, 3)，則表示由第六(5+1)個字起取 3 個字，所以超連結的文字為 "Man"。 LinkArea 屬性值也可以按一下屬性值的 […] 鈕，以框選方式選取超連結文字的範圍。 ![LinkArea 編輯器]

二、LinkLabel 常用事件

　　LinkClicked 事件是連結標籤控制項的預設的事件，就是當使用者按到有超連結文字時，會觸發的 LinkClicked 事件。LinkClicked 事件觸發時，Click 事件也同時被觸發。但若按沒有超連結的文字時，只會觸動 Click 事件。我們可以在 LinkClicked 事件處理程序內撰寫超連結的程式碼，其語法

如下：

1. 超連結到網站上

> 語法：Process.Start("網址 URL")

[例] 超連結到 "discovery" 網站

```
Process.Start("http://www.discover.com")
```

2. 超連到指定的資料檔或執行檔

> 語法：Process.Start("路徑\\檔名")

[例] 超連結到 C 槽 test 資料夾的 readme.doc 檔案

```
Process.Start("c:\\test\\readme.doc")
```

3. 超連結到電子信箱

> 語法：Process.Start("mailto:電子信箱")

[例] 超連結到電子信箱

```
Process.Start("mailto:jasper@gmail.com")
```

 範例演練

檔名：link1.sln

表單載入時，出現下圖接龍遊戲的相關提示訊息。題目要求如下：

① 當按「接龍遊戲簡介」超連結文字時，會開啟專案 bin/Debug 資料夾下的「接龍.txt」檔案。

② 若點選「接龍遊戲」超連結文字時，會開啟接龍遊戲(程式在 C:\\Program Files\\Microsoft Games\\Solitaire\\Solitaire.exe)。

③ 若點選「接龍玩法」中「接龍」超連結文字時，會連結到微軟網頁。網址如下：

http://windows.microsoft.com/zh-TW/windows7/Solitaire-how-to-play

1. 程式開始執行

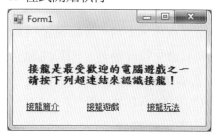

2. 連結到「接龍簡介」(接龍.txt)

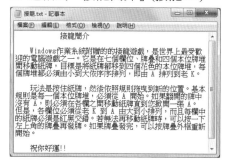

3. 連結到接龍遊戲(Solitaire.exe)

4. 連結到「接龍玩法」網頁

上機實作

Step1 設計輸出入介面

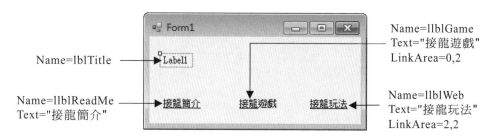

Name=lblTitle

Name=llblReadMe
Text="接龍簡介"

Name=llblGame
Text="接龍遊戲"
LinkArea=0,2

Name=llblWeb
Text="接龍玩法"
LinkArea=2,2

Step2 儲存專案後，將書附光碟 ch08 資料夾下的「接龍.txt」文字檔複製到目前專案的 bin\Debug 資料夾下，使「接龍.txt」與本例執行檔存放在相同路徑。

Step3 問題分析

① 表單載入時觸發 Form1_Load 事件處理程序,先將「接龍是最受歡迎的……!」訊息置入 lblTitle 標籤控制項的 Text 屬性,即能將訊息顯示到該控制項上面。同時設定字型為標楷體、大小為 12、粗體字。
lblTitle.Font = New Font("標楷體", 12, FontStyle.Bold)

② 當在「接龍簡介」超連結文字上按一下,會觸發
llblReadMe_LinkClicked 事件處理程序,在事件程序中開啟指定的「接龍.txt」文件檔,此檔案與執行檔存在同一資料夾中。

③ 當在「接龍遊戲」的『接龍』超連結文字上按一下,會觸發
llblGame_LinkClicked 事件處理程序,在此程序中開啟接龍遊戲,遊戲執行檔的路徑為:
"C:\\Program Files\\Microsoft Games\\Solitaire\\Solitaire.exe"

④ 當在「接龍玩法」超連結文字上按一下時,會觸發
llblWeb_LinkClicked 事件處理程序,在程序中連結到微軟網站中接龍玩法的網頁,網址為:
"http://windows.microsoft.com/zh-TW/windows7/Solitaire-how-to-play"

Step4 撰寫程式碼

```
FileName : link1.sln
01 Public Class Form1
02   Private Sub Form1_Load(sender As Object, e As EventArgs) Handles _
   MyBase.Load
03       lblTitle.Text = "接龍是最受歡迎的電腦遊戲之一" & vbNewLine & _
                        "請按下列超連結來認識接龍!"
04       lblTitle.Font = New Font("標楷體", 12, FontStyle.Bold)
05   End Sub
06   '=================================================
07   '按 [接龍簡介] 連結標籤執行
08   Private Sub llblReadMe_LinkClicked(sender As Object, e As _
   LinkLabelLinkClickedEventArgs) Handles llblReadMe.LinkClicked
09       Process.Start("接龍.txt")
10   End Sub
11   '=================================================
12   '按 [接龍] 連結標籤執行
13   Private Sub llblGame_LinkClicked(sender As Object, e As _
   LinkLabelLinkClickedEventArgs) Handles llblGame.LinkClicked
```

```
14          Process.Start( "C:\\Program Files\\Microsoft Games\\Solitaire\\ _
                      Solitaire.exe")
15     End Sub
16     '=====================================================
17     '接 [接龍玩法] 連結標籤執行
18     Private Sub llblWeb_LinkClicked(sender As Object, e As _
       LinkLabelLinkClickedEventArgs) Handles llblWeb.LinkClicked
19          Process.Start( "http://windows.microsoft.com/zh-TW/windows7/ _
                      Solitaire-how-to-play")
20     End Sub
21 End Class
```

8.4 TextBox 文字方塊控制項

文字方塊控制項 ｜ abl　TextBox ｜ 是用來輸入文字資料，也可以用來顯示文字資料。當你在表單建立文字方塊控制項時，左右兩邊如下圖會出現控點用來調整控制項的左右寬度。

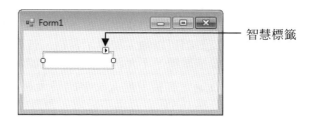

智慧標籤

在文字方塊的右上角會出現 ▶ 智慧標籤(Smart Tag)，提供文字方塊的常用屬性可以直接選取，而不必再到屬性視窗中點選。當勾選 ☑ MultiLine 表示將 MultiLine 屬性設為 True，允許資料由單行改成多行顯示，此時如右下圖控制項四周出現八個控點，供你調整控制項的大小，此時必須將控制項上下高度調大一點，以便執行時在文字方塊中輸入或顯示資料時才能顯示多行資料。

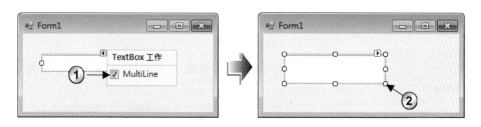

一、TextBox 常用屬性

屬性	說明
Text	用來接受使用者輸入的資料。輸入的資料視爲字串資料型別，若需要轉成數值資料型別，可透過 Val()函式來轉換，寫法： score = Val(TextBox1.Text);
TextAlign	設定文字在控制項內顯示位置，其值有： ①Left：靠左(預設值) ②Right：靠右 ③Center：置中
AutoSize	設定文字方塊控制項大小是否隨字型大小自動縮放，預設值爲 True。
MultiLine	設定是否允許多行輸入。 預設值爲 False 表示單行輸入;若設爲 True 爲多行輸入。
WordWrap	設定輸入文字長度超過控制項寬度時是否可以自動換行，本屬性只有 MultiLine 屬性值爲 True 時有效。預設值爲 True。
ReadOnly	設定控制項的文字是否爲唯讀，預設值爲 False 表示該控制項可以輸入和顯示資料。若設爲 True，其效果如標籤控制項，不允許輸入資料只能顯示資料。
MaxLength	設定允許接受輸入文字的最大長度(0~32,767)，屬性值若爲 0，代表長度不設限。預設值爲 32,767。
PasswordChar	設定輸入資料時，以替代字元取代輸入字元，常用於輸入密碼時。
ScrollBars	當多行輸入時，設定是否出現捲軸。其值有： ① None：無(預設值) ② Vertical：顯示垂直捲軸 ③ Horizontal：顯示水平捲軸 ④ Both：顯示垂直和水平捲軸
CharacterCasing	設定輸入的英文字母是否轉換成大小寫，屬性值有： ① Normal：不轉換(預設值) ② Upper：轉成大寫 ③ Lower：轉成小寫
Length	取得控制項內文字的長度，本屬性在執行階段才能使用。寫法： Dim str_length As Integer = TextBox1.Text.Length

屬性	說明
Lines	Lines 屬性類似 Text 屬性，只是 Lines 的資料型別為字串陣列，用於多行輸入時。 例：右下圖 TextBox1 文字方塊控制項內輸入兩行資料： Label1.Text=TextBox1.Lines(0) Label1 結果取得："VBasic" Label2.Text=TextBox1.Lines(1) Label2 結果取得："最好的選擇" VBasic 最好的選擇
AcceptsReturn、AcceptsTab	設定多行輸入時，是否可以接受 ⏎ 和 Tab 鍵。

二、TextBox 常用事件

　　TextChanged 事件是文字方塊控制項的預設事件。當在文字方塊控制項內的 Text 屬性值有改變時就會觸動此事件。在 TextChanged 事件中我們可檢查輸入字元是否正確，或將輸入的資料同步反應在其它相關的控制項。

範例演練

檔名：change.sln

試寫一個美金和台幣兌換的程式。當在匯率和兌換美金金額兩個輸入框中資料有異動時，所兌換的新台幣金額亦會跟著改變。

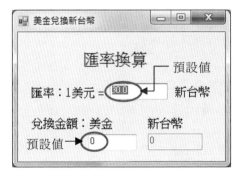

⇧ 1. 程式開始執行

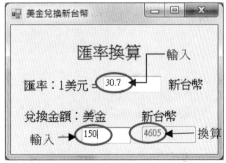

⇧ 2.輸入匯率

問題分析

1. 本例匯率和兌換美金必須由鍵盤輸入,因此必須在表單上建立兩個文字方塊控制項。其它提示訊息使用標籤控制項即可,兌換的新台幣金額可使用文字方塊,但 Enabled 必須設為 False,表示不允許輸入資料。

2. 由於匯率和兌換美金有異動,新台幣會跟著異動,因此必須透過這兩個文字方塊的 TextChanged 事件,才能隨時保持兌換新台幣的金額正確顯示,由於兩個文字方塊所觸動的 TextChanged 事件都做相同的工作。因此兩者可共用同一 TextChanged 事件處理程序,共用事件使程式碼較容易維護。請在表單載入時的 Form1_Load 事件處理程序內加入下面敘述,使 txtRate.TextChanged 共用 txtUS_TextChanged 事件處理程序,關於動態新增移除事件處理程序的技巧請參閱第十一章:

```
AddHandler txtRate.TextChanged, AddressOf txtUS_TextChanged
```

3. 表單載入時的 Form1_Load 事件處理程序內,要記得更新標題欄以及將匯率和兌換美金金額初值預設為 0。

4. txtUS_TextChanged 事件處理程序是兩個文字方塊的 TextChanged 事件一起共用。在此事件處理程序計算美金和台幣兌換程式,最後將結果顯示在 txtNT 控制項上。

上機實作

Step1 設計輸出入介面

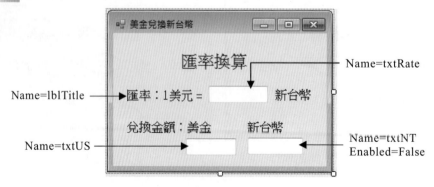

Step2 撰寫程式碼

```
FileName : change.sln
01 Public Class Form1
02   '==================================================
03   Private Sub Form1_Load(sender As Object, e As EventArgs) Handles _
     MyBase.Load
04     Me.Text = "美金兌換新台幣"
05     txtRate.Text = "30.0"
06     txtUS.Text = "0"
07     AddHandler txtRate.TextChanged, AddressOf txtUS_TextChanged
08   End Sub
09   '==================================================
10   Private Sub txtUS_TextChanged(sender As Object, e As EventArgs) Handles _
     txtUS.TextChanged
11     Dim n As Double = Val(txtRate.Text) * Val(txtUS.Text)
12     txtNT.Text = n
13   End Sub
14
15 End Class
```

程式說明

1. 第 3~8 行：表單載入時執行 Form1_Load 事件處理程序。先改表單的標題名稱，美金和新台幣欄位初值設為 0，接著設定當文字方塊 txtRate 的 TextChanged 事件被觸發時改執行 txtUS_TextChanged 事件處理程序。

2. 第 10~13 行：當 txtUS 文字方塊的內容有異動時，會觸發該控制項的 TextChanged 事件。

▦ 8.5 Button 按鈕控制項

按鈕控制項 ⬛ Button 是非常重要的輸入介面，大部分的視窗應用程式都會用按鈕控制項，來做為功能選項。按鈕控制項除了可以顯示文字外，也可以顯示小圖示。下表為 Button 按鈕控制項的常用屬性：

屬性	說明
Text	來設定按鈕控制項上顯示的文字。
Cursor	設定當滑鼠在按鈕控制項上面時，滑鼠指標所顯示的圖示。

屬性	說明
Image	設定按鈕控制項上面顯示的圖片。預設值是不顯示圖片，若設定圖片後，可以再利用 ImageAlign 屬性來設定圖片顯示的位置。
Enabled	設定按鈕控制項是否有作用？預設值為 True 表按鈕有效；若為 False 則按鈕無作用以灰色顯示，此時按鈕的 Click 事件無效。
ImageAlign	ImageAlign 屬性可設定圖片的顯示位置，其值有： ① TopLeft：左上(預設)　② TopCenter：中上 ③ TopRight：右上　④ MiddleLeft：左中 ⑤ MiddleCenter：中央　⑥ MiddleRight：右中 ⑦ BottomLeft：左下　⑧ BottomCenter：中下 ⑨ BottomRight：右下
FlatStyle	當滑鼠在按鈕控制項上方越過或點按按鈕的顯示方式,其值有： ① Standard：預設以立體顯示 button1 。 ② Flat：平面 button1 。 ③ Popup：原為平面滑鼠按下時以 button1 立體顯示。 ④ System：系統設定。
DialogResult	設定按下按鈕傳回的值,以供多表單程式使用。其值有： ① None (不回傳)(預設值)　② Ok (確定) ③ Cancel (取消)　④Abort (放棄) ⑤ Retry (重試)　⑥Yes (是) ⑦ No (否)。

TIPS 可指定 ↵ 和 Esc 鍵對應到某個按鈕來減少移動滑鼠並加快操作速度。指定的方法是要在表單中的 AcceptButton、CancelButton 屬性，分別選擇 ↵ 和 Esc 鍵對應到哪個按鈕控制項。

範例演練

檔名：guess.sln

設計一個比大小的遊戲。題目要求如下：

① 程式開始時，只有 開始 、 結束 鈕有效。

② 當按 開始 鈕後，提示訊息改為「請選擇按鈕 1 或 2...」， 開始 鈕改為無效， 按鈕1 、 按鈕2 鈕有效，並產生兩個 1~99 間不重複的亂數。

③ 當按 按鈕1 、 按鈕2 鈕之一時,將產生的亂數顯示到按鈕上面,
　 若所按的鈕值較大,顯示「你猜對了!」,否則顯示「你猜錯了!」
　 將 按鈕1 、 按鈕2 設為無效, 開始 鈕設為有效,提示訊息改為
　 「請按 開始鈕 猜哪個按鈕大」。各畫面都會顯示累積輸贏的次數。

④ 按 結束 鈕結束程式。

① 程式開始的畫面:

⇧ 開始鈕有效,按鈕 1 和按鈕 2 失效

② 按 開始 鈕後的畫面:

⇧ 開始鈕失效,按鈕 1 和按鈕 2 有效

③ 按「按鈕 1」猜錯時:

④ 按「按鈕 2」猜對時:

上機實作

Step1 設計輸出入介面

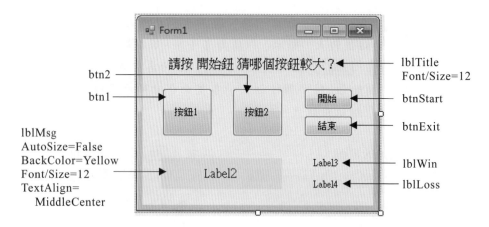

Step2 問題分析

① 宣告 no1、no2 為整數成員變數用來存放 1~99 所產生的亂數。

② 宣告 win、loss 為整數成員變數用來存放贏和輸的次數。

③ 在 Form1_Load 事件處理程序中,設定 [開始]、[結束] 鈕有效(Enabled 屬性值為 True);[按鈕1]、[按鈕2] 鈕無效(Enabled 屬性值為 False);輸贏次數設為 0 次。

④ 在 btnStart_Click 事件處理程序中,將提示訊息改為「請選擇按鈕 1 或 2...」,將 [開始] 鈕設為無效,將 [按鈕1]、[按鈕2]、[結束] 鈕設為有效,產生兩個 1~99 間不重複的亂數置入 no1 和 no2 變數。

```
Dim ranObj As New Random
no1 = ranObj.Next(1, 100)
Do
   no2 = ranObj.Next(1, 100)
Loop While no1 = no2
```

⑤ 透過 ToString()方法將 no1 和 no2 整數變數轉成字串置入 btn1 和 btn2 按鈕控制項的標題文字。

```
btn1.Text = no1.ToString()    '將 no1 亂數顯示在按鈕 1 上面
btn2.Text = no2.ToString()    '將 no2 亂數顯示在按鈕 2 上面
```

⑥ 在 btn1_Click 事件處理程序中，將產生的 no1 和 no2 亂數分別顯示到 btn1 按鈕和 btn2 按鈕上面，若所按的鈕值較大，則顯示「你猜對了！」，否則顯示「你猜錯了！」，接著將 [按鈕1]、[按鈕2] 設為無效，[開始]、[結束] 鈕設為有效，提示訊息改為「請按開始鈕猜哪個按鈕大」。最後顯示目前累積輸贏的次數。

⑦ btn2_Click 事件處理程序和 btn1_Click 事件處理程序的程式碼大致相同，只有 If 條件是相反。

Step3 撰寫程式碼

```
FileName :guess.sln
01 Public Class Form1
02   Dim no1, no2 As Integer        ' 成員變數，no1,no2 存放亂數
03   Dim win, loss As Integer       ' 成員變數，win,loss 存放輸贏次數
04   '=======================================================
05   Private Sub Form1_Load(sender As Object, e As EventArgs) Handles _
     MyBase.Load
06     win = 0                          ' 預設 win 贏次數為 0
07     loss = 0                         ' 預設 loss 輸次數為 0
08     lblWin.Text = "贏 : " + win.ToString() + "次"
09     lblLoss.Text = "輸 : " + loss.ToString() + "次"
10     lblMsg.Text = ""
11     btn1.Enabled = False          ' 按鈕 1 無效
12     btn2.Enabled = False          ' 按鈕 2 無效
13   End Sub
14   '=======================================================
15   Private Sub btnStart_Click(sender As Object, e As EventArgs) Handles _
     btnStart.Click
16     lblTitle.Text = "請選擇 按鈕 1 或 2 ..."
17     lblMsg.Text = ""
18     btn1.Enabled = True           ' 按鈕 1 無效
19     btn2.Enabled = True           ' 按鈕 2 無效
20     btnStart.Enabled = False      ' 開始鈕無效
21     btn1.Text = "按鈕 1"           ' 顯示按鈕 1 訊息
22     btn2.Text = "按鈕 2"           ' 顯示按鈕 2 訊息
23     Dim ranObj As New Random
24     no1 = ranObj.Next(1, 100)     ' 產生 1~99 的亂數
25     Do
26        no2 = ranObj.Next(1, 100)
27     Loop While no1 = no2               ' 檢查亂數是否重複，若是重新產生
28   End Sub
29   '=======================================================
```

```vb
30    Private Sub btn1_Click(sender As Object, e As EventArgs) Handles btn1.Click
31        btn1.Text = no1.ToString()      ' 將 no1 亂數顯示在按鈕 1 上面
32        btn2.Text = no2.ToString()      ' 將 no2 亂數顯示在按鈕 2 上面
33        If no1 > no2 Then       '若 no1 > no2
34            lblMsg.Text = "你猜對了!"
35            win += 1                        ' 贏的次數加 1
36        Else
37            lblMsg.Text = "你猜錯了!"
38            loss += 1                       ' 輸的次數加 1
39        End If
40        lblWin.Text = "贏 : " + win.ToString() + "次"
41        lblLoss.Text = "輸 : " + loss.ToString() + "次"
42        lblTitle.Text = "請按 開始鈕 猜哪個按鈕大"
43        btnStart.Enabled = True         ' 開始鈕有效
44        btn1.Enabled = False
45        btn2.Enabled = False            ' 按鈕 1、2 無效
46    End Sub
47    '=================================================
48    Private Sub btn2_Click(sender As Object, e As EventArgs) Handles btn2.Click
49        btn1.Text = no1.ToString()          '將 no1 亂數顯示在按鈕 1 上面
50        btn2.Text = no2.ToString()          '將 no2 亂數顯示在按鈕 2 上面
51        If no2 > no1 Then                   '若 no2 > no1
52            lblMsg.Text = "你猜對了!" : win += 1      '贏的次數加 1
53        Else
54            lblMsg.Text = "你猜錯了!" : loss += 1     '輸的次數加 1
55        End If
56        lblWin.Text = "贏 : " + win.ToString() + "次"
57        lblLoss.Text = "輸 : " + loss.ToString() + "次"
58        lblTitle.Text = "請按 開始鈕 猜哪個按鈕大"
59        btnStart.Enabled = True                     ' 開始鈕有效
60        btn1.Enabled = False : btn2.Enabled = False     ' 按鈕 1、2 無效
61    End Sub
62    '=================================================
63    Private Sub btnExit_Click(sender As Object, e As EventArgs) Handles _
      btnExit.Click
64        Application.Exit()
65    End Sub
66 End Class
```

8.6 InputBox 函式

VB 提供 InputBox 輸入函式，可以不用建立控制項就能開啟對話方塊，來接受使用者輸入的文字資料。InputBox 函式非常簡單好用，其語法如下：

> 語法：
>
> 變數 = InputBox (提示訊息 [, [標題] [, [預設值] [, Xpos, Ypos]])

說明

1. 變數：變數可以是字串或數值資料型別變數。

2. 提示訊息：為字串資料，用來做為提醒使用者的提示訊息，是必要參數不可以省略。

3. 標題：用來設定對話方塊中標題欄中的文字。

4. 預設值：預設使用者輸入的文字資料。

5. Xpos, Ypos：用來設定對話方塊距離螢幕左上角的座標值，省略時對話方塊預設在螢幕正中央。

[例] 寫出下圖的 InputBox 程式碼

寫法：

```
Dim score As Integer
score = Val(InputBox("請輸入成績", "成績登錄", 60))
```

▦ 8.7 MessageBox.Show 方法

MessageBox.Show()方法可產生一個如下圖對話方塊，在對話方塊中允許顯示提示訊息、標題欄標題名稱、相關按鈕和提示圖示，其語法如下：

> 語法：
>
> Dim 傳回值 As DialogResult = MessageBox.Show(訊息, 標題, 按鈕常數, 圖示常數)

說明

1. 傳回值：

   MessageBox.Show 方法的傳回值為 DialogResult 資料型別，所以要宣告一個變數來儲存此方法的傳回值。當使用者按 ┌ 確定 ┐ 鈕時，即表示 MessageBox.Show 方法的傳回值為 DialogResult.OK。

DialogResult 常數	說明
DialogResult.OK	使用者按 [確定] 鈕的傳回值
DialogResult.Cancel	使用者按 [取消] 鈕的傳回值
DialogResult.Abort	使用者按 [中止(A)] 鈕的傳回值
DialogResult.Retry	使用者按 [重試(R)] 鈕的傳回值
DialogResult.Ignore	使用者按 [略過(I)] 鈕的傳回值
DialogResult.Yes	使用者按 [是(Y)] 鈕的傳回值
DialogResult.No	使用者按 [否(N)] 鈕的傳回值
DialogResult.None	使用者未按鈕的傳回值

2. 訊息：為字串資料，用來做為提醒使用者的提示訊息。

3. 標題：為字串資料，會顯示在視窗的標題欄。

4. 按鈕常數：用來設定視窗中顯示的按鈕。

MessageBoxButtons 常數	顯示的按鈕
MessageBoxButtons.OK	確定
MessageBoxButtons.OkCancel	確定 、 取消
MessageBoxButtons.AbortRetryIgnore	中止(A) 、 重試(R) 、 略過(I)
MessageBoxButtons.YesNoCancel	是(Y) 、 否(N) 、 取消
MessageBoxButtons.YesNo	是(Y) 、 否(N)
MessageBoxButtons.RetryCancel	重試(R) 、 取消

5. 圖示常數：用來設定視窗中顯示的圖示。

MessageBoxIcon 常數	顯示的圖示
MessageBoxIcon.Information	ⓘ
MessageBoxIcon.Critical	✕
MessageBoxIcon.Exclamation	⚠
MessageBoxIcon.Question	?
MessageBoxIcon.None	不顯示圖示

[例] 寫出下圖的程式碼

標題 → 井字遊戲

圖示常數 → ⚠ 確定結束程式？ ← 訊息

確定 取消 ← 按鈕常數

1. 宣告 result 為 DialogResult 型別變數

```
Dim result As DialogResult
```

2. 使用 MessageBox.Show 方法

```
result = MessageBox.Show("確定結束程式？", "井字遊戲" , _
        MessageBoxButtons.OKCancel, MessageBoxIcon.Exclamation)
```

3. 上面兩行敘述合併成一行敘述

```
Dim result As DialogResult = MessageBox.Show("確定結束程式？", _
    "井字遊戲", MessageBoxButtons.OKCancel, essageBoxIcon.Exclamation)
```

範例演練

檔名：msgbox.sln

試寫一個帳號及密碼檢查程式。程式一開始要求使用者輸入帳號(帳號為
"google")及密碼(密碼為 "1688")，當帳號及密碼正確時，連結到 Google
網站(http://www.google.com.tw)，並結束程式。如果帳號及密碼不正確可
再重新輸入，若連續錯誤三次則結束程式。

① 密碼輸入畫面：

② 密碼輸入正確後，顯示歡迎對話
  方塊以及開啟 Google 網站。

③ 密碼錯誤未超過 3 次時

④ 密碼錯誤超過 3 次時

上機實作

Step1 設計輸出入介面

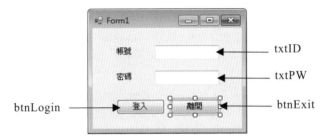

Step2 問題分析

① 宣告 num 成員變數,用來記錄帳號及密碼輸入的次數。

② 宣告一個 DialogResult 資料型別變數 result 用來記錄 MessageBox. Show 方法的傳回值。

③ 在 btnLogin_Click 事件處理程序中做下列事情:

    a. 將 num 加 1,接著檢查帳號和密碼是否正確?

    b. 若 txtID 帳號為 "google" 且 txtPW 密碼為 "1688",則顯示 "歡迎光臨 Google 網站" 對話方塊,接著再連結到 Google 網站,並結束程式執行。

    c. 當帳號及密碼輸入錯誤次數等於 3 時,使用 MessageBox.Show 方法來顯示訊息並結束程式。

    d. 當帳號及密碼輸入錯誤次數小於 3 時,使用 MessageBox.Show 方法詢問是否繼續?

Step3 撰寫程式碼

```
FileName : msgbox1.sln
01 Public Class Form1
02   Dim num As Integer    '宣告為整數變數,存放錯誤次數,所有事件一起共用
03   '================================================
04   Private Sub btnLogin_Click(sender As Object, e As EventArgs) Handles _
   btnLogin.Click
05     Dim result As DialogResult
06     num += 1
```

```
07      If txtId.Text = "google" And txtPW.Text = "1688" Then
08          MessageBox.Show("歡迎光臨 Google 網站")
09          Process.Start("http://www.google.com.tw")
10          Application.Exit()
11      Else
12          If num = 3 Then
13              MessageBox.Show("帳號密碼連續三次輸入錯誤" & vbNewLine & _
                                "無法進入 Google 網站")
14              Application.Exit()
15          Else
16              result = MessageBox.Show("你的帳號密碼有誤，剩下" & (3 - num) & _
17                          "次！是否重新輸入？", "帳號密碼錯誤", _
                            MessageBoxButtons.YesNo, MessageBoxIcon.Warning)
18              If result = MsgBoxResult.No Then Application.Exit()
19          End If
20      End If
21  End Sub
22  '=====================================================
23  Private Sub btnExit_Click(sender As Object, e As EventArgs) Handles _
    btnExit.Click
24      Application.Exit()
25  End Sub
26 End Class
```

程式說明

1. 第 5 行：宣告 result 為 MsgBoxResult 資料型別變數，用來記錄 MsgBox 的傳回值。

2. 第 7~10 行：若 txtId 帳號為 "google"，txtPW 密碼為 "1688"，則顯示 "歡迎光臨 Google 網站" 對話方塊，並連結到奇摩網站。

3. 第 12~14 行：帳號及密碼輸入錯誤次數等於 3 時，使用 MessageBox.Show 方法來顯示訊息並結束程式。

4. 第 16~17 行：帳號及密碼輸入錯誤次數小於 3 時，使用 MessageBox.Show 方法詢問是否繼續，若按「否」鈕就結束程式。

⬚ 8.8 課後練習

一、選擇題

1. 要設定表單(Form)的標題欄文字內容，要設定下列哪個屬性？
   (A) Caption　　(B) Font　　(C) Text　　(D) WindowState。

2. 將表單的 ForeColor 屬性值設為紅色，會影響下面何者的顏色？
   (A) 標題欄　　(B) 標題欄文字　　(C) 背景　　(D) 按鈕控制項文字。

3. 希望表單視窗保持在最上層，要設定下列哪個屬性？
   (A) StartPosition　　(B) ShowInTaskbar　　(C) TopMost　　(D) WindowState。

4. 表單開啟時，第一個被觸動的事件為：
   (A) Activated　　(B) Click　　(C) DoubleClick　　(D) Load　。

5. 將表單的 Top 屬性值加 50，表單的位置會向哪個方向移動？
   (A) 向上　　(B) 向下　　(C) 向左　　(D) 向右。

6. 要將表單的背景圖以等比例填滿表單，要將 BackgroundImageLayout 屬性值設為？(A) Center　　(B) Stretch　　(C) Tile　　(D) Zoon。

7. 將按鈕控制項的 Enabled 屬性值設為 False 時，該控制項會：
   (A) 呈灰色狀態　　(B) 呈按下狀態　　(C) 可以點按　　(D) 隱藏不見。

8. 表單開啟後，用滑鼠在表單空白處快按兩下，過程中下面哪個事件不會被觸動？　(A) Activated　　(B) Click　　(C) DoubleClick　　(D) KeyPress。

9. 連結標籤控制項 LinkLabel 的文字為「連結標籤控制項」，若只要其中「標籤」有超連結功能，要設定 LinkArea 屬性值為何？
   (A) (1, 2)　　(B) (1, 4)　　(C) (2, 2)　　(D) (3, 2)。

10. 要設定連結標籤控制項 LinkLabel 上面超連結文字的起始顏色可使用下列哪個屬性？
    (A)DisabledLinkColor (B)ForeColor (C)LinkColor (D) VisitedLinkColor。

11. 下列哪個屬性和 TextBox 文字方塊的文字多行顯示無關？

(A) MultiLine　(B) ScrollBars　(C) TextAlign　(D) WordWrap。

12. InputBox 函式的參數中何者不能省略？

(A) 提示訊息　(B) 標題　(C) 預設值　(D) Xpos。

13. 若希望 MessageBox.Show 方法執行時顯示指定的按鈕，要使用哪個常數？

(A) DialogResult　(B) MessageBoxButtons　(C) MessageBoxIcon

(D) MsgBoxStyle。

二、程式設計

1. 試撰寫一個程式符合下列的要求。

① 程式執行時，預設標語為「環保救地球」，標籤也顯示相同字句，字型樣式為標楷體、大小 16、顏色為紅色。

② 按 　粗體　 鈕，字型樣式會改為粗體，再按一次則取消粗體。按 　斜體　 鈕，情況相同。

③ 使用者可以字型輸入標語，標籤內文字會立即變更，但輸入標語最多為十個字。

④ 按 ［結束］ 鈕程式結束。

註：粗體字的切換可使用 Xor 和原樣式運算：

lblTitle.Font = New Font("標楷體", 16, lblTitle.Font.Style Xor FontStyle.Bold)

2. 完成符合下列條件的程式。

① 程式開始執行時的畫面如下面左圖。

② 按「遊戲說明」超連結文字，會開啟文字檔，說明遊戲的使用規則。

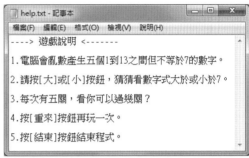

③ 程式執行時，會隨機產生 1~13 但不等於 7 的數，使用者按「大」「小」鈕來猜測。若猜對則通過關數加一。

④ 五關完成，統計猜對的關數。此時，「大」、「小」兩個按鈕不能使用。按 ［重來］ 鈕，遊戲重新再開始；按 ［結束］ 鈕程式結束。

3. 完成符合下列條件的程式。

① 程式開始執行時，出現如下面左圖中的對話方塊，若按「是」鈕開始測驗；若按「否」鈕程式結束。

② 題目共有五題，對話方塊會顯示中文以及第一個字母提示(如右圖)。

③ 使用者輸入答案後，會顯示「答對」或「答錯」，以及共答對幾題。按「是」鈕繼續測驗。(如左下圖)

④ 五題答完，會詢問是否重新作答，按「是」鈕重新測驗；按「否」鈕則程式結束。(如右下圖)

常用控制項(一)

9

前一章介紹了表單和一些基本的控制項,發現在 IDE 環境下開發視窗應用程式比主控台模式設計程式輕鬆。如想建立一個按鈕,只要透過工具箱選取按鈕工具便可在表單上建立,接著修改該按鈕的一些相關屬性,按鈕控制項就建立完成。如此可省下設計輸出入介面的時間,將大部分時間集中在程式的主要流程設計上。本章將繼續介紹一些常用的控制項,認識這些控制項後讓你在撰寫程式時更加如魚得水。

▦ 9.1 Timer 計時控制項

設計程式時,若想製作動畫、延遲時間或每隔多少時間就執行某項工作等都可以使用 ⏱ Timer 計時器控制項來完成。雖然可使用 For、Do While…Loop、Do…Loop While 等迴圈來控制時間延遲程式,但相同的程式碼會因不同電腦使用不同速度的 CPU,而得到不同時間的延遲,若改用 Timer 計時器控制項,因為是取用 CPU 本身的計時器來計時,就不會發生上述的問題。

當我們在表單上面建立計時器控制項時,該控制項不會置於表單上,而是置於表單的正下方,表示該控制項屬於非視覺化控制項。非視覺化控制項在程式執行時在表單上面是看不到計時器控制項是幕後執行的。

一、Timer 常用屬性

屬性	說明
Enabled	用來設定是否啟動計時器。預設值為 False，表示計時器未啟動。若設為 True 時，表示計時器被啟動開始計時。
Interval	當計時器能被啟動時，用來設定計時器的週期時間，預設值為 100，單位為毫秒(10^{-3} 秒)。所以 Interval 屬性值若設為 1000，表示每隔一秒就會去執行計時控制項的 Tick 事件內的程式碼一次。

二、Timer 常用事件

　　Tick 事件是計時器控制項的預設事件，如果 Enabled 屬性值為 True 時，每當設定的 Interval 屬性值週期一到，就會觸動 Tick 事件一次。因此可將每隔一定週期便要執行的程式碼，寫在 Tick 事件處理程序中。

範例演練
　　　　　　　　　　　　　　　　　　　　　　　　　檔名：Timer.sln

　　試設計一個碼表計時程式。當按 開始 鈕開始計時，每隔 0.1 秒鐘就顯示秒數，直到按 結束 鈕才停止。

上機實作

Step1 設計輸出入介面

1. 目前秒數訊息使用標籤控制項(lblSec)的 Text 屬性來顯示，並透過 ForeColor 屬性來改變標籤控制項上面的文字色彩。

2. 因為每隔 0.1 秒要顯示秒數文字，因此需要將 Timer 計時控制項 (timer1)的 Interval 屬性值設為 100。

3. 使用一個 開始 按鈕(btnStart)，當按下此鈕時將 timer1 計時控制項的 Enabled 屬性值設為 True 來啟動計時器。另外再使用一個 結束 按鈕(btnStop)，當按下此鈕時將 Enabled 屬性值設為 False 來關閉計時器。

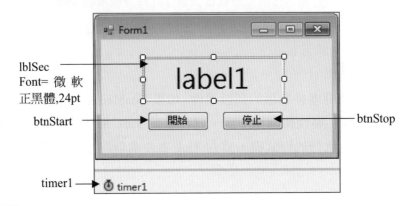

Step2 問題分析

1. 宣告一個 Double 型別的成員變數 sec，來記錄秒數到小數 1 位。

2. 程式開始時執行，會先執行表單的 Load 事件，先在表單的 Form1_ Load 事件處理函式內設定一些初值。因為要顯示秒數到小數一位，所以可使用 String.Format ("{0:000.0 秒}", sec) 來顯示秒數。

3. 按 開始 鈕會執行 btnStart_Click 事件處理函式，在此函式內先將秒數歸零，再啟動 timer1 計時控制項開始計時。

4. 計時控制項啟動後，因為預設 Interval 屬性值為 100，表示每隔 0.1 秒會觸發 Tick 事件一次。在 Tick 事件處理函式中將 sec 成員變數加 0.1，並在 lblSec 上顯示。

5. 按 結束 鈕執行 btnStop_Click 事件處理函式，在此函式內設定關閉 timer1 計時控制項。

Step3 撰寫程式碼

```
FileName : Timer.sln
01 Public Class Form1
02    Dim sec As Double = 0     '欄位成員變數sec記錄總秒數,各函式共用
03    '=========================================================
04    Private Sub Form1_Load(sender As Object, e As EventArgs) _
       Handles MyBase.Load
05       lblSec.BackColor = Color.Black '背景為黑色
06       lblSec.ForeColor = Color.LightGreen     '字為亮綠色
07       lblSec.TextAlign = ContentAlignment.MiddleCenter     '文字置中
08       lblSec.Text = String.Format("{0:000.0 秒}", sec)
09    End Sub
10    '=========================================================-
11    Private Sub btnStart_Click(sender As Object, e As EventArgs) _
       Handles btnStart.Click
12       sec = 0    '秒數歸零
13       timer1.Enabled = True  '啟動計時器
14    End Sub
15    '=========================================================
16    Private Sub timer1_Tick(sender As Object, e As EventArgs) _
       Handles timer1.Tick
17       sec = sec + 0.1 '秒數加0.1
18       lblSec.Text = String.Format("{0:000.0 秒}", sec) '格式化秒數
19    End Sub
20    '=========================================================
21    Private Sub btnStop_Click(sender As Object, e As EventArgs) _
       Handles btnStop.Click
22       timer1.Enabled = False '關閉計時器
23    End Sub
24 End Class
```

▦ 9.2 PictureBox 圖片方塊控制項

🖼 PictureBox 圖片方塊控制項主要是用來在表單上面顯示圖檔或是它繪製圖形。若要將圖片或影像顯示在圖片控制項上,可以在設計階段預先載入,也可以在執行階段透過 Image.FromFile()等方法載入。PictureBox 圖片控制項允許載入的圖檔格式主要有 bmp、jpg、gif、wmf 等。

若有多張連續的圖檔,配合 Timer 計時控制項將這些連續圖檔依序交互顯示在 PictureBox 控制項上,或改變 PictureBox 控制項的大小和位置,

Visual Basic 2012
從零開始

即可展現出生動的動畫。

9.2.1 PictureBox 圖片方塊常用屬性

下表為 PictureBox 圖片方塊控制項常用屬性：

屬性	說明
Image	設定顯示的圖形檔，預設為無。
SizeMode	設定圖形在 PictureBox 控制項上顯示的位置和大小： ① Normal(預設值)：圖形以原大小放在控制項的左上角。 ② StretchImage：圖形依控制項大小縮放。 ③ AutoSize：控制項依圖形大小縮放。 ④ CenterImage：顯示在控制項的正中央。 ⑤ Zoon：依照控制項大小圖形以等比例縮放。
Visible	設定控制項是否顯現。 ① True：表示可顯示(預設值)。 ② False：表示隱藏該控制項。

 如想將前景圖的背景設成透明，可使用 GIF 圖檔格式，因為該格式可以設定透空背景(即去背效果)。然後，再將前景圖的圖片方塊控制項 BackColor 屬性值設成 Transparent 即可。

9.2.2 圖檔的載入與移除

圖形檔可以先在程式設計階段，或者在程式執行階段才載入，其使用時機視程式需求而定。

一、如何在程式設計階段載入圖檔

1. 在 PictureBox 屬性視窗中的 Image 屬性值右邊的 ⬚ 鈕上按一下，進入「選取資源」對話方塊。

2. 接著在下圖「選取資源」對話方塊中選取「專案資源檔(P)」選項鈕，再按 匯入(M)... 鈕由「開啟」對話方塊中選取要載入的圖檔。接著回到「選取資源」對話方塊中會顯示所載入的圖檔，最後在「選取資源」

9-6

對話方塊中按 ［　確定　］ 鈕即可將圖片置於 PictureBox 圖片方塊控制
項上面。該圖檔會存放在方案的 Resources 資料夾中，複製專案時圖
檔會一起拷貝，不用再另行複製。若選「本機資源(L)」，複製專案時
圖檔要記得圖檔和其路徑要一起拷貝。

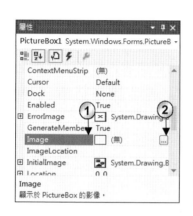

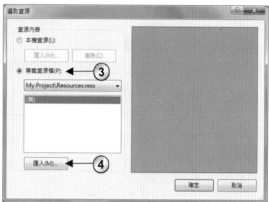

二、如何在程式執行階段載入圖檔

　　程式中可以使用 Image.FromFile() 靜態方法、New Bitmap() 物件來
設定 Image 屬性值，和用 Load 方法來達到載入圖檔的目的。語法如下：

> 語法 1：PictureBox1.Image = Image.FromFile(filename) ' filename 含路徑
>
> 語法 2：PictureBox1.Image = New Bitmap(filename)
>
> 語法 3：PictureBox1.Load(filename)

下面簡例為程式執行階段在不同路徑下載入圖檔的方式：

1. 載入固定路徑的圖檔

使用時要特別注意，若將程式安裝在不同的硬碟或資料夾時會產生錯誤。圖檔必須安裝在固定路徑，如下面三種寫法皆是載入 C:\image\ok.bmp 至 PictureBox1 的 Image 屬性：

```
寫法 1：PictureBox1.Image = Image.FromFile("C:\image\ok.bmp")

寫法 2：PictureBox1.Image = New Bitmap("C:\image\ok.bmp")

寫法 3：PictureBox1.Load("C:\image\ok.bmp")
```

2. 載入相對路徑的圖檔

路徑以 VB 執行檔(置於\bin\debug 資料夾)和圖檔的相對位置來表示，可避免安裝在不同資料夾所產生的錯誤：

① 欲載入的 ok.bmp 圖檔和執行檔在同一資料夾下，可採用下面寫法：

```
寫法 1：PictureBox1.Image = Image.FromFile("ok.bmp")

寫法 2：PictureBox1.Image = New Bitmap("ok.bmp")

寫法 3：PictureBox1.Load("ok.bmp")
```

② 欲載入的 ok.bmp 圖檔位在程式執行檔的上一層資料夾內，可採用下面寫法：

```
寫法 1：PictureBox1.Image = Image.FromFile("..\ok.bmp")

寫法 2：PictureBox1.Image = New Bitmap("..\ok.bmp")

寫法 3：PictureBox1.Load("..\ok.bmp")
```

③ 欲載入的 ok.bmp 圖檔位在執行檔的上一層的 image 資料夾內，可採用下面寫法：

寫法 1：PictureBox1.Image = Image.FromFile("..\image\ok.bmp")

寫法 2：PictureBox1.Image = New Bitmap("..\image\ok.bmp")

寫法 3：PictureBox1.Load("..\image\ok.bmp")

④ 欲載入的 ok.bmp 圖檔位在執行檔的上兩層的 image 資料夾內，可採用下面寫法：

寫法 1：PictureBox1.Image = Image.FromFile("..\..\image\ok.bmp")

寫法 2：PictureBox1.Image = New Bitmap("..\..\image\ok.bmp")

寫法 3：PictureBox1.Load("..\..\image\ok.bmp")

三、如何在程式設計階段移除圖檔

在設計執行階段欲移除圖檔可使用下列兩種方式：

1. 點選 Image 屬性欄，然後按 Del 鍵，就可以移除原先載入的圖檔。

2. 在 Image 屬性上面按右鍵，點選「重設」選項即可。

四、如何在程式執行階段移除圖檔

在程式中將 PictureBox 的 Image 屬性值設為 Noting，就可以將圖檔清除。下面寫法將 PictureBox1 的圖檔清除：

PictureBox1.Image = Nothing

▦ 9.3 ImageList 影像清單控制項

🖻 ImageList 影像清單控制項可預先儲存很多的圖檔，等到需要時再將影像清單控制項指定給某個控制項使用，該控制項便可由該影像清單中選取欲顯示的圖形。為能快速存取圖檔通常 ImageList 影像清單控制項中儲存的圖檔都是小圖示。當我們在表單上面建立 ImageList(影像清單)控制項時，該控制項不會置於表單上，而是置於表單的正下方，表示該控制項在程式執行時是幕後執行。

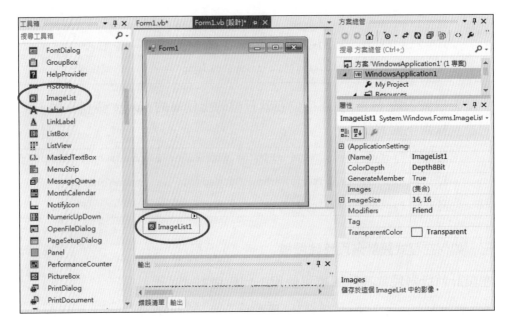

工具箱中的 Label、LinkLabel、Button、RadioButton、CheckBox、TabControl、TreeView...等控制項都有 ImageList 屬性，在程式設計階段只要在表單上有建立的 ImageList 影像清單控制項，都會出現在這些控制項的 ImageList 屬性的下拉式清單中。因此可以在表單上建立多組影像清單控制項，以供上面控制項依需求來選取。在執行階段 PictureBox 控制項也可以選取 ImageList 清單的圖片置入 PictureBox 控制項上面。譬如：將 ImageList1 影像清單控制項內的第一張圖置入 PictureBox1 控制項上面，寫法如下：

> 語法： PictureBox1.Image = ImageList1.Images(0)

9.3.1 ImageList 影像清單常用屬性

下表為 ImageList 影像清單控制項常用屬性：

屬 性	說 明
Images	進入影像集合編輯器，手動載入或刪除清單中的圖片，其索引值由 0 開始。

屬性	說明
ImageSize	設定儲存圖片的大小,預設為 16 x 16,最大值為 256 x 256。
ColorDepth	設定儲存圖片的色彩位元數。屬性值有: ① Depth4Bit　　② Depth8Bit(預設值) ③ Depth16Bit　　④ Depth32Bit

9.3.2　ImageList 圖檔的載入與移除

在 ImageList 影像清單控制項載入圖檔前,要先設定 ImageSize 和 ColorDepth 屬性值。ImageList 影像清單控制項儲存的圖檔,會依照 ImageSize 屬性值調整成相同的大小,所以圖形比例最好相同,以免造成變形。另外 ImageList 儲存的圖檔,會透過 ColorDepth 屬性調整成相同的色彩位元數,建議設定以所有圖片清單中色彩最高者為準,以免色彩發生失真。

一、如何在程式設計階段載入圖檔

在 ImageList 控制項中加入和移除小圖片,操作方法類似 PictureBox 控制項。因為 ImageList 控制項可以載入多張圖片,因此會出現「影像集合編輯器」來協助管理圖片。其操作步驟如下:

1. 在屬性視窗中的 Images 屬性值的右邊 ⋯ 鈕上按一下,出現左下圖的「影像集合編輯器」。
2. 在「影像集合編輯器」中按 ┌ 加入(A) ┐ 鈕出現右下圖的「開啟舊檔」視窗,由書附光碟中 dog1.gif 圖檔置入 ImageList1 影像清單控制項中。
3. 比照上面步驟將 dog2.gif~dog5.gif 依序置入 ImageList1 影像清單控制項中。

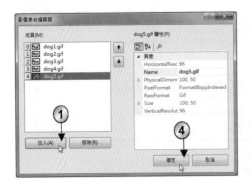 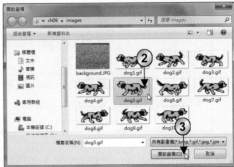

4. 若要移除影像清單中的圖像，選取要移除的圖檔，再按 [移除(R)] 鈕即可。

5. 若要移動圖檔在集合中的順序，先選取要移動的圖檔，再按 ▲ 或 ▼ 鈕來調整該圖檔在集合中的次序。

二、如何在程式執行階段載入圖檔

使用 Add 和 Image.FromFile 方法或 New Bitmap() 物件來設定 Images 屬性值，達到載入圖檔的目的。其語法如下：

> 語法 1：ImageList1.Images.Add(Image.FromFile(filename))　'filename 含路徑
> 語法 2：ImageList1.Images.Add(New Bitmap(filename))

[例 1] 下面兩種寫法皆可載入 ok.bmp 圖檔：

```
① ImageList1.Images.Add(Image.FromFile("ok.bmp"))
② ImageList1.Images.Add(New Bitmap("ok.bmp"))
```

[例 2] 若要將 ImageList1 的第二張圖放入 PictureBox1 上顯示，其寫法如下：

```
PictureBox1.Image=ImageList1.Images(1)
```

三、如何在程式執行階段移除圖檔

1. 使用 RemoveAt 方法來移除 Images 集合中的指定索引值圖片，其中

index 索引值從 0 開始。語法如下：

ImageList1.Images.RemoveAt(index)　　'index 為索引值

2. 如果要移除所有的圖片，則可以使用 Clear 方法。語法如下：

ImageList1.Images.Clear()

範例演練　　　　　　　　　　　　　　　　檔名：DogRun.sln

以 background.jpg 當表單背景圖，將 dog1.gif~dog10.gif 十個連續圖片載入 ImageList 控制項中，然後在 PictureBox 控制項上顯示，製作一個小狗會隨機上、下、左、右移動的動畫。

上機實作

Step1 設計輸出入介面

1. 在表單內放入一個 ImageList 影像清單控制項用來存放多張小狗的圖檔，一個 PictureBox 圖片方塊控制項來顯示小狗的圖檔，放入 Timer 計時器控制項用來製作小狗移動的動畫。

2. 將小狗連續動作的圖檔存到 imgDog 影像清單控制項的 Images 屬性中，然後在 tmrRun 計時器的 Tick 事件中，依序將 ImageList 圖檔指定給 PictureBox 顯示。指定 ImageList.Images 屬性的索引值，就可

以切換圖檔。圖檔會依序改變，再改變 PictureBox 的位置，就可以製作出動畫。

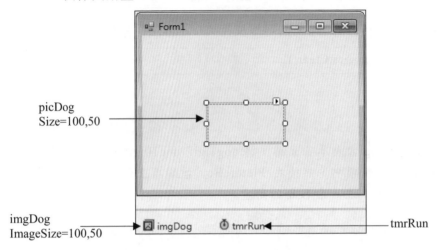

picDog
Size=100,50

imgDog
ImageSize=100,50

imgDog

tmrRun

tmrRun

Step2 載入圖檔至 imgDog 影像清單控制項中

在 imgDog 的 Images 屬性中，逐一將書附光碟 ch09/images 資料夾內的 dog1.gif~dog10.gif 十張圖檔載入。

Step3 儲存專案後，將書附光碟 ch09/images 資料夾內的「background.jpg」複製到目前製作專案的 bin/Debug 資料夾下，使圖檔與執行檔置於相同路徑。

Step4 問題分析

1. 宣告 n 整數成員變數，用來記錄圖檔的索引值。

2. 在表單載入執行的 Form1_Load 事件處理函式中設定下列相關屬性的初值：

   ① 載入表單背景圖「background.jpg」。

   ② 設定表單無法調整大小以及設定表單無法使用最大化鈕，以免改變表單的大小。

   ③ 指定每 0.1 秒執行 Tick 事件一次，並啟動 trmRun 計時器控制項。

   ④ 設定 picDog 的圖為 imgDog.Images(0) 即 dog1.gif。

⑤ 設定 picDog 的 BackColor 屬性值為 Color.Transparent，來達成去背的效果，但是會有圖片閃爍的情形。

⑥ 設定表單的 DoubleBuffered 屬性值為 True，開啟表單的雙重緩衝來避免圖片的閃爍。

3. tmrRun 計時器啟動後，每隔 0.1 秒鐘會觸動 Tick 事件處理函式，在此事件內完成下列事情：

① 將 n 值加 1，表示切換下一張圖片。

② 若 n 大於 4 則將 n 設為 0，讓圖檔重新循環。

③ 使用亂數物件產生 0~3 的隨機亂數，分別代表四個方向，設定 x、y 值來改變圖檔的移動方向，例如 y=-4 即向下走。

④ 因為小狗有左右兩個方向，使用 dir 成員變數來設定圖檔的起始索引值。左向小狗動畫為索引值 0~4；右向索引值為 5~9。

圖片	🐕	🐕	🐕	🐕	🐕	🐕	🐕	🐕	🐕	🐕
索引值	0	1	2	3	4	5	6	7	8	9

Step5 撰寫程式碼

```
FileName : DogRun.sln
01 Public Class Form1
02    Dim n As Integer = 0       '成員變數 n 記錄第幾張圖
03    Dim dir As Integer = 0     '圖檔索引值的起始值
04    Dim x As Integer = -10     '成員變數 x 記錄水平方向移動點數
05    Dim y As Integer = 0       '成員變數 y 記錄垂直方向移動點數
06    Dim ran As Random = New Random()   '成員變數 ran 為亂數物件
07    ' =========================================================
08    Private Sub Form1_Load(sender As Object, e As EventArgs) _
      Handles MyBase.Load
09       Me.Width = 640 : Me.Height = 480                '指定表單的大小
10       Me.FormBorderStyle = FormBorderStyle.Fixed3D '設表單不能調整大小
11       Me.MaximizeBox = False    '設表單不能最大化
12       Me.BackgroundImageLayout = ImageLayout.Stretch    '設背景圖調整大小
13       Me.BackgroundImage = New Bitmap("background.jpg")'載入背景圖
14       Me.DoubleBuffered = True '開啟雙重緩衝
15       picDog.BackColor = Color.Transparent    '設背景色為透明
16       picDog.Location = New Point(270, 215)    '設圖的起始位置
17       picDog.Image = imgDog.Images(0)          '顯示第一張圖
```

```
18      tmrRun.Interval = 100   '設計時器間隔
19      tmrRun.Enabled = True   '啟動計時器
20  End Sub
21  ' ============================================================
22  Private Sub tmrRun_Tick(sender As Object, e As EventArgs) _
    Handles tmrRun.Tick
23      n += 1  '取下一張圖
24      If n > 4 Then  '若大於 4
25          n = 0  '重頭取圖檔
26          Select Case ran.Next(4)   '取 0~3 的隨機亂數值
27              Case 0 '向上
28                  x = 0 : y = -4
29                  dir = 0              '圖檔索引值的起始值為 0
30              Case 1 '向右
31                  x = 10 : y = 0
32                  dir = 5              '圖檔索引值的起始值為 5
33              Case 2 '向下
34                  x = 0 : y = 4 : dir = 5
35              Case 3 '向左
36                  x = -10 : y = 0 : dir = 0
37          End Select
38      End If
39      picDog.Image = imgDog.Images(dir + n)   '圖片索引值為 dir + n
40      picDog.Left += x : picDog.Top += y        '移動圖片方塊位置
41  End Sub
42 End Class
```

▓ 9.4 GroupBox / Panel 容器控制項

　　GroupBox 群組控制項和 Panel 面板控制項和表單一樣都具備有容器
的功能，GroupBox 及 Panel 上面都可以放置其他的控制項，以便對表單上
面的控制項做分門別類，使得畫面排列整齊容易操作。另外 GroupBox 和
Panel 都有區隔的功能，例如下圖為「接龍」遊戲的「選項」對話方塊中，
使用「發牌」和「計分」兩個群組控制項，來區隔兩組不同性質的選項按
鈕。

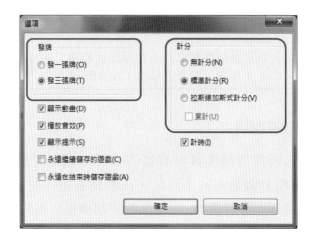

9.4.1 GroupBox 群組控制項

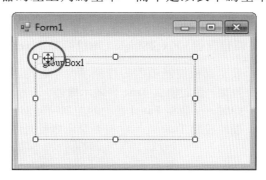

群組控制項或稱「框架」，和表單一樣允許在該控制項內放置其他的控制項。使用群組控制項的好處是可以將控制項分門別類，可以區隔不相互干擾。調整輸出入介面時，搬移群組控制項時裡面的控制項亦跟隨移動，方便版面的調整。所以，同一性質的選項按鈕或核取方塊都可使用 GroupBox 或 Panel 來存放。另外要注意 GroupBox 和 Panel 內的控制項位置是以容器的左上角為基準，而不是以表單為基準。

在上圖 GroupBox 控制項內建立控制項，必須先建立 GroupBox 控制項，接著按左上角的 方向鈕才能移動控制項，按控制項四周八個控點來調整 GroupBox 控制項的大小，此時便可在 GroupBox 控制項上面建立相關的控制項。GroupBox 控制項常用屬性為 Text，說明如下：

屬性	說明
Text	設定群組控制項左上角顯示的標題文字，該文字可以提示使用者。預設名稱為 GroupBox1。

9.4.2 Panel 面板控制項

██ Panel 面板控制項亦具有容器的功能，裡面可放置其他的控制項。和群組控制項外觀最大的不同是，面板控制項的左上角無法顯示文字。但是面板控制項允許有捲軸，因此面板控制項可佔用較小的表單空間。

Panel 控制項常用的屬性如下：

屬性	說明
BorderStyle	設定面板控制項的外框，其屬性值有：None（無邊框）-為預設值、FixedSingle（單線框）、Fixed3D（立體邊框）。
AutoScroll	設定面板控制項內的控制項大小若比面板大時是否顯示捲軸。預設值為 True 表顯示捲軸；若設為 False 表不顯示捲軸。下圖是 Panel 裡面的控制項範圍超過面版大小且此屬性設為 True 時，會自動顯示捲軸的情形：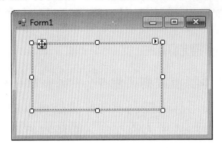

▦ 9.5 RadioButton/CheckBox 選項控制項

　　當我們要填寫一張申請表時，表中有些資料是使用勾選，例如性別、年收入、購買項目…等。如果將這張申請表，改以電腦方式輸入，這些勾選的資料就可以使用 RadioButton 選項按鈕和 CheckBox 核取方塊控制項來設計。RadioButton 選項按鈕控制項具有排他性，也就是只能選擇其中之一，所以單選性的選項可以用它，例如性別、年收入。CheckBox 核取方塊控制項，每個選項都可獨立選擇互不影響，所以複選性的問題可以用它。例如下圖是連環新接龍遊戲的選項對話方塊，上面「難度」群組控制項內有三個選項按鈕控制項，只能三擇一；下面五個核取方塊控制項則可以獨立勾選，屬多選方式。

9.5.1 RadioButton 選項按鈕控制項

　　◎ RadioButton　選項按鈕控制項，具有排他的特性，所以一組多個 RadioButton 選項按鈕控制項中只能選擇其中之一。若有兩組以上選項按鈕時，可以使用群組或面板控制項來加以區隔。RadioButton 選項按鈕控制項上面除了可以顯示文字外，也可以顯示圖片。

一、RadioButton 常用屬性

屬性	說明
Appearance	設定選項按鈕控制項的外觀，其值為： ① Normal： ⊙ RadioButton1 （預設值） ② Button： RadioButton1
CheckAlign	設定圓形按鈕顯示的位置，當 Appearance 屬性值為 Button 時本屬性無效。其屬性值有九種可供設定，預設值為 MiddleLeft。本屬性再配合 TextAlign 屬性，就可以設計出所要的控制項外觀。
Checked	設定選項按鈕控制項是否被選取，若屬性值為 True 表示被選取（按鈕外觀呈 ⊙）；屬性值為 False 表示未被選取（按鈕外觀呈 ○）。程式執行時，有一個選項按鈕被選取，同一群組其他選項按鈕的 Checked 屬性值都會改為 False。
AutoCheck	設定選項按鈕控制項被按下去時，是否會自動變更 Checked 屬性值。預設值為 True 表示會自動更改。
Text	設定選項按鈕控制項顯示的文字，如果希望使用者可以用快速鍵來選取，可以在文字前加「&」。例如 Text 屬性值為「&1 開啟」，程式執行時選項按鈕控制項會顯示 ⊙ ①開啟，使用者只要按 **1** 鍵，就選取該選項按鈕。

二、RadioButton 常用事件

　　當使用者在選項按鈕控制項上按一下，會變更該控制項的 Checked 屬性值，並且依序觸動 CheckedChanged 和 Click 兩個事件。但若該按鈕已經被選取，再重複點選時因為 Checked 屬性值不改變，所以只會觸發 Click 事件。通常判斷勾選狀態的程式碼，都寫在 CheckedChanged 事件處理函式中，兩者區分如下：

1. **CheckedChanged 事件**

CheckedChanged 事件為選項按鈕的預設事件。當選項按鈕控制項的 Checked 屬性值有改變時，就會觸發 Checked Changed 事件。

2. **Click 事件**

當選項按鈕控制項被滑鼠點選時，就會觸發 Click 事件。

三、如何在 GroupBox 內建立選項按鈕

1. 先選取  GroupBox 工具，在下圖表單上建立一個 GroupBox1 群組控制項。更改 Text 屬性值，以便當作群組的標題名稱。

2. 接著選取 ⊙ RadioButton 工具快按兩下，或是用拖曳的方式，會在 GroupBox1 群組控制項上面建立一個 RadioButton1 控制項，接著調整控制項位置。

3. 移動 GroupBox1 群組控制項時，若 RadioButton1 會隨之移動，就表示該控制項確實在群組控制項內。

4. 以同樣方式，繼續建立第二個選項按鈕控制項。

範例演練

檔名：PicSet.sln

設計一個使用兩組選項按鈕控制項，設定圖片顯示情形的程式。

上機實作

Step1 設計輸出入介面

在表單放入 GroupBox1、GroupBox2 兩個群組方塊控制項,在 GroupBox1 放入 rdbSize1~rdbSize4 四個選項按鈕;在 GroupBox2 放入 rdbLoad、rdbNull 兩個選項按鈕,並將 Appearance 屬性設為 Button,以按鈕型態呈現;最後再放入一個 picShow 圖片方塊控制項。

Step2 準備所需的圖檔

將書附光碟 ch09/images 資料夾內的 dog1.gif 圖檔,複製到目前專案的 bin/Debug 資料夾下,使圖檔與執行檔置於相同路徑。

Step3 問題分析

1. 在表單載入的 Form1_Load 事件處理函式中指定 rdbLoad 選項鈕選取,此時會觸動 rdbLoad_CheckedChanged 事件。接著指定 rdbSize1 選項鈕選取,此時會觸動 rdbSize1_CheckedChanged 事件。

2. 在 rdbSize1~ rdbSize4 的 CheckedChanged 事件處理函式中，分別設定 picShow 圖片方塊的 SizeMode 屬性值，來改變圖片的顯示狀態。

3. 在 rdbLoad_CheckedChanged 事件處理函式中，載入 dog1.gif 圖檔。

4. 在 rdbNull_CheckedChanged 事件處理函式中，設定 Image 屬性值為 null 來取消圖檔。

Step3 撰寫程式碼

```
FileName : PicSet.sln
01 Public Class Form1
02   Private Sub Form1_Load(sender As Object, e As EventArgs) _
     Handles MyBase.Load
03       rdbLoad.Checked = True      '預設為顯示圖檔
04       rdbSize1.Checked = True     '預設為原尺寸
05   End Sub
06   '=========================================================
07   Private Sub rdbSize1_CheckedChanged(sender As Object, e As EventArgs) _
     Handles rdbSize1.CheckedChanged
08       picShow.SizeMode = PictureBoxSizeMode.Normal    '原尺寸
09   End Sub
10   '=========================================================
11   Private Sub rdbSize2_CheckedChanged(sender As Object, e As EventArgs) _
      Handles rdbSize2.CheckedChanged
12       picShow.SizeMode = PictureBoxSizeMode.StretchImage '放大
13   End Sub
14   '=========================================================
15   Private Sub rdbSize3_CheckedChanged(sender As Object, e As EventArgs) _
     Handles rdbSize3.CheckedChanged
16       picShow.SizeMode = PictureBoxSizeMode.CenterImage '置中
17   End Sub
18   '=========================================================
19   Private Sub rdbSize4_CheckedChanged(sender As Object, e As EventArgs) _
     Handles rdbSize4.CheckedChanged
20       picShow.SizeMode = PictureBoxSizeMode.Zoom '等比例放大
21   End Sub
22   '=========================================================
23   Private Sub rdbLoad_CheckedChanged(sender As Object, e As EventArgs) _
     Handles rdbLoad.CheckedChanged
24       picShow.Image = New Bitmap("dog1.gif") '載入圖檔
25   End Sub
26   '=========================================================
27   Private Sub rdbNull_CheckedChanged(sender As Object, e As EventArgs) _
     Handles rdbNull.CheckedChanged
28       picShow.Image = Nothing    '移除圖檔
```

```
29   End Sub
30 End Class
```

9.5.2 CheckBox 核取方塊控制項

☑ CheckBox 核取方塊控制項，每個選項都可以任意選取彼此間互不影響，所以複選性的選項可用它來設計。CheckBox 核取方塊控制項除可以顯示文字外，上面也可以顯示圖片。下表介紹核取方塊控制項的常用屬性，若其屬性和選項按鈕控制項相同時，就不再重複介紹。

一、CheckBox 常用屬性

屬性	說明
ThreeState	設定核取方塊控制項是否允許三種核取狀態。預設值為 False 表示有勾選和不勾選兩種狀態。若設為 True 表示有勾選、不勾選和未確定三種狀態。
Checked	當 ThreeState 屬性值為 False 時，若核取方塊控制項被選取，其屬性值為 True；預設為 False 未被勾選。
CheckState	當 ThreeState 屬性值為 True 時，設定核取方塊控制項是有三種選取狀態。依 Appearance 屬性值而異： |ThreeState|Appearance.Normal|Appearance.Button
---	---	---
Checked	勾選 ☐ CheckBox1	突起 CheckBox1
Unchecked	未勾選 ☑ CheckBox1	下凹 CheckBox1
Indeterminate	不確定 ■ CheckBox1	平面 CheckBox1	 將 CheckBox1 設成未確定： 　CheckBox1.ThreeState = True 　CheckBox1.CheckState = CheckState.Indeterminate

二、CheckBox 常用事件

當 ThreeState 屬性值為 False 時，使用者按核取方塊控制項時會依序觸動 CheckedChanged、CheckStateChanged 和 Click 三個事件。所以，判斷核取方塊勾選狀態的程式碼，寫在其中一個事件中皆可。但是當

ThreeState 屬性值為 True 時，若使用者點選勾選狀態為「未確定」時，是不會觸動 CheckedChanged 事件。三者使用時機說明如下：

1. CheckedChanged 事件

   CheckedChanged 事件是核取方塊控制項的預設事件，當核取方塊控制項的 Checked 屬性值改變時，就會觸發此事件。

2. CheckStateChanged 事件

   當核取方塊控制項的 CheckState 屬性值改變時，就會觸發此事件。

3. Click 事件

   當核取方塊控制項被滑鼠點選時，就會觸發此事件。

範例演練
　　　　　　　　　　　　　　　　　　　　　　　　　　檔名：BubbleTea.sln

設計一個泡沫紅茶訂購程式，「類別」和「大小」內的選項只能單選，小杯 25 元、大杯 30 元。「配料」內的選項可多選，加冰不加價，其他配料均加 5 元。點按「結帳」鈕會顯示訂購情形，並計算出價格。

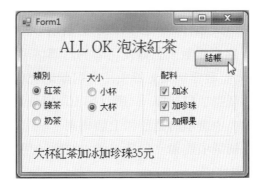

上機實作

Step1　設計輸出入介面

　　　　類別群組只能三選一，所以使用三個選項按鈕。大小群組只能二選一，所以使用兩個選項按鈕。兩組選項按鈕必須放在兩個群組控制項中，才能相互區隔。因為三個配料可以獨立勾選即能多選或不勾

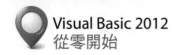

選，所以使用核取方塊。另外，加入按鈕和標籤控制項以便顯示訂購情形。輸出入介面如下：

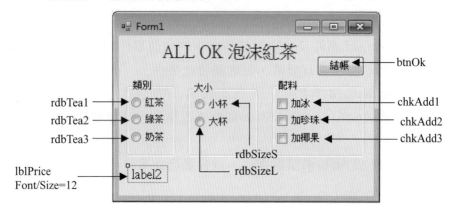

Step2 問題分析

1. 在 Form1_Load 事件處理函式中，預設 rdbTea1 和 rdbSizeL 兩個選項鈕被選取，以避免使用者未選取就結帳所造成的錯誤。

2. 在 btnOk 的 Click 事件中，撰寫顯示訂購情形和金額的程式碼：

   ① 宣告 msg 字串變數來記錄使用者的訂購情形。

   ② 宣告 price 整數變數來記錄使用者訂購的總價。

   ③ 類別中三個選項只能擇一，所以用 If...Else 選擇結構來檢查訂購情形。大小中選項的情形和上面相同。

   ④ 配料中三個選項能獨立勾選，所以要逐一用 If 選擇結構來檢查 Checked 屬性值。

Step3 撰寫程式碼

```
FileName : BubbleTea.sln
01 Public Class Form1
02   Private Sub Form1_Load(sender As Object, e As EventArgs) _
     Handles MyBase.Load
03     lblPrice.Text = ""  '預設總價訊息為空字串
04     rdbTea1.Checked = True     '預設為紅茶
05     rdbSizeL.Checked = True    '預設為大杯
06   End Sub
```

```
07   '============================================================
08   Private Sub btnOk_Click(sender As Object, e As EventArgs) _
     Handles btnOk.Click
09       Dim msg As String = ""      '設訊息為空字串
10       Dim price As Integer = 0  '設總價為0元
11       If rdbSizeS.Checked = True Then   '若選擇小杯
12           msg = "小杯"  '設訊息為小杯
13           price = 25    '設總價為25
14       Else
15           msg = "大杯" : price = 30 '設訊息和總價
16       End If
17       If rdbTea1.Checked = True Then '若選rdbTea1
18           msg += rdbTea1.Text  '訊息加rdbTea1文字
19       ElseIf rdbTea2.Checked = True Then '若選rdbTea2
20           msg += rdbTea2.Text  '訊息加rdbTea2文字
21       Else
22           msg += rdbTea3.Text   '否則訊息加rdbTea3文字
23       End If
24       If chkAdd1.Checked = True Then
25           msg += chkAdd1.Text '若勾選chkAdd1就訊息加chkAdd1文字
26       End If
27       If chkAdd2.Checked = True Then '若勾選chkAdd2
28           msg += chkAdd2.Text     '訊息加chkAdd2文字
29           price += 5     '總價加5
30       End If
31       If chkAdd3.Checked = True Then '若勾選chkAdd3
32           msg += chkAdd3.Text
33           price += 5
34       End If
35       lblPrice.Text = msg + price.ToString() + "元" '顯示訊息和總價
36   End Sub
37 End Class
```

⊞ 9.6 課後練習

一、選擇題

1. 當 Timer 計時控制項的 Interval 屬性值設為 100 時，表示計時控制項會每幾秒觸動一次 Tick 事件？(A) 100 (B) 10 (C) 1 (D) 0.1。

2. Timer 計時控制項所設定 Interval 屬性值時間到時，所觸動的事件為何？
   (A) Click (B) Load (C) Tick (D) Timer。

3. 若想讓 Timer 計時控制項停止觸動 Tick 事件時，可以將 Enabled 屬性值設為　(A) True　(B) False　(C) Yes　(D) No。

4. 想在程式執行階段載入圖檔到 PictureBox 圖片方塊控制項時，可以使用下列哪個語法？

(A) New Image()　　　　　　(B) Bitmap.LoadFile()

(C) Image.LoadFile　　　　　(D) Image.FromFile()

5. 當 RadioButton 選項按鈕控制項的 Checked 屬性值改變時，會觸動哪個事件？

(A) Changed　(B) Check　(C) CheckedChanged　(D) TextChanged。

6. 欲使 RadionButton 選項按鈕可以做分門別類，可以使用哪個控制項？

(A) Form　(B) Button　(C) Frame　(D) GroupBox。

7. 欲設定群組控制項左上角顯示的標題文字，必須使用哪個屬性？

(A) Text　(B) Caption　(C) Context　(D) Item。

8. 下列何者說明有誤？

(A) Panel 可設立體框，但 GroupBox 則無法設立體框

(B) Panel 和 GroupBox 兩者皆可設定 Text 屬性

(C) Panel 有捲軸；GroupBox 則無捲軸

(D) Panel 和 GroupBox 都可對控制項做區隔。

9. 當選項按鈕被滑鼠點選一下時，一定會觸發哪個事件？

(A)Click　(B)DoubleClick　(C)TextChanged　(D) CheckedChanged。

10. 若 CheckBox 要設定成三種核取狀態時，必須使用哪個屬性？

(A) ThreeState　(B) CheckState　(C) Checked　(D) Text。

11. 若當核取方塊被滑鼠點選會觸發哪個事件？　(A)Click　(B)CheckStateChanged　(C)TextChanged　(D)CheckedChanged。

12. 當核取方塊的 CheckState 屬性值改變時會觸發哪個事件？

(A) Click　(B) CheckStateChanged　(C)TextChanged

(D) CheckedChanged 。

13. 若選項按鈕要顯示按鈕的外觀，其 Appearance 屬性必須設為？

(A) Button (B) False (C) Normal (D) True。

14. 下列哪行敘述可以將 pic 圖片方塊控制項指定的圖檔清除？

(A) pic.Image = Nothing (B) pic.Image = Null

(C) pic.Image = "" (D) pic.Clear()

15. ImageList1 影像清單控制項的哪個屬性可以設定所儲存圖片的大小？

(A) ColorDepth (B) Images (C) ImageSize (D) Size

16. 在程式執行階段移除 ImageList1 影像清單控制項的全部圖檔時，可以使用下例哪行敘述？

(A) ImageList1.Clear() (B) ImageList1.Images.Clear()

(C) ImageList1 = Nothing (D) ImageList1.Images = Nothing

二、程式設計

1. 完成符合下列條件的程式。

① 程式執行時，使用者可以填寫各類資料。

② 按 ▢確定 鈕，就檢查使用者輸入的資料，若未輸入姓名就顯示提示訊息。(如上面右圖)

③ 若資料正確就顯示所有資料，請使用者確認。

④ 若使用者按「是」鈕確認,就顯示 "謝謝填寫問卷" 對話方塊,並結束程式。否則,就返回重填。

2. 小狗由左邊走向右邊,超過表單就再從左邊進入。按 上 鈕一次,小狗會上移 10 點;按 下 鈕小狗下移 10 點。

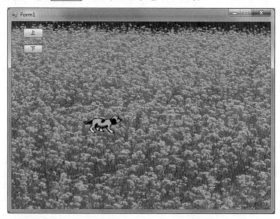

3. 按照下面標籤控制項的輸出結果來設計「顏色」群組的選項按鈕以及「字型樣式」群組的核取方塊程式。標籤控制項內的文字可透過核取方塊來設定粗體、斜體、底線以及刪除線的字型樣式;透過選項按鈕來設定標籤控制項的字體顏色為紅、綠或藍色。

[提示] 若勾選粗體時，使用 FontStyle.Bold 和原字型樣式作 XOR 運算，如果原為粗體會改為非粗體；非粗體則未改為粗體。寫法如下：

lblTitle.Font = New Font(lblTitle.Font, lblTitle.Font.Style Xor FontStyle.Bold)

筆記頁

常用控制項(二)

10

10.1 清單相關控制項 ListBox / CheckedListBox / ComboBox

　　設計一個能輸入生日月份的程式，如果需由鍵盤輸入「三」月至文字方塊控制項上面，使用者可能輸入「3」、「三」、「March」、「叁」…等各種方式，若全部要透過程式來判斷是否正確就變得很複雜。所幸 VB 工具箱提供的清單工具，條列一些文字選項，讓使用者從清單中來選取，使得程式變得簡單。例如輸入月份、星期等，只允使用者由清單中選取所設定的項目，以免輸入的資料五花八門造成程式難以判斷。所以清單控制項適用於一些有固定選項供使用者選取，當然有些清單也提供輸入資料的功能。在整合開發環境中工具箱所提供的清單工具有：

1. 清單控制項（ListBox）
2. 核取方塊清單控制項（CheckedListBox）
3. 下拉式清單控制項（ComboBox）

10.1.1 ListBox 清單控制項

　　 ☒ ListBox 清單控制項提供一些文字選項供使用者選取，執行時它在表單的大小是固定，若選項太多則可以透過捲軸來移動。清單中的選項也可以多欄顯示、選項可單選也可多選。清單中文字項目的輸入方式可以在設計階段建立，也可以在程式執行階段使用 Add 方法來新增。

一、ListBox 清單控制項的建立

1. 在工具箱 ☒ ListBox 工具上快按兩下，或直接拖曳到表單適當位置。
2. 在屬性視窗中 Items 屬性的 ⋯ 鈕上按一下，出現下圖「字串集合編輯器」對話方塊。

3. 在輸入框內逐行輸入選項，每輸入一個選項完畢就按 ⌷ 鍵移到下一行繼續輸入下一個項目。

4. 所有項目都輸入完畢後，按 ⎡ 確定 ⎤ 鈕就完成 ListBox 清單控制項中項目的設定。

二、ListBox 常用屬性

屬性	說明
Items	用來設定控制項的項目集合，設定方式請參閱上面清單控制項的建立方法。
Items.Count	在程式執行階段取得清單控制項內的項目總數。例如將 ListBox1 清單控制項的項目總數顯示在 Label1 標籤控制項上，寫法為：Label1.Text = ListBox1.Items.Count
Text	Text 屬性只能在執行階段使用，其值等於使用者所選取的第一個項目。若允許使用者選取多個項目，就可以用下列 SelectedItems 屬性來取得所有被選取的項目。
SelectedItems	程式執行階段中，用來取得或設定清單控制項內被選取的項目。例如將選取的第 1 個項目指定給 Label1，寫法如下：Label1.Text = ListBox1.SelectedItems(0)
SelectedIndex	取得被選取項目的索引值，第 1 個項目的索引值為 0，第 2 個項目的索引值為 1...。
Sort	設定清單控制項內的項目是否按照字母順序排列，預設值為 False 表示不照字母自動排序。
MultiColumn	設定項目是否可以用多欄的方式顯示，預設值為 False 表示以單行顯示；若設為 True 表可多行顯示。 MultiColumn = False　　　　　MultiColumn = True
ColumnWidth	當 MultiColumn 屬性值為 True 時，用來設定欄寬（單位為 Pixels）。預設值為 0，使用預設寬度。

屬性	說明
SelectionMode	設定清單控制項可讓使用者選取多少個項目，其屬性值有： ① One：只能選取一個項目(預設值)。 ② MultiSimple：可選取不連續多個項目，一個一個點選。 ③ MultiExtended：可用滑鼠拖曳或按 ⇧ Shift 鍵頭尾連續選取多個項目，或按 Ctrl 鍵選取不連續項目。 ④ None：無法選取。 設定 ListBox1 為可選取不連續多個項目，寫法： ListBox1.SelectionMode = SelectionMode.MultiExtended

三、ListBox 常用方法

1. Add 方法

在程式執行階段使用此方法來新增清單項目，加入的項目會自動加到清單的最後面。例如：加入一個 "金門縣" 項目到 ListBox1 清單的寫法如下：

```
ListBox1.Items.Add("金門縣")
```

2. AddRange 方法

Add 方法可以一次加入一個項目，AddRange()方法則可以將存放在字串陣列中的所有陣列元素一次加入到清單控制項中。例如：將下列字串陣列中兩個文字項目插入到 ListBox1 清單的最後面。寫法如下：

```
Dim county() As String = {"金門縣", "連江縣"}
ListBox1.Items.AddRange(county)
```

3. Insert 方法

在程式執行階段，將文字項目插入到清單中所指定索引值的位置而不是最後面，索引值從零開始算起。例如：加入一個項目到 ListBox1 清單中，成為第二項目(索引值為 2)的寫法如下：

```
ListBox1.Items.Insert(2, "基隆市")
```

4. **Remove、RemoveAt 方法**

在程式執行階段中，要將清單控制項的文字項目移除時，可以使用 Items 集合的 Remove 和 RemoveAt 方法，分別透過指定的項目文字內容或索引值，將清單控制項中指定的項目移除。例如要移除一個項目文字內容為 "台北縣" 的選項，寫法如下：

```
ListBox1.Items.Remove("台北縣")
```

若要移除第三個項目(索引值為 2)，寫法如下：

```
ListBox1.Items.RemoveAt(2)
```

5. **Clear 方法**

Clear 方法可在程式執行階段，將 ListBox1 清單控制項內所有項目全部移除，其寫法如下：

```
ListBox1.Items.Clear()
```

6. **SetSelected 方法**

SetSelected 方法可以在程式執行階段，設定清單控制項中指定項目被選取或未被選取。例如設定第二個項目被選取，第三個項目未被選取的寫法如下：

```
ListBox1.SetSelected(1, True)      '第二個項目被項取
ListBox1.SetSelected(2, False)     '第三個項目未被選取
```

7. **ClearSelected 方法**

SetSelected 方法若將引數設為 False，可以取消選取清單控制項中指定項目。如果想一次將使用者選取的項目全部取消選取，此時就可以使用 ClearSelected 方法。例如取消使用者所有選取項目的寫法如下：

```
ListBox1.ClearSelected()
```

8. **GetSelected 方法**

GetSelected 方法可以在程式執行階段，取得清單控制項中指定的項目是否被選取。如果傳回值為 True 表示該項目被選取；傳回值為 False 則表示未被選取。例如：檢查清單中第二個項目是否被選取，若被選取則將項目文字內容顯示在標籤控制項上面，寫法如下：

```
If ListBox1.GetSelected(1)
    Label1.Text = ListBox1.Items(1)
Else
    Label1.Text = ""
End If
```

四、ListBox 常用事件

ListBox 清單控制項的預設事件是 SelectedIndexChanged 事件，當控制項的 SelectedIndex 屬性改變，就會觸動本事件。所以我們會將使用者選擇項目時，要處理的程式碼寫在 SelectedIndexChanged 事件處理函式中。

五、ListBox 多選處理

ListBox 若要提供多選的功能，首先必須先將該控制項的 SelectionMode 屬性值設為 MultiSimple 或 MultiExtended，接著可透過下面程式碼讀取。當使用者完成多選 ListBox1 的項目後，按 ⬚確定 鈕會執行 Button1_Click 事件處理函式。在此函式中用 For 迴圈逐一判斷 ListBox1 的項目是否被選取，若被選取就將該項目內容累加至 msg 字串變數。For 迴圈執行完成之後，接著用訊息方塊顯示 msg 字串呈現多選的結果。(檔名：ListBoxDemo.sln)

```
Private Sub Button1_Click(sender As Object, e As EventArgs) _
Handles Button1.Click
    Dim msg As String = ""                          ' 預設為空字串
    For i = 0 To ListBox1.Items.Count - 1
        If ListBox1.GetSelected(i) = True Then ' 判斷第 i 個項目是否被選
            msg &= ListBox1.Items(i) & " ,"
        End If
    Next
    MessageBox.Show(msg, "選擇縣市")
End Sub
```

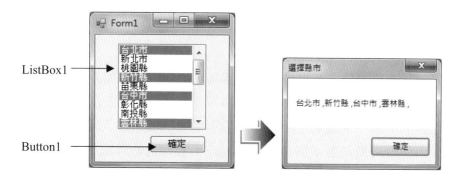

10.1.2 CheckedListBox 核取方塊清單控制項

 核取方塊清單控制項和 ListBox 相比，每個項目前面多出一個核取方塊，可視為是 ListBox 和 CheckBox 的結合。

　　CheckedListBox 控制項可同時選取多個項目，ListBox 清單控制項則必須透過 SelectionMode 屬性來設定單選或多選。下面僅就 CheckedListBox 和 ListBox 兩者不同的屬性和方法做說明：

一、CheckedListBox 常用屬性

屬性	說明
CheckOnClick	用來設定勾選項目時滑鼠點按的次數，若屬性值為 False 表示按兩下才勾選，為預設值。若為 True 表示只要按一下就勾選。
SelectionMode	設定核取方塊清單控制項是否允許使用者選取項目，其屬性值有 One（可以選取項目，為預設值）、None（無法選取）。本屬性和清單控制項不同，無法設定為 MultiSimple 和 MultiExtended 屬性，但執行時仍然可以複選。
CheckedItems	CheckedItems 是被選取文字項目的集合，在執行階段用來取得被選取的項目。例如將 CheckedListBox1 被選取的第一個項目指定給 Label1，寫法為： Label1.Text = CheckedListBox1.CheckedItems(0)

二、CheckedListBox 常用方法

1. **Add()方法**

在程式執行階段,用來新增核取方塊清單內的項目,所加入的項目會自動加到清單內的最後一筆資料。和清單控制項 Add()方法不一樣的地方是多了一個用來設定是否被勾選的引數。例如:加入兩個項目,第一個項目設成被勾選;第二個項目設成不被勾選的寫法如下:

```
CheckedListBox1.Items.Add("草莓",True)
CheckedListBox1.Items.Add("文旦柚",False)
```

2. **SetSelected()方法**

在程式執行階段,設定核取方塊清單控制項中被指定的項目是否被選取反白(注意不是勾選)。例如:設定第二個項目被選取的寫法如下:

```
CheckedListBox1.SetSelected (1, True)
```

3. **GetItemChecked()方法**

在程式執行階段,取得核取方塊清單控制項中指定項目是否被勾選。如傳回值為 True 表示該項目被勾選;傳回值為 False 表示未被勾選。

三、CheckedListBox 常用事件

1. **ItemCheck()事件**

當使用者勾選或取消勾選核取方塊清單控制項中項目時,就會觸動本事件。所以我們會將當使用者勾選或取消勾選項目時,要處理的程式碼寫在 ItemCheck 事件處理函式中。

2. **SelectedIndexChanged()事件**

核取方塊清單控制項預設的事件是 SelectedIndexChanged 事件,當控制項的項目被點選時,就會觸動本事件。

① 若 CheckOnClick 屬性值為 False(須按兩下才勾選)時,第一次點選只會觸動 SelectedIndexChanged 事件;點選第二次勾選或取消勾選時,會先觸動 ItemCheck 事件接著是 SelectedIndexChanged 事件。

② 若 CheckOnClick 屬性值為 True（只要按一下就勾選）時，點選時會先觸動 ItemCheck 事件再來是 SelectedIndexChanged 事件。

所以我們會將使用者選擇項目時，要處理的程式碼寫在 SelectedIndex Changed 事件處理函式中。

四、CheckedListBox 核取方塊清單控制項多選處理

CheckedListBox 核取方塊清單控制項提供多選，可透過下面程式碼讀取。當使用者完成多選 CheckedListBox1 的項目後，按 ┌ 確定 ┐ 鈕執行 Button1_Click 事件處理函式。在此函式透過 For 迴圈，逐一判斷 Checked ListBox1 的項目是否被勾選，若被勾選就將該項目內容累加至 msg 字串變數。For 迴圈執行完畢後，接著透過訊息方塊顯示 msg 字串變數，來呈現多選的結果。

```
檔名：CheckedListBoxDemo.sln
Private Sub Button1_Click(sender As Object, e As EventArgs) _
   Handles Button1.Click
   Dim msg As String = ""
   For i = 0 To CheckedListBox1.Items.Count - 1
       '判斷第 i 個是否被勾選
       If CheckedListBox1.GetItemChecked(i) = True Then
          msg &= CheckedListBox1.Items(i) & " ,"
       End If
   Next
   MessageBox.Show(msg, "選擇水果")
End Sub
```

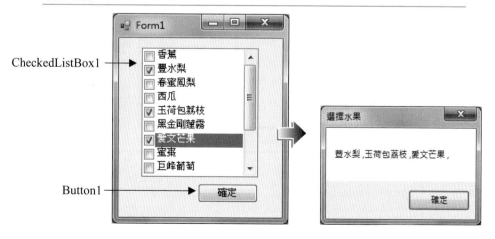

CheckedListBox1

Button1

10.1.3 ComboBox 下拉式清單控制項

ComboBox 下拉式清單控制項和 ListBox 清單控制項大致相同，主要的差別是下拉式清單控制項多了 下拉鈕。當使用者按下拉鈕，下拉式清單控制項才顯示清單項目，如此可以節省版面空間，當然也可透過 DropDownStyle 屬性設為固定式清單。另外，下拉式清單控制項有文字方塊，允許使用者新增或查詢清單項目。ComboBox 控制項只能單選，不像其他清單控制項可多選。下面僅就兩者不同的屬性做說明：

一、ComboBox 常用屬性

屬性	說明
Text	取得或設定下拉式清單控制項內被選取的項目。例如設定預設選項為第 1 個項目的寫法為： ComboBox1.Text = ComboBox1.Items(0)
MaxDropDownItems	設定清單顯示項目的最大個數，預設值為 8，若項目個數超過就會出現捲軸。
DropDownStyle	用來設定下拉式清單顯示的樣式，屬性值有三種： ① DropDown（預設值）：按下拉鈕才出現清單，文字方塊可以輸入文字資料。 ② DropDownList：按下拉鈕才出現清單，無法輸入文字資料。 ③ Simple：清單一直顯現，可輸入文字及由清單選取。 DropDown　　　　DropDownList　　Simple

二、ComboBox 常用事件

1. **TextChanged 事件**

當在下拉式清單控制項的文字方塊中輸入文字資料時，就會觸動 TextChanged 事件。另外使用者點選下拉式清單控制項中的項目時，文字方塊中的內容改變時也會觸動本事件。通常我們會將使用者輸入文字資料時，要處理的程式碼寫在 TextChanged 事件處理函式中。

2. **SelectedIndexChanged 事件**

下拉式清單控制項預設的事件是 SelectedIndexChanged 事件，當控制項的項目被點選時，就會觸動本事件。因為使用者點選下拉式清單控制項中的項目時，文字方塊中的內容也跟著改變，所以也會同時觸動 TextChanged 事件。兩個事件的先後順序是 TextChanged 先觸動，然後 SelectedIndexChanged 事件接著觸動。通常我們會將使用者選擇項目時，要處理的程式碼寫在 SelectedIndexChanged 事件處理函式中。

[簡例] 在下拉式清單控制項的文字方塊中輸入文字資料時，若該項目不存在於清單中，就插入成為第一個項目。(範例：ComboBoxDemo.sln)

```
Private Sub Button1_Click(sender As Object, e As EventArgs) _
    Handles Button1.Click
    If ComboBox1.Items.Contains(ComboBox1.Text) = False Then
        ComboBox1.Items.Insert(0, ComboBox1.Text)
    End If
End Sub
```

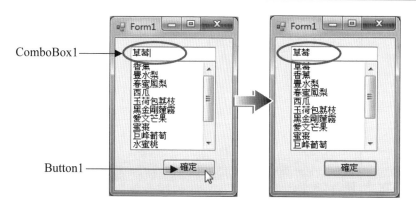

 範例演練

檔名：MitGift.sln

試設計一個介紹伴手禮的程式。點選地區下拉式清單，會有北部、中部、
南部和東部等四個項目。點選地區項目後，在伴手禮清單中會顯示對應
的伴手禮項目，各地區的項目伴手禮個數不相同。點選伴手禮項目時，
會顯示對應的圖檔。

上機實作

Step1 設計輸出入介面

1. 建立下拉式清單控制項 cboArea 用來顯示地區名稱清單，建立清單
   控制項 lstGift 用來顯示伴手禮項目，兩個清單控制項中的項目都是
   在程式執行階段加入。

2. 建立圖片控制項 picGift 來顯示伴手禮圖片，另建立影像清單控制項
   imgGift 來存放伴手禮圖檔。請將書附光碟中 gift1.jpg~ gift12.jpg 共
   12 個圖檔依序載入 imgGift 控制項。

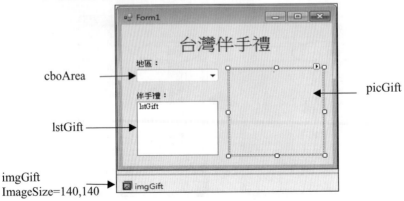

Step2 問題分析

1. 宣告一個二維字串陣列的成員變數 gift，因為各區的伴手禮個數不同，所以用不規則陣列來存放伴手禮名稱。

	第 0 行	第 1 行	第 2 行	第 3 行
第 0 列 (北部)	鳳梨酥 gift(0)(0)	古早味肉乾 gift(0)(1)		
第 1 列 (中部)	芋頭酥 gift(1)(0)	烏龍茶 gift(1)(1)	奶油酥餅 gift(1)(2)	
第 2 列 (南部)	烏魚子 gift(2)(0)	豬腳 gift(2)(1)	牛軋糖 gift(2)(2)	肉紙 gift(2)(3)
第 3 列 (東部)	三星蔥蛋捲 gift(3)(0)	牛舌餅 gift(3)(1)	小米麻糬 gift(3)(2)	

2. 當 cboArea 控制項中的地區名稱項目被選取時，會觸動 SelectedIndexChanged 事件，在事件中先用 Clear()方法清除 lblGift 控制項中的所有項目，接著用 AddRange 方法加入對應的項目。

3. 當 lstGift 清單控制項中的伴手禮名稱項目被選取時，會觸動 SelectedIndexChanged 事件，就用 For 迴圈計算陣列個數，以便能指定對應的圖檔。例如點選南區的「豬腳」項目，就用 For 迴圈計算出北到中區的元素個數(5)，再加上「豬腳」的索引值(1)，豬腳的圖檔就在 imgGift(6)中。

Step3 撰寫程式碼

```
FileName : MitGift.sln
01 Public Class Form1
02    Dim gift(4)() As String '建立 gift 不規則陣列
03    ' ====================================================
04    Private Sub Form1_Load(sender As Object,e As EventArgs) Handles MyBase.Load
05       gift(0) = New String() {"鳳梨酥", "古早味肉乾"}            '北部伴手禮
06       gift(1) = New String() {"芋頭酥", "烏龍茶", "奶油酥餅"} '中部伴手禮
07       gift(2) = New String() {"烏魚子", "豬腳", "牛軋糖", "肉紙"}
08       gift(3) = New String() {"三星蔥蛋捲", "牛舌餅", "小米麻糬"}
09       Dim area() As String = {"北部", "中部", "南部", "東部"}
10       cboArea.Items.AddRange(area)     '載入地區項目
11       cboArea.SelectedIndex = 0        '預設選取第一個地區項目
```

```
12    End Sub
13    ' ========================================================
14    Private Sub cboArea_SelectedIndexChanged(sender As Object, e As EventArgs) _
      Handles cboArea.SelectedIndexChanged
15        lstGift.Items.Clear()        '將伴手禮項目清除
16        '載入地區對應的伴手禮項目
17        lstGift.Items.AddRange(gift(cboArea.SelectedIndex))
18        lstGift.SelectedIndex = 0 '預設選取第一個伴手禮項目
19    End Sub
20    ' ========================================================
21    Private Sub lstGift_SelectedIndexChanged(sender As Object, e As EventArgs) _
      Handles lstGift.SelectedIndexChanged
22        Dim index As Integer = 0    'index 變數為選項的索引值
23        '計算地區選項之前的項目個數
24        For i = 0 To cboArea.SelectedIndex - 1
25            index += gift(i).Length '加上陣列的元素個數
26        Next
27        picGift.Image = imgGift.Images(index + lstGift.SelectedIndex)
28    End Sub
29 End Class
```

▦ 10.2　MonthCalendar/DateTimePicker 日期時間控制項

　　工具箱中提供與日期時間有關的控制項有月曆和日期挑選控制項，可以輕輕鬆鬆建立和日期相關的介面。

10.2.1 MonthCalendar 月曆控制項

　　▦ MonthCalendar 月曆控制項主要功能是顯示月曆，以及讓使用者選取日期區塊。

到上個月 —— 2013年4月 —— 到下個月

週日 週一 週二 週三 週四 週五 週六

12 ◄13 —— 今天日期加框

14　15　16　17　18　19　20
21　22　23　24　25　26　27 ◄—— 選取的日期
28　29　30　1　2　3　4
5　6　7　8　9　10　11

今天: 2013/4/12 ◄—— 顯示今天日期

一、如何建立 MonthCalendar 月曆控制項

1. 在工具箱中　MonthCalendar　月曆控制項工具上快按兩下，會在表單建立一個月曆控制項。月曆控制項的大小是由系統內定，我們只能調整位置。

2. 設定月曆控制項的相關屬性。

二、如何設定 AnnuallyBoldedDates 屬性

　　AnnuallyBoldedDates 屬性是一個日期的集合，主要在設定月曆控制項中每年中哪些日期要用粗體字顯示，例如標示國定假日。設定 AnnuallyBoldedDates 屬性的步驟如下：

1. 在 AnnuallyBoldedDates 屬性值按一下，出現「DateTime 集合編輯器」。

2. 按　加入(A)　鈕新增一筆日期，預設為 DateTime 資料型別。也可在右窗格先選取 DateTime，接著在 Value 右邊輸入框內直接輸入日期，或按　▾　鈕由月曆中點選日期即可。

3. 反覆步驟 2 可以新增許多日期，設定完畢就按　確定　鈕。

三、如何設定 BoldedDates 屬性

　　BoldedDates 屬性也是一個日期的集合，主要在設定月曆控制項中哪些日期要用粗體字顯示，這些日期不是每年均要標示的日期，例如標示要

開會的日期。設定 BoldedDates 屬性的方法和 AnnuallyBoldedDates 屬性相同。

四、MonthCalendar 常用屬性

屬性	說明
AnnuallyBoldedDates	設定月曆控制項中每年用粗體字顯示的日期集合。
BoldedDates	設定月曆中用粗體字顯示的日期集合。
CalendarDimensions	設定月曆中月份欄和列的數目，預設值為 1,1。若設為 1,2 表示上下顯示兩個月份；若設為 2,2 表示上下左右共四個月。若將屬性值設為「2,1」的樣式如下： 今天: 2013/4/12
TodayDate	今天的日期。
ShowToday	設定在月曆的下面是否顯示今天日期，預設值為 True 表示顯示今天日期。
ShowTodayCircle	設定在月曆上是否將今天日期加圈，預設值為 True 表示在今天日期上加外框。
ShowWeekNumbers	設定是否顯示週次，預設值為 False 表示不顯示週次。
MaxDate	設定可以選擇日期的上限。
MinDate	設定可以選擇日期的下限。
MaxSelectionCount	設定可以連續選取日期的總天數，預設值為 7，代表最多只能選取 7 天。
SelectionStart	在程式執行階段，設定連續選取日期的起始日期。
SelectionEnd	在程式執行階段，設定連續選取日期的終點日期。
SelectionRange	設定連續選取日期的範圍。例如： 2013-12-18,2013-12-20
ScrollChange	設定按月曆中 ◀、▶ 鈕改變的月數，系統預設值為 0（由系統內定）。

五、MonthCalendar 常用方法

1. **AddAnnuallyBoldedDate 方法**

   在程式執行中新增 AnnuallyBoldedDates 每年加粗體日期集合成員,可以透過 AddAnnuallyBoldedDate 方法。譬如將每年的 4 月 4 日以粗體字顯示,其寫法如下:(雖然只設定 2013/4/4,但每年的 4/4 都會以粗體顯示)

   ```
   Dim d As New DateTime(2013,4,4)
   MonthCalendar1.AddAnnuallyBoldedDate(d)
   ```

2. **AddBoldedDate 方法**

   在程式執行中新增 BoldedDates 集合成員,可以透過 AddBoldedDate 方法,譬如將日期 2013/8/16 以粗體字顯示,其寫法如下:

   ```
   Dim d As New DateTime(2013,8,16)
   MonthCalendar1.AddBoldedDate(d)
   ```

3. **RemoveAllAnnuallyBoldedDates 方法**

   在程式執行中移除所有 AnnuallyBoldedDates 集合成員,要使用 RemoveAllAnnuallyBoldedDates 方法,寫法如下:

   ```
   MonthCalendar1.RemoveAllAnnuallyBoldedDates()
   ```

4. **RemoveAllBoldedDates 方法**

   在程式執行中移除所有 BoldedDates 集合成員,要使用 RemoveAllBoldedDates 方法,語法如下:

   ```
   MonthCalendar1.RemoveAllBoldedDates()
   ```

5. **UpdateBoldedDates 方法**

   使用以上新增或移除粗體日期方法後,所設定的結果不會顯示在月曆控制項上,此時要用 UpdateBoldedDates 方法來重繪粗體日期。語法如下:

   ```
   MonthCalendar1.UpdateBoldedDates()
   ```

6. **SetDate 方法**

在程式執行中在月曆控制項中顯示指定的日期。例如將顯示日期設為
2013 年 12 月 25 日，寫法如下：

```
MonthCalendar1.SetDate(New DateTime(2013,12,25))
```

六、MonthCalendar 常用事件

1. **DateChanged 事件**

DateChanged 事件是 MonthCalendar 月曆控制項預設的事件，當使用者
改變日期時會觸動本事件。例如使用者未選取日期，只是按 ◀、▶ 鈕
改變的月份時，只會觸動本事件而不會觸動 DateSelected 事件。所以
我們會將日期改變時，要處理的程式碼寫在 DateChanged 事件處理函
式中。

2. **DateSelected 事件**

當使用者選取日期時會觸動本事件，例如使用者點選一個日期，會先
觸動 DateChanged 事件，接著觸動 DateSelected 事件。如果用拖曳方
式選取連續日期，每拖曳過一個日期就會觸發一次 DateChanged 事
件，選取完才會觸動 DateSelected 事件。所以將使用者選取日期時，
要處理的程式碼寫在 DateSelected 事件處理函式中。

10.2.2 DateTimePicker 日期挑選控制項

📅 DateTimePicker 日期挑選控制項，和上一小節介紹的月曆控制項非常類
似，常用屬性和事件都大致相同。日期挑選控制項的月曆是採下拉式呈現，
所以比較節省版面空間。另外日期挑選控制項也多了文字方塊，可以直接輸
入日期，或按下拉鈕來挑選。例如挑選 2020 年 1 月 1 日的步驟如下：

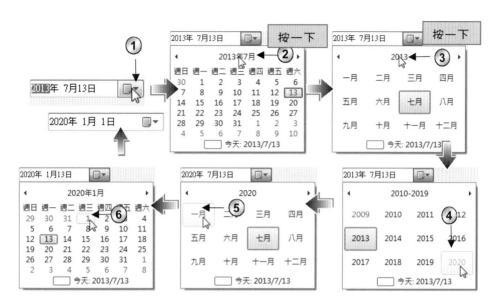

　　DateTimePicker 日期挑選控制項建立的方法，和 MonthCalendar 月曆控制項相同，所以就不再重複說明。

一、DateTimePicker 常用屬性

屬性	說明
Value	設定和讀取選取的日期和時間，其資料型別為 DateTime。
Format	設定文字方塊中日期的顯示格式。如下： ① Long：完整日期 `2013年 4月12日 ▦▼` （預設值） ② Short：簡短日期 `2013/ 4/12 ▦▼` ③ Time：時間 `📅 10:55:03 ▦▼` ④ Custom：以自訂格式來顯示日期時間值。須配合 CustomFormat 屬性才有效 `西元 2013 年度 04月份12日 ▦▼`
ShowCheckBox	設定是否顯示核取方塊。 ① False：不顯示 `2011年 3月24日 ▦▼` （預設值） ② True：顯示 `☑2011年 3月24日 ▦▼`

屬性	說明
CustomFormat	用來格式化顯示日期或時間的自訂格式字串，當 Format 屬性設為 Custom 才有效。若將此屬性設為： 「MMM dd, 'of the year' yyyy 」，在日期挑選控制項的顯示格式如下：四月 12, of the year 2013 程式中的寫法如下： DateTimePicker1.Format = DateTimePickerFormat.Custom DateTimePicker1.CustomFormat = "MMM dd, 'of the year' yyyy "
Checked	當 ShowCheckBox 值為 True 時，可以用來判斷使用者是否已經選取一個日期。若值為 True，則表示已選取。
ShowUpDown	設定是否顯示上下微調按鈕 ，讓使用者點選年、月、日後，按上下微調按鈕來切換日期時間。 ① False：不顯示（預設值） ② True ：顯示 2011年 3月24日

若希望 DateTimePicker 日期挑選控制項只以時間格式顯示時，Format 屬性要設為 Time。ShowUpDown 屬性若設為 True，使用者可以透過 鈕切換時間，但無法修改日期。ShowUpDown 屬性若設為 False，使用者可以透過 鈕挑選日期，但時間就必須由鍵盤輸入修改。

二、DateTimePicker 常用事件

ValueChanged 事件是 DateTimePicker 日期挑選控制項預設的事件，當使用者改變日期時間時會觸動本事件。所以我們會將日期改變時，要處理的程式碼寫在 ValueChanged 事件處理函式中。

檔名：Hotel.sln

設計一個旅館訂房程式，使用者可以輸入生日、房型和入住期間，使用者輸入各項資料時，都會顯示設定情形。設定後按下 4.確定 鈕會顯示訂房資料，若是當月的壽星房價可打九折。

上機實作

Step1 設計輸出入介面

本例使用 DateTimePicker 控制項(dtpBD)讓使用者挑選生日，另外使用 MonthCalendar 控制項(mcnDate)讓使用者挑選入住期間(可複選最多 7 天)。使用 ComboBox 控制項(cboRoom)讓使用者挑選房型，使用四個 Label 控制項來顯示文字訊息。最後用一個按鈕控制項 btnOK，讓使用者確定輸入的資料。

Step2 問題分析

1. 宣告字串陣列成員變數 rooms，存放各種房型名稱。宣告整數陣列成員變數 price，存放各種房型的訂價。

2. 在表單載入的 Form1_Load 事件處理函式中，指定一些控制項的初值。設 dtpBD 的 MaxDate 為 DateTime.Today，即生日不能晚於當天。設 mcnDate 的 MinDate 為 DateTime.Today，即今天以前的日期不能

選取入住。

3. 當輸入生日完畢會觸動 dtpBD_ValueChanged 事件處理程序,透過 ToLongDateString()方法將 dtpBD 的 Value 值轉成字串。例如:用 ToLongDateString()方法顯示成 2013 年 4 月 4 日,如果用 ToShortDate String()方法則會是 2013/4/4。

4. 當使用者選擇入住日期後,就會觸動 mcnDate_DateChanged 事件處 理函式。在函式中用 SelectionStart 和 SelectionEnd 屬性來顯示入住 的起始和結束日期。

5. 在 btnOK 的 Click 事件處理函式中,總結使用者的訂房資料,程式 碼要處理的事情如下:

① 檢查使用者生日月份(dtpBD.Value.Month)是否等於入住日期的 月份(mcnDate.SelectionStart.Month),如果相等房價就打九折。

② 日期相減可使用 Subtract()方法,然後用 Days 屬性來取得天數, 但是值必須再加 1。程式寫法如下:

(mcnDate.SelectionEnd.Subtract(mcnDate.SelectionStart)).Days+1

Step3 撰寫程式碼

```
FileName : Hotel.sln
01 Public Class Form1
02   Dim rooms() As String = {"標準雙人房", "豪華雙人房", "標準家庭房", "豪華家庭房"}
03   Dim price() As Integer = {3000, 4000, 4000, 5000}
04   ' ===============================================
05   Private Sub Form1_Load(sender As Object, e As EventArgs) Handles MyBase.Load
06     For i = 0 To 3
07       cboRoom.Items.Add(rooms(i) & price(i).ToString() & " 元")
08     Next
09     dtpBD.MaxDate = DateTime.Today '設生日日期上限為今天
10     cboRoom.SelectedIndex = 0        '預設房型為標準雙人房
11     mcnDate.MinDate = DateTime.Today     '可入住的最早日期為今天
12     mcnDate.SelectionStart = DateTime.Today '預設入住日期為今天
13     lblMsg.Text = "請先輸入生日,壽星當月入住房價打 9 折"
14   End Sub
15   ' ===============================================
16   Private Sub dtpBD_ValueChanged(sender As Object, e As EventArgs) _
     Handles dtpBD.ValueChanged
17     lblMsg.Text = "您的生日是" & dtpBD.Value.ToLongDateString()
```

```
18    End Sub
19    ' ========================================================
20    Private Sub cboRoom_SelectedIndexChanged(sender As Object,e As EventArgs) _
        Handles cboRoom.SelectedIndexChanged
21        lblMsg.Text = "您選擇的房型是" & cboRoom.SelectedItem
22    End Sub
23    ' ========================================================
24    Private Sub mcnDate_DateChanged(sender As Object, e As DateRangeEventArgs) _
        Handles mcnDate.DateChanged
25        lblMsg.Text = "您入住日期為:" & mcnDate.SelectionStart.ToShortDateString() _
          & " ~ " & mcnDate.SelectionEnd.ToShortDateString()
26    End Sub
27    ' ========================================================
28    Private Sub btnOK_Click(sender As Object, e As EventArgs) _
        Handles btnOK.Click
29        lblMsg.Text = "入住房型為:" & rooms(cboRoom.SelectedIndex)
30        Dim room_price As Double = price(cboRoom.SelectedIndex)
31        If dtpBD.Value.Month = mcnDate.SelectionStart.Month Then
32            room_price *= 0.9
33            lblMsg.Text &= vbNewLine & "壽星入住房價打九折!"
34        End If
35        Dim days As Integer
36        days = (mcnDate.SelectionEnd.Subtract(mcnDate.SelectionStart)).Days + 1
37        lblMsg.Text &= vbNewLine + "入住天數為:" & days.ToString() & " 天"
38        lblMsg.Text &= vbNewLine+"房價總計為:"&(days * room_price).ToString()&" 元"
39    End Sub
40 End Class
```

▦ **10.3** HScrollBar/VScrollBar/TrackBar 捲軸控制項

捲軸類的控制項主要是用來讓使用者以拖曳方式來改變數值,如此可避免使用者輸入錯誤的數值。例如像小畫家的水平和垂直捲軸可以改變圖顯示的位置,下方的滑動桿可以拖曳來改變縮放比例。

垂直捲軸

水平捲軸

滑動桿

10.3.1 HScrollBar/VScrollBar 水平/垂直捲軸控制項

HScrollBar 水平捲軸和 VScrollBar 垂直捲軸控制項相信大家都不陌生，因為在許多的應用程式，只要容器小於顯示內容都會出現捲軸，例如 Word、小畫家等。

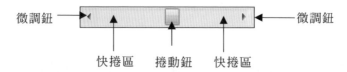

微調鈕

快捲區　捲動鈕　快捲區

微調鈕

一、HScrollBar/VScrollBar 常用屬性

屬性	說明
Value	設定和讀取捲動鈕位置的數值，預設值為 0。
Maximun	設定捲軸的最大值，預設值為 100。
Minimum	設定捲軸的最小值，預設值為 0。
LargeChange	設定當使用者按快捲區時，捲動鈕移動的數值，預設值為 10。
SmallChange	設定當使用者按微調鈕時，捲動鈕移動的數值，預設值為 1。

捲軸的 Value 值在執行時不能達到 Maximun 最大值,只能到 Maximum 屬性值減 LargeChange 屬性值加 1。如果希望能達到最大值,可以將 LargeChange 屬性值設為 1。

二、HScrollBar/VScrollBar 常用事件

1. **Scroll()事件**

   Scroll 事件是捲軸控制項預設的事件,當使用者拖曳捲動鈕時會觸動本事件。

2. **ValueChanged()事件**

   當改變捲軸控制項的 Value 屬性值時會觸動 ValueChanged 事件,如按微調鈕、快捲區,或是直接用程式指定 Value 屬性值時。

當使用者拖曳捲動鈕的同時會觸動 Scroll 事件,當放開時會觸動 ValueChanged 事件。所以如果希望使用者拖曳捲動鈕時,設定值能同步改變,可將要處理的程式碼寫在 Scroll 事件中。如果只要拖曳後才改變,程式碼就寫在 ValueChanged 事件中即可。

10.3.2 TrackBar 滑動桿控制項

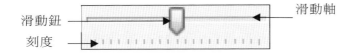 滑動桿控制項(或稱為軌跡棒、滑桿)功能和捲軸非常類似,其外觀像音響面板播放控制音量的滑動桿。

滑動鈕 ———— 滑動軸
刻度 ————

一、TrackBar 常用屬性

屬性	說明
Value	設定和讀取滑動鈕位置的數值,預設值為 0。

屬性	說明
Maximun	設定滑動桿控制項的最大值，預設值為 10。
Minimum	設定滑動桿控制項的最小值，預設值為 0。
LargeChange	設定當使用者按滑動軸或 PageUp、PageDown 鍵時，滑動鈕移動的數值，預設值為 5。
SmallChange	設定當使用者按方向鍵時，滑動鈕移動的數值，預設值為 1。注意滑動桿控制項必須取得駐點（Focus），按鍵才有作用。
TickFrequency	設定滑動桿控制項刻度的距離，屬性值為正整數，預設值為 1。
Orientation	設定滑動桿控制項滑動軸的方向。 ①Horizontal（水平）-預設值 ②Vertical（垂直）
TickStyle	設定滑動桿控制項刻度顯示的位置： ① BottomRight（預設值） ② None（無刻度） ③ TopLeft（上面或左邊） ④ Both（兩邊都有）

二、TrackBar 常用事件

1. **Scroll()事件**

   Scroll 事件是滑動桿控制項預設的事件，當使用者拖曳滑動鈕時會觸動本事件。

2. **ValueChanged()事件**

   當使用者改變滑動桿控制項的 Value 屬性值時會觸動 ValueChanged 事件，例如按方向鍵、滑動軸，或是直接用程式指定 Value 屬性值時。

範例演練

檔名：Picture.sln

設計一個秀圖程式，使用者可以用滑動桿切換 12 張圖，並且可以用捲軸來改變圖片的寬度和高度。

 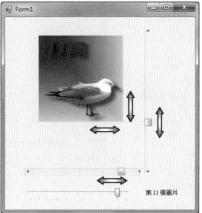

上機實作

Step1 設計輸出入介面

1. 在表單內放入一個 ImageList 影像清單控制項(imgMonth)用來存放各月份的圖檔，一個 PictureBox 圖片方塊控制項來顯示圖檔。

2. 載入圖檔至影像清單中在 imgMonth 的 Images 屬性中，逐一將書附光碟中的 m1.jpg~m12.jpg 十二張圖檔載入。

3. 建立 TrackBar 控制項 tkbNum，來做為圖片切換的介面。

4. 建立 HscrollBar(hsbWidth)和 VscrollBar(vsbHeight)控制項，分別來做為改變圖片寬度和高度的介面。

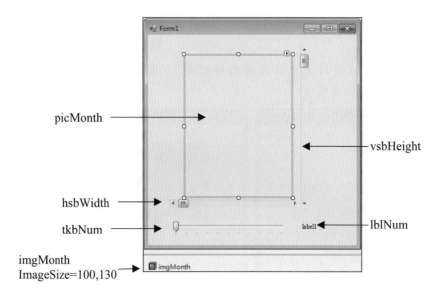

picMonth

vsbHeight

hsbWidth

tkbNum

lblNum

label1

imgMonth
ImageSize=100,130

Step2 問題分析

1. 在 Form1_Load 事件處理函式中，設定兩個捲軸和滑動桿的最大值、最小值和現值。設定圖片方塊 picMonth 的 SizeMode 屬性值為隨大小改變，並設定寬度和高度等於捲軸的現值。

2. 使用者拖曳捲軸鈕時會觸動 Scroll 事件，在事件處理函式中設定 picMonth 的 Width 或 Height 屬性值，就可同步調整圖片方塊的大小。

3. 使用者拖曳滑動鈕時會觸動 ValueChanged 事件，在事件處理函式中用 Value 屬性值來做為 imgMonth 的索引值，可以同步切換圖片。另外，設定 lblNum 標籤控制項的 Text 屬性值，來顯示圖片的編號。

Step3 撰寫程式碼

```
FileName : Picture.sln
01 Public Class Form1
02   Private Sub Form1_Load(sender As Object, e As EventArgs) Handles MyBase.Load
03     '訂定圖片會隨圖片方塊大小調整
04     picMonth.SizeMode = PictureBoxSizeMode.StretchImage
05     hsbWidth.Minimum = 10   '最小值為10
06     hsbWidth.Maximum = 200  '最大值為200
07     hsbWidth.Value = 100    '設定現值為100
08     picMonth.Width = hsbWidth.Value   '設 picMonth 的寬度等於 hsbWidth 值
09     vsbHeight.Minimum = 10  '最小值為10
```

```
10      vsbHeight.Maximum = 260 '最大值為260
11      vsbHeight.Value = 130   '設定現值為130
12      picMonth.Height = vsbHeight.Value    '設picMonth的高度等於vsbHeight值
13      tkbNum.Minimum = 0 '最小值為0
14      tkbNum.Maximum = 11 '最大值為11
15      tkbNum.Value = 5   '設定現值為5
16    End Sub
17    ' ==========================================================
18    '在hsbWidth的Scroll事件中設定picMonth的寬度
19    Private Sub hsbWidth_Scroll(sender As Object, e As ScrollEventArgs) _
        Handles hsbWidth.Scroll
20      picMonth.Width = hsbWidth.Value
21    End Sub
22    ' ==========================================================
23    '在vsbHeight的Scroll事件中設定picMonth的高度
24    Private Sub vsbHeight_Scroll(sender As Object, e As ScrollEventArgs) _
        Handles vsbHeight.Scroll
25      picMonth.Height = vsbHeight.Value
26    End Sub
27    ' ==========================================================
28    Private Sub tkbNum_ValueChanged(sender As Object, e As EventArgs) _
        Handles tkbNum.ValueChanged
29      '設定圖檔的索引值為tkbNum的值
30      picMonth.Image = imgMonth.Images(tkbNum.Value)
31      lblNum.Text = "第 " & (tkbNum.Value + 1).ToString() & " 張圖片"
32    End Sub
33 End Class
```

▓ 10.4 RichTextBox 豐富文字方塊

　　TextBox 控制項無法處理具有格式化文字的功能，例如變更選取文字的格式、變更選取文字的前景色與背景色、調整段落格式、建立項目符號清單、執行連結、載入與儲存 Rich Text Format (RTF) 或純文字檔。若欲達成上述較進階的格式化文字功能，可使用 ▨ RichTextBox 豐富文字方塊控制項，該控制項提供類似 MS Word 文書處理應用程式的顯示和文字管理功能。下面介紹 RichTextBox 豐富文字方塊控制項常用的屬性、方法與事件：

一、RichTextBox 常用屬性

屬性	說明
BackColor	取得或設定 RichTextBox 控制項的背景色。
BorderStyle	取得或設定 RichTextBox 控制項的框線樣式。
DetectUrls	取得或設定 RichTextBox 控制項有超連結文字的部份是否加上藍色底線。
Font	取得或設定 RichTextBox 控制項所使用的文字字型。
ForeColor	取得或設定 RichTextBox 控制項的前景色。
SelectedText	取得或設定 RichTextBox 控制項所選取的文字。
SelectionBackColor	取得或設定 RichTextBox 控制項中所選取文字的背景色。
SelectionBullet	取得或設定目前 RichTextBox 控制項的插入點或選取範圍是否套用項目符號樣式。
SelectionColor	取得或設定 RichTextBox 控制項中所選取文字的前景色。
SelectionFont	取得或設定 RichTextBox 控制項中所選取文字的字型。
SelectionIndent	取得或設定 RichTextBox 控制項開始選取的行縮排長度 (以 Pixel 像素為單位)。
SelectionLength	取得或設定 RichTextBox 控制項中選取字元的數目。

二、RichTextBox 常用方法

方法	說明
Copy	將 RichTextBox 控制項中目前選取的範圍複製到「剪貼簿」。
Cut	將 RichTextBox 控制項中目前選取的範圍移至「剪貼簿」。
Paste	將「剪貼簿」的內容貼到 RichTextBox 控制項內指定的位置。
SelectAll	選取 RichTextBox 控制項中的所有文字。

方法	說明
LoadFile	將指定的檔案內容載入 RichTextBox 控制項內。有下列兩種常用寫法： ① 將 c:\data.txt 純文字檔載入到 RichTextBox1 內，寫法： RichTextBox1.LoadFile("c:\data.txt", RichTextBoxStreamType.PlainText) ② 將 c:\data.rtf 檔(Rich Text Format)載入到 richText Box1 內，寫法： RichTextBox1.LoadFile("c:\data.rtf", RichTextBoxStreamType.RichText)
SaveFile	將 RichTextBox 控制項的內容儲存至指定的檔案。有下列兩種常用寫法： ① RichTextBox1 內的資料儲存至 c:\data.txt 純文檔，寫法： RichTextBox1.SaveFile("c:\data.txt", RichTextBoxStreamType.PlainText) ② RichTextBox1 內的資料儲存至 c:\data.rtf 檔，寫法： RichTextBox1.SaveFile("c:\data.rtf", RichTextBoxStreamType.RichText)

三、RichTextBox 常用事件

　　若 RichTextBox 豐富文字方塊控制項內的文字有包含超連結，例如與網站有超連結時，可以將 DetectUrls 屬性設為 True，使得該控制項具有文字超連結的部份會以藍色字加底線來顯示。當使用者在 RichTextBox 控制項有超連結的部份按一下時即會觸發 LinkClicked 事件，可透過 LinkClicked 事件來執行與超連結相關的工作。例如我們可以透過下面程式碼，來連結到指定的網站：

```
Private Sub RichTextBox1_LinkClicked(sender As Object, e As _
    LinkClickedEventArgs) Handles RichTextBox1.LinkClicked
System.Diagnostics.Process.Start(e.LinkText)
End Sub
```

 範例演練

檔名：RichTextBox.sln

使用 RichTextBox、Button、Label、ComboBox 等控制項製作簡易記事本，其功能說明如下：

① 前景色清單可用來設定所選取文字的前景色，共有黑、紅、綠、藍四種顏色。

② 背景色清單可用來設定所選取文字的背景色，共有白、紅、綠、藍四種顏色。

③ 大小清單可用來設定文字大小，其文字大小有 8、10、12、14、16、18、20。

④ 字體清單可用來設定文字字體，其字體有新細明體、細明體、標楷體、Arial。

⑤ 存檔 ：按下此鈕將豐富文字方塊的內容儲存至與執行檔相同路徑下的 MyFile.rtf 檔內，並顯示「存檔成功」對話方塊。

⑥ 開檔 ：按下此鈕將和執行檔同路徑的 MyFile.rtf 檔的內容全部載入到豐富文字方塊內，並顯示「開檔成功」對話方塊。

⑦ 清除 ：按下此鈕將豐富文字方塊中選取的文字清除。

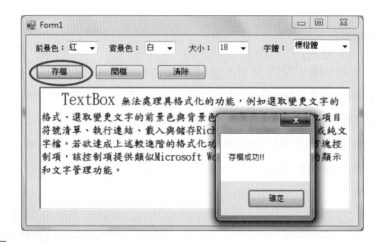

上機實作

Step1 設計輸出入介面

本例使用 RichTextBox 控制項(rtbText)來顯示可設定樣式的文字。前景色、背景色、大小和字體四組字體樣式設定。為節省版面使用 ComboBox 控制項(cboForeColor、cboBgColor、cboSize、cboFont)。開檔、存檔和清除功能，使用 Button 控制項(btnOpen、btnSave、btnClear)。

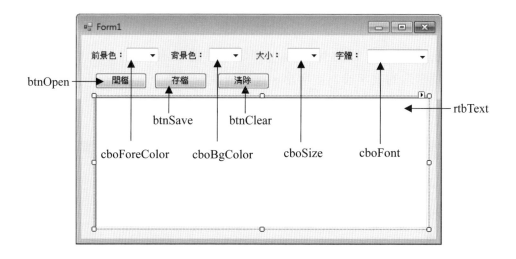

Step2 將書附光碟的 MyFile.rtf 檔,複製到目前專案的 bin/Debug 資料夾下,使本例執行檔與 MyFile.rtf 在相同路徑下。

Step3 問題分析

1. 宣告 fSize 整數變數用來存放字型大小,宣告 fName 字串變數用來存放字體名稱,將這兩個成員變數宣告於事件處理函式外面,以便於所有事件處理函式共用。

2. 在表單載入執行的 Form1_Load 事件處理函式中,將 rtbText 的字型設為大小 10,字體為新細明體。

3. 當選取前景色 cboForeColor 清單項目時,會觸動 cboForeColor_SelectedIndexChanged 事件處理函式。此函式中依照 SelectedIndex 屬性值,用 Select 選擇結構設定所選取文字的前景色。

4. 在背景色下拉式清單的 cboBgColor_SelectedIndexChanged 事件處理函式中,用 Select 選擇結構設定所選取文字的背景色。

5. 在大小下拉式清單 cboSize 和字體下拉式清單 cboFont 的 SelectedIndexChanged 事件處理函式中,設定所選取文字的大小和字體。

6. 在 ┌開檔┐ 鈕的 btnOpen_Click 事件處理函式中,使用 LoadFile() 方法將 MyFile.rtf 檔的內容載入到 rtbText 控制項內。

7. 在 ┌存檔┐ 鈕的 btnSave_Click 事件處理函式中,使用 SaveFile()

方法將 rtbText 控制項的內容存入到 MyFile.rtf 檔。

8. 在 ［ 清除 ］ 鈕的 btnClear_Click 事件處理函式中，將 rtbText 控制項選取的文字設為空字串，達成清除的效果。

Step4 撰寫程式碼

```
FileName : RichTextBox.sln
01 Public Class Form1
02    Dim fSize As Integer      '宣告 fSize 用來存放字型大小
03    Dim fName As String       '宣告 fName 用來存放字型名稱
04    ' =======================================================
05    Private Sub Form1_Load(sender As Object, e As EventArgs) _
      Handles MyBase.Load
06       fSize = 10
07       fName = "新細明體"
08       rtbText.Font = New Font(fName, fSize)
09    End Sub
10    ' =======================================================
11    Private Sub cboForeColor_SelectedIndexChanged(sender As Object, _
      e As EventArgs) Handles cboForeColor.SelectedIndexChanged
12       '根據 cboForeColor 選項的索引值設定選取字串的前景色
13       Select Case cboForeColor.SelectedIndex
14          Case 0 : rtbText.SelectionColor = Color.Black
15          Case 1 : rtbText.SelectionColor = Color.Red
16          Case 2 : rtbText.SelectionColor = Color.Green
17          Case 3 : rtbText.SelectionColor = Color.Blue
18       End Select
19    End Sub
20    ' =======================================================
21    Private Sub cboBgColor_SelectedIndexChanged(sender As Object, _
      e As EventArgs)Handles cboBgColor.SelectedIndexChanged
22       Select Case cboBgColor.SelectedIndex
23          Case 0 : rtbText.SelectionBackColor = Color.LightGray
24          Case 1 : rtbText.SelectionBackColor = Color.LightPink
25          Case 2 : rtbText.SelectionBackColor = Color.LightGreen
26          Case 3 : rtbText.SelectionBackColor = Color.LightBlue
27       End Select
28    End Sub
29    ' =======================================================
30    '選取 cboSize 下拉式清單時重設字型大小
31    Private Sub cboSize_SelectedIndexChanged(sender As Object, _
      e As EventArgs) Handles cboSize.SelectedIndexChanged
32       fSize = Convert.ToInt32(cboSize.Text)
33       rtbText.SelectionFont = New Font(fName, fSize)
34    End Sub
```

```
35     ' ========================================================
36     '選取 cboFont 下拉式清單時重設字型名稱
37     Private Sub cboFont_SelectedIndexChanged(sender As Object, _
       e As EventArgs) Handles cboFont.SelectedIndexChanged
38         fName = cboFont.Text
39         rtbText.SelectionFont = New Font(fName, fSize)
40     End Sub
41     ' ========================================================
42     '按開檔鈕將 MyFile.rtf 檔的內容載入 rtbText 控制項的 Text 屬性內
43     Private Sub btnOpen_Click(sender As Object, e As EventArgs) _
       Handles btnOpen.Click
44         rtbText.LoadFile("MyFile.rtf", RichTextBoxStreamType.RichText)
45         MessageBox.Show("開檔成功!!")
46     End Sub
47     ' ========================================================
48     '按存檔鈕將 rtbText 的內容存入 MyFile.rtf 檔
49     Private Sub btnSave_Click(sender As Object, e As EventArgs) _
       Handles btnSave.Click
50         rtbText.SaveFile("MyFile.rtf", RichTextBoxStreamType.RichText)
51         MessageBox.Show("存檔成功!!")
52     End Sub
53     ' ========================================================
54     '按 btnClear 鈕時將選取的文字清除
55     Private Sub btnClear_Click(sender As Object, e As EventArgs) _
       Handles btnClear.Click
56         rtbText.SelectedText = ""    '清除選取的文字
57     End Sub
58 End Class
```

⊞ 10.5 課後練習

一、選擇題

1. ListBox 清單控制項可使用什麼屬性來設定依照字母排序？

   (A) BubbleSort　(B) ListSort　(C) QuitSort　(D) Sort 　。

2. ListBox 清單控制項若要多欄顯示必須設定？

   (A) MultiColumn = False　(B) MultiColumn = True

   (C) Column = False　(D) Column = True。

3. ListBox 清單控制項的 SelectionMode 屬性的哪個屬性值可設為無法選取？(A) One　(B) MultiSimple　(C) MultiExtended　(D) None。

4. 想要知道 ComboBox1 清單到底有多少個項目，可使用下列哪個敘述？

(A) ComboBox1.Items.Total   (B) ComboBox1.Total

(C) ComboBox1.Count   (D) ComboBox1.Items.Count

5. 當清單控制項的 SelectedIndex 屬性改變時會觸發什麼事件？

(A) Checked   (B) SelectedIndexChanged   (C) CheckedChanged

(D) IndexChanged。

6. 當使用者勾選或取消勾選核取方塊清單控制項中的項目時，會觸發什麼
事件？(A) ItemCheck   (B) Selected   (C) Checked   (D) DoubleClick。

7. ComboBox 控制項的 DropDownStyle 屬性值設為什麼，可讓 ComboBox
無法輸入文字？(A) None   (B) DropDown   (C) DropDownList
(D) Simple。

8. 下例何者說明有誤？

(A) 下拉式清單中輸入文字資料時會觸發 TextChanged 事件

(B) 下拉式清單預設事件為 SelectedIndexChanged 事件

(C) 當勾選核取清單控制項時會觸發 ItemClick 事件

(D) 使用 Clear()方法可以移除清單控制項中的所有項目。

9. DateTimePicker 日期挑選控制項預設事件是？ (A) DateChanged
(B) CheckStateChanged   (C) DateSelected   (D) ValueChanged 。

10. 月曆控制項的什麼屬性可顯示今日的日期？ (A) TodayDate
(B) ShowToday   (C) ShowTodayCircle   (D) ScrollChange。

11. MonthCalendar 月曆控制項預設事件是？ (A) DateChanged
(B) CheckStateChanged   (C) DateSelected   (D) ValueChanged 。

12. MonthCalendar 月曆控制項的日期被選取時會觸發什麼事件？

(A) DateChanged   (B) CheckStateChanged   (C) DateSelected
(D) CheckedChanged 。

13. DateTimePicker 日期挑選控制項的 Format 屬性值若設為下例何者，可顯

示簡短日期？　(A) Long　　(B) Time　　(C) Custom　　(D) Short　。

14. 欲將 RichTextBox 控制項的內容儲存至指定的檔案可使用什麼方法？

　　(A) Save　　(B) SaveData　　(C) SaveFile　　(D) SaveDataFile

15. 欲將指定的檔案內容載入 RichTextBox 控制項內可使用什麼方法？

　　(A) Load　　(B) LoadData　　(C) LoadFile　　(D) LoadDataFile

16. 欲將 RichTextBox 控制項中目前選取的範圍複製到「剪貼簿」可使用什麼方法？　(A) Copy　　(B) Cut　　(C) Paste　　(D) CopySelect　。

17. 在 VScrollBar 捲軸控制項中，若希望達到使用者拖曳捲動鈕時程式會同時反應，程式碼應該寫在什麼事件中？　(A) Scroll　　(B) ValueChanged (C) TextChanged　(D) CheckedChanged　。

18. 當在下拉式清單控制項的文字方塊中輸入文字資料時，就會觸發什麼事件？ (A) IndexChangedChecked　　(B) CheckedChanged　　(C) TextChanged (D) SelectedIndexChanged。

19. 要在 ListBox 清單控制項中，同時加入多個文字項目，可以使用下例哪個方法？　(A) Add　　(B) AddRange　　(C) Insert　　(D) Insertinto。

20. 要設定滑動桿的最大值，要設定下列哪個屬性？

　　(A) LargeChange　　(B) SmallChange　　(C) Maximun　　(D) Minimum　。

二、程式設計

1. 完成符合下列條件的程式。

　① 程式執行時，使用者可以填寫各類資料，其中生日是以 MonthCalendar 控制項來選取，如下面左圖。

② 專長可以用清單挑選，也可以自行輸入，如上面右圖。

③ 按「確定」鈕，就檢查使用者輸入的資料，若有錯誤就顯示提示訊息。

 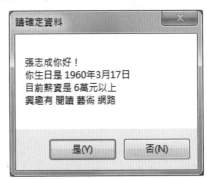

④ 若資料正確就顯示所有資料，請使用者確認。

2. 完成符合下列條件的程式。

① 程式執行時，燈號會依照時間切換。綠燈預設顯示 6 秒，然後黃燈 1 秒，最後紅燈 5 秒。

② 拖曳滑動桿，可以改變燈號顯示秒數。綠燈秒數調整範圍 1-20 秒，黃燈 1-10 秒，紅燈 1-20 秒。

註：燈號圖示 TRFFC10A.ICO、TRFFC10B.ICO、TRFFC10C.ICO 三個圖檔，附錄在本書光碟 ch10/images 資料夾中。

3. 完成符合下列條件的程式。

① 程式執行時先顯示當月份的圖形，若切換不同月份，會顯示對應的圖檔。
② 按「結束」鈕，程式結束。
③ 各月份的圖檔（m1.jpg、m2.jpg~m12.jpg）在本書光碟 ch10/images 資料夾中。

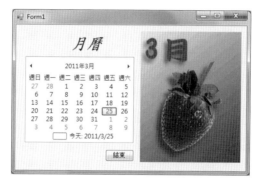

註：利用 MonthCalendar 的 TodayDate.Month 屬性值，可以得到當天的月份值。

筆記頁

視窗事件處理技巧

11

▦ 11.1 事件介紹

　　事件(Event)是物件受到外力因素影響而發生的動作，譬如：在按鈕上按一下，或改變視窗的大小都會觸動(Trigger)一個對應的事件。我們將觸動事件的物件稱為「事件傳送者」，將捕捉事件並且回應它的物件稱為「事件接收者」。當事件發生時，被觸動的物件所對應的事件處理函式會被啟動。事件處理函式內的程式碼是依程式的需求而撰寫，這就等於告訴電腦，當某一物件發生某一事件時就去執行所撰寫的程式碼。

　　傳統的程序化程式設計，是直接控制程式的執行流程以及所產生的結果。但是在事件驅動應用程式中，是將程式的執行流程交由操作者來決定，只是被動回應事件的發生，所以每次重新執行的流程未必是一樣的。事件的引發有可能是使用者的動作，也可能是來自作業系統或其它應用程式，甚至來自應用程式本身的訊息。所以在設計事件驅動程式時，瞭解整個事件驅動模式是很重要的。

　　為達成電腦使用者和電腦互動效果，鍵盤與滑鼠是電腦中最常用來輸入資料的輸入裝置。透過鍵盤來輸入需要處理的資料，如輸入姓名(文字資料)、年齡(數值資料)等。在視窗作業環境下，滑鼠是配合視窗上的游標使用，當滑鼠移動時，視窗上會有對應的游標圖示隨著移動。當滑鼠移到特定的控制項物件上，按滑鼠左鍵一下、快按左鍵二下或拖曳等動作，就可執行某一指定功能。例如：利用滑鼠可以開啟對話方塊，或是拖曳圖形到其他位置。本章將介紹鍵盤和滑鼠操作時所觸動的常用事件。另外在設計視窗應用程式時，往往會使用眾多的控制項，如果某些控制項所對應事件的處理方式相同時，若每個事件的程式碼都要逐一撰寫相同的程式碼，除了增加程式長度外，而且不易維護程式。本章介紹 Visual Basic 如何提供共用(共享)事件的方法來解決上述的問題。

▓ 11.2 鍵盤事件

鍵盤是使用者最主要的輸入工具，使用者可以透過鍵盤來輸入文字、數值資料或按控制鍵。當使用者按鍵盤的任一個按鍵時，都會觸動鍵盤的相關事件，我們可以透過這些鍵盤事件來做適當的處理。現在就來介紹鍵盤的常用事件：

11.2.1 KeyPress 事件

當某個物件(或稱控制項)取得 Focus(駐點或稱控制權)時，該物件就成為目前使用中的物件簡稱「作用物件」。當你在作用物件上按鍵盤的某個按鍵，就會觸動該物件的鍵盤事件。譬如：當你在文字方塊控制項上做完按下鍵盤的按鍵再放開的動作時，就會依序觸動該文字方塊控制項的 KeyDown、KeyPress 和 KeyUp 三個事件。當作用物件收到按鍵被按下又放開後所觸動的事件時，會傳回該按鍵所對應的字元。如果使用者按的不是字元鍵（如 ⇧ Shift 、 Tab 、 F1 、 Caps 鍵）是不會觸動 KeyPress 事件，但 KeyDown 和 KeyUp 事件仍會觸動。下面為 KeyPress 事件處理函式寫法：

```
Private Sub 物件_KeyPress(sender As Object, e As KeyPressEventArgs) _
Handles 物件.KeyPress
    程式區塊
End Sub
```

上面 KeyPress()事件處理函式的第一個引數 sender 代表觸動 KeyPress 事件的物件參考，即觸動該事件的物件。第二個引數 e 為 KeyPressEvent Args 類別物件，包含 KeyPress 事件的相關資料，e 物件常使用的屬性說明：

e 物件的屬性	說明
e.KeyChar	可以取得輸入的字元,其資料型別為字元(Char)。
e.Handled	設定是否不接受輸入的字元。 屬性值為 False 表示接受;True 表示不接受字元。

KeyPress()事件的功能主要是用來取得由鍵盤所按鍵的字元,可將檢查輸入字元是否合法的程式碼寫在 KeyPress()事件中。事件中引數 e 的 KeyChar 屬性值可以取得輸入的字元,其資料型別為字元(Char)。如果想將字元轉為 ASCII 碼(鍵盤碼),可以使用 Asc(e.KeyChar)函式,將所按鍵盤的字元轉成 ASCII 碼。

另外,KeyPress()事件中,引數 e 的 Handled 屬性值也是非常重要。當檢查使用者輸入的字元不合法時,只要將 Handled 屬性值設為 True,該字元就會被清除將插入點游標返回原輸入處。例如:希望使用者只能輸入大寫英文字母,當輸入的字元不是大寫的英文字母 A~Z 時,就將輸入的字元清除,且游標返回原輸入處,其判斷式的寫法有下面兩種方式:(大寫英文字母 A~Z 的 ASCII 碼由 65~90)

寫法 1:判斷 ASCII 值

```
Dim n As Integer = Asc(e.KeyChar)   '取得按下鍵盤的字元並轉成 ASCII 碼
If (n < 65 Or n > 90) Then
    e.Handled = True                '將輸入的非字母字元清除且插入點游標回原處
End If
```

寫法 2:判斷字元

```
Dim ch As Char = e.KeyChar
If (ch < "A" Or ch > "Z") Then
    e.Handled = True                '將輸入的非字母字元清除且插入點游標停在原處
End if
```

範例演練

使用者在帳號和密碼文字方塊中，分別允許輸入小寫字母和數值，如果輸入不合法字元，會出現提示訊息。輸入後按 [登入] 鈕，會檢查帳號(love)和密碼(1314)是否正確？若錯誤會清空文字方塊供重新輸入。

上機實作

Step1 設計輸出入介面

本例使用兩個文字方塊控制項(txtID、txtPW)，供使用者輸入帳號和密碼。以及一個按鈕控制項(btnLogin)用來檢查帳號和密碼是否正確。

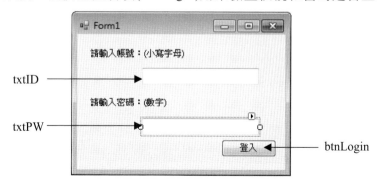

Step2 問題分析

1. 為了能事先知道使用者輸入的字元是否正確？檢查的程式碼必須寫在 KeyPress 事件處理函式中。步驟如下：

   ① 宣告 ch 為字元型別變數，記錄使用者輸入鍵的 KeyChar 值。

   ② 如果使用者輸入小寫字母、0~9 或退位鍵(ASCII 值為 8)以外的字元時，就繼續往下檢查。

   ③ 若使用者是按下 ⏎ 鍵（ASCII 值為 13），則表示輸入完畢，就用 Focus 方法將控制權移轉到下一個控制項。

   ④ 若使用者不是按下 ⏎ 鍵，就設 Handled 屬性值為 True 使其清除字元，並用 MessageBox.Show 方法顯示錯誤訊息。

3. 在 btnLogin_Click 事件處理函式中，檢查帳號(設為 love)和密碼(設為 1314)是否正確？若錯誤，就用 MessageBox.Show 方法顯示訊息，然後清空文字方塊內容，並將控制權移入文字方塊內供重新輸入。

Step3 撰寫程式碼

```
FileName : Login.sln
01 Public Class Form1
02   Private Sub txtID_KeyPress(sender As Object, e As KeyPressEventArgs) _
     Handles txtID.KeyPress
03     Dim ch As Char = e.KeyChar    ' 設 ch 為輸入的字元
04     If (ch < "a" Or ch > "z") And (Asc(ch) <> 8) Then '若 ch 不是小寫字母或退位鍵
05       If Asc(ch) = 13 Then         ' 若是 Enter 鍵
06         txtPW.Focus()              ' 控制權跳到 txtPW
07       Else
08         e.Handled = True           ' 清除輸入的字元
09         MessageBox.Show("請輸入小寫字母", "注意", MessageBoxButtons.OK)
10       End If
11     End If
12   End Sub
13   ' ==================================================================
14   Private Sub txtPW_KeyPress(sender As Object, e As KeyPressEventArgs) _
     Handles txtPW.KeyPress
15     Dim ch As Char = e.KeyChar    ' 設 ch 為輸入的字元
16     If (ch < "0" Or ch > "9") And (Asc(ch) <> 8) Then '若 ch 不是數字或退位鍵
17       If Asc(ch) = 13 Then         ' 若是 Enter 鍵
18         btnLogin.Focus()           ' 控制權跳到 btnLogin
19       Else
```

```
20            e.Handled = True              ' 清除輸入的字元
21            MessageBox.Show("請輸入數字", "注意", MessageBoxButtons.OK)
22       End If
23    End If
24 End Sub
25   ' ===================================================================
26 Private Sub btnLogin_Click(sender As Object, e As EventArgs) _
   Handles btnLogin.Click
27    If txtID.Text = "love" And txtPW.Text = "1314" Then
28       MessageBox.Show("帳號和密碼正確!", "歡迎", MessageBoxButtons.OK)
29       End
30    Else
31       MessageBox.Show("帳號或是密碼不正確!", "注意", MessageBoxButtons.OK)
32       txtPW.Text = "" : txtID.Text = ""      ' 清空文字方塊內容
33       txtID.Focus()                         ' 控制權跳到 txtID
34    End If
35  End Sub
36 End Class
```

11.2.2 KeyDown 和 KeyUp 事件

一、KeyDown 事件

　　KeyDown 事件是當作用控制項收到按鍵被按下時所觸動的事件,其寫法如下:

```
Private Sub 物件_KeyDown(sender As Object, e As KeyEventArgs)_
  Handless 物件.KeyDown
  ⋮ 程式區塊
End Sub
```

二、KeyUp 事件

　　KeyUp 事件是當作用控制項收到按鍵被放開時所觸動的事件,其寫法如下:

```
Private Sub 物件_KeyUp(sender As Object, e As KeyEventArgs)_
  Handless 物件.KeyUp
  ⋮ 程式區塊
End Sub
```

KeyDown()及 KeyUp()事件處理函式的第一個引數 sender，是代表觸動該事件的物件；第二個引數 e 為 KeyEventArgs 類別物件，用來表示事件的相關資料。事件中引數 e 物件有些屬性可以取得使用者按鍵的情形，其常用的屬性如下：

e 物件的屬性	說　明
e.KeyCode	取得由鍵盤所按鍵的鍵盤碼，其資料型別為整數。
e.Alt	取得使用者是否按 **Alt** 鍵，若值為 True 表示是按下 **Alt** 鍵。
e.Control	取得使用者是否按 **Ctrl** 鍵，若屬性值為 True 表示是按下 **Ctrl** 鍵。
e.Shift	取得使用者是否按 **⇧ Shift** 鍵，若屬性值為 True 表示是按下 **⇧ Shift** 鍵。

鍵盤上每個按鍵，都有一個對應的鍵盤碼（KeyCode），也可以用下表的 Keys 列舉常數值來表示。特殊的按鍵(如：**F1**、**←**、**⇧ Shift** …)是不會觸動 KeyPress 事件，只會觸動 KeyDown()及 KeyUp()事件。下表列出一些常用按鍵的 Keys 列舉常數值和鍵盤碼對照表：

按鍵	Keys 列舉常數值	鍵盤碼(KeyCode)
0 ~ **9**	Keys.D0 ~ Keys.D9	48~57
A ~ **Z**	Keys.A ~ Keys.Z	65~90
F1 ~ **F10**	Keys.F1 ~ Keys.F10	112~121
←、**→**	Keys.Left、Keys.Right	37、39
↑、**↓**	Keys.Up、Keys.Down	38、40
Enter↵、**空白鍵**	Keys.Enter、Keys.Space	13、32
⇧ Shift	Keys.ShiftKey	16
Ctrl	Keys.ControlKey	17
Esc	Keys.Escape	27

範例演練   檔名：Run.sln

利用鍵盤 ← 、 → 方向鍵來控制老鼠圖片移動的方向，按 → 鍵時以
right.gif 顯示；按 ← 鍵時以 left.gif 顯示；放開時改為
stand.gif。球會以每次 10 點向下移動，如果球打到老鼠程式就結束；若
沒有打到表單會縮小 30 點，球重新以老鼠的 X 座標位置加速向下移動。

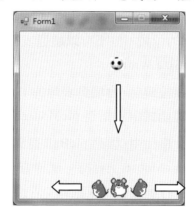

上機實作

Step1 設計輸出入介面

請將書附光碟 ch11/images 資料夾中的 stand.gif、left.gif、right.gif 圖檔，
在設計階段依序加入到 ImageList 影像清單控制項(imgMouse)內。再建
立一個 picMouse 圖片方塊控制項來顯示 imgMouse 影像清單中的圖形。

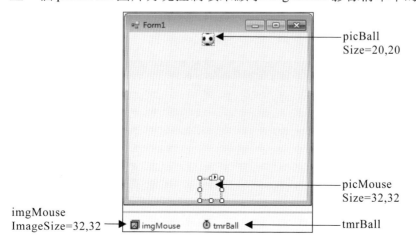

picBall
Size=20,20

picMouse
Size=32,32

imgMouse
ImageSize=32,32

tmrBall

Step2 問題分析

1. 在表單載入的 Form1_Load 事件處理函式中，先指定 picMouse 顯示 imgMouse.Images(0) (即 ![stand] stand.gif 圖形)，並啟動計時器 tmrBall。

2. 當使用者按下鍵盤按鍵，如果表單中沒有可接受字元的作用物件時，就會觸動表單的 Form1_KeyDown 事件處理函式。在此事件處理函式中，使用 Select 敘述依據 e.KeyCode 值，指定不同的圖形，並改變 picMouse 的位置，但不可以超過表單工作區，表單工作區寬度值為 Me.ClientSize.Width。

3. 當使用者放開鍵盤按鍵時，會觸動表單的 Form1_KeyUp 事件處理函式。在此事件處理函式中，指定 picMouse 恢復成預設的圖形。

4. 在 tmrBall 的 Tick 事件中，移動 picBall 控制項向下 10 點。當 picBall 控制項下緣超過 picMouse 上緣時，就檢查 picBall 是否和 picMouse 控制項有重疊。若有重疊就結束程式；若沒有就將表單縮小 30 點、計時器的 Interval 屬性值減 5(但不小於 10)，來增加遊戲難度。然後再重設 picBall 的位置，Top 屬性值為-10、Left 屬性值等於 picMouse 的 Left 屬性值，好重新由上方移入。

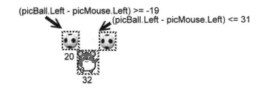

Step3 撰寫程式碼

```
FileName : Run.sln
01 Public Class Form1
02   Private Sub Form1_Load(sender As Object, e As EventArgs) _
   Handles MyBase.Load
03     Me.FormBorderStyle = FormBorderStyle.Fixed3D ' 設定不能調整表單大小
04     Me.MaximizeBox = False   '表單不能最大化
05     picMouse.Image = imgMouse.Images(0)          ' 預設 picMouse 的圖檔
06     tmrBall.Enabled = True                       ' 啟動計時器
07   End Sub
08   ' ==========================================================
09   Private Sub Form1_KeyDown(sender As Object, e As KeyEventArgs) _
   Handles MyBase.KeyDown
```

```
10      Select Case e.KeyCode                        ' 按鍵的KeyCode 值
11        Case Keys.Left                             ' 按向左鍵
12          picMouse.Image = imgMouse.Images(1)      ' 改變picMouse 的圖檔
13          If (picMouse.Left > 5) Then              ' 若picMouse 的Left > 5
14            picMouse.Left -= 5                      ' 圖檔左移
15          End If
16        Case Keys.Right                            ' 按向右鍵
17          picMouse.Image = imgMouse.Images(2)      ' 改變picMouse 的圖檔
18          '若picMouse 的Left < 表單工作寬度減圖檔寬度
19          If (picMouse.Left < Me.ClientSize.Width - 32) Then
20            picMouse.Left += 5                      ' 圖檔右移
21          End If
22      End Select
23    End Sub
24    ' ===================================================================
25    Private Sub Form1_KeyUp(sender As Object, e As KeyEventArgs) _
      Handles MyBase.KeyUp
26      picMouse.Image = imgMouse.Images(0)          ' 改變圖檔
27    End Sub
28    ' ===================================================================
29    Private Sub tmrBall_Tick(sender As Object, e As EventArgs) _
      Handles tmrBall.Tick
30      picBall.Top = picBall.Top + 10               ' picBall 下移10 點
31      '若picBall 的Top 加圖檔高度 >= picMouse 的Top
32      If picBall.Top + 20 >= picMouse.Top Then
33        If (picBall.Left - picMouse.Left) >= -19 And _
           (picBall.Left - picMouse.Left) <= 31 Then
34          End                                      ' 程式結束
35        Else
36          Me.Width -= 30                           ' 表單寬度減少30
37          If tmrBall.Interval > 10 Then            ' 若tmrBall 的Interval > 10
38            tmrBall.Interval -= 5                   'tmrBall 的Interval 減5
39          End If
40          picBall.Top = -10                        ' picBall 位置移動到最上方
41          picBall.Left = picMouse.Left
42        End If
43      End If
44    End Sub
45 End Class
```

11.3 滑鼠事件

　　滑鼠是 Windows Desktop 應用程式最重要的輸入設備，透過滑鼠的按一下、快按兩下、按右鍵、拖曳等動作，可以完成程式中人機介面所指定的重要功能。下面是常用的滑鼠事件：

事件	說明
Click	當使用者按一下滑鼠左鍵時會觸動該控制項的此事件。
DoubleClick	當使用者快按兩下滑鼠左鍵時會觸動該控制項的此事件。
MouseDown	當使用者按下滑鼠按鍵時會觸動該控制項的此事件。
MouseUp	當使用者放開滑鼠按鍵時會觸動該控制項的此事件。
MouseEnter	當滑鼠游標進入控制項時會觸動該控制項的此事件。
MouseMove	當滑鼠游標在控制項中移動時會觸動該控制項的此事件。
MouseLeave	當滑鼠游標離開控制項時會觸動該控制項的此事件。

11.3.1 Click 和 DoubleClick 事件

　　當使用者按一下滑鼠左鍵再放開，會依序觸動 MouseDown、Click 和 MouseUp 三個事件，我們可以依照需求將程式碼寫在適當的事件處理函式中。當使用者快按兩下滑鼠左鍵再放開，則會依序觸動 MouseDown、Click、DoubleClick 和 MouseUp 四個事件。

11.3.2 MouseDown 和 MouseUp 事件

　　當使用者按下和放開滑鼠按鍵，會分別觸動 MouseDown 事件和 MouseUp 事件。在事件中引數 e 是 MouseEventArgs 類別物件，有一些屬性可提供一些滑鼠重要的訊息，例如可傳回按下滑鼠哪個按鍵以及滑鼠游標的座標值。

e 物件的屬性	說明

e.Button	取得使用者按下滑鼠哪個按鍵，其屬性值為：
	① MouseButtons.Left（左鍵）
	② MouseButtons.Middle（中鍵）
	③ MouseButtons.Right（右鍵）
	若要判斷使用者是否按下滑鼠左鍵，其寫法如下：
	　If e.Button = MouseButtons.Left Then
	　　…　'程式區段
	　End If

e.X	取得滑鼠游標的 X 座標值。
e.Y	取得滑鼠游標的 Y 座標值。
e.Clicks	取得使用者按鍵的次數。

11.3.3 MouseEnter、MouseMove 和 MouseLeave 事件

　　當使用者移動滑鼠游標進入一個控制項時，會觸動 MouseEnter 事件。在控制項上面移動時，則會觸動 MouseMove 事件。離開控制項時，則會觸動 MouseLeave 事件。其中 MouseMove 事件中的引數 e 是 MouseEventArgs 類別物件，其重要屬性可參考上表。

範例演練

檔名：Drag.sln

　　試設計一個滑鼠事件測試程式。當滑鼠在按鈕外時，按鈕內文字為「試一試」。滑鼠移入按鈕內時，背景色變成藍色。滑鼠在按鈕內移動時，按鈕內文字改為「好癢！」。按住滑鼠拖曳按鈕時，按鈕內文字改為「拖曳中…」，並且按鈕會隨之移動，放開時按鈕會停在新位置。滑鼠離開按鈕時，按鈕內文字恢復為「試一試」，背景色也復原。

上機實作

Step1 設計輸出入介面

1. 建立一個按鈕控制項(btnDrag)，設定字型和按鈕大小。

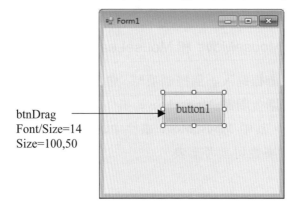

btnDrag
Font/Size=14
Size=100,50

Step2 問題分析

1. 宣告 drag 為布林成員變數，用來記錄圖片方塊控制項是否要移動位置，預設值 False（不移動）。

2. 宣告 x_down、y_down 為整數成員變數，分別記錄滑鼠按下時滑鼠游標的座標 X、Y 值。

3. 滑鼠移入按鈕內時會觸動 MouseEnter 事件，在事件函式中設定按鈕的背景色(BackColor)為淺藍色(Color.LightBlue)。

4. 滑鼠離開按鈕時會觸動 MouseLeave 事件，在事件函式中恢復按鈕的背景色為預設值(SystemColors.Control)，並改變 Text 屬性值。

5. 當使用者在按鈕中按滑鼠左鍵時，會觸動 MouseDown 事件，在事件處理函式設定 drag 為 True(可移動)，並記錄滑鼠游標位置在 x_down 和 y_down 中。

6. 當滑鼠游標在按鈕上移動時，會觸動 MouseMove 事件處理函式。在此函式中判斷當 drag 為 True 時（使用者按住鍵時）才改變按鈕的位置，以達成拖曳效果。若 drag 為 False 時，就只改變文字為「好癢！」。

7. btnDrag 的位置要用 e.X 和 e.Y 分別減掉 x_down 和 y_down 值，如此滑鼠游標才會和按鈕保持在原來相對位置。

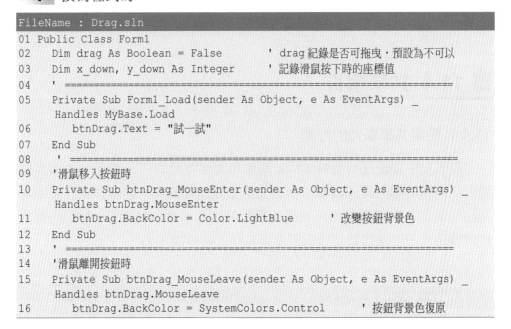

8. 當使用者放開滑鼠左鍵時，會觸動 MouseUp 事件，在處理函式中將 drag 設為 False，btnDrag 按鈕控制項就不會隨滑鼠游標移動。

Step3 撰寫程式碼

```
FileName : Drag.sln
01 Public Class Form1
02   Dim drag As Boolean = False        ' drag 紀錄是否可拖曳，預設為不可以
03   Dim x_down, y_down As Integer      ' 記錄滑鼠按下時的座標值
04   ' ================================================================
05   Private Sub Form1_Load(sender As Object, e As EventArgs) _
     Handles MyBase.Load
06      btnDrag.Text = "試一試"
07   End Sub
08   ' ================================================================
09   '滑鼠移入按鈕時
10   Private Sub btnDrag_MouseEnter(sender As Object, e As EventArgs) _
     Handles btnDrag.MouseEnter
11      btnDrag.BackColor = Color.LightBlue        ' 改變按鈕背景色
12   End Sub
13   ' ================================================================
14   '滑鼠離開按鈕時
15   Private Sub btnDrag_MouseLeave(sender As Object, e As EventArgs) _
     Handles btnDrag.MouseLeave
16      btnDrag.BackColor = SystemColors.Control        ' 按鈕背景色復原
```

```
17      btnDrag.Text = "試一試"              ' 按鈕文字復原
18  End Sub
19  ' ===============================================================
20  '在按鈕中按下滑鼠左鍵時
21  Private Sub btnDrag_MouseDown(sender As Object, e As MouseEventArgs) _
    Handles btnDrag.MouseDown
22      drag = True      '設按鈕可以拖曳
23      x_down = e.X : y_down = e.Y      ' 記錄滑鼠按下時的座標值
24  End Sub
25  ' ===============================================================
26  '在按鈕中移動滑鼠時
27  Private Sub btnDrag_MouseMove(sender As Object, e As MouseEventArgs) _
    Handles btnDrag.MouseMove
28      If drag Then  '若drag值為true
29          btnDrag.Text = "拖曳中..."        ' 改變按鈕文字
30          btnDrag.Left += e.X - x_down      ' 改變按鈕的X座標
31          btnDrag.Top += e.Y - y_down       ' 改變按鈕的Y座標
32      Else
33          btnDrag.Text = "好癢！"           ' 改變按鈕文字
34      End If
35  End Sub
36  ' ===============================================================
37  '在按鈕中放開滑鼠左鍵時
38  Private Sub btnDrag_MouseUp(sender As Object, e As MouseEventArgs) _
    Handles btnDrag.MouseUp
39      drag = False              ' 設按鈕不可以拖曳
40  End Sub
41 End Class
```

▦ 11.4 共享事件

11.4.1 使用共享事件的好處

若表單中按鈕控制項的 Click 事件和文字方塊的 TextChanged 事件兩者所要處理工作的程式碼都一樣，若還要分別編寫相同的程式碼，豈不非常沒效率？本節將探討如何使得多個控制項的事件彼此共享(共用)一個事件處理函式，以達到簡化程式碼並提高程式的維護能力。

11.4.2 程式設計階段設定共享事件

在程式設計階段設定共享事件方法是非常直覺，我們藉由下面實作來說明共享事件的設定步驟。假設表單上有 btn1、btn2、btn3 三個按鈕控制項，btn1_Click 事件處理函式已經建立，設定 btn2_Click 和 btn3_Click 事件共享 btn1_Click 事件處理函式。其操作步驟如下：

1. 先選取 btn2 控制項，點按屬性視窗的 ⚡ 圖示，將顯示清單內容由屬性改為事件。在清單中選取 Click 事件，按 ▾ 下拉鈕選取清單中的 btn1_Click 事件，如此就設定好 btn2_Click 共享 btn1_Click 事件處理函式。

2. 重覆上述步驟，將 btn3_Click 也共享 btn1_Click 事件處理函式。設定後只要按 btn1、btn2、btn3 三個按鈕其中之一都會觸動 btn1_Click 事件處理函式。

3. 經上面共享事件的設定後，會在 btn1_Click 事件處理函式中增加 btn2.Click 和 btn3.Click 兩事件，程式碼如下：

```
Private Sub btn1_Click(sender As Object, e As EventArgs) _
    Handles btn1.Click, btn2.Click, btn3.Click
...
End Sub
```

11.4.3 如何動態新增與移除事件

通常共享事件的設定會在表單的 Load 事件中設定，在 Load 事件處理函式中，可使用 AddHandler 來指定事件處理函式是共享哪個物件的事件。如果要在程式執行中，新增或移除物件(控制項)所指定的事件處理函式可使用下面方式：

一、新增事件語法

> 語法：AddHandler 物件.事件, AddressOf 事件處理函式

[例] 指定當按下 btn2 鈕所觸動的 Click 事件，要共享 btn1_Click 事件處理函式，寫法如下：

```
AddHandler btn2.Click, AddressOf btn1_Click
```

[例] 不同類別控制項或事件，也可以共享事件。例如指定 TextBox2 的 MouseDown 事件，共享 btn1_Click 事件處理函式，寫法如下：

```
AddHandler TextBox2.MouseDown, AddressOf btn1_Click
```

[例] 除了共享事件處理函式外，也可以共享自定事件函式。例如指定當按下 btn3 鈕觸動該鈕的 Click 事件時，所要執行的是 MyClick 自定事件處理函式，寫法如下：

```
AddHandler btn3.Click, AddressOf MyClick
……
Private Sub MyClick(sender As Object, e As EventArgs)
    . . .
End Sub
```

二、移除事件語法

> 語法： RemoveHandler 物件.事件, AddressOf 事件處理函式

[例] 移除 btn2 的 Click 事件所共享的 btn1_Click 事件，寫法如下：

```
RemoveHandler btn2.Click, AddressOf btn1_Click
```

[例] 欲移除 btn3 鈕 Click 事件所要執行的 MyClick 自定事件處理函式，寫法如下：

```
RemoveHandler btn3.Click, AddressOf MyClick
```

11.4.4 控制項來源的判斷

當觸動共享事件時，如果要知道是哪個物件(控制項)被觸動，就可以在事件處理函式中使用 CType()函式將 sender 轉型成對應的物件型別，接著再利用 Equals 方法來判斷。譬如：btn1 和 btn2 共用同一個事件處理函式，如果按了 btn1 時 Label1 顯示「Visual」；按了 btn2 時 Lable1 顯示「Basic」，程式碼寫法如下：

```
'sender 轉型成 Button 再指定給 btn
Dim btn As Button = CType(sender, Button)
If (btn.Equals(btn1)) Then
  Label1.Text = " Visual "
Else
  Label1.Text = " Basic "
End If
```

我們使用 Ctype()函式將 sender 轉型成對應的物件型別後，此時就可以透過該物件直接來設定或讀取屬性。例如顯示觸動事件的按鈕控制項的 Text 屬性值，程式寫法如下：

```
'sender 轉型成 Button 再指定給 btn
Dim btn As Button = CType(sender ,Button)
MessageBox.Show ("你按了 " & btn.Text & " 鈕")
```

範例演練 　　　　　　　　　　　　　　　　　　檔名：OX.sln

設計一個井字遊戲，O、X 輪流下子，程式會判斷誰獲勝，並顯示訊息。
按 重新 鈕可重新開始。

上機實作

Step1 設計輸出入介面

1. 在表單內放入九個按鈕控制項(Button1~Button9)，作為下子的棋盤。

2. 建立按鈕控制項(btnNew)，供重新遊戲。

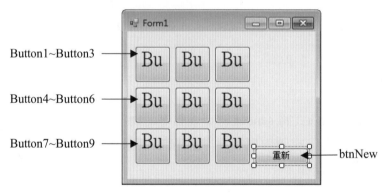

Step2 問題分析

1. 宣告 btnOX 為按鈕物件陣列成員變數，用來存放 Button1~Button9
   九個按鈕控制項，可以方便程式碼的撰寫。

2. 宣告 num 整數成員變數，來記錄下子的次數。

3. 在 Form1_Load 事件處理函式中，完成下列事情：

① 將 Button1~Button9 按鈕控制項，指定到 btnOX 按鈕物件陣列中。

② 用 For 迴圈逐一指定 btnOX 按鈕物件陣列元素的 Click 事件，共享 Button1 的 Click 事件處理函式。

③ 呼叫 btnNew_Click 事件來重設控制項初值。

4. Button1_Click 是各按鈕的共享事件，在此事件內完成下列事情：

① 將 num 值加 1，表示下子次數加一。num 除以 2 的餘數如果為 1，表示為「O」下子；如果為 0 則表示為「X」下子。

② 利用 sender 引數來取得是哪個按鈕被按，然後設定該按鈕的 Text 屬性值為「O」或「X」。

③ 呼叫 check 方法來檢查勝負，若傳回值為 "O" 表「O」獲勝；傳回值為 "X" 表「X」獲勝；傳回值為空字串表目前無勝負。

④ 如果 num 等於 9，表示棋盤已經下滿。

5. 在 check 方法中檢查勝負，傳回值為字串：

① 先檢查水平方向，利用 For 迴圈將按鈕控制項的 Text 屬性值相加到 s 字串。然後用 IndexOf()方法檢查 s 字串是否包含 "OOO" 字串，如果傳回值>-1 表示有包含，就傳回"O"表示「O」獲勝。接著檢查 s 字串是否包含 "XXX" 字串。此處也可以直接檢查 s 是否等於 "OOO" 或 "XXX" 字串，但是如果每邊有四個或更多按鈕時，用 IndexOf()方法就仍然可以檢查，所以彈性較大。

② 接著檢查垂直方向，是否有人獲勝。

③ 最後再檢查右斜和左斜方向，是否有人獲勝。如果都沒有人獲勝，就傳回空字串。

Step3 撰寫程式碼

```
FileName : OX.sln
01 Public Class Form1
02   Dim btnOX() As Button '宣告btnOX成員變數為按鈕物件陣列
03   Dim num As Integer    '宣告num成員變數記錄下子次數
04   ' ========================================================
05   Private Sub Form1_Load(sender As Object, e As EventArgs) _
     Handles MyBase.Load
```

```
06          '指定按鈕物件陣列元素
07          btnOX = {Button1, Button2, Button3, Button4, Button5, _
                     Button6, Button7, Button8, Button9}
08          For i = 1 To 8              ' 宣告 button2~9 共用 button1 的 Click 事件
09              AddHandler btnOX(i).Click, AddressOf Button1_Click
10          Next
11          btnNew_Click(sender, e)    ' 呼叫 btnNew_Click 事件
12      End Sub
13      ' ================================================================
14      Private Sub btnNew_Click(sender As Object, e As EventArgs) _
        Handles btnNew.Click
15          num = 0                     ' 預設下子次數為 0
16          For i = 0 To 8              ' 用迴圈設按鈕陣列元素的屬性值
17              btnOX(i).Text = " "     ' Text 屬性值設為空白字元
18          Next
19      End Sub
20      ' ================================================================
21      Private Sub Button1_Click(sender As Object, e As EventArgs) _
        Handles Button1.Click
22          num += 1    ' 下子次數加 1
23          Dim btn As Button = CType(sender, Button)   ' 取得哪個按鈕被按
24          If num Mod 2 = 1 Then       ' 若 num 除以 2 的餘數為 1
25              btn.Text = "O"          ' 設按下的按鈕 Text 屬性值為 O
26          Else
27              btn.Text = "X"          ' 設按下的按鈕 Text 屬性值為 X
28          End If
29          Select Case Check()         ' 根據 Check 函式的傳回值
30              Case "O"                ' 若傳回值為"O"
31                  MessageBox.Show("恭喜 O 獲勝", "快報")
32                  btnNew_Click(sender, e)
33              Case "X"                ' 若傳回值為"X"
34                  MessageBox.Show("恭喜 X 獲勝", "快報")
35                  btnNew_Click(sender, e)
36          End Select
37          If num = 9 Then             ' 若下子次數等於 9
38              MessageBox.Show("平手", "快報")
39              btnNew_Click(sender, e)
40          End If
41      End Sub
42      ' ================================================================
43      Private Function Check() As String
44          Dim s As String              ' s 變數紀錄按鈕的 Text 屬性值
45          For i = 0 To 2               ' 橫向逐一檢查
46              s = ""                   ' 預設為空字串
47              For j = 0 To 2
48                  s += btnOX(i * 3 + j).Text
49              Next
```

```
50          If s.IndexOf("OOO") > -1 Then Return "O" '若有"OOO"字串傳回"O"
51          If s.IndexOf("XXX") > -1 Then Return "X" ' 若有"XXX"字串傳回"X"
52      Next
53      For i = 0 To 2              ' 縱向逐一檢查
54          s = ""
55          For j = 0 To 2
56              s += btnOX(i + j * 3).Text
57          Next
58          If s.IndexOf("OOO") > -1 Then Return "O"
59          If s.IndexOf("XXX") > -1 Then Return "X"
60      Next
61      s = btnOX(0).Text + btnOX(4).Text + btnOX(8).Text  '右斜方向檢查
62      If s.IndexOf("OOO") > -1 Then Return "O"
63      If s.IndexOf("XXX") > -1 Then Return "X"
64      s = btnOX(2).Text + btnOX(4).Text + btnOX(6).Text  '左斜方向檢查
65      If s.IndexOf("OOO") > -1 Then Return "O"
66      If s.IndexOf("XXX") > -1 Then Return "X"
67      Return ""                   ' 其他就傳回空字串
68   End Function
69 End Class
```

▦ 11.5 課後練習

一、選擇題

1. 當我們做完按下按鍵再放掉的動作時，就會依序觸動哪三個事件？

   (A) KeyPress ⇨ KeyDown ⇨ KeyUp

   (B) KeyDown ⇨ KeyUp ⇨ KeyPress

   (C) KeyDown ⇨ KeyPress ⇨ KeyUp

   (D) KeyPress ⇨ KeyDown ⇨ KeyUp

2. 利用 KeyPress 事件中引數 e 的 KeyChar 屬性值可以取得？

   (A) 字元 ASCII 碼　(B) 輸入的字元　(C) 滑鼠鍵　(D) 鍵盤碼。

3. 若將 KeyPress 事件中引數 e 的 Handled 屬性值設為下列何者，則輸入的字元會被清除？(A) ""　(B) -1　(C) False　(D) True。

4. 利用 KeyDown 事件中引數 e 的哪個屬性可知道取得由鍵盤所按鍵的鍵盤碼？(A) KeyValue　(B) KeyCode　(C) KeyChar　(D) Control

5. 當使用者按一下滑鼠左鍵，會依序觸動哪三個事件？

(A) Click ⇨ MouseDown ⇨ MouseUp

(B) MouseDown ⇨ MouseUp ⇨ Click

(C) MouseUp ⇨ Click ⇨ MouseDown

(D) MouseDown ⇨ Click ⇨ MouseUp

6. 當使用者快按兩下滑鼠左鍵時，會觸動哪四個事件。

(A) MouseDown ⇨ Click ⇨ DoubleClick ⇨ MouseUp

(B) Click ⇨ MouseDown ⇨ DoubleClick ⇨ MouseUp

(C) Click ⇨ DoubleClick ⇨ MouseDown ⇨ MouseUp

(D) DoubleClick ⇨ MouseDown ⇨ Click ⇨ MouseUp

7. 滑鼠游標在控制項中移動會觸動該控制項的哪個事件？

(A) MouseEnter (B) MouseMove (C) MouseLeave (D) MouseDown。

8. 滑鼠游標離開控制項時會觸動該控制項的哪個事件？

(A) MouseEnter (B) MouseMove (C) MouseLeave (D) MouseDown。

9. 滑鼠事件中可透過哪個屬性取得滑鼠游標在控制項內的 X 座標值？

(A) Mouse.X (B) Mouse.Left (C) e.X (D) e.Left 。

10. 可使用哪個方法來指定控制項為作用物件？

(A) Focus() (B) SetFocus() (C) SetObjFocus() (D) ShowFocus()。

二、程式設計

1. 完成符合下列條件的程式。

① 按「開始」鈕後，球開始移動，碰到視窗邊框和球拍會反彈。

② 使用者按左右鍵，可以改變球拍位置。若碰到球，球速會加速。
若沒有碰到球，會出現對話方塊詢問是否繼續？

③ 每次重新開始時，球移動的方向會有所不同。

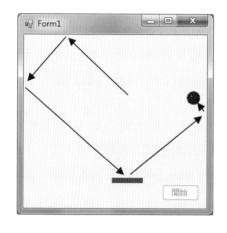

2. 完成符合下列條件的程式。

① 按「開始」鈕燈先會亮滅三次後，亮燈開始由右向左移動，用滑鼠按下箭頭，亮燈就會停止。

② 若按左鍵訊息為「食指」；右鍵則為「中指」。若燈正好停在箭頭上訊息為「反應力非常優異」；若燈差一格訊息為「反應力優異」；若燈差兩格訊息為「反應力尚可」；其餘訊息為「反應力不好」。

③ 亮燈移動速度有四種速度可供選擇。

3. 完成符合下列條件的程式。

① 使用者點選方塊後，就會顯示國旗圖示。第二個方塊圖示若和第一個不同，會顯示對話方塊詢問是否繼續，若選 是(Y) 兩方塊圖示清成空白。使用者要憑記憶來尋找成對的方塊圖示。

② 第二個方塊圖示若和第一個相同，則兩方塊不能再被點選。

③ 八對圖示都被選對後，使用者可以選擇是否繼續。

④ 按 重新 鈕，遊戲重新開始，每次圖示的位置不同。

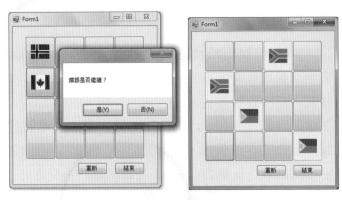

功能表與對話方塊控制項

12

▦ 12.1 功能表控制項

　　一個大型的視窗應用程式，大都會提供功能表介面。功能表能將功能分門別類放置在下拉式清單中，需要時才取用可以節省版面空間。所以，對於功能眾多的大型應用程式，如 Office 中的 Word，Excel 等，功能表是非常重要。VS Express 2012 for Desktop 的工具箱中，提供兩個和功能表相關的工具，分別是 ▣ MenuStrip 功能表和 ▣ ContextMenuStrip 快顯功能表。

　　▣ MenuStrip 控制項允許在設計階段或執行階段中建立功能表，一般功能表都是在設計階段便已經事先設計好，供程式執行時使用。功能表上面允許建立的項目有：MenuItem、ComboBox、Separator(分隔線)、TextBox 物件類型可供選擇。

一、如何建立 MenuStrip 控制項

1. 建立 MenuStrip 控制項

在工具箱中 ▣ MenuStrip 功能表控制項工具上快按兩下，就會如下圖在表單正下方建立出一個 MenuStrip 控制項。

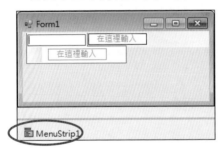
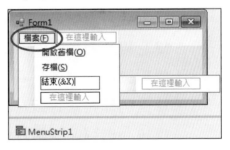

2. 建立功能表項目

當選取表單正下方的 MenuStrip 控制項時，表單的標題欄正下方會出現 在這裡輸入 的提示訊息。在提示訊息上面按一下就可以輸入功能項目。譬如：要建立「檔案(F)」功能選項，就輸入「檔案(&F)」文字，&字元不會顯示但後面字元會加底線。建立的 MenuItem 物件會以功能項目名稱後面加上 ToolStripMenuItem 當做預設物件名稱，譬如：「檔

案(&F)」其預設物件名稱為 "檔案 FToolStripMenuItem"。

我們也可以在主功能項目的正下方再建立子功能項目,例如:在「檔案(F)」功能正下方建立「開啟舊檔(O)」、「存檔(S)」、「結束(X)」三個子功能項目,其操作方式和上面方式相同,先在「檔案(F)」項目上按一下,正下方亦出現 在這裡輸入 的提示訊息,在提示訊息按一下依序輸入「開啟舊檔(&O)」、「存檔(&S)」、「結束(&X)」即可。

3. **修改 MenuStrip 控制項和 MenuItem 物件的屬性**

在 MenuStrip 控制項或 MenuItem 物件上按一下,就可以在屬性視窗中修改該物件的屬性值。

4. **插入功能項目**

譬如:欲在下圖「存檔」、「結束」兩個功能項目中間插入一個分隔棒項目。其操作方式是移動滑鼠到「結束」上壓滑鼠右鍵,如左下圖由快顯功能表中選取 [插入(I)/Separator] 功能,結果如右下圖在「存檔」、「結束」兩個功能項目中間產生一個分隔棒。

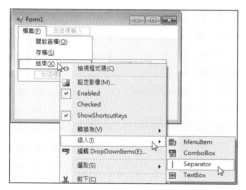 

 功能表的分隔棒可以區分不同類型的功能項目,若想建立分隔棒除了使用 Separator 物件外,也可以直接將 Text 的屬性值設為「-」即可。

二、MenuItem 常用屬性

屬性	說明
Text	功能項目上面顯示的文字內容。

屬 性	說 明
Checked	設定功能項目前是否顯示 ☑，若屬性值為 False 表不顯示；True 時會顯示。例如：☑ 黑色
ShowShortCutKeys	設定是否將功能表項目的快速鍵顯示在該項目上。預設值為 True。
ShortCutKeys	可由清單中選擇功能鍵做為快速鍵，譬如將「結束」功能項目加上「Ctrl」+「X」當快速鍵。

三、MenuItem 常用事件

1. Click 事件

當使用者點選功能項目時，會觸動該項目的 Click 事件，所以我們會將執行該功能的程式碼寫在 Click 事件處理函式中。

▓ 12.2 快顯功能表控制項

ContextMenuStrip 快顯功能表控制項允許程式執行時，在指定控制項上面按右鍵就會出現快顯功能表。快顯功能表中列出該控制項常用的功能，因為不必點選功能表就能執行功能項目，對使用者而言是非常貼心的設計。建立 ContextMenuStrip 快顯功能表控制項的方式和建立 MenuStrip 功能表控制項方式是大致一樣。

一、如何建立 ContextMenuStrip 控制項

1. 建立 ContextMenuStrip 控制項

在工具箱中的 ContextMenuStrip 工具上快按兩下會在表單正下方建立出一個 ContextMenuStrip1 控制項。

2. **建立功能表項目**

   先選取 ContextMenuStrip1，接著會出現 在這裡輸入 文字訊息，請
   在 在這裡輸入 按一下就可以輸入功能項目。例如：在上圖建立「顏
   色」功能和「黑色」、「紅色」兩個子功能，就先輸入「顏色」，然後
   在右邊出現 在這裡輸入 文字訊息中依序輸入「黑色」和「紅色」。

3. **修改 MenuItem 物件屬性**

   在 MenuItem 物件上按一下，就可以在屬性視窗中修改該功能表項目
   的屬性值。

4. **指定對應 ContextMenuStrip 控制項**

   若想讓表單上的 Label1 標籤控制項顯示 ContextMenuStrip1 快顯功能
   表。其做法是先在表單上點選 Label1，接著在屬性視窗中選取 Context
   MenuStrip 屬性的下拉鈕，由清單中選取 ContextMenuStrip1 控制項。程
   式執行時，只要在 Label1 控制項上按右鍵，就會出現快顯功能表。多
   個控制項也可以共用相同的 ContextMenuStrip 快顯功能表控制項。

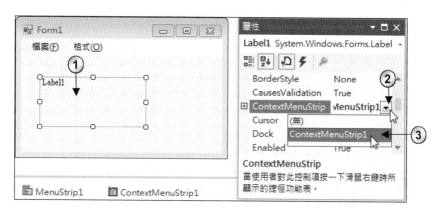

二、ContextMenuStrip 常用方法

ContextMenuStrip 控制項可以透過 Items 集合的 Add 方法，在程式執行階段新增功能項目。譬如：在 ContextMenuStrip1 控制項中加入 "內容" 項目，其寫法如下：

> 語法：ContextMenuStrip1.Items.Add("內容")

三、ContextMenuStrip 常用事件

1. Opening 事件(控制項的預設事件)

當在含有快顯功能表的控制項上面按右鍵，會先觸動該控制項所對應 ContextMenuStrip 控制項的 Opening 事件。因為此時快顯功能表尚未顯示，所以常在該事件處理函式中，設定各功能項目的初值。例如希望 ContextMenuStrip1 控制項的 OpenToolStripMenuItem 功能項目失效，也就是將 Enabled 屬性設為 False。我們可以將快顯功能表初始化的程式碼，寫在 ContextMenuStrip1 控制項的 Opening 事件處理函式中，其寫法如下：

```
Private Sub ContextMenuStrip1_Opening(sender As Object, e As System. _
ComponentModel.CancelEventArgs) Handles ContextMenuStrip1.Opening

    OpenToolStripMenuItem.Enabled = False

End Sub
```

2. Click 事件(功能項目的預設事件)

當使用者點選功能項目時，會觸動該項目的 Click 事件，所以我們會將執行該功能的程式碼寫在 Click 事件處理函式中。如果快顯功能表項目的功能和在功能表的項目相同時，可以指定為共享事件。

> 快顯功能表的項目建立完成後，可以指定成為功能表的下拉式功能項目，如此就可以避免重複建立項目。例如：指定功能表的「檔案」項目(mnuFile)的子功能項目來源為 ContextMenuStrip1，寫法為：
> mnuFile.DropDown = Me.ContextMenuStrip1

範例演練

檔名：NoteBook.sln

試設計一個訂購電腦的程式。在「機型」功能表中可選擇「桌上型電腦」、「筆記型電腦」、「平板電腦」等三個項目，三個項目只能擇一選取，選取的機型和價格會顯示在「購買的機型」標籤中。在「購買的機型」標籤上按右鍵會出現「機型」快顯功能表。在「配件」功能表中可選擇「500G 行動硬碟」、「無線 AP 分享器」、「外接式光碟機」等三個項目，三個項目可獨立勾選，勾選的配件和價格會顯示在「購買的配件」標籤中。在「購買的配件」標籤上按右鍵，會出現「配件」快顯功能表。

  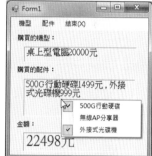

上機實作

Step1 設計輸出入介面

1. 建立功能表控制項(MenuStrip1)，再建立「機型」(mnuType)、「配件」(mnuAdd)、「結束」(mnuExit)等三個主功能項目。

2. 建立快顯功能表控制項(ContextMenuStrip1)，再建立「桌上型電腦」(cmnuPC)、「筆記型電腦」(cmnuNB)、「平板電腦」(cmnuPAD)等三個功能項目。

3. 建立快顯功能表控制項(ContextMenuStrip2)，再建立「500G 行動硬碟」(cmnuHD)、「無線 AP 分享器」(cmnuAP)、「外接式光碟機」(cmnuCD)等三個功能項目。

4. 建立顯示文字內容的標籤控制項

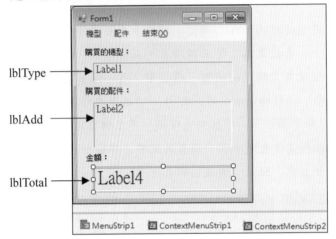

Step2 問題分析

1. 宣告共用整數成員變數 price1 和 price2，分別來記錄機型和配件的價格。

2. 在 Form1_Load 事件處理函式內設定一些初值：

① 設定功能表中「機型」(mnuType)、「配件」(mnuAdd)的下拉式清單來源，分別是 ContextMenuStrip1 和 ContextMenuStrip2。

② 指定 cmnuNB 和 cmnuPAD 的 Click 事件都共享 cmnuPC_Click 事件。

③ 指定 lblTpye 和 lblAdd 標籤的快顯功能表來源，分別為 Context MenuStrip1 和 ContextMenuStrip2。

3. 在 cmnuPC_Click 事件中，顯示選擇的機型以及總價。因為該事件和 cmnuNB 和 cmnuPAD 的 Click 事件共享，所以要將 sender 轉型為 ToolStripMenuItem 物件，才能判斷是哪個項目被按。

4. 在 cmnuHD_Click 事件中，將 Checked 屬性值用 Not 運算，即若原為勾選就改為不勾選。接著呼叫 check 方法，來檢查配件勾選情況並顯示總價。cmnuAP 和 cmnuCD 的 Click 事件也是相同做法。

5. 在 check 方法中，檢查各配件項目的 Checked 屬性值，來顯示選購的配件項目，並計算出 price2 配件總價。最後將 price1 和 price2 相加，來顯示選購的總價。

Step3 撰寫程式碼

```
FileName :NoteBook.sln
01 Public Class Form1
02    Dim price1 As Integer = 0    ' 記錄電腦的價格
03    Dim price2 As Integer = 0    ' 記錄配件的價格
04    ' =================================================================
05    Private Sub Form1_Load(sender As Object, e As EventArgs) _
      Handles MyBase.Load
06        lblType.Text = ""           ' 預設標籤為空白
07        lblAdd.Text = "" : lblTotal.Text = ""
08        ' 設定機型的下拉式清單的項目來源為 contextMenuStrip1
09        mnuType.DropDown = Me.ContextMenuStrip1
10        ' 設定配件的下拉式清單的項目來源為 contextMenuStrip2
11        mnuAdd.DropDown = Me.ContextMenuStrip2
12        AddHandler cmnuNB.Click, AddressOf cmnuPC_Click ' 設定共用事件
13        AddHandler cmnuPAD.Click, AddressOf cmnuPC_Click
14        lblType.ContextMenuStrip = ContextMenuStrip1   '指定標籤的快顯功能表來源
15        lblAdd.ContextMenuStrip = ContextMenuStrip2
16    End Sub
17    ' =================================================================
18    Private Sub cmnuPC_Click(sender As Object, e As EventArgs) _
      Handles cmnuPC.Click
19        ' 取得觸動事件的物件
20        Dim mnu As ToolStripMenuItem = CType(sender, ToolStripMenuItem)
21        If (mnu.Equals(cmnuPC)) Then      ' 若是 cmnuPC
22            price1 = 20000
23        ElseIf (mnu.Equals(cmnuNB)) Then ' 若是 cmnuNB
24            price1 = 30000
25        Else    ' 其他即 cmnuPAD
26            price1 = 25000
27        End If
28        lblType.Text = mnu.Text + price1.ToString() + "元"  ' 顯示電腦價格
29        lblTotal.Text = (price1 + price2).ToString() + "元"  ' 顯示總價
30    End Sub
31    ' =================================================================
32    Private Sub cmnuHD_Click(sender As Object, e As EventArgs) _
      Handles cmnuHD.Click
33        cmnuHD.Checked = Not cmnuHD.Checked        ' 改變 cmnuHD 的勾選狀態
34        Check()     ' 呼叫 check 方法
35    End Sub
36    ' =================================================================
37    Private Sub cmnuAP_Click(sender As Object, e As EventArgs) _
      Handles cmnuAP.Click
38        cmnuAP.Checked = Not cmnuAP.Checked
39        Check()
40    End Sub
```

```
41   ' ====================================================================
42   Private Sub cmnuCD_Click(sender As Object, e As EventArgs) _
     Handles cmnuCD.Click
43       cmnuCD.Checked = Not cmnuCD.Checked
44       Check()
45   End Sub
46   ' ====================================================================
47   Private Sub Check()
48       lblAdd.Text = ""
49       price2 = 0
50       If cmnuHD.Checked = True Then  ' 若勾選 cmnuHD
51           lblAdd.Text += cmnuHD.Text + "1499元 , "  '顯示勾選配件的名稱和價格
52           price2 += 1499              ' 加上配件價格
53       End If
54       If cmnuAP.Checked = True Then  ' 若勾選 cmnuAP
55           lblAdd.Text += cmnuAP.Text + "399元 , "
56           price2 += 399
57       End If
58       If cmnuCD.Checked = True Then  ' 若勾選 cmnuCD
59           lblAdd.Text += cmnuCD.Text + "999元"
60           price2 += 999
61       End If
62       lblTotal.Text = (price1 + price2).ToString() + "元"
63   End Sub
64   ' ====================================================================
65   Private Sub mnuExit_Click(sender As Object, e As EventArgs) _
     Handles mnuExit.Click
66       End
67   End Sub
68 End Class
```

▦ 12.3 工具列控制項

　　一般較大型視窗應用程式除了提供功能表外，還會提供工具列介面以供使用者快速操作。在工具箱中，提供視覺化的 ▦ ToolStrip 工具列控制項，以及可顯示目前系統狀態的 ▣ StatusStrip 狀態列控制項以快速建立介面。工具列控制項有別於功能表控制項，它是以視覺化的圖示來取代文字功能表，感覺比較親切和直覺。透過工具列控制項可輕鬆自訂經常使用的工具列，亦支援進階使用者介面和配置功能，如：停駐、浮動定位、具有文字和影像的按鈕、下拉式控制項、下拉式按鈕以及 ToolStrip 項目在

執行階段重新排序。當你在表單建立 ToolStrip 控制項時，預設置於表單的上方。如果同時建立有 MenuStrip 功能表，則會緊接在功能表的正下方。由於 ToolStrip 控制項是屬於容器控制項，其中可容納 Button、Label、SplitButton、DropDownButton、Seperator、ComboBox、TextBox、ProgressBar 等 ToolStrip 控制項所提供的物件。

一、如何建立 ToolStrip 控制項

1. 由工具箱中快按 ![ToolStrip] 圖示兩下，會在表單正下方產生工具列控制項。

2. 點選工具列控制項中 圖示的下拉清單按鈕，會出現如下圖項目清單，若選取 Button 項目預設名稱為 ToolStripButton1；若選取 Label 項目則預設名稱為 ToolStripLabel1 以此類推。

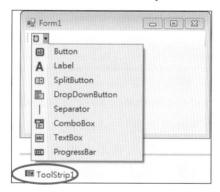

3. 點選 ![Button] 後會如左下圖在工具列控制項上建立一個按鈕圖示。

4. 點選此預設 ![按鈕] 按鈕圖示，接著在屬性視窗中選取 Image 屬性，開啟「選取資源」對話方塊，由「專案資源檔」中匯入，位於書附光碟 ch12/images 資料夾中檔名為「play.jpg」的圖檔，結果如右上圖。

5. 繼續在屬性視窗點選「ToolTipText」屬性，在輸入欄中鍵入「播放」。
表示執行階段，當滑鼠移到此圖示上面會出現「播放」的提示訊息。

6. 另一種建立工具列圖示方式，則是採用「項目集合編輯器」。其操作
方式是先點選工具列控制項，接著在屬性視窗中選取「Items」的 [...]
鈕進入下圖的「項目集合編輯器」：

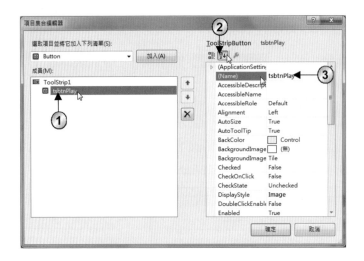

7. 如上圖，先點選剛才建立 ToolStripButton1，點選右窗格屬性視窗 [2↓]
按照字母排序鈕，將 Name 屬性更名為「tsbtnPlay」，拖曳垂直捲軸
觀察 ToolTipText 屬性是否為 "播放" ，表示亦可由此來更改此按鈕
圖示的相關屬性。

8. 加上分隔符號 Seperator
移動滑鼠到 [▼] 下拉式清單按鈕按一下，由清單中選取「Seperator」
後，再按 [加入(A)] 鈕，將分隔符號加到 tsbtnPlay 按鈕圖示的右邊。

9. 新增第二個圖示使用標籤圖示

移動滑鼠到 ⬇ 下拉式清單按鈕按一下，由清單中選取「Label」後，再按 加入(A) 鈕，將標籤圖示加到分隔符號的右邊。將標籤圖示的 Name 屬性更名為 tslblPause，Text 屬性為「暫停」。完成後工具列如下圖所示：

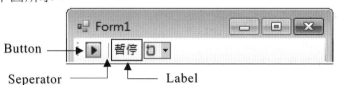

10.若欲刪除工具列的圖示可在圖示上按滑鼠右鍵，選取 [刪除(D)] 直接刪除，或是進入「項目集合編輯器」選取圖示後按 ❎ 刪除。也可以透過 ⬆ 、 ⬇ 按鈕，調整圖示的順序。

二、ToolStripButton 常用屬性

屬性	說明
Text	設定工具列上面的按鈕工具所顯示的文字 。
TextDirection	設定工具圖示上面文字的方向。

屬性	說明
TextImageRelation	設定文字和圖片的相關位置。其值為： ① ImageBeforeText：表示圖片在文字之前 ✂存檔，為預設值。 ② TextAboveImage：文字在圖示上面 存檔✂。 ③ TextBeforeImage：表示文字在圖示之前 存檔✂。 ④ ImageAboveText：表示圖示在文字之上 ✂存檔。
Image	設定在工具列圖示上面的圖案。
ToolTipText	設定當滑鼠移到工具列按鈕上顯示的提示文字。 **B** *I* **U** ▾ 粗體字

 如不設定 Image 屬性只設定 Text 屬性，也可建立一個純文字的工具列。

三、ToolStrip 常用屬性

屬性	說明
Items	設定 ToolStrip 控制項中工具列按鈕的集合。
Size	設定工具列的大小，預設值為（292,39）。
Dock	設定 ToolStrip 控制項在表單的位置，預設值為 Top（在表單的上方）

四、ToolStrip 常用事件

1. Click 事件

當使用者在 ToolStrip 控制項的工具圖示上按一下，會觸動該圖示的 Click 事件，可將要處理事情的程式碼寫在該事件處理函式內。若有些圖示作相同的事情可透過共享事件方式來處理。

12.4 狀態列控制項

　　一般視窗應用程式的狀態列常置於視窗的底部,用來顯示系統的相關訊息。譬如:表單中正在檢視的物件、物件的元件,或是與物件的作業相關的內容資訊。通常,狀態列控制項是由狀態標籤(StatusLabel)、進度棒(ProgressBar)、下拉鈕(DropDownButton)和分隔鈕(SplitButton)等組合而成。狀態標籤可顯示文字、圖示,或兩者一起顯示目前系統的相關訊息。下拉鈕可以建立下拉式清單,進度棒則會以圖形方式顯示一個處理過程目前完成的進度。

　　 StatusStrip　狀態列控制項也是一種容器控制項,譬如:下圖即為Office 中　Word 的狀態列。

一、如何建立 StatusStrip 控制項

1. 建立 StatusStrip 控制項

在工具箱中　 StatusStrip 　狀態列圖示快按兩下,會在表單底部建立一個 StatusStrip1 控制項。

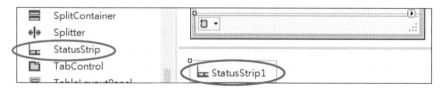

2. 建立 StatusStrip 項目集合

① 先點選 StatusStrip1 狀態列,在屬性視窗中的 Items 屬性的 ⋯ 鈕,開啟「項目集合編輯器」。

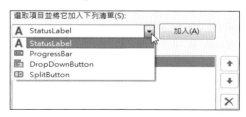

② 按上圖的下拉鈕，由開啟的清單中選取 "StatusLabel" 選項後，按
　　 加入(A) 鈕將「狀態標籤」加入到狀態列，其預設名稱為 ToolStrip
StatusLabel1。若欲更改目前狀態列上「狀態標籤」的屬性，先在
左窗格點選此選項，再移動滑鼠到右窗格的屬性視窗做相關屬性值
設定。

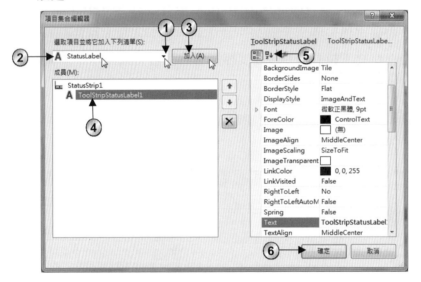

③ 按 　確定　 鈕，回 IDE 整合開發環境，此時狀態列出現第一個
「狀態標籤」。

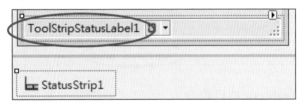

④ 你也可以直接在狀態列的 下拉鈕按一下，由出現清單選取第
二個狀態列的元件，此時不會出現「項目集合編輯器」，可以直接
在屬性視窗中設定相關屬性值。

二、StatusStrip 常用屬性

屬性	說明
Items	設定 StatusStrip 控制項中狀態列上面的元件集合。
Dock	設定狀態列在表單的位置，預設值為 Botton（在表單的下方）。
ShowItemToolTips	是否在狀態列的項目上顯示提示訊息

範例演練

檔名：BirdFly.sln

設計一個小鳥飛行的動畫。在工具列中可以執行▶(啟動)、Ⅱ(暫停)和選擇慢速、中速、快速等三種速度。設定的情形會在表單下方的狀態列中顯示，其中進度棒會顯示小鳥飛行的距離。小鳥飛出表單後，會重新由左邊飛入。

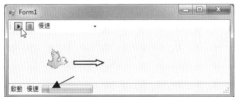 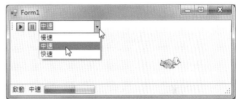

上機實作

Step1 設計輸出入介面

1. 在表單內建立一個圖片方塊控制項(picBird)，並載入 bird.gif 圖檔，該檔為動畫檔執行自動會有動畫效果。再建立計時器控制項(tmrFly)，用來週期移動小鳥的位置，完成小鳥飛行動畫。

2. 建立工具列控制項(ToolStrip1)，來提供功能設定。工具列上建立「啟動」(tsbtnPlay)、「暫停」(tsbtnPause)兩個按鈕，以及「速度」(tscboSpeed)下拉式清單。tscboSpeed 下拉式清單中建立「慢速」、「中速」、「快速」等三個項目。

3. 建立狀態列控制項(StatusStrip1)用來顯示設定狀態。在狀態列建立

sslblPlay、sslblSpeed 兩個「狀態標籤」，分別用來顯示啟動和速度狀況。再建立進度棒(tspgbShow)，來顯示小鳥飛行的進度。

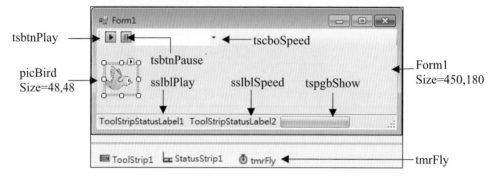

Step2 問題分析

1. 在 Form1_Load 事件處理函式中設定下列相關屬性的初值：

① 預設啟動情況為暫停，速度為慢速。

② 設定表單無法調整大小，以免表單被改變。

③ 設定進度棒的最大值等於表單工作區的寬度。

2. 在 ▶ 和 ❙❙ 按鈕的 Click 事件處理函式中，啟動或暫停 tmrFly 計時器，以及在狀態列 sslblPlay 標籤上顯示播放狀態。

3. 在 tscboSpeed 下拉式清單鈕的 SelectedIndexChanged 事件處理函式中，根據 SelectedIndex 屬性值來設定 tmrFly 計時器的 Interval 屬性值，以及在狀態列的 sslblSpeed 標籤上顯示狀態。

4. 在 tmrFly 計時器的 Tick 事件處理函式中，完成下列事情：

① picBird 的 Left 屬性值加 5 點，若大於表單工作區的 Width 屬性值時，就重設 picBird 的 Left 屬性值為 0，小鳥就會從表單的左邊界重新飛入。

② 設定 tspgbShow 的 Value 屬性值等於 picBird.Left，如此程式執行時進度棒就會顯示出小鳥飛行的進度。

Step3 撰寫程式碼

```
FileName : BirdFly.sln
01 Public Class Form1
02   Private Sub Form1_Load(sender As Object, e As EventArgs) _
     Handles MyBase.Load
03     sslblPlay.Text = "暫停"           ' 狀態烈顯示暫停
04     tscboSpeed.SelectedIndex = 0     ' 預設為慢速
05     Me.FormBorderStyle = FormBorderStyle.Fixed3D   ' 設定表單無法調整大小
06     tspgbShow.Maximum = Me.ClientSize.Width ' 設進度棒的最大值為表單工作區寬度
07   End Sub
08   ' ==========================================================
09   Private Sub tsbtnPlay_Click(sender As Object, e As EventArgs) _
     Handles tsbtnPlay.Click
10     tmrFly.Enabled = True     ' 啟動計時器
11     sslblPlay.Text = "啟動"
12   End Sub
13   ' ==========================================================
14   Private Sub tsbtnPause_Click(sender As Object, e As EventArgs) _
     Handles tsbtnPause.Click
15     tmrFly.Enabled = False     ' 關閉計時器
16     sslblPlay.Text = "暫停"
17   End Sub
18   ' ==========================================================
19   Private Sub tscboSpeed_SelectedIndexChanged(sender As Object, e As _
     EventArgs)Handles tscboSpeed.SelectedIndexChanged
20     sslblSpeed.Text = tscboSpeed.Text  ' 狀態烈顯示速度
21     Select Case tscboSpeed.SelectedIndex
22         Case 0 : tmrFly.Interval = 200     ' 設 0.2 秒啟動一次
23         Case 1 : tmrFly.Interval = 100     ' 設 0.1 秒啟動一次
24         Case 2 : tmrFly.Interval = 50      ' 設 0.05 秒啟動一次
25     End Select
26   End Sub
27   ' ==========================================================
28   Private Sub tmrFly_Tick(sender As Object, e As EventArgs) _
     Handles tmrFly.Tick
29     '若 picBird 左邊若沒有超過表單工作區寬度，就右移 5 點
30     If picBird.Left <= Me.ClientSize.Width - 5 Then
31         picBird.Left += 5
32     Else
33         picBird.Left = 0                   ' picBird 重頭
34     End If
35     tspgbShow.Value = picBird.Left         ' 設定進度棒的值
36   End Sub
37 End Class
```

12.5 字型對話方塊控制項

FontDialog 字型對話方塊控制項如下圖提供設定字型的種類、字型的樣式、字型的大小、字型的效果等功能。由於字型對話方塊控制項是屬於幕後執行的控制項,因此在設計階段是置於表單的正下方。程式執行中,欲開啟字型對話方塊必須使用 ShowDialog()方法來開啟。

一、FontDialog 常用屬性

屬性	說明
Font	設定和取得在字型對話方塊所做的字型各項設定。譬如:欲將 FontDialog1 字型對話方塊所設定字型種類、樣式、大小,指定給 Label1 標籤控制項,寫法如下: Label1.Font = FontDialog1.Font
Color	設定和取得字型對話方塊中所設定的顏色。譬如:欲將 FontDialog1 字型對話方塊中指定的顏色,當做 Label1 標籤控制項的字型顏色,寫法如下: Label1.ForeColor = FontDialog1.Color
MaxSize / MinSize	設定字型對話方塊中,字型大小可以選取的最大和最小點數。預設值為 0 代表停用。
ShowColor	設定字型對話方塊中,是否加入色彩清單,預設值為 False 表示未加入色彩清單。

二、FontDialog 常用方法

1. **ShowDialog** 方法

用來在程式執行中開啟 FontDialog 字型對話方塊,平時是不會顯現。其開啟方式如下:

> 語法:FontDialog1.ShowDialog()

若程式中有使用到 FontDialog1 控制項,可透過對話方塊中的 確定 、 取消 這兩個回應鈕來判斷是否要更新?

① 如果按 確定 鈕,傳回值為 DialogResult.OK 列舉常數。

② 如果是按 取消 鈕,傳回值為 DialogResult.Cancel 列舉常數。

譬如:程式執行時希望按 確定 鈕時,才將 FontDialog1 字型對話方塊控制項內字型的相關設定指定給 Label1,寫法如下:

```
If (FontDialog1.ShowDialog() = DialogResult.OK) Then
    Label1.Font = FontDialog1.Font
End If
```

2. **Reset** 方法

將 FontDialog1 字型對話方塊控制項所有屬性,都還原為預設值。語法如下:

> 語法:FontDialog1.Reset()

要注意當使用 Reset 方法後所有屬性都還原成系統的預設值。例如:在設計階段設定 ShowColor 值為 true,執行 Reset 方法後色彩下拉清單不會顯示,因為其預設值為 False,所以有需要時則要重設屬性值一次。

⊞ 12.6 色彩對話方塊控制項

🎨 ColorDialog 色彩對話方塊控制項如下圖提供使用者設定顏色的介面。由於色彩對話方塊控制項是屬於幕後執行的控制項，因此在設計階段建立後是置於表單的正下方。程式執行時欲開啟色彩對話方塊，和字型對話方塊一樣必須使用 ShowDialog()方法來開啟。

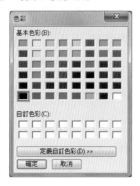 

一、ColorDialog 常用屬性

屬性	說明
Color	設定和取得色彩對話方塊中使用者設定的顏色。譬如：將 ColorDialog1 色彩對話方塊內的顏色設定，指定給 Label1 標籤控制項當做背景色，其寫法如下： 　Label1.BackColor = ColorDialog1.Color
AllowFullOpen	用來設定自訂色彩色盤按鈕是否有效。預設值為 True，表示 ［定義自訂色彩(D) »］ 按鈕有效，當按下此鈕如右上圖在右邊開啟自訂色彩色盤供選取顏色值。若設為 False 表示 ［定義自訂色彩(D) »］ 按鈕無效，無法自訂色彩。
FullOpen	當 AllowFullOpen 為 true 時，此屬性才有效。預設值為 True 表示一開始在右邊自動開啟自訂色彩色盤。若為 False 表示一開始不打開 ［自訂色彩(D)］ 色盤，必須在按 ［定義自訂色彩(D) »］ 按鈕才會打開自訂色彩色盤。

二、ColorDialog 常用方法

1. ShowDialog 方法

ColorDialog 色彩對話方塊控制項和 FontDialog 一樣是屬於幕後執行的控制項，平時不會顯現出來。程式中欲開啟色彩對話方塊時，同樣會透過 ShowDialog 方法。寫法如下：

> 語法：ColorDialog1.ShowDialog()

2. Reset 方法

用來將 ColorDialog1 色彩對話方塊控制項所有屬性，全部還原為預設值。寫法如下：

> 語法：ColorDialog1.Reset()

▦ 12.7 檔案對話方塊控制項

VS Express 2012 for Desktop 在工具箱內提供一些和檔案相關的工具，[🖼 OpenFileDialog] 開檔對話方塊可用來讓使用者開啟自選的檔案；[🖼 SaveFileDialog] 存檔對話方塊，可用來讓使用者選取儲存檔案的位置和檔名。下面介紹兩個對話方塊控制項常用的屬性：

一、檔案對話方塊常用屬性

屬性	說明
CheckFileExists	設定使用者指定不存在的檔名時是否顯示警告訊息。
CheckPathExists	設定使用者指定不存在的路徑時是否顯示警告訊息。
DefaultExt	設定或取得檔案對話方塊預設的副檔名。
FileName	設定或取得檔案對話方塊中所選取檔名。
FileIndex	設定或取得檔案對話方塊中目前所選取的第 i 個索引。
InitialDirectory	設定或取得檔案對話方塊所顯示的初始檔案目錄。

屬性	說明
Filter	設定或取得目前檔案對話方塊的檔名篩選字串,用來設定在對話方塊中 [另存檔案類型] 或 [檔案類型] 方塊的選項。如下寫法,則檔案對話方塊的檔案類型清單會顯示「txt files(*.txt)」及「All files(*.*)」 OpenFileDialog1.Filter = "txt files (*.txt)|*.txt|All files (*.*)|*.*" 檔名(N): openFileDialog1 檔案類型(T): txt files (*.txt) txt files (*.txt) All files (*.*)
ShowHelp	設定或取得 [說明] 按鈕是否在檔案對話方塊中顯示。
Title	設定或取得檔案對話方塊的標題名稱。

譬如:設定 OpenFileDialog1 開檔對話方塊的初始檔案目錄為執行檔的路徑,寫法如下:

```
OpenFileDialog1.InitialDirectory = Application.StartupPath
```

二、檔案對話方塊常用方法

1. **ShowDialog()方法**

OpenFileDialog 開檔對話方塊和 SaveFileDialog 存檔對話方塊控制項一樣是屬於幕後執行的控制項,欲開啟上述任一檔案對話方塊時,同樣可透過 ShowDialog()方法來達成。寫法如下:

語法:OpenFileDialog1.ShowDialog()

範例演練

檔名：Document.sln

使用豐富文字方塊及功能表製作簡易文字編輯程式。在「檔案」功能項目下，有「開檔」、「存檔」、「結束」三個子功能項目。「開檔」子功能項目，可開啟開檔對話方塊讓使用者選取欲開啟的檔案，副檔名為rtf。「存檔」子功能項目，可開啟存檔對話方塊讓使用者進行存檔。「色彩」功能項目下，有「前景色」及「背景色」子功能項目，可開啟色彩對話方塊來設定所選取文字的前景色及背景色。「字型」功能項目可開啟字型對話方塊，來設定所選取文字的字型。

上機實作

Step1 設計輸出入介面

1. 本例需使用一個豐富文字方塊控制項(rtbText)用來顯示文字和格式。一個 MenuStrip 控制項(MenuStrip1)，用來建立功能表，功能表中有「檔案」功能項目(mnu 檔案)，其下有「開檔」(mnu 開檔)、「存檔」(mnu 存檔)、「結束」(mnu 結束)三個子功能項目。「色彩」功能項目(mnu 色彩)下有「前景色」(mnu 前景色)及「背景色」(mnu 背景色)子功能項目。另外，有「字型」功能項目(mnu 字型)。

2. 為達到開檔、存檔、設定色彩、字型的功能，需建立 OpenFileDialog1、SaveFileDialog1、ColorDialog1 和 FontDialog1 等對話方塊控制項。

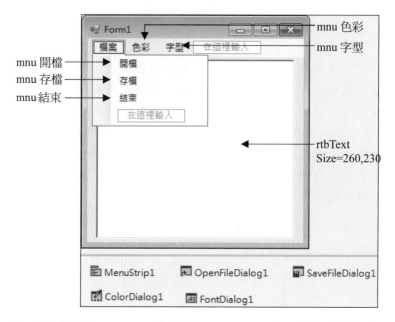

3. 將書附光碟中 demo.rtf 複製到\bin\Debug 中，使與執行檔相同路徑。

Step2 問題分析

1. 在 Form1_Load 事件處理函式中設定下列相關屬性的初值：

   ① 設定開檔對話方塊 OpenFileDialog1 的檔名篩選字串，為 rtf 和所有檔案類型。

   ② 設定存檔對話方塊 SaveFileDialog1 存檔時的預設副檔名為 rtf。

   ③ 用 LoadFile 方法開啟預設檔案 demo.rtf 到豐富方塊控制項中。

2. 在各功能項目的 Click 事件處理函式中，開啟對應的對話方塊作各項的設定。例如在「mnu 開檔_Click 事件處理函式」中，用 ShowDialog() 方法開啟開檔對話方塊讓使用者選取欲開啟的檔案。當使用者按「確定」鈕，就用豐富方塊控制項的 LoadFile 方法開啟檔案。

Step3 撰寫程式碼

```
FileName : Document.sln
01 Public Class Form1
02   Private Sub Form1_Load(sender As Object, e As EventArgs) _
     Handles MyBase.Load
```

```
03        '設定開檔對話方塊的檔名篩選字串
04        OpenFileDialog1.Filter = "Rich Text(*.rtf)|*.rtf|All files(*.*)|*.*"
05        OpenFileDialog1.InitialDirectory = Application.StartupPath
06        SaveFileDialog1.DefaultExt = ".rtf"    ' 設定存檔時的預設副檔名為 rtf
07        rtbText.LoadFile("demo.rtf", RichTextBoxStreamType.RichText)
08    End Sub
09    ' ==========================================================
10    Private Sub mnu開檔_Click(sender As Object, e As EventArgs) _
      Handles mnu開檔.Click
11        '若在開檔對話方塊按確定鈕，就開啟指定的檔案
12        If OpenFileDialog1.ShowDialog() = DialogResult.OK Then
13            rtbText.LoadFile(OpenFileDialog1.FileName, _
              RichTextBoxStreamType.RichText)
14        End If
15    End Sub
16    ' ==========================================================
17    Private Sub mnu存檔_Click(sender As Object, e As EventArgs) _
      Handles mnu存檔.Click
18        '若在存檔對話方塊按確定鈕，就儲存指定的檔案
19        If SaveFileDialog1.ShowDialog() = DialogResult.OK Then
20            rtbText.SaveFile(SaveFileDialog1.FileName, _
              RichTextBoxStreamType.RichText)
21        End If
22    End Sub
23    ' ==========================================================
24    Private Sub mnu前景色_Click(sender As Object, e As EventArgs) _
      Handles mnu前景色.Click
25        ' 若在色彩對話方塊按確定鈕，就設定選取文字的前景色
26        If ColorDialog1.ShowDialog() = DialogResult.OK Then
27            rtbText.SelectionColor = ColorDialog1.Color
28        End If
29    End Sub
30    ' ==========================================================
31    Private Sub mnu背景色_Click(sender As Object, e As EventArgs) _
      Handles mnu背景色.Click
32        ' 若在色彩對話方塊按確定鈕，就設定選取文字的背景色
33        If ColorDialog1.ShowDialog() = DialogResult.OK Then
34            rtbText.SelectionBackColor = ColorDialog1.Color
35        End If
36    End Sub
37    ' ==========================================================
38    Private Sub mnu字型_Click(sender As Object, e As EventArgs) _
      Handles mnu字型.Click
39        ' 若在字型對話方塊按確定鈕，就設定選取文字的字型
40        If FontDialog1.ShowDialog() = DialogResult.OK Then
41            rtbText.SelectionFont = FontDialog1.Font
42        End If
```

```
43    End Sub
44    ' =========================================================
45    Private Sub mnu結束_Click(sender As Object, e As EventArgs) _
      Handles mnu結束.Click
46        End
47    End Sub
48 End Class
```

▦ 12.8 列印文件控制項

　　工具箱中提供有關列印的工具有四個：PageSetupDialog 列印格式對話方塊工具、PrintPreviewDialog 預覽列印對話方塊工具、PrintDialog 列印對話方塊工具，以及這些對話方塊控制項的資料來源 PrintDocument 列印文件控制項。

　　首先介紹　　　PrintDocument　　列印文件控制項，該控制項是用來描述 Windows 架構應用程式中列印內容及列印文件能力的屬性，它可以與 PrintDialog 等控制項一起用於控制與文件列印相關的所有事項。列印工作的流程如下：

1. 使用 PrintDocument 控制項的 Print 方法觸發 PrintDocument 控制項的 PrintPage 事件。

2. 在 PrintPage 事件處理函式中執行列印的程式碼步驟如下：

　　① 宣告 Graphics 物件。

　　② 使用 Graphics 物件的各種方法，傳送資料到印表機來列印。

一、PrintDocument 常用屬性

屬性	說明
DocumentName	顯示給使用者的文件名稱，預設值為 document。
DefaultPageSettings	執行階段的屬性值，可以設定列印文件控制項的邊界等屬性值。

二、PrintDocument 常用方法

1. Print 方法

利用 Print 方法可以觸動 PrintDocument1 控制項的 PrintPage 事件來列印出文件，語法如下：

> 語法：PrintDocument1.Print()

三、PrintDocument 常用事件

1. PrintPage 事件

是 PrintDocument 控制項最重要的事件，當使用 Print 方法時就會觸動本事件。所以要將列印的程式碼寫在 PrintPage 事件處理函式中。在 PrintPage 事件處理函式中要宣告一個繪圖物件，然後再用 DrawString 方法將文字資料傳給 PrintDocumnt 控制項。例如：要列印以黑色新細明體、大小 12、座標(150,120)，列印「快樂」字串，程式寫法如下：

```
Dim pg As Graphics = e.Graphics
Dim pf As Font = New Font("新細明體",12)
pg.DrawString("快樂",pf, Brushes.Black, 150, 120)
```

如果列印字串的長度超過紙張寬度時，用上面語法超過的部分是無法列印出來。此時需要指定列印範圍的左邊界、上邊界、寬度和高度等資料，我們可以由 e 引數的 MarginBounds 屬性值來取得可印頁面的矩形範圍。例如要列印文字方塊(Text1)的文字內容含字型樣式，程式寫法如下：

```
Dim pg As Graphics = e.Graphics   '宣告 pg 為繪圖物件
'建立 pf 為字型物件，其值和 Text1 字型屬性值相同
Dim pf As Font = New Font(Text1.Font.Name, Text1.Font.Size, Text1.Font.Style)
'建立 pb 為筆刷物件，其值和 Text1 的前景色相同
Dim pb As SolidBrush = New SolidBrush(Text1.ForeColor)
pg.DrawString(Text1.Text, pf, pb, e.MarginBounds)
```

另外也可以用 Graphics 物件的方法在 PrintDocument 控制項中繪製圖形，Graphics 物件的繪圖方法請自行參閱第十三章有關繪圖的相關介紹。例如：要繪製一個從左上角座標(100、150)開始，寬度為 360，高度為 240 的紅色矩形框，語法如下：

```
Dim pg As Graphics = e.Graphics
pg.DrawRectangle(Pens.Red, 100, 150, 360, 240)
```

▦ 12.9 列印格式對話方塊控制項

執行 ▦ PageSetupDialog 對話方塊控制項時會出現一個「設定列印格式」對話方塊，供使用者設定紙張大小、邊界以及列印方向等各項設定。至於在表單建立列印格式對話方塊控制項非常簡單，只要在工具箱中的 ▦ PageSetupDialog 工具上快按兩下，就會在表單正下方建立一個控制項。

一、PageSetupDialog 常用屬性

屬性	說明
Document	選取要處理的 PrintDocument 控制項，預設值為無，本屬性一定要設定否則對話方塊無效。
PageSettings	執行階段的屬性值，取得或設定當使用者按一下對話方塊中的 印表機(P)... 按鈕時，要修改的印表機設定。例如將列印文件控制項的設定值設為和列印格式對話方塊相同的語法如下： PrintDocument1. DefaultPageSettings = PageSetupDialog1.PageSettings
AllowMargins	設定是否顯示「邊界」供使用者輸入，預設值為 True。
AllowOrientation	設定是否顯示「列印方向」(橫向和縱向)供使用者選擇，預設值為 True。
AllowPaper	設定是否顯示「紙張」供使用者選擇，預設值為 True。

屬性	說明
AllowPrinter	設定是否顯示「印表機」鈕供使用者選擇印表機，預設值為 True。
MinMargins	設定最小的邊界值，預設值為「0,0,0,0」

二、PageSetupDialog 常用方法

1. ShowDialog()方法

PageSetupDialog 對話方塊控制項是屬於幕後執行的控制項，平時不會顯現出來。當需要顯示 PageSetupDialog1 列印格式對話方塊控制項供使用者設定時，就要使用 ShowDialog()方法來開啟。語法如下：

> 語法：PageSetupDialog1.ShowDialog()

12.10 預覽列印對話方塊控制項

執行  PrintPreviewDialog 預覽列印對話方塊控制項時,會出現一個「預覽列印」對話方塊,供使用者預覽將要列印的文件,以及檢查列印該文件檢查是否超版。

一、PrintPreviewDialog 常用屬性

屬性	說明
Document	選取要處理的 PrintDocument 控制項,預設值為無,本屬性一定要設定否則對話方塊無效。

二、PrintPreviewDialog 常用方法

1. ShowDialog 方法

PrintPreviewDialog 對話方塊控制項是屬於幕後執行的控制項,平時不會顯現出來。當需要顯示 PrintPreviewDialog1 預覽列印控制項對話方塊供使用者設定時,要使用 ShowDialog()方法。語法如下:

語法:PrintPreviewDialog1.ShowDialog()

12.11 列印對話方塊控制項

執行  PrintDialog 列印對話方塊控制項時,會出現一個「列印」對話方塊,供使用者設定和列印相關的各項設定。

一、PrintDialog 常用屬性

屬 性	說 明
Document	選取要處理的 PrintDocument 控制項,預設值為無,本屬性一定要設定否則對話方塊無效。
AllowSomePages	設定是否顯示起始頁數至終止頁數的選項。
AllowSelection	設定是否顯示選擇範圍的選項。

二、PrintDialog 常用方法

1. ShowDialog 方法

PrintDialog 對話方塊控制項是屬於幕後執行的控制項,平時不會顯現出來。當需要顯示 PrintDialog1 列印對話方塊控制項供使用者設定時,就要使用 ShowDialog 方法。語法如下:

語法:PrintDialog1.ShowDialog()

2. Reset 方法

將 printDialog1 列印對話方塊控制項所有屬性，都還原為預設值。語法如下：

> 語法：PrintDialog1.Reset()

範例演練

檔名：Notepad.sln

設計一個簡易記事本程式，使用者可以利用「色彩」、「字型」功能項目，來設定文字方塊的文字顏色和字型樣式。另外，在「列印功能」項目下有「列印格式」、「預覽」、「列印」三個子功能項目。執行各功能項目時，會開啟對應的對話方塊。

上機實作

Step1 設計輸出入介面

1. 建立文字方塊控制項(txtText)，來供使用者編輯文字。

2. 建立功能表控制項(MrnuStrip1)，建立「色彩」項目(mnu色彩)、「字型」項目(mnu字型)和「列印功能」項目(mnu列印功能)。「列印功能」項目下，建立「列印格式」(mnu列印格式)、「預覽」(mnu預覽)、「列印」(mnu列印)三個功能表項目。

3. 建立色彩對話方塊(ColorDialog1)、字型對話方塊(FontDialog1)控制項，供使用者設定色彩和字型。

3. 為達成列印的功能,要建立列印文件(PrintDocument1)、預覽列印 (PrintPreviewDialog1)、列印(PrintDialog1)和列印格式(PageSetup Dialog1)四個控制項。

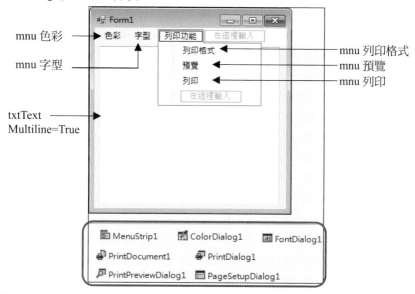

問題分析

1. 在 Form1_Load 事件處理函式內,設定 PrintPreviewDialog1、PageSetup Dialog1、PrintDialog1 的列印資料來源為 PrintDocument1。

2. 在 mnu 列印格式_Click 事件處理函式中,開啟「設定列印格式」對 話方塊,並設定 PrintDocument1 的紙張設定值,和 PageSetupDialog1 「設定列印格式」對話方塊的設定值相同。

3. 在 mnu 預覽_Click 事件處理函式中,開啟「預覽列印」對話方塊。

4. 在 mnu 列印_Click 事件處理函式中,開啟「列印」對話方塊。若按 列印(P) 鈕時,就使用 PrintDocument1 的 Print 方法列印文件。

5. 預覽列印和列印時都會觸動 PrintDocument1 的 PrintPage 事件,必須 在 PrintDocument1_PrintPage 事件處理函式中,完成下列動作:
   ① 宣告 pg 為繪圖物件,供列印時使用。
   ② 建立 pf 為字型物件,其值和 txtText 的字型屬性值相同。
   ③ 建立 pb 為筆刷物件,其值和 txtText 的前景色相同。

④ 用 pg 繪圖物件的 DrawString 方法，以 pf 字型物件、pb 筆刷物件，和 e.MarginBounds 的範圍來繪製文字，此時就會由印表機列印出文字。

Step3 撰寫程式碼

```
FileName : Notepad.sln
01 Public Class Form1
02   Private Sub Form1_Load(sender As Object, e As EventArgs) _
     Handles MyBase.Load
03       ' 設定列印相關物件的列印資料來源為 printDocument1
04       PrintDialog1.Document = PrintDocument1
05       PrintPreviewDialog1.Document = PrintDocument1
06       PageSetupDialog1.Document = PrintDocument1
07       txtText.Text = "Visual Basic"
08       txtText.ScrollBars = ScrollBars.Both
09   End Sub
10   ' ======================================================
11   Private Sub mnu色彩_Click(sender As Object, e As EventArgs) _
     Handles mnu色彩.Click
12       ' 若在色彩對話方塊按確定鈕，就設定文字方塊的前景色
13       If ColorDialog1.ShowDialog() = DialogResult.OK Then
14           txtText.ForeColor = ColorDialog1.Color
15       End If
16   End Sub
17   ' ======================================================
18   Private Sub mnu字型_Click(sender As Object, e As EventArgs) _
     Handles mnu字型.Click
19       ' 若在字型對話方塊按確定鈕，就設定文字方塊的字型
20       If FontDialog1.ShowDialog() = DialogResult.OK Then
21           txtText.Font = FontDialog1.Font
22       End If
23   End Sub
24   ' ======================================================
25   Private Sub mnu列印格式_Click(sender As Object, e As EventArgs) _
     Handles mnu列印格式.Click
26       PageSetupDialog1.ShowDialog()        ' 開啟列印格式對話方塊
27       '將使用者在列印格式對話方塊的設定值，指定給 printDocument1
28       PrintDocument1.DefaultPageSettings = PageSetupDialog1.PageSettings
29   End Sub
30   ' ======================================================
31   Private Sub mnu預覽_Click(sender As Object, e As EventArgs) _
     Handles mnu預覽.Click
32       PrintPreviewDialog1.ShowDialog()     ' 開啟預覽列印對話方塊
33   End Sub
```

```
34    ' =================================================
35    Private Sub mnu列印_Click(sender As Object, e As EventArgs) _
      Handles mnu列印.Click
36        ' 若在列印對話方塊按確定鈕，就呼叫printDocument1的Print方法
37        If PrintDialog1.ShowDialog() = DialogResult.OK Then
38            PrintDocument1.Print()
39        End If
40    End Sub
41    ' =================================================
42    Private Sub printDocument1_PrintPage(sender As Object, e As _
      Printing.PrintPageEventArgs) Handles PrintDocument1.PrintPage
43        Dim pg As Graphics = e.Graphics    ' 宣告pg為繪圖物件
44        '建立pf為字型物件，其值和txtText字型屬性值相同
45        Dim pf As Font = New Font(txtText.Font.Name, _
                          txtText.Font.Size, txtText.Font.Style)
46        '建立pb為筆刷物件，其值和txtText的前景色相同
47        Dim pb As SolidBrush = New SolidBrush(txtText.ForeColor)
48        '以DrawString方法繪製文字
49        pg.DrawString(txtText.Text, pf, pb, e.MarginBounds)
50    End Sub
51 End Class
```

▦ 12.12 課後練習

一、選擇題

1. 若想讓 MenuStrip 功能項目的文字加底線，可以使用哪個字元？
   (A) _   (B) -   (C) &   (D) | 。

2. 若想在 MenuStrip 功能表中出現分隔棒，可以使用哪個字元？
   (A) _   (B) -   (C) &   (D) | 。

3. 若想讓 MenuStrip 功能項目前面顯示勾選記號，可以設定哪個屬性？
   (A) Checked   (B) Enabled   (C) ShortCutKeys   (D) Visible

4. 預覽列印對話方塊在程式執行中是不會顯現，必須使用哪個方法來開啟？(A) Load   (B) Open   (C) Show   (D) ShowDialog。

5. 若想將色彩對話方塊控制項所有屬性，都還原為預設值，必須使用哪個方法？(A) Load   (B) New   (C) Reset   (D) Set。

6. PageSetupDialog 列印格式對話方塊必須配合哪個控制項一起使用？

(A) FontDialog　(B) PrintDialog　(C) PrintDocument
(D) PrintPreviewDialog　。

7. 執行 PrintDocument 的 Print 方法會觸動哪個事件？

(A) Print　(B) PrintDocument　(C) PrintPage　(D) PrintSetup　。

8. 若要在 FontDialog 中顯示色彩清單，要設定哪個屬性？

(A) AllowFullOpen　(B) Color　(C) FullOpen　(D) ShowColor。

9. 若要在 OpenFileDialog 設定預設的副檔名，要設定哪個屬性？

(A) DefaultExt　(B) FileName　(C) FileIndex　(D) InitialDirectory。

10. 狀態列控制項是個容器控制項，其中不包含下列哪個項目？

(A) DropDownButton　(B) ProgressBar　(C) SplitButton　(D) TextBox。

二、程式設計

1. 完成符合下列條件的程式。

① 設計一個類似廣告走馬燈的文字顯示效果。文字會逐字出現，文字全部顯示完畢後會閃爍三次，然後再重頭顯示效果。

② 若在文字上按右鍵，會出現快顯功能表。按「開始」就開始顯示效果；按「停止」就暫停顯示效果。

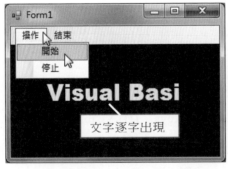 

註：① 字串物件的 Substring(開始位置,字數) 方法，可以指定開始位置由左邊起擷取指定字數的字串。

② 字串物件的 Length 屬性，可以取得字串的字元數。

③ 使用 Timer 控制項來逐一顯示字串。

2. 完成符合下列條件的程式。

① 設計一個各國首都的測驗。題目為固定，答案用選項鈕選取。

② 工具列控制項中有 核對、下一題、重新、結束 四個按鈕。按 核對 鈕會核對答案；按 下一題 鈕顯示下一個題目；按 重新 鈕重頭作答；按 結束 鈕結束程式。

③ 使用者核對過答案但未進入下一題時， 核對 鈕會暫時無法使用。

④ 使用者答到最後一題時， 下一題 鈕會暫時無法使用，以避免超過題數而造成程式執行錯誤。

⑤ 狀態列控制項中顯示目前的題號、答對題數和提示訊息。

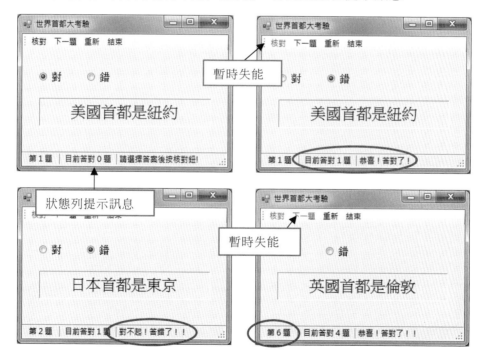

3. 將 12.11 節的 Notepad.sln 範例，改以工具列的形式設計。圖示的圖檔色彩.jpg、字型.jpg、列印格式.jpg、預覽列印.jpg、列印.jpg 等，在書附光碟中。

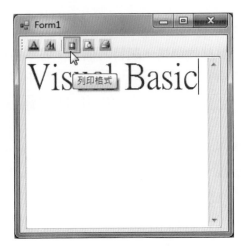

13

繪圖與多媒體

有人說「一圖勝千文」，圖形是人類共通的表達方式。應用程式設計得再好，如果畫面呆板不生動，使用起來總覺得乏味無趣。VB 提供了 Windows 圖形設計介面 (GDI)，其進階實作稱為 GDI+。GDI+ 可以在表單和控制項上建立圖形、描繪文字並將圖形影像當作物件管理，使得繪圖變得輕而易舉。本章中將介紹座標系統、顏色設定，以及和繪圖有關的物件和方法。另外本章也會介紹多媒體播放的方法，包括聲音、影片檔的播放，可以讓程式更增添視聽效果。

▓ 13.1 座標和顏色設定

13.1.1 座標

在學習繪圖方法之前，要先瞭解 Visual Basic 螢幕的座標系統，如此才能精確地控制圖形的位置以及大小。在座標系統中是以像素（Pixel）為單位，像素是指螢幕上的一個點，每個像素都有一個座標點與之對應。Visual Basic 將螢幕左上角的座標設為(0，0)，向右為正，向下為正。Visual Basic 除了可在表單上繪圖，也可指定控制項當作畫布。一般以(x，y) 代表畫布上某個像素的座標點，其中水平以 x 座標值表示，垂直以 y 座標值表示。下圖是一個寬度為 240、高度 160 的畫布，畫布上 A(0,0)、B(40,0)、C(0,40)、D(120,80) 和畫布四個頂點座標點的相對位置。

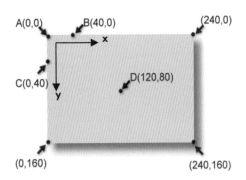

13.1.2 顏色設定

　　設定顏色值是執行繪圖功能中非常重要的部分，在 Visual Basic 中對於顏色設定的常用方法有：FromArgb、FromKnownColor、Color.顏色常值等，每一種方法都各有其優點。現就一一介紹：

1. 使用 FromArgb 設定顏色

　　FromArgb 方法共有四個引數，分別代表：透明度（Alpha）、紅（Red）、綠（Green）、藍（Blue）顏色光的強度，每個引數值分別從 0~255 共分成 256 個強度，數值越大表示該顏色光越強。Alpha 透明度引數可以省略，若值為 0 代表完全透明；255 代表完全不透明。不同的引數值可以調出各種顏色光出來。其語法如下：

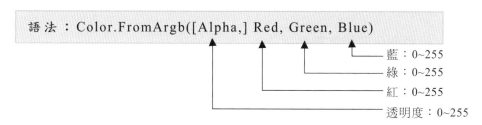

語法：Color.FromArgb([Alpha,] Red, Green, Blue)

藍：0~255
綠：0~255
紅：0~255
透明度：0~255

[例]

① Color.FromArgb (255,255,0,0)　　' 為紅色不透明

② Color.FromArgb (127,0,255,0)　　' 為綠色半透明

③ Color.FromArgb (255,0,0,255)　　' 為藍色不透明

④ Color.FromArgb (255,255,0,255)　' 為紫色不透明(紅+藍)

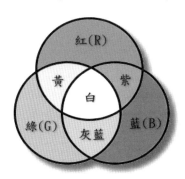

紅、綠、藍三色光合成圖

2. 使用 FromKnownColor 方法設定顏色

FromKnownColor()方法是屬於 Color 結構的方法，從指定預先定義(已知)的色彩來建立 Color 結構，KnownColor 後加上列舉常數來表示顏色。KnownColor 通常用來指定系統的顏色，如：作用視窗標題欄的名稱為 ActionCaption、控制項預設顏色為 Control 等，也可以是顏色列舉常數，如：Green、Blue 等。語法如下：

> 語法：Color.FromKnownColor(KnownColor.列舉常數)

[例] 將表單(視窗)標題欄顏色當做(指定給) Button1 按鈕的背景色。寫法如下：

```
Button1.BackColor = Color.FromKnowColor(KnowsColor.ActionCaption)
```

3. 使用顏色列舉常數名稱

在 Visual Basic 中，定義了許多常用顏色，我們可以直接引用。撰寫程式時只要在這些顏色名稱前面輸入「**Color.**」時會自動出現顏色清單列出所有顏色列舉常數名稱，只要點選需要的顏色列舉常數名稱即可。

> 語法：Color.顏色列舉常數名稱

[例] 將 Button1 按鈕控制項的前景色設為紅色，其寫法如下：

```
Button1.ForeColor = Color.Red
```

範例演練

檔名：Argb.sln

利用四個滑動桿控制項，分別來調整色塊的透明度、紅色、綠色和藍色的色階值，設定值一有改變同時將四個設定值分別顯示在表單上，且將紅、綠、藍、透明度混出的色光當作圖片控制項的背景色。

上機實作

Step1 設計輸出入介面

1. 本例使用四個滑動桿控制項(tkbA、tkbR、tkbG、tkbB)，分別用來設定 FromArgb 的透明度（Alpha）、紅（Red）、綠（Green）、藍（Blue）四個引數值。將 Minimum 屬性設為 0，Maximum 屬性設為 255，使設定範圍由 0~255。另外，設 TickStyle 屬性設為 None，滑動桿不顯示刻線。

2. 本例使用一個圖片方塊控制項(picColor)，用來顯示調整後的顏色。另外，使用五個標籤控制項(lblA、lblR、lblG、lblB、lblArgb)，分別顯示滑動桿控制項的 Value 值，以及 picColor 顯示的顏色值。

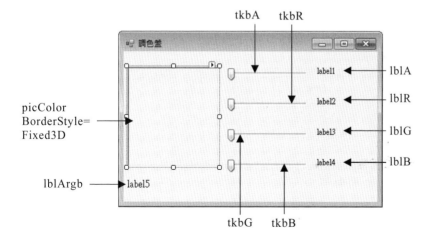

Step2 問題分析

1. 自定 myScroll 共用事件處理函式

   撰寫一個共用自定事件處理函式 myScroll，用來顯示各顏色、透明度目前設定值，以及將這四個引數所混出的色光當作圖片控制項的背景色。再將各滑動桿被拖曳時所發生的 Scroll 事件，都指定改由 myScroll 自定事件處理函式執行。請在 myScroll 自定共用事件處理函式內做下列事情：

   ① 當拖曳滑動桿的滑動鈕時，其 Value 屬性會跟著異動，將各滑動桿的 Value 屬性值分別置入 lblA、lblR、lblG、lblB。

   ② 透過 Color.FromArgb()方法將(A,R,G,B)調出的顏色置入 picColor 圖片方塊控制項內當背景色。

2. 在 Form1_Load 事件處理函式中，完成下列事情

   ① 先將透明度滑動桿控制項的 Value 屬性設為 255（不透明）。

   ② 接著呼叫 myScroll 自定事件處理函式，先設定各滑動桿控制項滑動鈕的位置和 picColor 圖片控制項的 BackColor 屬性值。

   ③ 設定 tkbA、tkbR、tkbG、tkbB 滑動鈕控制項的 Scroll 事件，都共用 myScroll 自定事件處理函式。

Step3 撰寫程式碼

```
FileName : Argb.sln
01 Public Class Form1
02    ' myScroll 自定事件處理函式用來處理 tkbA, tkbR, tkbG, tkbB 的 Scroll 事件
03    Private Sub myScroll(sender As Object, e As EventArgs)
04        lblA.Text = "透明度 = " + tkbA.Value.ToString()    '顯示目前透明度設定值
05        lblR.Text = "紅色 = " + tkbR.Value.ToString()     '顯示目前紅色設定值
06        lblG.Text = "綠色 = " + tkbG.Value.ToString()     '顯示目前綠色設定值
07        lblB.Text = "藍色 = " + tkbB.Value.ToString()     '顯示目前藍色設定值
08        ' 將目前紅綠藍三色混出的色光當圖片方塊控制項的背景色
09        picColor.BackColor = Color.FromArgb(tkbA.Value, tkbR.Value, _
                                 tkbG.Value, tkbB.Value)
10        lblArgb.Text = " (A,R,G,B)= " + "(" + tkbA.Value.ToString() + _
           "," + tkbR.Value.ToString() + "," + tkbG.Value.ToString() + _
           "," + tkbB.Value.ToString() + ")"
11    End Sub
12    ' ==========================================================
```

```
13    Private Sub Form1_Load(sender As Object, e As EventArgs) _
      Handles MyBase.Load
14        ' 設定各滑桿控制項的 Scroll 事件共用 myScroll 事件處理函式
15        AddHandler tkbA.Scroll, AddressOf myScroll
16        AddHandler tkbR.Scroll, AddressOf myScroll
17        AddHandler tkbG.Scroll, AddressOf myScroll
18        AddHandler tkbB.Scroll, AddressOf myScroll
19        tkbA.Value = 255          ' 預設不透明
20        myScroll(sender, e)       ' 表單載入時先執行 myScroll 自定事件處理函式
21    End Sub
22 End Class
```

▓▓▓ 13.2 繪圖物件

在 Visual Basic 中要繪圖之前，必須先宣告各種繪圖物件，常用的物件有 Graphics、Pen、Brush、Brushes 等。

13.2.1 Graphics 畫布

Graphics 是畫布物件，它就像平常繪圖時所使用的圖畫紙一樣，可讓繪圖方法在其中任意作畫。我們可用下面敘述，將表單、圖片方塊、面板、按鈕...等控制項當作一個畫布，圖形就會顯示在該控制項上。宣告方式如下：

> 語法：Dim 畫布物件變數　As Graphics
>   畫布物件變數　= 物件名稱.CreateGraphics()

上述語法可以合併成一行：

> 語法：
>   Dim 畫布物件變數 As Graphics = 物件名稱.CreateGraphics()

[例] 要在 Button1 按鈕控制項上面，新增一個名稱為 g 的繪圖物件，其寫法如下：

```
Dim g As Graphics
g = Button1.CreateGraphics()
```

以上語法可以合併成一行：

```
Dim g As Graphics = Button1.CreateGraphics()
```

如要清除畫布物件內的圖形，可使用 Clear()方法將畫布內容清成指定的顏色，語法：

> 語法：畫布物件.Clear(Color.顏色名稱)

[例] 將畫布 g 清成白色，即成為白色畫布：

```
g.Clear(Color.White)
```

使用 Clear()方法只是清除畫面，若要將 Graphics 畫布物件從記憶體中移除，就要使用 Dispose()方法，其語法如下：

> 語法：畫布物件.Dispose()

[例] 將畫布 g 由記憶體中移除。

```
g.Dispose()
```

13.2.2 Pen 畫筆

Pen 是畫筆物件，就像是一支繪圖時所使用的畫筆，可以在上一小節用 Graphics 所建立的畫布物件上面，使用繪圖方法來畫出直線或曲線。建立畫筆物件時，除了要先定義畫筆的顏色外還可以指定畫筆的粗細，語法：

> 語法：
> Dim 畫筆物件變數 As New Pen(Color.顏色名稱[,粗細])
> Dim 畫筆物件變數 As Pen = New Pen(Color.顏色名稱[,粗細])

[例] 宣告 p 為畫筆物件，畫筆的顏色為藍色及畫筆的寬度為 4 pixels：

```
Dim p As New Pen (Color.Blue, 4)
Dim p As Pen = New Pen (Color.Blue, 4) '另一種語法
```

建立 Pen 畫筆物件後，若要再度改變畫筆顏色或粗細，可使用下面語法重新設定：

> 語法：畫筆物件.Color = Color.顏色名稱
>
> 　　　畫筆物件.Width ＝ 粗細

[例] 重新設定畫筆 p 的顏色為紅色和寬度為 6 pixels，寫法：

```
p.Color = Color.Red
p.Width = 6
```

13.2.3 Brushes 筆刷

Brushes 是純色的筆刷，它的用法和 Color 非常類似，可供繪圖指令指定繪圖的顏色，來填滿一個區域。其宣告的方式如下：

> 語法：Brushes.顏色名稱

13.2.4　Brush 筆刷

Brush 筆刷可以建立下面所介紹各種樣式的筆刷，在畫布物件上用繪圖方法畫出一個填滿的區塊（如矩形、橢圓、多邊形...）。其中有部分物件是包含在 Drawing2D 的命名空間（NameSpace）中，例如 HatchBrush（花紋筆刷）、LinearGradientBrush(漸層筆刷)...等。所以，要先使用下列敘述將 Drawing2D 含入，而含入位置必須寫在程式碼的最前面，寫法如下：

```
Imports System.Drawing.Drawing2D
```

1. SolidBrush 筆刷

SolidBrush 筆刷可以建立一個純色的筆刷，語法如下：

> 語法：
>
> 　Dim 筆刷物件變數　As New SolidBrush(Color.顏色名稱)
>
> 　Dim 筆刷物件變數　As SolidBrush=New SolidBrush(Color.顏色名稱)

[例] 建立 sb 為一支暗紅色的筆刷，寫法如下：

```
Dim sb As New SolidBrush(Color.DarkRed)
Dim sb As SolidBrush = New SolidBrush(Color.DarkRed) '另一種語法
```

2. HatchBrush 筆刷

可建立一個花紋筆刷，第一個引數設定花紋樣式(hatchStyle)可由花紋清單中點選適合的樣式，第二個引數設定花紋的顏色(foreColor)和第三個引數設定花紋的背景色(backColor)，語法如下：

> 語法：
>   Dim　筆刷物件變數 As New
>   HatchBrush (hatchStyle , foreColor , backColor)

[例] 建立 hb 為波浪花紋筆刷，其前景紅色、背景藍色，寫法如下：

```
Dim hb As New HatchBrush(HatchStyle.Wave, Color.Red, Color.Blue)
```

3. Rectangle 矩形類別

當要建立 LinearGradientBrush 漸層筆刷，或是要繪製矩形或圓形時，都會使用到 Rectangle 類別。Rectangle 類別可以建立一個矩形物件，建立時要定義是矩形的左上角座標和矩形寬度和高度。其語法如下：

> 語法：
>   Dim　矩形物件變數　As New Rectangle(x, y, width, height)

[例] 要建立 r1 為左上角座標(30,40)，寬度 100 和高度為 60 的矩形，寫法如下：

```
Dim r1 As New Rectangle(30, 40, 100, 60)
```

4. LinearGradientBrush 筆刷

可以建立一個漸層筆刷，引數中 Rectangle 是一個矩形的物件，必須先定義。而引數 color1、color2 分別代表漸層的起始和終止顏色。另外可以用引數 angle 設定漸層傾斜的角度，使漸層效果有更多的變化。語法如下：

> 語法：
>
> Dim 筆刷物件變數 As New
>   LinearGradientBrush(Rectangle, color1, color2, angle)

[例] 建立 lgb 是由紅色到黃色，方向是水平漸層筆刷，寫法如下：

```
Dim r1 As New Rectangle(10,20,120,80)
Dim lgb As New LinearGradientBrush(r1, Color.Red, Color.Yellow, 90)
```

 宣告 LinearGradientBrush 筆刷時，要先新增 Rectangle 矩形物件，該矩形物件通常要等於或大於所填色圖形的大小。

5. Bitmap 圖形類別

Bitmap 可以建立一個圖形物件，供繪圖時使用。建立時要指定檔名和路徑，圖形檔格式可以是 BMP, GIF, JPEG...等。建立 TextureBrush 筆刷時，要使用到 Bitmap 類別。語法如下：

> 語法：Dim 圖形物件變數 As New Bitmap("filename")

[例] 建立 bmp 圖形物件用來存放 C 磁碟根目錄下的 ok.bmp 圖形檔：

```
Dim bmp As New Bitmap("C:\ok.bmp")      ' 固定路徑
```

[例] 建立 bmp 圖形物件用來存放目前資料夾上一層的 ok.bmp 圖形檔：

```
Dim bmp As New Bitmap("..\ok.bmp")      ' 相對路徑
```

6. TextureBrush 筆刷

是一支以織物圖形物件當作圖案的筆刷，引數中圖形物件要先用 Bitmap 類別來建立。其語法如下：

> 語法：Dim 筆刷物件變數 As New TextureBrush(圖形物件)

[例] 建立 p1 以 "ok.bmp" 圖案為筆刷材質，寬度為 40 的畫筆，寫法：

```
Dim bmp As New Bitmap("ok.bmp")
Dim tb As New TextureBrush(bmp)
Dim p1 As New Pen(tb,40)
```

⊞ 13.3 常用的繪圖方法

　　繪製圖形的第一個步驟就是宣告一個畫布物件，然後將畫布物件指定給一個控制項，接著在該控制項上面繪製圖形。若要畫線條就建立 Pen 畫筆物件；要畫填滿的區塊就建立 Brush 筆刷物件。最後用各種繪圖方法，畫出需要的圖形。

13.3.1 繪製直線

　　Visual Basic 提供 DrawLine（畫直線）、DrawRectangle（畫矩形框）和 DrawPolygon（畫多邊形）三個常用繪製直線的方法。在使用這些方法之前，要先宣告一個畫布物件，然後再將畫布物件指定給一個控制項。接著建立 Pen 畫筆物件，指定畫筆的顏色和粗細，最後用繪圖方法，畫出需要的圖形。

1. DrawLine 方法

　　可用畫筆物件，畫出一條直線。建立時要定義直線的起點座標和終點座標。至於直線的顏色和粗細，是由畫筆物件來決定。其語法如下：

> 語法：畫布物件.DrawLine(畫筆物件, x1, y1, x2, y2)

[例] 在畫布 g 上面的(10,10)~(120,120)兩座標點間繪製一條直線，畫筆的顏色和寬度由 p1 畫筆物件決定，寫法如下：

```
Dim g As Graphics = Me.CreateGraphics()    '宣告表單成為畫布 g
Dim p1 As New Pen(Color.Black, 2)          '宣告 p1 為黑色寬度為 2 的畫筆
g.DrawLine(p1,10,10,120,120)               '在 g 畫布上用 p1 畫筆畫一條直線
```

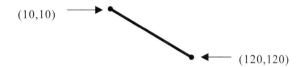

2. DrawRectangle 方法

可用畫筆物件，畫出一個矩形框。建立時要定義矩形的左上角座標、寬和高。至於外框的顏色和粗細，由畫筆物件來決定。語法如下：

> 語法：畫布物件.DrawRectangle(畫筆物件,x, y, w, h)
> 　　　畫布物件.DrawRectangle(畫筆物件,x, y, Rectangle)

[例] 在座標(10,10)起畫一個寬 120、高 60 的矩型框，外框的顏色和寬度由 p1 畫筆物件決定，寫法如下：

```
g.DrawRectangle(p1,10,10,120,60)
```

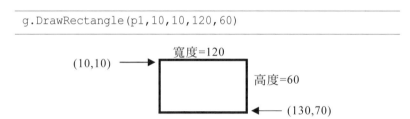

3. DrawPolygon 方法

可用畫筆物件畫出一個封閉的空心多邊形。建立時除了畫筆物件外，還要以 Point 類別指定多邊形的頂點座標。DrawPolygon 方法會依照 Point 類別內點的順序來繪製直線，繪完最後一點後，該點會和起點相連成一個封閉的多邊形。語法如下：

> 語法：畫布物件.DrawPolygon(畫筆物件,Point 物件陣列)

4. Point 類別

用來建立並記錄每一點的 X、Y 座標值，其中可以為一個點，也可以包含多個點。語法如下：

> 語法：Dim 變數() As Point ＝ {New Point(x1, y1), New
> Point(x2, y2), New Point(x3, y3), ...}

[例] 建立一個 p1 點(Point)物件，XY 座標為(0,0)，寫法如下：

```
Dim p1 As Point = {New Point(0,0)}
```

[例] 建立一個 pts 點(Point)物件陣列，該物件陣列內含三個點物件依序
XY 座標為(50,0)、(0,100)、(200,100)，最後再使用 DrawPolygon
方法並配合 pts 點物件陣列繪製出三角形。其寫法如下：

```
Dim pts() As Point = {New Point(50,0), New Point(0,100), _
                      New Point(200,100)}
Dim p1 As New Pen(Color.Black, 2)        '宣告 p1 為黑色寬度為 2 的畫筆
g.DrawPolygon(p1, pts)
```

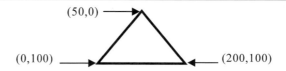

範例演練

檔名：LineDemo.sln

試在表單大小 580 x 255(寬 x 高) 上分別畫出下列三個圖形。

① 圖一的線條粗細為 2，顏色為黑色，第一條線由(15,10)-(15,30)，
第二條線由(30,10)-(30, 50)，其餘位置以此類推，共有 10 條線。

② 圖二線條顏色為藍色，第一個正方形起點為(160,10)、邊長為 60，
第二個正方形起點為(170,20)、邊長為 65，其餘正方形以此類推，
共有 10 個正方形。

③ 圖三的線條粗細為 10，多邊形端點分別在(460,10)、(540,60)、
(540,150)、(460,200)、(380,150)、(380,60)。

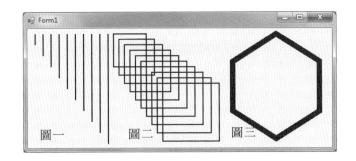

上機實作

Step1 問題分析

1. 本例在表單上不需放置任何控制項,圖形是畫在表單物件上,表單寬度設為 580,高度設為 255。

2. 視窗的繪圖事件是 Paint 事件,因此需將繪圖的程式碼寫在 Form1_Paint 事件處理函式中,在此函式做下列事情:

   ① 設定表單為畫布 g,畫筆顏色為黑色,寬度為 2 pixels。

   ② 在畫布 g 上面使用 For 迴圈繪製十條漸長的垂直線。直線起點的 X 座標值由左而右每條加 15;Y 座標則固定為 10。直線終點的 X 座標值也固定加 15;Y 座標值則每條加 20。歸納上列規則,可利用 For 迴圈來繪製圖形。

   ③ 重設畫筆顏色為藍色。

   ④ 在畫布 g 上面,繪製十個向右下漸大且漸移的正方框。正方形的起點 X 座標值由左向右每次加 10;Y 座標值也加 10。正方形的寬和高原為 60,由左向右每次加 5。歸納上列規則,可利用 For 迴圈來繪製圖形。

   ⑤ 重設畫筆寬度為 12。

   ⑥ 在畫布 g 上面繪製六邊形。多邊形只要將指定的頂點位置,設給 DrawPolygon 方法就可以輕鬆繪製完成。

Step2 撰寫程式碼

```
FileName : LineDemo.sln
01 Public Class Form1
02   Private Sub Form1_Paint(sender As Object, e As PaintEventArgs) _
     Handles MyBase.Paint
03     Dim g As Graphics = Me.CreateGraphics()
04     Dim p As New Pen(Color.Black, 2)      '設畫筆為黑色寬度為 2
05     For i = 1 To 10           ' 繪製 10 條漸長的垂直線
06       g.DrawLine(p, i * 15, 10, i * 15, 10 + i * 20)
07     Next
08     p.Color = Color.Blue    ' 重設畫筆為藍色
09     For i = 0 To 9
10       g.DrawRectangle(p,160 + i * 10, 10 + i * 10, 60 + i * 5, 60+i*5)
11     Next
12     p.Width = 10              ' 重設畫筆寬度為 10
13     '建立包含六點的 Point 陣列物件
14     Dim ps() As Point = {New Point(460, 10), New Point(540, 60), _
                   New Point(540, 150), New Point(460, 200), _
                   New Point(380, 150), New Point(380, 60)}
15     g.DrawPolygon(p, ps)    ' 繪製多邊形
16   End Sub
17 End Class
```

13.3.2 繪製曲線

本小節介紹將 DrawEllipse（畫橢圓框）、DrawArc（畫圓弧）、DrawPie（畫扇形框）、DrawBezier（畫貝茲氏曲線）和 DrawCurve（畫曲線）五種繪製曲線的方法。

1. DrawEllipse 方法

DrawEllipse 方法可以用畫筆物件，畫出一個橢圓框。建立時要定義橢圓形的左上角座標、橢圓的寬和高度(當寬=高，即為正圓)。語法如下：

> 語法：畫布物件.DrawEllipse(畫筆物件, x, y, width, height)
> 　　　畫布物件.DrawEllipse(畫筆物件, Rectangle)

2. DrawArc 方法

DrawArc 方法可以用畫筆物件，畫出一條圓弧（橢圓的一部分）。建立時要定義橢圓形的左上角座標、橢圓的寬和高度，圓弧起點角度和畫弧的角度。若畫弧角度為負值，就表示是逆時針畫圓弧。語法如下：

> 語法：
>
> 畫布物件.DrawArc(畫筆物件, x, y, width, height, startAngle,
> sweepAngle)
> 畫布物件.DrawArc(畫筆物件, Rectangle, startAngle,
> sweepAngle)

[例] 由 45 度畫 90 度圓弧到 135 度，寫法如下：

```
g.DrawArc(p,0,0,50,50,45,90)
```

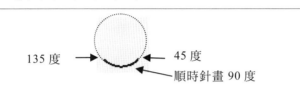

DrawArc 方法和 DrawPie 方法使用的角度如下圖：

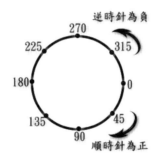

3. DrawPie 方法

DrawPie 方法可以用畫筆物件，畫出一個扇形框。其方法和 DrawArc 方法類似，只是多了兩條和橢圓中心的連線。其語法如下：

> 語法：
>
> 畫布物件.DrawPie(畫筆物件, x, y, width, height,
> stsrtAngle, sweepAngle)
> 畫布物件.DrawPie(畫筆物件, Rectangle, startAngle,
> sweepAngle)

[例] 由 45 度逆時針畫扇形到 315 度，寫法如下：

```
g.DrawPie(p,0,0,50,50,45,-90)
```

4. DrawBezier 方法

DrawBezier 方法可以用畫筆物件，依照四個指定的點座標畫出一條貝茲曲線。語法如下：

> 語法：畫布物件.DrawBezier(畫筆物件, p1, p2, p3, p4)

5. DrawCurve 方法

DrawCurve 方法可以用畫筆物件，依照 Point 類別指定的點畫出一條曲線。DrawBezier 一定要指定四個點，但 DrawCurve 指定的點數有彈性。其語法如下：

> 語法：畫布物件.DrawCurve(畫筆物件, Point 物件陣列)

TIPS
DrawCurve 方法繪製的曲線會通過指定的點，但 DrawBezier 不一定會通過。

範例演練

檔名：ArcDemo.sln

試分別使用上面五種畫曲線的方法，練習使用 DrawEllipse 畫圓、DrawArc 畫圓弧、DrawPie 畫扇形圖、DrawBezier 畫貝茲曲線和DrawCurve 畫曲線。

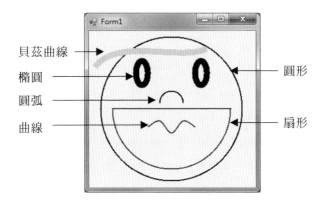

貝茲曲線
橢圓
圓弧
曲線
圓形
扇形

上機實作

Step1 問題分析

1. 視窗的繪圖事件是 Paint 事件，需將繪圖的程式碼寫在 Form1_Paint 事件處理函式中。

2. 設定表單為畫布，和設定畫筆的顏色和粗細。

3. 用 DrawEllipse 方法繪製臉和眼睛。

4. 用 DrawArc 方法繪製鼻子，由 0 度位置逆時針畫 180 度的圓弧。

5. 用 DrawPie 方法繪製嘴巴，由 0 度位置順時針畫 180 度的扇形。

7. 使用 DrawCurve 方法繪製咽喉，使用指定畫筆繪製 ps 點(Point 類別)物件陣列集合裡面的座標點。

6. 使用 DrawBezier 方法以指定的四點座標繪製貝茲曲線，來做為頭髮。

Step2 撰寫程式碼

```
FileName : ArcDemo.sln
01 Public Class Form1
02   Private Sub Form1_Paint(sender As Object, e As PaintEventArgs) _
     Handles MyBase.Paint
03     Dim g As Graphics = Me.CreateGraphics()      ' 設定畫布 g
04     Dim p As Pen = New Pen(Color.Black, 2)' 設定畫筆 p，為寬度為 2 的黑色畫筆
05     g.DrawEllipse(p, 20, 10, 240, 240)     ' 畫圓形(臉)
06     p.Width = 10      '畫筆寬度改為 10
07     g.DrawEllipse(p, 80, 50, 20, 40)      ' 畫橢圓形(左眼)
```

```
08      g.DrawEllipse(p, 180, 50, 20, 40)          ' 畫橢圓形(右眼)
09      p.Width = 2      '畫筆寬度改為2
10      g.DrawArc(p, 120, 100, 40, 40, 0, -180)    ' 畫半圓弧(鼻嘴)
11      p.Color = Color.Red      '改畫筆顏色為紅色
12      g.DrawPie(p, 40, 30, 200, 200, 0, 180)     ' 畫半圓形(嘴)
13      '宣告點的集合
14      Dim ps() As Point = {New Point(100, 160), New Point(120, 150), _
               New Point(140, 170), New Point(160, 150), New Point(180, 160)}
15      g.DrawCurve(p, ps)            ' 畫曲線(咽喉)
16      p.Width = 10                  ' 畫筆寬度改為10
17      p.Color = Color.LightGray  ' 改畫筆顏色為灰色
18      '畫貝茲曲線(頭髮)
19      g.DrawBezier(p, New Point(10, 60), New Point(50, 10), _
                   New Point(150, 50), New Point(200, 30))
20    End Sub
21 End Class
```

13.3.3 繪製區塊

Visual Basic 提供 FillRectangle（畫矩形）、FillPolygon（畫實心多邊形）、FillEllipse（畫橢圓）和 FillPie（畫扇形）四個常用繪製區塊的方法。在使用這些方法前，要先宣告一個畫布物件，然後將畫布物件指定給一個控制項。接著建立 Brush 筆刷物件，依照需求指定筆刷的種類。最後用繪圖方法，畫出需要的圖形。

1. FillRectangle 方法

FillRectangle 方法可用筆刷物件，在畫布上繪製一個實心的矩形區塊。其語法如下：

> 語法：
> 　畫布物件.FillRectangle(筆刷物件, x1, y1, width, height)
> 　畫布物件.FillRectangle(筆刷物件, 矩形物件)

2. FillPolygon 方法

FillPolygon 方法可用筆刷物件，在畫布上繪製一個封閉的實心多邊形區塊。語法如下：

> 語法：畫布物件.FillPolygon(筆刷物件, Point 物件陣列)

3. **FillEllipse 方法**

FillEllipse 方法可用筆刷物件，在畫布上繪製一個實心橢圓區塊。語法如下：

> 語法：
>
> 畫布物件.FillEllipse(筆刷物件, x, y, width, height)
>
> 畫布物件.FillEllipse(筆刷物件, 矩形物件)

4. **FillPie 方法**

FillPie 方法可用筆刷物件，在畫布上繪製一個實心扇形區塊。語法如下：

> 語法：
>
> 畫布物件.FillPie(筆刷物件, x, y, w, h, stsrtAngle, sweepAngle)
>
> 畫布物件.FillPie(筆刷物件, 矩形物件, startAngle, sweepAngle)

13.3.4 繪製文字

Visual Basic 提供 DrawString 方法來繪製文字，在使用 DrawString 方法前，要先宣告一個畫布物件，然後將畫布物件指定給一個控制項。接著建立 Brushes 或 Brush 筆刷物件，依照需求指定筆刷的種類。語法如下：

> 語法：
>
> 畫布物件.DrawString("字串",New Font("字型名稱", FontSize), 筆刷, x, y)

[例 1]

```
g.DrawString("OK", new Font("Arial",24), Brushes.Black,20,50)
```

OK

[例 2]

```
Dim b As New HatchBrush(HatchStyle.Wave,c1,c2)
g.DrawString("OK", new Font("Arial Black", 48), b, 120, 50)
```

檔名：FillDemo.sln

試分別使用上面畫區塊的方法，練習使用不同的筆刷物件，用 FillRectangle 畫矩形、FillPolygon 畫實心多邊形、FillEllipse 畫橢圓和 FillPie 畫扇形，並在圖形下方顯示文字。

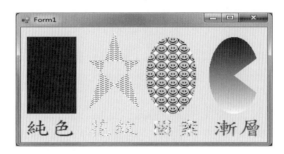

上機實作

Step1 問題分析

1. 因為有用到漸層和花紋筆刷，所以必須在程式最前面含入 System.Drawing.Drawing2D 命名空間。

2. 將繪圖的程式碼寫在 Form1_Paint 事件處理函式中。

3. 設定表單為畫布，和設定字型 f。

4. 宣告紅色筆刷，然後用 FillRectangle 方法畫矩形。

5. 以紅色筆刷，用 DrawString 方法顯示 "純色"。

6. 宣告藍色波浪花紋筆刷，然後用 FillPolygon 方法畫實心多邊形。

7. 宣告圖案筆刷，然後用 FillEllipse 方法畫橢圓，圖檔 smile.jpg 請複製到 bin\Debug 資料夾中。

8. 宣告一個矩形物件，來供漸層筆刷和繪製扇形使用。

9. 宣告綠色到白色角度 90 的漸層筆刷，然後用 FillPie 方法畫扇形。

Step2 撰寫程式碼

```
FileName : FillDemo.sln
01 Imports System.Drawing.Drawing2D    '引用 System.Drawing.Drawing2
02 ' ================================================================
03 Public Class Form1
04   Private Sub Form1_Paint(sender As Object, e As PaintEventArgs) _
     Handles MyBase.Paint
05      Dim f As Font = New Font("標楷體", 30)
06      Dim g As Graphics = Me.CreateGraphics()
07      Dim b1 As SolidBrush = New SolidBrush(Color.Red)
08      g.FillRectangle(b1, 10, 20, 80, 160)
09      g.DrawString("純色", f, b1, 0, 190)
10      Dim b2 As HatchBrush = New HatchBrush(HatchStyle.Wave, _
                                 Color.Blue, Color.White)
11      Dim ps() As Point = {New Point(150, 10), New Point(110, 170), _
         New Point(190, 70), New Point(110, 70), New Point(190, 170)}
12      g.FillPolygon(b2, ps)
13      g.DrawString("花紋", f, b2, 100, 190)
14      Dim img As Bitmap = New Bitmap("smile.jpg")
15      Dim b3 As TextureBrush = New TextureBrush(img)
16      g.FillEllipse(b3, 200, 20, 80, 160)
17      g.DrawString("圖案", f, b3, 200, 190)
18      Dim r As Rectangle = New Rectangle(300, 20, 80, 160)
19      Dim b4 As LinearGradientBrush = New LinearGradientBrush(r, _
                            Color.Green, Color.White, 90)
20      g.FillPie(b4, r, 45, 270)
21      g.DrawString("漸層", f, b4, 300, 190)
22   End Sub
23 End Class
```

13.3.5 其它常用的繪製方法

本小節將介紹 TranslateTransform（位移）、ScaleTransform（縮放）、RotateTransform（旋轉）和 ResetTransform（還原）等圖形變形的方法。

1. TranslateTransform 方法

TranslateTransform 方法可以設定圖形位移的位置，語法如下：

> 語法：畫布物件.TranslateTransform(x, y)

[例] 會影響後面繪製的圖形座標都會向右移 15 點向下 30 點，寫法如下：

```
g.TranslateTransform(15,30)
```

2. **ScaleTransform 方法**

用來設定圖形縮放的比例，引數中要定義圖形的寬度和高度的縮放比例。語法：

> 語法：畫布物件.ScaleTransform(sw, sh)

[例] 會影響後面繪製的圖形大小，寬度縮小為一半，高度放大 2 倍，寫法如下：

```
g.ScaleTransform(0.5,2)
```

3. **RotateTransform 方法**

用來設定圖形旋轉的角度，引數中角度以 360 度為單位（資料型別為 Float）。其語法如下：

> 語法：畫布物件.RotateTransform(angle)

[例] 會影響後面繪製的圖形都順時針旋轉 45 度，寫法如下：

```
g.RotateTransform(45)
```

如果若執行 RotateTransform 方法兩次，兩次旋轉的角度會相加，會影響以後繪製的圖形。例如執行 g.RotateTransform(45)兩次，以後繪圖的都旋轉 90 度，也就是說由上次旋轉的角度起再旋轉角度。

4. **ResetTransform 方法**

TranslateTransform、ScaleTransform、RotateTransform 方法，都是以上次執行結果繼續變形，若要還原成初始設定重新來過，就使用 Reset Transform 方法。語法如下：

> 語法：畫布物件.ResetTransform()

範例演練

檔名：Transform.sln

在視窗下方有 □平移 、□縮放 、□旋轉 三個核取方塊，勾選核取方塊後
按 繪圖 鈕就會畫出指定的 20 個圓形樣式。

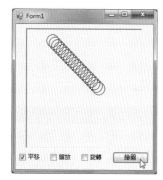 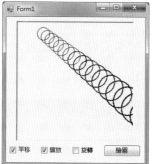 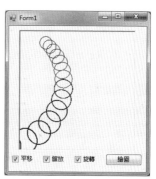

上機實作

Step1 設計輸出入介面

本例建立一個 PictureBox 控制項(picDraw)，用來顯示圖形。另外，
使用三個核取方塊控制項，用來設定三個選項。最後，建立一個按
鈕控制項(btnDraw)，用來執行繪圖的功能。

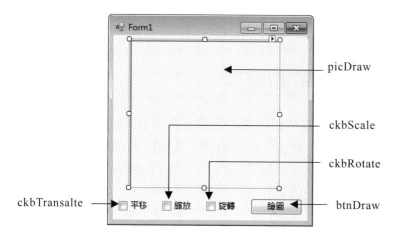

Step2 問題分析

1. 設定圖片方塊 picDraw 為畫布，以便在畫布上繪圖。

2. 使用 Clear()方法先將畫布清成 KnownColor.Control 控制項顏色。

3. 在 ▭繪圖▭ 鈕的 Click 事件中,使用 For 迴圈繪製 20 個圓形,再依核取方塊設定情形,分別執行 TranslateTransform、ScaleTransform、RotateTransform 方法,就可以讓圖形顯示時增加平移、縮放和旋轉等效果。

4. 用 ResetTransform 方法還原變形的方法。

Step3 撰寫程式碼

```
FileName : Transform.sln
01 Public Class Form1
02   Private Sub btnDraw_Click(sender As Object, e As EventArgs) _
     Handles btnDraw.Click
03     Dim g As Graphics = picDraw.CreateGraphics()
04     g.Clear(Color.FromKnownColor(KnownColor.Control))
05     Dim p As Pen = New Pen(Color.Blue, 1)
06     For i = 1 To 20
07         g.DrawEllipse(p, 40, 10, 25, 25)
08         If ckbTranslate.Checked Then g.TranslateTransform(5, 5)
09         If ckbScale.Checked Then g.ScaleTransform(1.06, 1.06)
10         If ckbRotate.Checked Then g.RotateTransform(i)
11     Next
12     g.ResetTransform()
13   End Sub
14 End Class
```

▦ 13.4 圖檔的讀取和儲存

在前面章節中我們介紹了如何運用繪圖方法來繪製圖形,這些方法所繪出的圖形,通常無法十分精緻。為了解決上述問題,Visual Basic 可以將現有圖檔直接載入畫布中或是利用 Save 方法,可以將畫布內的圖形,以檔案方式存入檔案中,方便日後使用。

1. Bitmap 圖形類別

Bitmap 建立時除了可指定載入圖檔，也可以指定其寬度和高度，此時會在記憶體保留空間。語法如下：

> 語法：Dim 圖形物件變數 As New Bitmap(width, height)

[例] 設定 bmp 圖形物件的寬為 160 Pixels、高為 120 Pixels

```
Dim bmp  As New Bitmap(160,120)
```

2. FromImage 方法

宣告一個畫布物件，其來源為圖形物件。

> 語法：畫布物件變數 = Graphics.FromImage(Bitmap)

[例] 宣告一個 bmp 畫布物件，寬為 160 Pixels、高為 120 Pixels，將此圖形物件指定給 g 畫布物件變數：

```
Dim bmp As New Bitmap(160,120)
g = Graphics.FromImage(bmp)
```

3. Save 方法

Save 方法可以將 Bitmap 物件的圖形存成檔案，其引數除了檔名外，還要包含路徑。

> 語法：Bitmap.Save("FileName")

[例] 將 bmp 圖形物件存入 C 槽的 test.bmp 檔案中：

```
bmp.Save("C:\test.bmp")
```

範例演練

檔名： DrawSave.sln

在視窗中有一個白色方塊，使用者選擇畫直線或圓形後，可以用滑鼠任意點兩點畫圖。畫筆大小和顏色，可以用滑動桿自行調整。按 清除 鈕

時，方塊清成白色。按 存檔 鈕時，方塊內圖案以「test1.jpg」存檔。
按 讀檔 鈕時，方塊內會顯示原來存檔的「test1.jpg」。

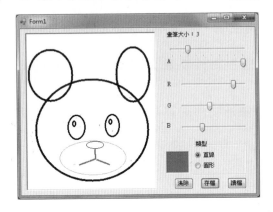

上機實作

Step1 設計輸出入介面

本例建立一個 PictureBox 控制項(picDraw)，用來顯示圖形。使用五個滑動桿控制項，來設定畫筆大小和顏色值。使用 PictureBox 控制項(picColor)用來顯示使用者設定的顏色。使用兩個選項鈕控制項(rdbLine、rdbCircle)用來選擇繪圖方法。最後，建立三個按鈕控制項，分別用來執行清除、存檔和讀檔的功能。

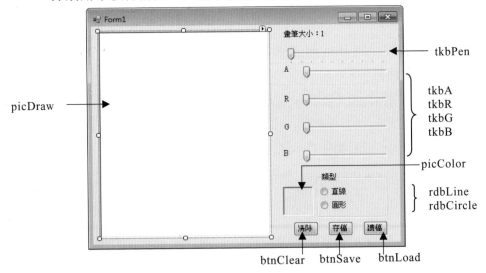

Step2 問題分析

1. 建立一個 Bitmap 物件，其名稱為 bmp，大小和 picDraw 相同。

2. 宣告 p_w（畫筆大小）、p_c（畫筆顏色）、p（畫筆）成員變數，以便讓所有事件處理函式共用並設其初值。

3. 宣告 first 布林成員變數，用來記錄是否按了第一點，預設值為 False(沒有)。宣告 x1、y1 成員變數用來記錄滑鼠第一點座標，以便讓所有事件處理函式共用。

4. 定義 MyScroll 自定事件處理函式，以便將來讓 tkbA, tkbB, tkbG, tkbB 的 Scroll 事件一起共用。在該函式做下列事情：

   ① 使用 Color.FromArgb 方法配合 tkbA, tkbB, tkbG, tkbB 的 Value 屬性取得顏色，並將顏色指定給 p_c 畫筆顏色。

   ② 將 p_c 畫筆顏色指定給 picColor 圖片方塊控制項的背景色。

   ③ 使用 p_w 畫筆大小及 p_c 畫筆顏色重新建立畫筆物件 p。

5. 在表單載入時執行的 Form1_Load 事件處理函式中，設定各控制項的初值，並設定滑動桿的共享事件。

6. 在 picDraw 的 MouseMove 事件處理函式中，當滑鼠按下左鍵時，就用 Not 運算 first 變數。接著根據 first 變數，用 If 結構來分別執行程式碼。若 first = False 代表是第一點，就記錄滑鼠座標值在 x1、y1 變數。若 first = True 代表是第二點，就再根據使用者選擇直線或圓形，用 DrawLine 或 DrawEllipse 方法畫圖。

7. 在 清除 btnClear_Click 事件處理函式中，用 Clear 方法清除畫布 g，再將清除的結果指定給 picDraw。

8. 在 存檔 btnSave_Click 事件處理函式中，使用 Save 方法可以將 Bitmap 物件的圖形儲存到 test1.jpg 檔案中。

9. 在 讀檔 btnLoad_Click 事件處理函式中，載入 test1.jpg 圖檔到 bmp 物件，並指定給 picDraw 顯示。先宣告畫布 g 的來源為圖形物件 bmp，使用 FileStream 方法將圖檔讀到 fs，然後將 fs 指定給 bmp。最後，將 bmp 指定給 picDraw。

Visual Basic 2012
從零開始

Step3 撰寫程式碼

```
FileName : DrawSave.sln
01 Public Class Form1
02    Dim bmp As New Bitmap(280, 330)    ' 和 picDraw 大小相同
03    Dim p_w As Integer = 1             ' 畫筆大小
04    Dim p_c As Color = Color.Black     ' 畫筆顏色
05    Dim p As New Pen(Color.Black, 1)   ' 宣告畫筆
06    Dim first As Boolean = False       ' 記錄是否畫了第一點
07    Dim x1, y1 As Integer              ' 記錄第一個點座標
08    ' ====================================================================
09    Private Sub Form1_Load(sender As Object, e As EventArgs) _
      Handles MyBase.Load
10       tkbA.Value = 255
11       AddHandler tkbR.Scroll, AddressOf tkbA_Scroll
12       AddHandler tkbG.Scroll, AddressOf tkbA_Scroll
13       AddHandler tkbB.Scroll, AddressOf tkbA_Scroll
14       tkbA_Scroll(sender, e)          ' 執行 tkbA_Scroll 事件處理函式
15       rdbLine.Checked = True          ' 預設為畫直線
16    End Sub
17    ' ====================================================================
18    Private Sub tkbA_Scroll(sender As Object, e As EventArgs) _
      Handles tkbA.Scroll
19       p_c = Color.FromArgb(tkbA.Value, tkbR.Value, _
             tkbG.Value, tkbB.Value)
20       picColor.BackColor = p_c        ' 設 picColor 的背景色為 p_c
21       p = New Pen(p_c, p_w)           ' 設畫筆為使用者設定值
22    End Sub
23    ' ====================================================================
24    Private Sub tkbPen_Scroll(sender As Object, e As EventArgs) _
      Handles tkbPen.Scroll
25       p_w = tkbPen.Value
26       p = New Pen(p_c, p_w)           ' 設畫筆為使用者設定值
27       lblPen.Text = "畫筆大小: " & p_w
28    End Sub
29    ' ====================================================================
30    Private Sub picDraw_MouseDown(sender As Object, e As _
      MouseEventArgs) Handles picDraw.MouseDown
31       first = Not first               ' first 作 Not 運算
32       If first = True Then            ' 若為第一點
33          x1 = e.X : y1 = e.Y          ' 記錄第一個點座標
34       Else
35          Dim g As Graphics = Graphics.FromImage(bmp)  ' 將 bmp 指定給畫布 g
36          If rdbLine.Checked = True Then        ' 若選 直線
37             g.DrawLine(p, x1, y1, e.X, e.Y)    ' 畫直線
38          Else
39             g.DrawEllipse(p, x1, y1, e.X - x1, e.Y - y1)
```

```
40            End If
41            picDraw.Image = bmp      ' 將 bmp 指定給 picDraw，顯示畫線結果
42            g.Dispose()              ' 用 Dispose 方法，移除畫布 g
43        End If
44    End Sub
45    ' ===============================================================
46    Private Sub btnClear_Click(sender As Object, e As EventArgs) _
      Handles btnClear.Click
47        Dim g As Graphics = Graphics.FromImage(bmp)
48        g.Clear(Color.White)
49        picDraw.Image = bmp
50    End Sub
51    ' ===============================================================
52    Private Sub btnSave_Click(sender As Object, e As EventArgs) _
      Handles btnSave.Click
53        bmp.Save("test1.jpg")
54    End Sub
55    ' ===============================================================
56    Private Sub btnLoad_Click(sender As Object, e As EventArgs) _
      Handles btnLoad.Click
57        Dim g As Graphics = Graphics.FromImage(bmp)
58        '使用 FileStream 方法將 test1.jpg 圖檔讀到 fs
59        Dim fs As System.IO.FileStream = New System.IO.FileStream _
                  ("test1.jpg", System.IO.FileMode.Open)
60        bmp = New Bitmap(fs)         ' 將開檔所讀取的資料指定給 bmp 物件
61        picDraw.Image = bmp         ' 將 bmp 物件指定給 picDraw 顯示圖形
62        fs.Close()                  ' 使用 Close 方法將 fs 關閉
63    End Sub
64 End Class
```

▦ 13.5 音效與多媒體播放

在 Visual Basic 中提供多種物件，可以很容易地在程式中顯示多媒體，使程式展現聲光效果。

13.5.1 播放聲音檔

1. My.Computer.Audio 物件

Visual Basic 提供 My.Computer.Audio 物件，可以在程式中很容易地播放指定的語音檔(.wav)。

2. **PlaySystemSound() 方法**

使用 My.Computer.Audio 物件的 PlaySystemSound 方法，可以在背景播放一次系統音效，通常用來提醒使用者錯誤的操作。其語法如下：

> 語法：
>
> My.Computer.Audio.PlaySystemSound(Media.SystemSounds.系統音效)

系統音效有 Asterisk、Beep、Exclamation、Hand、Question 等 5 個系統音效。例如希望發出系統的嗶聲，程式寫法如下：

```
My.Computer.Audio.PlaySystemSound(Media.SystemSounds.Beep)
```

3. **Play() 方法**

使用 My.Computer.Audio 物件的 Play 方法，除了可以播放指定的.wav語音檔外，還可以指定播放的模式。其語法如下：

> 語法：My.Computer.Audio.Play("音效檔", AudioPlayMode.播放模式)

例如以背景模式播放 C 槽根目錄下的 test.wav 語音檔，其程式寫法如下：

```
My.Computer.Audio.Play ("C:\test.wav" ,AudioPlayMode.Background)
```

My.Computer.Audio 物件的 Play 方法的語音檔，除了檔案名稱外還需要完整的路徑。另外，AudioPlayMode 播放模式如下表所列有三種成員，可以視程式需要指定適當的播放模式。

成員	說明
Background	在背景播放語音，而程式會繼續執行。
BackgroundLoop	在背景反覆播放語音，直到執行 Stop 方法才停止。
WaitToComplete	語音播放完畢後，程式才會繼續執行。

4. Stop() 方法

使用 My.Computer.Audio 物件的 Stop 方法，可以停止 Play 方法在背景反覆播放的.wav 語音檔。其語法如下：

> 語法：My.Computer.Audio.Stop()

範例演練

檔名：Plus.sln

試設計一個語音的加法程式，輸入兩個小於 50 的整數後，按 `=` 鈕就會唸出第一個數加第二個數等於多少。如果輸入不是數字時，會顯示提示訊息並播放「請輸入數字」語音。按 `=` 鈕時，如果有數字超過 49，就顯示提示訊息並播放系統警告音效。

上機實作

Step1 設計輸出入介面

1. 建立兩文字方塊控制項(txtNum1、txtNum2)，供使用者輸入數字。

2. 建立一個標籤控制項(lblAns)，來顯示加法計算結果。

3. 建立一個按鈕控制項(btnOK)，來唸出和顯示計算結果。

4. 將書附光碟中「0.wav」、「1.wav」~「10.wav」、「加.wav」、「等於.wav」、「注意.wav」等 14 個語音檔，複製到 bin\Debug 資料夾中。

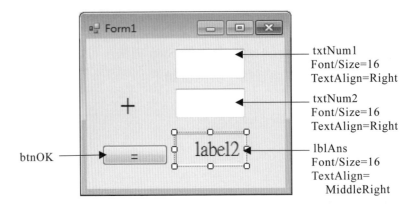

txtNum1
Font/Size=16
TextAlign=Right

txtNum2
Font/Size=16
TextAlign=Right

lblAns
Font/Size=16
TextAlign=
   MiddleRight

btnOK

Step2 問題分析

1. 在 Form_Load 事件中，完成下列事情：

① 因為只能輸入小於 50 的數字，所以設定 txtNum1 和 txtNum2 的 MaxLength 屬性值為 2，來限制最多輸入兩個字元。

② 宣告 txtNum2.KeyPress 共享 txtNum1 的 KeyPress 事件。

2. 在 Form_Paint 事件中，繪製一條水平的黑色直線。

3. 在 txtNum1 的 KeyPress 事件中，檢查是否是輸入數字。若不是就用 Play()方法播放「注意.wav」語音檔，並顯示提示訊息。

4. 在 btnOK 的 Click 事件中，完成下列事情：

① 將 txtNum1 和 txtNum2 的 Text 轉成整數，如果數值大於等於 50，就用 My.Computer.Audio.PlaySystemSound()方法播放系統警告音效，並顯示提示訊息。

② 如果數值符合範圍，就顯示計算結果，並依序坐下列動作：

❶ 呼叫自訂方法 NumSounds 來讀第一個數。

❷ 用 Play()方法以 AudioPlayMode.WaitToComplete 引數播放 sp11 語音(加.wav)完成後才繼續程式。

❸ 呼叫 NumSounds 方法讀第二個數。

❹ Play()方法以 AudioPlayMode.WaitToComplete 引數播放 sp12 語音(等於.wav)完成後才繼續程式。

❺ 最後呼叫 NumSounds 方法讀出答案。

5. 在自訂方法 NumSounds 中，完成下列事情：
　　① 如果傳入字串的長度為 1，就呼叫自訂方法 Sound 來讀出數字。
　　② 如果傳入字串的長度為 2，若十位數不等於 1 就呼叫 Sound 方法
　　　讀出數字，接著用 Play()方法播放 sp10 語音(10.wav)，最後若個
　　　位數不等於 0 就呼叫 Sound 方法讀出數字。
6. 在自訂方法 Sounds 中，根據傳入字串讀出對應的語音檔。

Step3 撰寫程式碼

```
FileName : Plus.sln
01 Public Class Form1
02    Private Sub Form1_Load(sender As Object, e As EventArgs) _
      Handles MyBase.Load
03       txtNum1.MaxLength = 2 : txtNum2.MaxLength = 2   ' 最多輸入兩個字元
04       'txtNum2.KeyPress 共享 txtNum1_KeyPress
05       AddHandler txtNum2.KeyPress, AddressOf txtNum1_KeyPress
06       lblAns.Text = ""   ' 預設答案為空白
07    End Sub
08    ' ================================================================
09    Private Sub Form1_Paint(sender As Object, e As PaintEventArgs) _
      Handles MyBase.Paint
10       Dim g As Graphics = Me.CreateGraphics()
11       Dim p As Pen = New Pen(Color.Black, 2)
12       g.DrawLine(p, 20, 100, 200, 100)    ' 畫一條黑色直線
13    End Sub
14    ' ================================================================
15    Private Sub txtNum1_KeyPress(sender As Object, e As _
      KeyPressEventArgs) Handles txtNum1.KeyPress
16       Dim ch As Char = e.KeyChar
17       If (ch < "0" Or ch > "9") And Asc(ch) <> 8 Then
18          e.Handled = True
19          My.Computer.Audio.Play("注意.wav", AudioPlayMode.Background)
20          MessageBox.Show("請輸入數字", "注意")
21       End If
22    End Sub
23    ' ================================================================
24    Private Sub btnOK_Click(sender As Object, e As EventArgs) _
      Handles btnOK.Click
25       Dim num1 As Integer = Val(txtNum1.Text)
26       Dim num2 As Integer = Val(txtNum2.Text)
27       If num1 >= 50 Then
28          My.Computer.Audio.PlaySystemSound(Media.SystemSounds.Asterisk)
29          MessageBox.Show("請輸入小於 50 的數字", "注意")
30          txtNum1.Text = "" : txtNum1.Focus()
```

```
31      ElseIf num2 >= 50 Then
32          My.Computer.Audio.PlaySystemSound(Media.SystemSounds.Asterisk)
33          MessageBox.Show("請輸入小於 50 的數字", "注意")
34          txtNum2.Text = "" : txtNum2.Focus()
35      Else
36          lblAns.Text = (num1 + num2).ToString()
37          NumSounds(txtNum1.Text) '呼叫 NumSounds 方法播放 txtNum1.Text 數字
38          My.Computer.Audio.Play("加.wav", AudioPlayMode.WaitToComplete)
39          NumSounds(txtNum2.Text) '呼叫 NumSounds 方法播放 txtNum2.Text 數字
40          My.Computer.Audio.Play("等於.wav", AudioPlayMode.WaitToComplete)
41          NumSounds(lblAns.Text) '呼叫 NumSounds 方法播放 lblAns.Text 數字
42      End If
43  End Sub
44  ' ===========================================================
45  Private Sub NumSounds(s As String)
46      If s.Length = 1 Then    '如果 s 長度等於 1
47          Sound(s)    '呼叫 Sound 方法播放數字
48      Else
49          If s.Substring(0, 1) <> "1" Then    '若不等於 1 就
50              Sound(s.Substring(0, 1))    '呼叫 Sound 方法播放第一個數字
51          End If
52          My.Computer.Audio.Play("10.wav", AudioPlayMode.WaitToComplete)
53          If s.Substring(1, 1) <> "0" Then    '若不等於 0 就
54              Sound(s.Substring(1, 1))    '呼叫 Sound 方法播放第二個數字
55          End If
56      End If
57  End Sub
58  ' ===========================================================
59  Private Sub Sound(s As String)
60      My.Computer.Audio.Play(s & ".wav", AudioPlayMode.WaitToComplete)
61  End Sub
62 End Class
```

13.5.2 播放多媒體

在 Visual Basic 可以引用 COM 的 Windows Media Player 元件，透過此元件可以製作多媒體播放程式。Windows Media Player 元件可以播放多種語音檔(wav、mp3...)和影片檔(avi、wmv...)格式，詳細的支援格式可以上微軟網站查詢。引用 Windows Media Player 元件的步驟如下：

1. 選擇項目

在工具箱上按右鍵，由快顯功能表中執行「選擇項目(I)...」指令，會開

啟「選擇工具箱項目」對話方塊。

2. 選擇項目

在「選擇工具箱項目」對話方塊中,先切換到「COM 元件」標籤頁,勾選「Windows Media Player」元件,然後按下 ┌ 確定 ┐ 鈕。

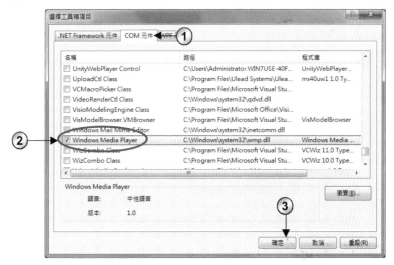

3. 建立 Windows Media Player 控制項

此時工具箱中會新增 Windows Media Player 工具,請將此工具拖曳到表單上建立 Windows Media Player 控制項。拖曳控點調整控制項大小,若

是想要 Windows Media Player 控制項填滿整個表單，可以將 Dock 屬性值設為 Fill。

4. 設定屬性

在控制項上按右鍵，執行快選功能表中的「屬性」功能，或在屬性視窗中按 🔧 圖示鈕，會開啟對話方塊可以設定各種屬性來操作 Windows Media Player 元件：

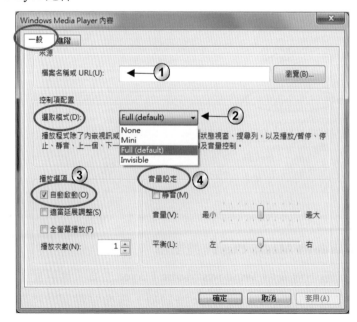

畫面說明

① 來源：可為檔案名稱或 URL(U)：

用來設定欲播放多媒體的檔案路徑。程式中設定 AxWindowsMedia Player1 檔案來源的寫法如下：

```
AxWindowsMediaPlayer1.URL = "C:\test.avi"
```

② 選取模式：

模式	功能說明
Full (預設值)	有狀態視窗、播放、停止、靜音、音量控制、上一段、下一段、快轉、倒帶等所有完整的多媒體操作控制列。
None	沒有任何可以操作多媒體播放的控制列，只顯示播放視訊的畫面。
Mini	只有狀態視窗、播放、停止、靜音及音量控制等控制項。
Invisible	多媒體的畫面全部隱藏。

程式中將 AxWindowsMediaPlayer1 選取模式設為 Full，寫法：

```
AxWindowsMediaPlayer1.uniMode="Full"
```

③ 播放選項

- 自動啟動(O)：程式執行時自動播放影片。

- 適當延伸調整(S)：播放時自動調整長寬。

- 全螢幕播放(F)：程式執行時以全螢幕播放。

- 播放次數(N)：設定播放次數。

④ 音量設定：用來調整音量大小、左右聲道以及是否靜音。

範例演練

檔名：PlayMovie.sln

製作一個可播放多媒體的應用程式。執行功能表中 [檔案/開啟] 指令，由開啟檔案視窗中選取書附光碟 ch13 資料夾下的「林義傑篇.AVI」影

片檔(影片取至法務部網站)，可播放林義傑的反毒宣導。功能表中的選取模式功能有：None、Mini、Full、Invisible 四種選項。

上機實作

Step1 設計輸出入介面

1. 在表單放入一個 Windows Media Player 元件，其 Name 屬性預設為「AxWindowsMediaPlayer1」；再將 Dock 屬性設為「Fill」使該元件填滿整個表單。

2. 在表單下方放入一個 OpenFileDialog 控制項來供使用者選擇影片檔，其 Name 屬性預設為「OpenFileDialog1」。

3. 建立下圖功能表選項

Step2 問題分析

1. 在 mnu 開啟的 Click 事件處理函式中,開啟開檔對話方塊,並檢查是否按下 確定 鈕?若是,就將選取的檔名指定給多媒體播放器控制項的 URL 屬性。

2. 在選取模式下拉式清單各項目的 Click 事件處理函式中,設定多媒體播放器控制項的 uiMode 屬性,來改變播放器樣式。

Step3 撰寫程式碼

```
FileName : PlayMovie.sln
01 Public Class Form1
02   Private Sub mnu開啟_Click(sender As Object, e As EventArgs) _
     Handles mnu開啟.Click
03       OpenFileDialog1.Filter = "*.avi|*.avi"  '篩選avi檔
04       '以執行檔路徑為起始路徑
05       OpenFileDialog1.InitialDirectory = Application.StartupPath
06       If OpenFileDialog1.ShowDialog() = DialogResult.OK Then
07           AxWindowsMediaPlayer1.URL = OpenFileDialog1.FileName
08       End If
09   End Sub
10   ' ================================================================
11   Private Sub mnu結束_Click(sender As Object, e As EventArgs) _
     Handles mnu結束.Click
12       End
13   End Sub
14   ' ================================================================
15   Private Sub mnuNone_Click(sender As Object, e As EventArgs) _
     Handles mnuNone.Click
16       AxWindowsMediaPlayer1.uiMode = "None"
17   End Sub
18   ' ================================================================
19   Private Sub mnuMini_Click(sender As Object, e As EventArgs) _
     Handles mnuMini.Click
20       AxWindowsMediaPlayer1.uiMode = "Mini"
21   End Sub
22   ' ================================================================
23   Private Sub mnuFull_Click(sender As Object, e As EventArgs) _
     Handles mnuFull.Click
24       AxWindowsMediaPlayer1.uiMode = "Full"
25   End Sub
26   ' ================================================================
27   Private Sub mnuInvisible_Click(sender As Object, e As EventArgs) _
     Handles mnuInvisible.Click
```

```
28        AxWindowsMediaPlayer1.uiMode = "Invisible"
29   End Sub
30 End Class
```

▦ 13.6 課後練習

一、選擇題

1. 關於 Visual Basic 的座標系統下列哪個敘述正確？
   (A) 向上為正　(B) 向左為正　(C) 以容器的座標為基準
   (D) 最右下角座標為(640,480)。

2. Color.FromArgb(255,255,0,255)代表下列哪個顏色？
   (A) 透明黃色　(B) 不透明黃色　(C) 不透明紅色　(D) 不透明紫色。

3. 若想使用系統的顏色，可以使用下列哪種設定方法？(A) FromArgb
   (B) FromKnownColor　(C) FromHtml　(D) Color.顏色常值。

4. 若想要繪製直線時，要先宣告下列哪個物件？
   (A) Brush　(B) Brushes　(C) Pen　(D) Rectangle。

5. 在 Visual Basic 中繪製經過任意點的曲線，可使用下列哪個方法？
   (A) DrawArc　(B) DrawBezier　(C) DrawCurve　(D) DrawPolygon。

6. 程式碼 g.DrawPie(p,10,30,60,60,270,180)，繪出的圖形會像：
   (A) ▢　(B) ▢　(C) ▢　(D) ▢。

7. 程式碼 g.FillEllipse(b,100,200,120,60)，繪出的圖形會像：
   (A) ▢　(B) ▢　(C) ▢　(D) ▢。

8. 若執行 RotateTransform(10)兩次後，而後繪製的圖形會旋轉幾度？
   (A) 0 度　(B) 10 度　(C) 20 度　(D) 100 度。

9. ❶宣告畫筆　❷畫布物件指定給控制項　❸宣告畫布物件　❹用繪圖方法，請問繪圖的四個主要步驟的順序為何？
   (A) ❶❷❸❹　(B) ❶❸❹❷　(C) ❸❷❶❹　(D) ❷❶❸❹。

10. 如果要宣告一個花紋筆刷要使用下列何者？(A) HatchBrush
    (B) LinearGradientBrush　(C) SolidBrush　(D) TextureBrush。

11. 要繪製封閉空心多邊形要使用下列哪個方法？(A) DrawRectange
    (B) DrawPolygon　(C) FillRectange　(D) FillPolygon。

12. 若要將畫布從記憶體中移除，要使用哪個方法？
    (A) Clear　(B) Close　(C) Dispose　(D) Exit。

13. 和繪圖相關的程式碼要寫在哪個表單事件中？
    (A) Activated　(B) Click　(C) Load　(D) Paint。

14. 若要循環播放語音檔時，AudioPlayMode 的引數為何？
    (A) Background　(B) BackgroundLoop　(C) Full　(D) WaitToComplete。

15. 若要指定 Windows Media Player 元件播放的影片檔，要使用哪個屬性？
    (A) Dack　(B) Play　(C) uiMode　(D) URL。

二、程式設計

1. 完成符合下列條件的程式

   ① 使用者可以設定 X 位移值，範圍-10 到 10，預設值為 1。

   ② Y 位移值由-10 到 10，預設值為 1。

   ③ 比例縮放值由 8 到 12，預設值為 10。

   ④ 旋轉角度值由 0 到 10，預設值為 4。

   ⑤ 當按 繪圖 鈕時，會依照使用者的設定，繪製 16 個漸層矩形。

   ⑥ 當按 清除 鈕時，會清除圖形以便重繪。

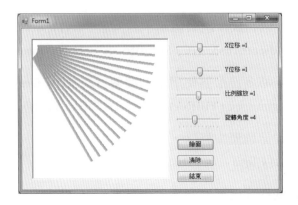

2. 完成符合下列條件的程式

① 使用者可以設定圓形的半徑，範圍 50-120，預設值為 100。

② 使用者可以設定頂點的個數，範圍 4-30，預設值為 16。

③ 當按 繪圖 鈕時，會在各頂點間繪製直線。

④ 當按 清除 鈕時，會清除圖形以便重繪。

[註]

① 頂點的 x 座標為半徑 Math.Cos(角度)

② 頂點的 y 座標為半徑 Math.Sin(角度)

③ 每個頂點用直線和其他頂點相連。

3. 完成符合下列條件的程式

① 設計一個銀行叫號程式，程式開始時顯示「準備中請稍待 謝謝」，並唸出語音(「準備.wav」)。

② 按櫃檯鈕時，編號由 1 開始每次加 1，會唸出「n 號請到 m 號櫃台」。

③ 「1.wav」~「10.wav」、「準備.wav」、「號請到.wav」、「號櫃台.wav」等語音檔，在書附光碟中。

4. 完成符合下列條件的程式

① 使用者可以按鈕選擇播放四個不同的影片,「九把刀篇.WMA」、「陶晶瑩篇.WMA」、「盧廣仲篇.WMA」、「楊淑君篇.WMA」(取至法務部網站)在書附光碟中。

② 播放器沒有控制列介面,使用者可以用滑動桿調整音量。

③ 設定 Windows Media Player 元件的 settings.volume 屬性值(屬性值範圍為 0~100),就可以調整播放的音量。

筆記頁

14

資料庫應用程式

▦ 14.1 ADO .NET 簡介

　　ADO .NET 是微軟 .NET 物件導向的資料庫存取架構，可讓您以一致的方式存取資料來源。它是採用離線存取的方式，提供 .NET Framework Data Provider(資料來源提供者) 和 DataSet(資料集) 兩個 ADO.NET 元件讓您用來存取及操作資料。其中 .NET Framework Data Provider 是存取資料來源的一組類別程式庫，包含 Connection、DataAdapter、Command、DataReader 物件；而 DataSet 資料集物件就好像是記憶體中的資料庫。目前 ADO .NET 最新版本為 4.5 版。

　　當我們在下圖中欲取出資料表的記錄時，可以透過 DataAdapter 物件中的 SelectCommand、InsertCommand、DeleteCommand、UpdateCommand 四個 Command 物件。然後使用 DataAdapter 物件的 Fill 方法，將 SelectCommand 所擷取的資料表記錄填入到記憶體中的 DataSet 資料集，接著您可將記憶體 DataSet 繫結到表單指定的控制項上面即可，以便讓您操作記憶體 DataSet 並進行離線的資料存取。

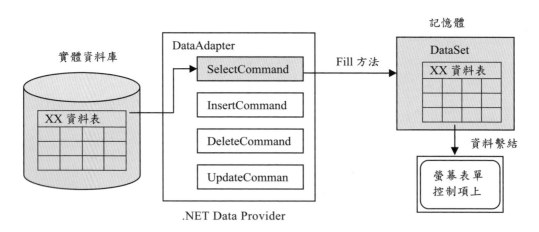

圖一：由資料庫讀取資料到記憶體 DataSet

　　反之，當我們想要將異動後的 DataSet 存(寫)回資料庫時，可以透過 DataAdapter 物件的 Update 方法，Update 方法會根據 DataAdapter 物件的 InsertCommand、DeleteCommand、UpdateCommand 三個 Command 物件將離線更新後存放在記憶體中 DataSet 的資料一次寫回指定的資料庫。

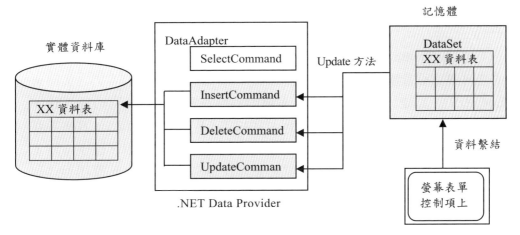

圖二：將記憶體 DataSet 中的資料存回資料庫

　　上面的架構圖感覺好像要寫好多程式的樣子，其實不用。透過 Visual Studio 2012 整合開發環境中所提供的資料工具 [BindingSource]、[DataGridView]、[BindingNavigator] 控制項，透過這些控制項並配合 [資料集設計工具] 就可以快速建立 ADO .NET 資料庫應用程式，並且自動產生 Connection、DataAdapter、Command、DataSet 物件的相關程式碼，使用起來相當方便、快速。上述控制項說明如下：

1. **BindingSource 控制項**

   提供連接資料庫，將取得資料庫中的記錄一次放入記憶體中的 DataSet，以及將記憶體中的 DataSet 資料一次寫回指定資料庫中。

2. **DataGridView 控制項**

   用來繫結顯示目前 DataSet 中的資料。

3. **BindingNavigator 控制項**

   提供在表單上巡覽記憶體 DataSet 的功能，如第一筆、上一筆、下一筆、最末筆的巡覽操作；也可以新增、刪除、修改記憶體 DataSet 的資料。

資料表必須要有主索引(主鍵)，如此資料工具連接該資料表才會擁有新增、修改、刪除資料表記錄的功能。

▓▓▓ 14.2 建立 SQL Server 2012 Express LocalDB 資料庫

Visual Studio 2012 或 Visual Studio Express 2012 for Windows Desktop 內建可讓使用者建立 SQL Server 2012 Express LocalDB (本書之後簡稱 LocalDB)，它是一個功能強大且可靠的資料庫管理工具，可透過 Visual Studio 2012 或 Visual Studio Express 2012 for Windows Desktop 直接管理 LocalDB 的物件。例如建立資料庫、資料表、檢視表、預存程序…等，LocalDB 可用來存放視窗應用程式用戶端及 ASP .NET Web 應用程式和本機資料的存放區，且提供豐富的功能、資料保護及提高存取效能。LocalDB 很適合學生、SOHO 族和個人工作室使用，可免費隨應用程式重新散發。

14.2.1 如何建立 SQL Server 2012 Express LocalDB 資料庫

透過下面步驟，學習如何建立一個名稱為 Database1.mdf 的 LocalDB 資料庫，以供專案名稱為 CreateDB 的專案使用。

上機實作

Step1 新增專案

新增「Windows Form」應用程式專案，專案名稱設為「CreateDB」。

Step2 新增資料庫

執行功能表的【專案(P)/加入新項目(W)】指令開啟下圖「加入新項目」視窗，請選取 ■ 服務架構資料庫 選項，並將「名稱(N)：」設為「Database1.mdf」，將此 LocalDB 資料庫檔案儲存於專案中。

方案總管出現
Database1.mdf
資料庫名稱

14.2.2 認識資料表欄位的資料型別

在資料庫中建立資料表之前,需知道資料表欄位可允許使用的資料型別,將有助於我們在建立資料表時,使用合適的資料表欄位。由於 SQL Server 提供的資料型別很多,本書只介紹資料表欄位常用的資料型別:

資料型別	使用時機	有效範圍
bit	儲存布林型別資料。	0、1、NULL
int	儲存整數型別資料。	-2,147,483,648～+2,147,483,647
float	儲存倍精確度資料。	-1.79769313486231E+308 ～-4.94065645841247E-324 +4.94065645841247E-324 ～+1.79769313486231E+308
char(n)	儲存固定字串資料,1 個字元儲存空間為 1 Byte,沒有填滿的資料會自動補上空白的字元。	最大長度是 8,000 個字
varchar(n)	儲存不固定的字串資料,1 個字元儲存空間為 1 Byte,儲存多少個字就佔多少空間。	最大長度是 8,000 個字
nchar(n)	儲存固定的 Unicode 字串資料,1 個字元儲存空間為 2 Bytes,沒有填滿的資料會自動補上空白的字元。	最大長度是 4,000 個字
nvarchar(n)	儲存不固定的 Unicode 字串資料,1 個字元儲存空間為 2 Bytes,儲存多少個字元就佔用多少空間。	最大長度是 4000 個字
text	儲存不固定字串資料。	最大長度是 $1{\sim}2^{31}{-}1$ 個字元
ntext	儲存不固定 Unicode 字串資料。	最大長度是 $1{\sim}2^{30}{-}1$ 個字元
date	儲存日期資料。	
datetime	儲存日期與時間資料。	4 Bytes

14.2.3 如何建立 SQL Server 2012 Express LocalDB 資料庫的資料表

建立好資料庫之後，延續上節範例，在 Database1.mdf 資料庫內建立名稱為「員工」的資料表，可用來存放每一位員工的所有記錄。

資料表欄位

「員工」資料表共有六個欄位，將「員工編號」欄位設為主索引欄位，主索引欄位必須是資料表中唯一且不重覆的欄位。

資料行名稱	資料型別	允許 Null
▶⬤ 員工編號	nvarchar(10)	☐
姓名	nvarchar(10)	☑
信箱	nvarchar(50)	☑
薪資	int	☑
雇用日期	date	☑
是否已婚	bit	☑
		☐

上機實作

Step1 延續上例，開啟「CreateDB」專案。

Step2 執行功能表的【檢視(V)/其他視窗(E)/資料庫總管(D)】指令開啟「資料庫總管」視窗，請按下 ▷ 展開鈕，使專案可連接到 Database1.mdf 資料庫。操作步驟如下：

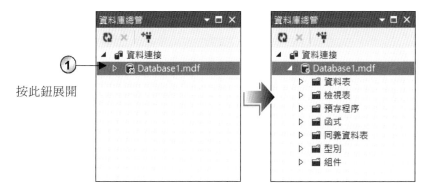

按此鈕展開

Step3 新增「員工」資料表，並在此資料表內新增員工編號、姓名、信箱、薪資、雇用日期、是否已婚六個欄位，並將員工編號設為主索引欄位。

1. 在下圖「資料表」按滑鼠右鍵由快顯功能表執行「加入新的資料表(T)」指令即進入資料表設計畫面。

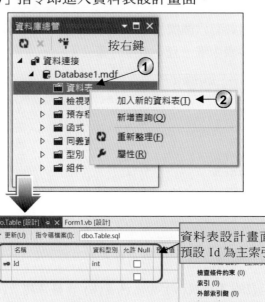

2. 在下圖新增欄位名稱為「員工編號」，並將該欄位資料型別設為「nvarchar(10)」。

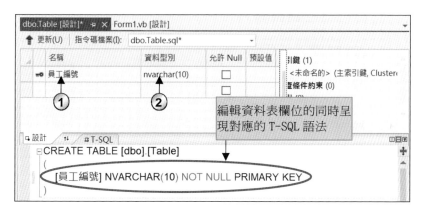

3. 如下圖，分別新增姓名、信箱、薪資、雇用日期、是否已婚五個欄位名稱以及對應的資料型別。

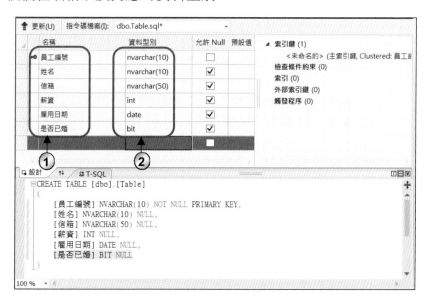

4. 若員工編號不是主索引鍵，請在下圖的「員工編號」欄位上按
滑鼠右鍵執行「設定主索引鍵(K)」指令，將員工編號欄位設為
主索引鍵欄位。

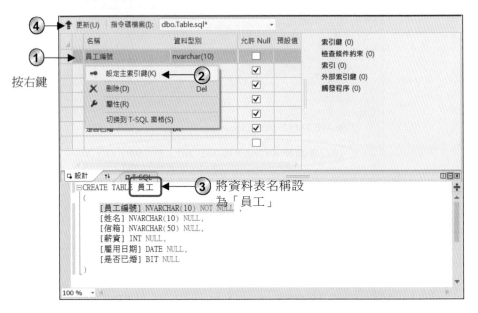

5. 將資料表名稱設為「員工」並按 　更新(U) 鈕出現下圖「預覽資
料庫更新」對話方塊，最後按下 　更新資料庫(U)　 即可在
Database1.mdf資料庫中新增「員工」資料表。

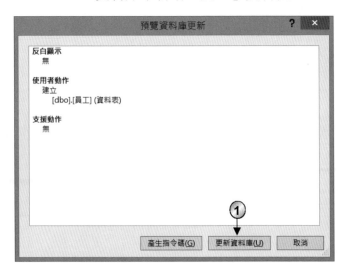

Step4 若要重新變更資料表的資料行名稱及欄位資料型別,可在指定的資料表按右鍵,由快顯功能表執行「開啟資料表定義(O)」指令即會出現資料表設計畫面。如下圖操作即是再次開啟「員工」資料表的設計畫面。

資料表修改完成後按可此鈕

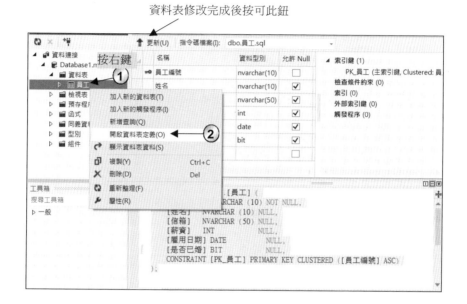

14.2.4 如何將資料記錄輸入到資料表內

若設計好資料表,接著可以直接輸入資料記錄到資料表內,或是透過 ADO .NET 程式來進行新增、刪除、修改或查詢資料表內的資料記錄。延續上例練習輸入幾筆員工的記錄到員工資料表內。

上機實作

Step1 延續上例,開啟「CreateDB」專案。

Step2 執行功能表的【檢視(V)/其他視窗(E)/資料庫總管(D)】指令開啟「資料庫總管」視窗,請按 ◀ 🗄 Database1.mdf 的 ▷ 展開鈕,使專案可連接到 Database1.mdf 資料庫。

Step3 在下圖「員工」資料表按滑鼠右鍵由快顯功能表執行「顯示資料表
資料(S)」進入資料表記錄的輸入畫面。

Step4 依下圖操作,輸入五筆員工記錄資料,但要注意,主索引鍵欄位資
料不可以重複。

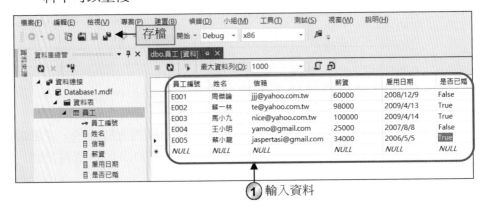

①輸入資料

Step5 完成輸入資料之後,可按 🖫 全部儲存鈕將所輸入的員工記錄儲存。

▓ 14.3 第一個資料庫應用程式

了解 LocalDB 資料庫與資料表的建立後,接著練習使用 Visual Studio
2012 或 Visual Studio Express 2012 for Windows Desktop 整合開發環境中所

提供的資料工具 BindingSource 、 DataGridView 、 BindingNavigator 控制項，透過這些控制項並配合[資料集設計工具]可以連接 Database1.mdf 資料庫的員工資料表，讓您快速建立 ADO .NET 資料庫應用程式，並且自動產生 Connection、DataAdapter、Command、DataSet 物件的相關程式碼。

範例演練   檔案：EmployeeDB.sln

使用資料工具 BindingSource 和 DataGridView 以及 BindingNavigator 建立下圖簡易的員工資料庫應用程式。透過 BindingSource 擷取 Database1.mdf 員工資料表的記錄放入表單中「員工 DataGridView」控制項內。當使用者新增、修改、刪除「員工 DataGridView」內的員工記錄後，按 更新 鈕將「員工 DataGridView」內的員工記錄一次寫回 Database1.mdf 資料庫內的員工資料表。

　　　按此鈕將「員工 DataGrid
　　　View」內的資料一次寫回
　　　Database1.mdf 員工資料表

資料表欄位

延續上例或是直接載入書附光碟 ch14 資料夾下的 Database1.mdf 資料庫，該資料庫中內含「員工」資料表，該資料表欄位如下，其中「員工編號」為主索引欄位。

資料行名稱	資料型別	允許 Null
員工編號	nvarchar(10)	☐
姓名	nvarchar(10)	☑
信箱	nvarchar(50)	☑
薪資	int	☑
雇用日期	date	☑
是否已婚	bit	☑

上機實作

Step1 延續上例「CreateDB」專案，或是新建立專案名稱為「EmployeeDB」的 Windows Form 應用程式專案。

Step2 新增 BindingSource 控制項

將工具箱資料工具中的 BindingSource 拖曳到 Form1 表單上，此時表單下方會出現名稱為 BindingSource1 控制項。

Step3 連接資料來源

依下圖操作使用 BindingSource1 連接 Database1.mdf，再將「員工」資料表加入到指定的 Database1DataSet(資料集物件)中。

1. 先選取表單下方的「BindingSource1」，然後在該控制項 DataSource 屬性的「加入專案資料來源…」按一下設定所要連接的資料來源。

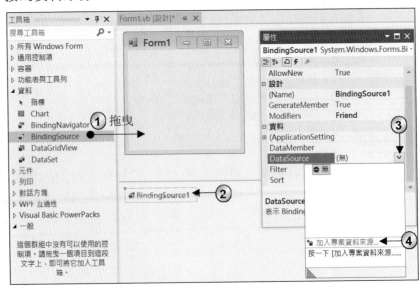

2. 依數字圖示操作，使「BindingSource1」連接書附光碟 ch14 資料夾下的 Database1.mdf；再將該資料庫中的「員工」資料表放入 Database1DataSet 資料集物件中。

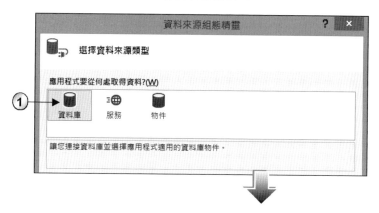

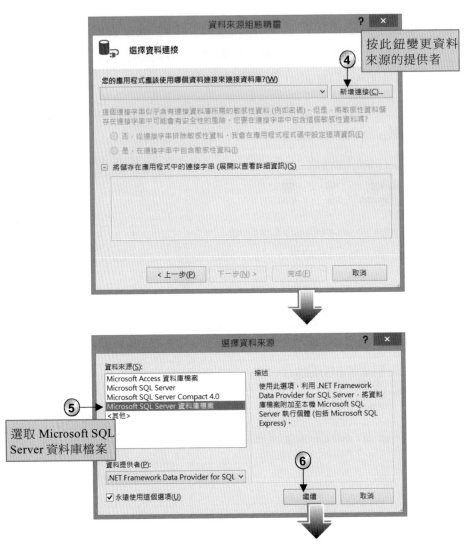

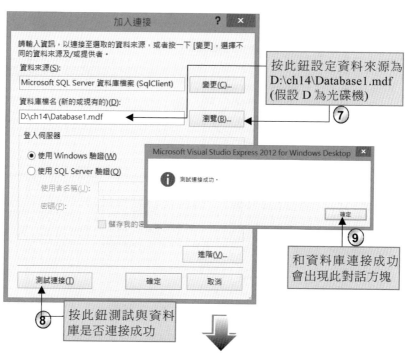

按此鈕設定資料來源為 D:\ch14\Database1.mdf (假設 D 為光碟機)

⑦

和資料庫連接成功會出現此對話方塊

⑨

按此鈕測試與資料庫是否連接成功

⑧

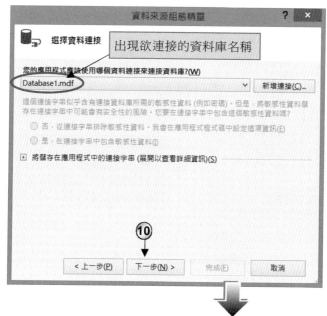

出現欲連接的資料庫名稱

⑩

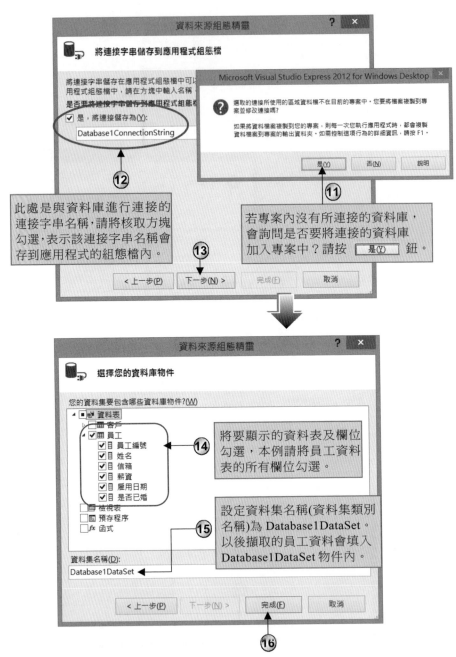

資料來源組態精靈

將連接字串儲存到應用程式組態檔

將連接字串儲存在應用程式組態檔中可以
用程式組態檔中,請在方塊中輸入名稱

是否要將連接字串儲存到應用程式組

☑ 是,將連接儲存為(Y):

Database1ConnectionString

⑫

Microsoft Visual Studio Express 2012 for Windows Desktop

選取的連接所使用的區域資料檔不在目前的專案中。您要將檔案複製到專
案並修改連接嗎?

如果將資料檔案複製到您的專案,則每一次您執行應用程式時,都會複製
資料檔案到專案的輸出資料夾。如需控制項行為的詳細資訊,請按 F1。

是(Y)　　否(N)　　說明

⑪

此處是與資料庫進行連接的
連接字串名稱,請將核取方塊
勾選,表示該連接字串名稱會
存到應用程式的組態檔內。

若專案內沒有所連接的資料庫,
會詢問是否要將連接的資料庫
加入專案中?請按 [是(Y)] 鈕。

⑬

< 上一步(P)　　下一步(N) >　　完成(F)　　取消

資料來源組態精靈

選擇您的資料庫物件

您的資料集要包含哪些資料庫物件?(W)

◢ ■ 🗒 資料表
　▷ 🗒 客戶
　◢ ☑ 🗒 員工
　　☑ 🔲 員工編號
　　☑ 🔲 姓名
　　☑ 🔲 信箱
　　☑ 🔲 薪資
　　☑ 🔲 雇用日期
　　☑ 🔲 是否已婚
　🔲 🗒 檢視表
　🔲 🗒 預存程序
　🔲 fx 函式

⑭

將要顯示的資料表及欄位
勾選,本例請將員工資料
表的所有欄位勾選。

設定資料集名稱(資料集類別
名稱)為 Database1DataSet。
以後擷取的員工資料會填入
Database1DataSet 物件內。

⑮

資料集名稱(D):

Database1DataSet

< 上一步(P)　　下一步(N) >　　完成(F)　　取消

⑯

3. 此時表單下方會出現「BindingSource1」及 Database1DataSet 物件。BindingSource1 可讓您操作資料表的記錄，所擷取的員工資料會填入到記憶體的 Database1DataSet 物件。(上圖所指定的 Database1DataSet 資料集名稱為 VB 產生的資料集結構描述檔，該檔會出現在方案總管內，表單下方的是 Database1DataSet 物件)

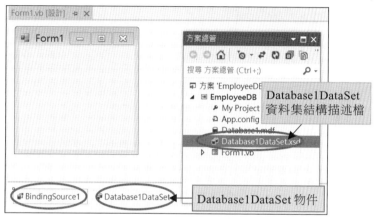

Step4 建立 DataGridView 顯示員工資料

1. 執行功能表的【檢視(V)/其他視窗(E)/資料來源(D)】指令開啟「資料來源」視窗。

2. 將資料來源視窗內的「員工」資料表拖曳到 Form1 表單內產生「員工 DataGridView」控制項以及在表單下方自動產生「員工 BindingSource」、「員工 TableAdapter」、「TableAdapterManager」三個控制項：

　① 員工 TableAdapter 和 TableAdapterManager 可用來將 Database1.mdf「員工」資料表的資料一次填入 Database1 DataSet 物件內，也可以將 Database1DataSet 記憶體內的員工資料一次寫回 Database1.mdf。

　② 員工 BindingSource 用來操作「員工」資料表的單筆記錄巡覽、新增、刪除、修改。有關 BindingSource 記錄操作方式請參考 14.4 節。

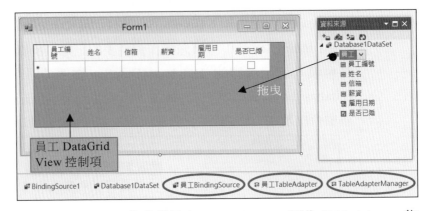

[註] TableAdapter 物件繼承自 DataAdapter，因此 TableAdapter 物件也擁有 DataAdapter 的功能。

3. 當產生「員工 TableAdapter」物件後，此時表單的 Form1_Load 事件處理函式會自動加入下列灰底字的程式碼。在第 6 行是使用「員工 TableAdapter」的 Fill 方法將所擷取的員工資料表內的所有資料一次填入「Database1DataSet.員工」DataTable 物件中。

```
01 Public Class Form1
02
03    Private Sub Form1_Load(sender As Object, _
       e As EventArgs) Handles MyBase.Load
04      'TODO: 這行程式碼會將資料載入
05      'Database1DataSet.員工' 資料表。您可以視需要進行移動或移除。
06      Me.員工TableAdapter.Fill(Me.Database1DataSet.員工)
07    End Sub
08
09 End Class }
```

Step5 執行程式

執行功能表的【偵錯(D)/開始偵錯(S)】執行程式，結果如下圖表單中的「員工 DataGridView」控制項上面會顯示員工資料表的所有記錄。觀看完畢後，請執行功能表的【偵錯(D)/停止偵錯(E)】回到整合開發環境。

Step6 加入 [更新] 按鈕並撰寫程式碼

1. 在表單中再新增一個 [更新] 鈕，其物件名稱設為「btnUpdate」。

2. 在 [更新] 鈕上快按滑鼠兩下進入 btnUpdate_Click 事件處理函式再鍵入第 11 行敘述，使用「員工 TableAdapter」的 Update 方法將記憶體中的「Database1DataSet」資料集物件一次寫回到 Database1.mdf 的員工資料表。如此一來，可讓使用者在「員工 DataGridView」上異動多筆員工記錄後，再按 [更新] 鈕將「員工 DataGridView」上(即 Database1DataSet 物件)編修後的員工記錄一次寫回 Database1.mdf 內。

```
01 Public Class Form1
02
03    ' 表單載入時執行
04    Private Sub Form1_Load(sender As Object, _
       e As EventArgs) Handles MyBase.Load
05       'TODO: 這行程式碼會將資料載入
06       'Database1DataSet.員工' 資料表。您可以視需要進行移動或移除。
07       Me.員工 TableAdapter.Fill(Me.Database1DataSet.員工)
08    End Sub
09
10    ' 按 [更新] 鈕執行
11    Private Sub btnUpdate_Click(sender As Object, _
       e As EventArgs) Handles btnUpdate.Click
12       Me.員工 TableAdapter.Update(Me.Database1DataSet.員工)
13    End Sub
14
15 End Class
```

Step7 執行程式

執行功能表的【偵錯(D)/開始偵錯(S)】執行程式。如下圖您可在「員工 DataGridView」上編輯員工資料，按下 ▨更新▨ 鈕後，會將「員工 DataGridView」上的員工資料寫回 Database1.mdf 的「員工」資料表。

▦ 14.4 資料記錄的單筆巡覽、新增、修改與刪除

▨ BindingSource 提供下面的成員可以讓您操作資料表的記錄，例如資料記錄的新增、刪除、修改、取得資料總筆數、取得資料目前位置以及提供移動記錄的方法。BindingSource 常用成員說明如下：

成員	說明
Position 屬性	取得目前記錄位置，記錄位置由 0 開始算起。
Count 屬性	取得資料記錄的總數。
MoveFirst 方法	移到第一筆記錄。
MovePrevious 方法	移到上一筆記錄。
MoveNext 方法	移到下一筆記錄。
MoveLast 方法	移到最後一筆記錄。
AddNew 方法	新增一筆空的記錄。
RemoveAt(index)方法	移除第 index 筆記錄。若 index 為 0，表示移除第 1 筆記錄。
EndEdit 方法	結束目前資料的編輯，並將控制項上的資料寫回記憶體的 DataSet 物件。此時您可以執行 TableAdapter 的 Update 方法將記憶體的 DataSet 一次寫回資料庫。

範例演練　　　　　　　　　　　　　　　　　　檔名：EditDB1.sln

製作如下圖簡易的員工資料庫應用程式。您可以執行功能表的瀏覽項目
來進行員工記錄第一筆、上一筆、下一筆、最末筆的切換；執行功能表
編輯項目可以進行新增、刪除員工記錄；當員工的資料記錄編修完成可
以執行功能表的 [更新到資料庫] 指令，將記憶體的資料一次寫回
Database1.mdf 的「員工」資料表。

上機實作

Step1　新增名稱為「EditDB1」的 Windows Form 應用程式專案。

Step2　使用 BindingSource1 連接 Database1.mdf；再將「員工」資料表加入
　　　　到 Database1DataSet(資料集物件)中。(可參閱上節範例的 Step2~
　　　　Step3)

Step3　顯示員工單筆資料

　　1. 執行功能表的【檢視(V)/其他視窗(E)/資料來源(D)】指令開啟「資
　　　　料來源」視窗。

　　2. 在資料來源的「員工」DataTable ▼ 鈕按滑鼠左鍵，並執行快顯
　　　　功能表的【詳細資料】選項，將「員工」DataTable 的顯示方式切
　　　　到單筆顯示。

 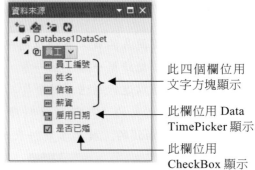

3. 將資料來源視窗內的「員工」資料表拖曳到 Form1 表單內。接著
   表單下方會產生「員工 BindingSource」、「員工 TableAdapter」、
   「TableAdapterManager」三個物件。且會自動產生下圖的控制項,
   且控制項會自動繫結至員工資料表所對應的欄位。

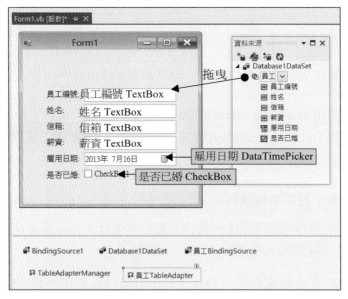

4. 執行功能表的【偵錯(D)/開始偵錯(S)】執行程式,結果如下圖表
   單上會顯示第一筆的員工記錄。觀看完畢後,執行功能表的【偵
   錯(D)/停止偵錯(E)】回到 IDE 整合開發環境。

Step4 建立下圖功能表選項

Step5 撰寫程式碼

```
FileName : EditDB1.sln
01 Public Class Form1
02
03    ' 定義 RecordData()程序用來顯示目前記錄的位置
04    Sub RecordData()
05        顯示記錄 ToolStripMenuItem.Text = "第" & _
06        (員工 BindingSource.Position + 1).ToString() & "第，共" & _
07        員工 BindingSource.Count.ToString() + "筆"
08    End Sub
09    '==================================================
10    Private Sub Form1_Load(sender As Object, e As EventArgs) _
      Handles MyBase.Load
11        'TODO: 這行程式碼會將資料載入
12        'Database1DataSet.員工' 資料表。您可以視需要進行移動或移除。
13        Me.員工 TableAdapter.Fill(Me.Database1DataSet.員工)
```

```
14          RecordData()
15      End Sub
16      ' ======================================================
17      Private Sub 第一筆ToolStripMenuItem_Click(sender As Object, _
        e As EventArgs) Handles 第一筆ToolStripMenuItem.Click
18          員工BindingSource.MoveFirst()
19          RecordData()
20      End Sub
21      ' ======================================================
22      Private Sub 上一筆ToolStripMenuItem_Click(sender As Object, _
        e As EventArgs) Handles 上一筆ToolStripMenuItem.Click
23          員工BindingSource.MovePrevious()
24          RecordData()
25      End Sub
26      ' ======================================================
27      Private Sub 下一筆ToolStripMenuItem_Click(sender As Object, _
        e As EventArgs) Handles 下一筆ToolStripMenuItem.Click
28          員工BindingSource.MoveNext()
29          RecordData()
30      End Sub
31      ' ======================================================
32      Private Sub 最末筆ToolStripMenuItem_Click(sender As Object, _
        e As EventArgs) Handles 最末筆ToolStripMenuItem.Click
33          員工BindingSource.MoveLast()
34          RecordData()
35      End Sub
36      ' ======================================================
37      Private Sub 新增ToolStripMenuItem_Click(sender As Object, _
        e As EventArgs) Handles 新增ToolStripMenuItem.Click
38          Try
39              員工BindingSource.AddNew()
40          Catch ex As Exception
41              MessageBox.Show(ex.Message)
42          End Try
43      End Sub
44      ' ======================================================
45      Private Sub 刪除ToolStripMenuItem_Click(sender As Object, _
        e As EventArgs) Handles 刪除ToolStripMenuItem.Click
46          員工BindingSource.RemoveAt(員工BindingSource.Position)
47      End Sub
48      ' ======================================================
49      Private Sub 更新到資料庫ToolStripMenuItem_Click(sender As Object, _
        e As EventArgs) Handles 更新到資料庫ToolStripMenuItem.Click
50          Try
51              員工BindingSource.EndEdit()
52              員工TableAdapter.Update(Database1DataSet)
53              MessageBox.Show("資料更新成功")
```

```
54              Form1_Load(sender, e)
55          Catch ex As Exception
56              MessageBox.Show(ex.Message)
57          End Try
58      End Sub
59      ' ==============================================
60      Private Sub 結束ToolStripMenuItem_Click(sender As Object, _
61          e As EventArgs) Handles 結束ToolStripMenuItem.Click
62          Application.Exit()
63      End Sub
64
65 End Class
```

程式說明

1. 第 38~42 行：執行「員工 BindingSource.AddNew() 」方法若輸入重複的索引資料，此時則會發生執行時期的例外，因此在第 38~42 行我們使用簡易的 Try…Catch…End Try 敘述來解快這個問題。Try 程式區塊用來放置可能發生例外的敘述，當執行時期發生例外時即會執行 Catch 下面的敘述。

2. 第 50~57 行：執行第 51~52 行將 Database1DataSet 的資料一次寫入 Database1.mdf 員工資料表；若執行第 51~52 行發生執行時期例外，表示 Database1DataSet 寫入 Database1.mdf 員工資料表發生錯誤，此時會執行第 56 行敘述。

▓ 14.5 BindingNavigator 控制項

⠿ BindingNavigator 提供巡覽記憶體 DataSet 的功能，如第一筆、上一筆、下一筆、最未筆的巡覽操作；這個控制項也可以新增、刪除、修改記憶體 DataSet 的資料。

因為 BindingSource 物件可以操作記憶體的 DataSet，所以只要將 BindingNavigator 控制項的 BindingSource 屬性指定所要操作的 BindingSource 物件，即可透過 BindingNavigator 控制項直接操作 BindingSource 物件對應的記憶體 DataSet。

 檔名：EditDB2.sln

試使用 BindingNavigator 控制項來巡覽、新增、修改、刪除「員工」資料表的記錄。按 ⊞ 鈕可在記憶體 DataSet 新增一筆記錄；按 ☒ 鈕可在記憶體 DataSet 刪除一筆記錄；當編修 DataSet 資料之後可按「更新」功能項目，將記憶體 DataSet 資料一次寫回 Database1.mdf 員工資料表中；透過 ⦗◀◀ ◀ 3 ⁄8 ▶ ▶▶⦘ 工具列可巡覽 DataSet 的資料。

按此鈕可將記憶體編輯後的資料集一次寫回資料庫內

上機實作

Step1 新增名稱為「EditDB2」的 Windows Form 應用程式專案。

Step2 使用 BindingSource1 連接 Database1.mdf；再將「員工」資料表加入到 Database1DataSet(資料集物件)中。

Step3 顯示員工單筆記錄

1. 執行功能表的【檢視(V)/其他視窗(E)/資料來源(D)】指令開啟「資料來源」視窗。

2. 在資料來源的「員工」DataTable ▾ 下拉鈕按滑鼠左鍵，並執行快顯功能表的【詳細資料】選項，將員工 DataTable 的顯示方式切換到單筆顯示模式。

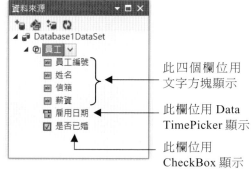

3. 將資料來源視窗內的「員工」資料表拖曳到 Form1 表單內。接著
表單下方會產生「員工 BindingSource」、「員工 TableAdapter」、
「TableAdapterManager」三個物件。且會自動產生文字方塊、
DataTimePicker 和核取方塊控制項,且控制項會自動繫結至員工資
料表所對應的欄位。

Step4 在表單建立 BindingNavigator 控制項

由工具箱拖曳 BindingNavigator 到表單上建立 BindingNavigator 控制
項,採預設物件名稱「BindingNavigator1」。接著將該控制項的
BindingSource 屬性設為「員工 BindingSource」,使 BindingNavigator1
可以操作 Database1DataSet 物件。並在 BindingNavigator1 控制項新增
一個「更新」功能項目,其物件名稱為「ToolStripButton1」。
(BindingNavigator 控制項的操作方式與 ToolStrip 控制項類似)

Step5 撰寫程式碼

```
FileName : EditDB2.sln
01 Public Class Form1
02     ' ========================================================
03     ' 表單載入時執行
04     Private Sub Form1_Load(sender As Object, e As EventArgs) _
       Handles MyBase.Load
05         'TODO: 這行程式碼會將資料載入
06         'Database1DataSet.員工' 資料表。您可以視需要進行移動或移除。
07         Me.員工TableAdapter.Fill(Me.Database1DataSet.員工)
08     End Sub
09     ' ========================================================
10     ' 按 [更新] 功能項目執行
11     Private Sub ToolStripButton1_Click(sender As Object, _
       e As EventArgs) Handles ToolStripButton1.Click
       Try
12         員工BindingSource.EndEdit()                 ' 結束編輯資料
13         員工TableAdapter.Update(Database1DataSet) ' 將資料寫回資料庫
14         MessageBox.Show("資料更新成功")
15     Catch ex As Exception
16         MessageBox.Show(ex.Message)
17     End Try
18     End Sub
19
20 End Class
```

⚎ 14.6 資料庫的關聯查詢

　　關聯式資料庫可透過相同的欄位格式，將兩個有關係的資料表關聯在一起，最大的好處就是可以減少重複登錄記錄到資料表內。一般常見的 Access、SQL Server、MySQL...等資料庫軟體都是屬於關聯式資料庫，這些資料庫軟體內的資料表皆可以進行關聯。在 ADO .NET 中提供 DataSet 物件就好像是記憶體中的資料庫，DataSet 中的 DataTable 物件即是存放在記憶體中的資料，您可以將記憶體中的 DataTable 物件進行關聯，如此即可進行資料庫的關聯查詢。請看下面這個例子來練習。

範例演練　　　　　　　　　　　　　　　　　檔名：RelationDB.sln

　　下面這個例子我們使用資料工具 `BindingSource` 取得 Northwind.mdf 資料庫的「訂貨主檔」和「訂貨明細」資料表的所有資料，然後將所有資料填入記憶體 DataSet 中的訂貨主檔 DataTable 物件及訂貨明細 DataTable 物件，接著再將兩個 DataTable 物件的「訂單號碼」欄位進行關聯。此時如下兩圖，當您選取表單中上方的 DataGridView 訂貨主檔中的某一筆訂單，下方的 DataGridView 會顯示該筆訂單號碼對應的訂貨明細所有資料。

資料表欄位

1. Northwind.mdf 置於書附光碟 ch14 資料夾下。

2. 本例使用「Northwind.mdf」資料庫中的「訂貨主檔」及「訂貨明細」資料表。訂貨主檔的主索引為「訂單號碼」；訂貨明細的主索引是「訂單號碼」及「產品編號」組合。其欄位格式如下。

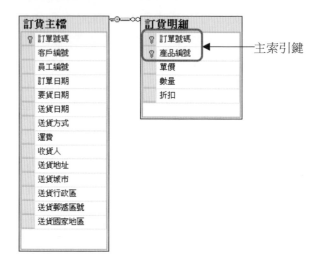

上機實作

Step1 新增名稱為「RelationDB」的 Windows Form 應用程式專案。

Step2 使用 BindingSource1 連接 Northwind.mdf，並將「訂貨主檔」及「訂貨明細」資料表加入到 NorthwindDataSet(資料集物件)中。

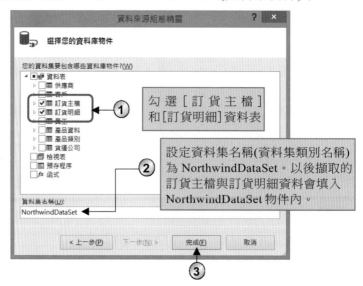

經上面圖示操作後，表單下方會出現「BindingSource1」及 NorthwindDataSet 物件。BindingSource1 可讓您操作資料表的記錄，將所擷取的「訂貨主檔」及「訂貨明細」資料填入到記憶體的 NorthwindDataSet 物件。(上圖所指定的 NorthwindDataSet 資料集名稱為 VB 產生的資料集結構描述檔，該檔會出現在方案總管內)

Step3 關聯兩個 DataTable 物件

這個步驟主要是將記憶體 NorthwindDataSet 物件中的訂單主檔及訂貨明細兩個 DataTable 物件關聯起來，並產生一個關聯物件其名稱為「訂貨主檔_訂貨明細」。如果您的 Northwind.mdf 實體資料庫已經將上述兩個資料表進行關聯，則 NorthwindDataSet 中的兩個資料表會預設產生關聯物件，因此這個步驟可以直接省略。至於產生關聯物件的操作步驟如下：

1. 在方案總管的 NorthwindDataSet.xsd 資料集結構描述檔快按兩下進入資料集設計工具中，此設計工具是用來描述 DataSet 物件類別的資料結構。

2. 由工具箱的 [資料集] 工具中拖曳一個 Relation 關聯控制項到目前的檔案中。

3. 接著出現「關聯」視窗,請依下圖操作將關聯物件名稱設為「訂貨主檔_訂貨明細」;並讓父資料表「訂貨主檔」的「訂單號碼」欄位關聯到子資料表「訂貨明細」的「訂單號碼」欄位。

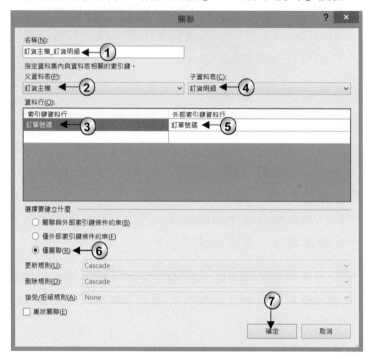

4. 接著在 NorthwindDataSet.xsd 資料集結構描述檔(資料集設計工具)內的訂貨主檔及訂貨明細的資料結構描述會產生關聯物件圖示。完成後請切換到 Form1.vb 表單。

Step4 建立繫結資料來源

1. 執行功能表的【檢視(V)/其他視窗(E)/資料來源(D)】指令開啟「資料來源」視窗。

2. 將資料來源視窗內的「訂貨主檔」DataTable 及訂貨主檔下所關聯的「訂貨明細」DataTable 放入表單中。此時表單會自動產生「訂貨主檔 DataGridView」控制項，此控制項會繫結到訂貨主檔 DataTable；自動產生「訂貨明細 DataGridView」控制項，此控制項會繫結到訂貨主檔所關聯的「訂貨明細」DataTable。

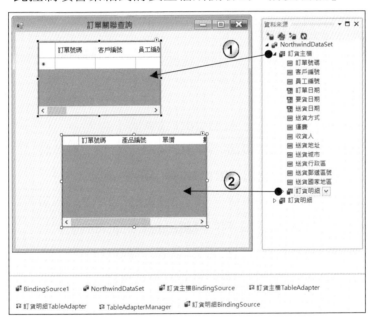

Step5 撰寫程式碼

在 Form1_Load 事件處理函式加入第 10 行敘述使「訂貨主檔 DataGridView」控制項駐停表單上方；加入第 11 行敘述使「訂貨明細 DataGridView」控制項填滿整個表單。

```
FileName : RelationDB.sln
01 Public Class Form1
02    ' ====================================================
03    Private Sub Form1_Load(sender As Object, e As EventArgs) _
```

```
       Handles MyBase.Load
04        'TODO: 這行程式碼會將資料載入
05        'NorthwindDataSet.訂貨明細' 資料表。您可以視需要進行移動或移除。
06        Me.訂貨明細 TableAdapter.Fill(Me.NorthwindDataSet.訂貨明細)
07        'TODO: 這行程式碼會將資料載入
08        'NorthwindDataSet.訂貨主檔' 資料表。您可以視需要進行移動或移除。
09        Me.訂貨主檔 TableAdapter.Fill(Me.NorthwindDataSet.訂貨主檔)
10        訂貨主檔 DataGridView.Dock = DockStyle.Top    ' 控制項駐停在表單上方
11        訂貨明細 DataGridView.Dock = DockStyle.Fill    ' 控制項填滿整個表單
12    End Sub
13
14 End Class
```

▦ 14.7 課後練習

一、選擇題

1. Visual Studio 2012 可使用 ADO .NET 最新版本為？

   (A) 2.0 版　　　(B) 3.0 版　　　(C) 4.0 版　　　(D) 4.5 版

2. Visual Studio 2012 可使用 .NET Framework 最新版本為？

   (A) 2.0 版　　　(B) 3.0 版　　　(C) 4.0 版　　　(D) 4.5 版

3. 下列何者不是 DataAdapter 物件可使用的 Command 物件？

   (A) InsertCommand　　　　(B) DelectCommand

   (C) UpdateCommand　　　　(D) ActionCommand

4. 下列何者有誤？

   (A) DataSet 是記憶體的資料庫

   (B) ADO .NET 採離線式存取

   (C) ADO .NET 目前最新版為 3.0

   (D) Visual Studio 2012 內建可新增 LocalDB 資料庫

5. 表單上欲顯示 DataSet 的資料，可使用下列哪個控制項？

   (A) DataTable　　　　(B) DataGridView

   (C) BindingSource　　　(D) BindingNavigator

6. 提供巡覽記憶體 DataSet 的功能，如第一筆、上一筆、下一筆、最末筆的巡覽操作；也可以新增、刪除、修改記憶體 DataSet 的資料，必須使用哪一個控制項？

    (A) DataTable   (B) DataGridView

    (C) BindingSource   (D) BindingNavigator

7. DataAdapter 物件的哪個方法可以將資料表的資料一次填入記憶體的 DataSet？

    (A) GetData   (B) Fill   (C) FillAll   (D)Update

8. DataAdapter 物件的哪個方法可以將記憶體 DataSet 的內容一次寫回指定的資料表？

    (A) GetData   (B) WriteAll   (C) Fill   (D) Update

9. 「加入新項目」視窗的哪個選項可以新增 LocalDB 資料庫？

    (A) Windows Form (B) 服務架構資料庫 (C) 資料集   (D)類別

10. 執行 BindingSource 成員的哪個方法，可將記錄移到下一筆？

    (A) Next   (B) MoveNext   (C) MoveFirst   (D)First

二、程式設計

1. 試建立「客戶」資料表，該資料表欄位如下，其中「客戶編號」為主索引欄位。

2. 延續上例，建立如下圖表單，並透過下圖的按鈕功能可對客戶資料表的記錄做單筆巡覽以及進行新增、修改、刪除。結果如下圖：

3. 將書附光碟ch14資料夾下Northwind. mdf的產品資料和產品類別兩個資料表關聯並顯示在兩個 DataGridView 中，若選取上方 DataGrid View 中某一筆產品類別的記錄，則下方 DataGridView 即顯示選取產品類別所關聯的所有產品資料，結果如下圖所示：

LINQ 資料查詢技術

15

▦ 15.1 LINQ 簡介

在 .NET Framework 3.5 版功能中，最具影響力的莫過於-LINQ：Language Integrated Query (語言整合式查詢)。LINQ 便是在 .NET 程式語言中加入查詢資料的能力，因此 .NET 語言如 VB 或 C# 便可以使用查詢運算式的語法來擴充資料的查詢能力，查詢運算式的語法和 SQL 陳述式非常類似，且透過整合開發環境的智慧輸入功能，更能方便撰寫 LINQ 查詢運算式，比起撰寫單純的 SQL 查詢字串更加方便。

使用 LINQ 資料查詢技術最大的好處便是讓程式設計師能夠使用一致性的語法來查詢不同的資料來源，如查詢物件集合、陣列、XML、SQL Server 資料庫、DataSet…等，讓程式設計師不需要再學習不同的資料查詢技術以縮短學習曲線。LINQ 依適用對象可分成下列幾種技術類型：

1. **LINQ to Objects**

   可查詢實作 IEnumerable 或 IEnumerable<Of T> 介面的集合物件，如：陣列、List、集合、檔案物件的查詢、排序…等。

2. **LINQ to SQL**

   可查詢實作 IQueryable<Of T> 介面的物件，也可以直接對 SQL Server 資料庫做查詢與資料編輯。

3. **LINQ to DataSet**

   可查詢記憶體內的 DataSet 或 DataTable。

4. **LINQ to XML**

   以前要查詢或排序 XML 文件必須透過 XPath 或 XQuery，現在透過 LINQ to XML 的查詢技術便可以查詢或排序 XML 文件，且 LINQ to XML 的使用方式與 LINQ to Objects、LINQ to SQL 和 LINQ to DataSet 非常類似。

由於篇幅的關係，本章介紹如何使用 LINQ to Objects 來查詢陣列與物件集合；介紹 ORM 設計工具來撰寫 LINQ to SQL 查詢運算式，達成查詢 SQL Server 2012 Express LocalDB 資料庫的資料，而不談 LINQ to SQL 底層類別的細部實作，關於其他 LINQ 使用技巧，您可自行參閱專門探討 LINQ 的專書。

15.2 LINQ 查詢運算式的使用

　　LINQ 查詢運算式是以 From 子句啟始來指定範圍變數以及所要查詢的集合，在這個時候會將集合內的元素(或陣列)逐一巡覽放到範圍變數中進行查詢。LINQ 可使用 Order By 子句來排序，使用 Where 設定欲查詢的條件，使用 Select 子句定義查詢結果的欄位，最後再將查詢結果傳回給等號左邊所指定的變數。無論是查詢或排序陣列中的元素、DataSet、DataTable、XML、集合物件或 SQL Server 資料庫…等資料來源，LINQ 查詢運算式的基本結構都很類似。其語法如下：

```
語法：
    Dim 變數 = From 範圍變數 [ As type ] in 集合 [ _ ]
    Order By 欄位名稱 1 [Ascending | Descending ] [, 欄位名稱 2 [...] ] [ _ ]
    Where <條件> [ _ ]
    Select New With { [.別名 1 =] 欄位名稱 [, [.別名 2 =] 欄位名稱 2 [...] ] }
```

　　使用 Dim 宣告變數時，若未加 As 子句來設定資料型別，VB 2012 會採「型別推論」(Type Inference)方式，編譯器會自動判斷，決定該變數的資料型別，資料型別經定義完成後即無法改變，此種稱為「隱含型別」變數，這和 VB 6.0 的自由資料型別變數是不一樣的。以下列簡例來說明：

1. Dim i = 5　　　　　　　' i 為 Integer 整數型別變數
2. Dim name = "Peter "　' name 為 String 字串型別變數
3. Dim money = New Double(){78.5, 69.23, 78.1} ' money 為 Double 型別陣列
4. Dim n = 5　　　　　　　' n 為 Integer 整數型別變數
   n = "Tom"　　　　　　　' 編譯失敗，因為 n 為整數型別無法存放字串型別資料
   　　　　　　　　　　　　' 變數的資料型別決定之後即無法改變

　　使用 Dim 宣告隱含型別的區域變數讓編譯器來決定變數的資料型別，其最主要的原因是，我們無法知道 LINQ 查詢運算式所查詢的結果是陣列、物件、集合、DataSet 或是 XML 文件，因此必須將 LINQ 查詢運算式的查詢

結果指定給 Dim 所宣告隱含型別的區域變數來決定查詢結果的資料型別。

撰寫 LINQ 查詢運算式基本上包含下列三個步驟：

1. 定義資料來源
2. 撰寫 LINQ 查詢運算式
3. 執行查詢。

接著以上面三個步驟來說明如何使用 LINQ 查詢運算式來查詢與排序陣列中的元素。

 範例演練　　　　　　　　　　　　　　　　　　檔名：Linq1.sln

建立 Salary 薪資陣列共有 Salary(0)~Salary(4) 的五個陣列元素，練習使用 LINQ 查詢運算式對 Salary 陣列做遞增排序、遞減排序、找出大於 30,000 的薪資、找出小於等於 30,000 的薪資、計算薪資平均等五種狀況，並將查詢結果顯示在表單的 RichTextBox1 控制項上面。

↑開始時計算平均　　　　　↑遞增排序　　　　　　　↑遞減排序

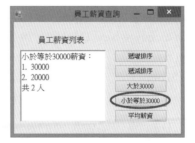

↑顯示大於 30,000 薪資　　　　↑顯示小於等於 30,000 薪資

問題分析

撰寫 LINQ 查詢運算式包含三個步驟，一是定義資料來源，二是撰寫查詢運算式，最後再執行查詢。現以找出 Salary 薪資陣列中大於 30,000 的薪資為例來加以解說。

Step1 定義資料來源

由於 Salary 薪資陣列要提供給多個事件處理程序一起共用，因此請在事件處理程序的外面建立如下 Salary 薪資陣列，以做為 LINQ 查詢的資料來源。

```
Dim Salary As Integer() = {50000, 80000, 20000, 30000, 45000}
```

Step2 撰寫查詢運算式

如下寫法，找出 Salary 薪資陣列中大於 30,000 的薪資並做遞減排序，最後將查詢的結果傳回給 result 隱含型別區域變數。

```
Dim result =  From s In Salary _     ' 將 Salary 陣列中元素逐一放入 s 做查詢
              Order By s Descending _    ' 遞減排序
              Where s > 30000 _          ' 找出大於 30000 的資料
              Select s                   ' 將符合條件的 s 傳回給 result
```

Step3 執行查詢

透過 For Each…Next 敘述可將陣列(集合物件)中的元素一一列舉出來並顯示在 RichTextBox1 豐富文字方塊控制項上。寫法如下：

```
For Each s In result
    RichTextBox1.Text &= s.ToString() & vbNewLine
Next
```

上述程式執行之後，則 RichTextBox1 豐富文字方塊控制項上會顯示「80000, 50000, 45000」。

另外 LINQ 提供很多擴充方法，常用擴充方法說明如下：

方法	說明
Average	傳回 LINQ 查詢運算式結果的平均值。 延續上例，執行 result.Average() 會傳回 (80000+50000+45000)/3=58333.3333333。
Count	傳回 LINQ 查詢運算式結果的資料筆數。 延續上例執行 result.Count() 會傳回「3」。
Sum	傳回 LINQ 查詢運算式結果的加總。 延續上例執行 result.Sum() 會傳回「175000」。
Min	傳回 LINQ 查詢運算式結果的最小值。 若延續上例，執行 result.Min() 會傳回「45000」。
Max	傳回 LINQ 查詢運算式結果的 s 最大值。 若延續上例，執行 result.Max() 會傳回「80000」。

了解 LINQ 查詢運算式的使用之後，接著請依下面步驟完成此範例。

上機實作

Step1 設計輸出入介面

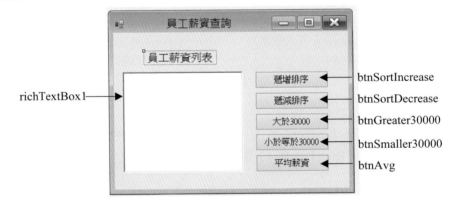

Step2 撰寫程式碼

```
FileName : Linq1.sln
01 Public Class Form1
02
03     Dim Salary As Integer() = {50000, 80000, 20000, 30000, 45000}
04     ' === 表單載入時執行此事件處理程序
```

```
05    Private Sub Form1_Load(ByVal sender As System.Object, ByVal e As _
      System.EventArgs) Handles MyBase.Load
06        RichTextBox1.Text = ""
07        Dim result = From s In Salary _
                      Select s
08        Dim i As Integer = 0
09        For Each s In result    ' 將 s 中所有資料逐一顯示在 RichTextBox1 控制項上
10            i += 1
11            RichTextBox1.Text &= i.ToString() & ".  " & _
                  s.ToString() & vbNewLine
12        Next
13        RichTextBox1.Text &= "平均薪資:" & result.Average().ToString()
14    End Sub
15    ' === 按遞增排序鈕執行此事件處理程序
16    Private Sub btnSortIncrease_Click(ByVal sender As System.Object, ByVal _
      e As System.EventArgs) Handles btnSortIncrease.Click
17        RichTextBox1.Text = "遞增排序:" & vbNewLine
18        ' 將 Salary 陣列所有元素遞增排序
19        Dim result = From s In Salary _
                      Order By s Ascending _
                      Select s
20        Dim i As Integer = 0
21        ' 將 s 中所有資料逐一顯示在 RichTextBox1 控制項上
22        For Each s In result
23            i += 1
24            RichTextBox1.Text &= i.ToString() & ".  " & s.ToString() & vbNewLine
25        Next
26    End Sub
27    ' === 按遞減排序鈕執行此事件處理程序
28    Private Sub btnSortDecrease_Click(ByVal sender As System.Object, ByVal _
      e As System.EventArgs) Handles btnSortDecrease.Click
29        RichTextBox1.Text = "遞減排序:" & vbNewLine
30        Dim result = From s In Salary _
                      Order By s Descending _
                      Select s
31        Dim i As Integer = 0
32        For Each s In result
33            i += 1
34            RichTextBox1.Text &= i.ToString() & ".  " & _
                  s.ToString() & vbNewLine
35        Next
36    End Sub
37    ' === 按大於 30000 鈕執行此事件處理程序
38    Private Sub btnGreater30000_Click(ByVal sender As System.Object, ByVal _
      e As System.EventArgs) Handles btnGreater30000.Click
39        RichTextBox1.Text = "大於 30000 薪資:" & vbNewLine
40        ' 將 Salary 陣列中薪資大於 3 萬元以遞減排序
```

```
41        Dim result = From s In Salary _
                    Order By s Descending _
                    Where s > 30000 _
                    Select s
42        Dim i As Integer = 0
43        ' 將 s 中所有資料逐一顯示在 RichTextBox1 控制項上
44        For Each s In result
45            i += 1
46            RichTextBox1.Text &= i.ToString() & ".  " & _
                  s.ToString() & vbNewLine
47        Next
48        RichTextBox1.Text &= "共 " & _
                result.Count().ToString() & " 人" ' 取大於 30000 的筆數
49    End Sub
50    '===  按小於等於 30000 鈕執行此事件處理程序
51    Private Sub btnSmaller30000_Click(ByVal sender As System.Object, ByVal _
      e As System.EventArgs) Handles btnSmaller30000.Click
52        RichTextBox1.Text = "小於等於 30000 薪資:" & vbNewLine
53        ' 將 Salary 陣列中薪資不大於 3 萬元以遞減排序
54        Dim result = From s In Salary _
                    Order By s Descending _
                    Where (s <= 30000) _
                    Select s
55        Dim i As Integer = 0
56        For Each s In result
57            i += 1
58            RichTextBox1.Text &= i.ToString() & ".  " & _
                  s.ToString() & vbNewLine
59        Next
60        RichTextBox1.Text &= "共 " & _
                result.Count().ToString() & "人" '小於等於 30000 的筆數
61    End Sub
62    ' ===  按平均薪資鈕執行此事件處理程序
63    Private Sub btnAvg_Click(ByVal sender As System.Object, ByVal e As _
      System.EventArgs) Handles btnAvg.Click
64        Form1_Load(sender, e)   ' 呼叫 Form1_Load 事件處理程序,兩者事件程式碼相同
65    End Sub
66
67 End Class
```

▦ 15.3 LINQ to Objects

　　LINQ to Objects 可透過 LINQ 查詢運算式來查詢實作 IEnumerable 或 IEnumerable <Of T> 介面集合的物件,您可以使用 LINQ 來查詢任何可以列

舉的集合，如上一範例的陣列、List<Of T>、ArrayList<Of T> 或是使用者定義的物件集合。接著透過下面範例一步步解說如何使用 LINQ 查詢運算式來查詢與排序我們所定義的 Employee 類別的物件陣列(集合物件)。

範例演練 檔名：Linq2.sln

先定義 Employee 類別有員工編號、姓名、信箱、雇用日期、薪資、是否已婚六個屬性，在表單載入的 Form1_Load 事件處理程序建立 emp(0)~emp(4) 的五個員工物件記錄之後，接著可透過員工編號、薪資、雇用日期來做遞增排序，並將排序的結果顯示在豐富文字方塊上。也可在文字方塊內輸入要查詢的員工編號並按下 單筆查詢 鈕來查詢是否有該位員工，執行結果如下圖：

1. 下列三個圖是分別按下 員工編號 、 薪資 、 雇用日期 鈕所進行的遞增排序結果。

2. 在文字方塊輸入欲查詢的員工編號後並按下 單筆查詢 鈕，若該位員工
　存在，則將該位員工的編號、姓名、信箱、薪資屬性顯示在豐富文字
　方塊上，如左下圖；若找不到則顯示右下圖的對話方塊。

上機實作

Step1 建立名稱為「Linq2」的 Windows Form 應用程式專案。

Step2 設計 Employee.vb 員工類別檔

執行功能表的【專案(P)/加入類別(C)】指令新增 Employee.vb 類別
檔，接著在 Employee 類別定義員工編號、姓名、信箱、薪資、員工
編號、是否已婚共有六個屬性。程式碼如下：

```
FileName : Employee.vb
01 Public Class Employee
02    Public Property 員工編號 As String          ' 員工編號屬性
```

```
03    Public Property 姓名 As String          ' 姓名屬性
04    Public Property 信箱 As String          ' 信箱屬性
05    Public Property 薪資 As Integer          ' 薪資屬性
06    Public Property 雇用日期 As DateTime      ' 雇用日期屬性
07    Public Property 是否已婚 As Boolean       ' 是否已婚屬性
08 End Class
```

Step3 設計 Form1.vb 表單輸出入介面

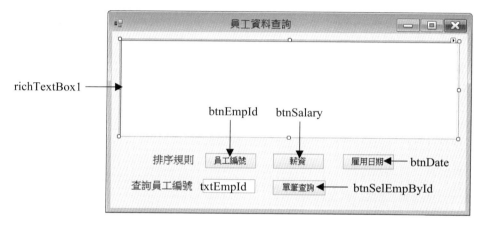

Step4 撰寫 Form1.vb 表單的事件處理程序

```
FileName : Form1.vb
01 Public Class Form1
02
03    Dim emp(4) As Employee     ' 宣告 emp(0)~emp(4) 用來存放五位員工的資料
04    ' === 表單載入時執行此事件處理程序
05    Private Sub Form1_Load(ByVal sender As System.Object, ByVal e As _
      System.EventArgs) Handles MyBase.Load
06        emp(0) = New Employee With {.姓名 = "菜一林", _
                  .信箱 = "jolin@yahoo.com.tw", .是否已婚 = False, _
                  .員工編號 = "E001", .雇用日期 = New DateTime(2007, 1, 1), _
                  .薪資 = 65000}
07        emp(1) = New Employee With {.姓名 = "羅字祥", _
                  .信箱 = "kklao@yahoo.com.tw", .是否已婚 = True, _
                  .員工編號 = "E002", .雇用日期 = New DateTime(2006, 1, 1), _
                  .薪資 = 75000}
08        emp(2) = New Employee With {.姓名 = "周傑輪", _
                  .信箱 = "jjjaa@yahoo.com.tw", .是否已婚 = False, _
                  .員工編號 = "E003", .雇用日期 = New DateTime(2008, 1, 1), _
                  .薪資 = 55000}
```

```
09        emp(3) = New Employee With {.姓名 = "王建名", _
                   .信箱 = "wang@yahoo.com.tw", .是否已婚 = True, _
                   .員工編號 = "E004", .雇用日期 = New DateTime(2006, 5, 3), _
                   .薪資 = 105000}
10        emp(4) = New Employee With {.姓名 = "李五六", _
                   .信箱 = "peter@yahoo.com.tw", .是否已婚 = False, _
                   .員工編號 = "E005", .雇用日期 = New DateTime(2008, 5, 2), _
                   .薪資 = 45000}
11        RichTextBox1.Text = "編號" & vbTab & "姓名" & vbTab & "信箱" & _
                   vbTab & vbTab & vbTab & "雇用日期" & vbTab & "薪資" & _
                   vbTab & "是否已婚" & vbNewLine
12        RichTextBox1.Text &= "========================================" & _
                   vbNewLine
13        Dim result = From p In emp _
                   Select p
14        For Each p In result
15           RichTextBox1.Text &= p.員工編號 & vbTab & p.姓名 & _
                   vbTab & p.信箱 & vbTab & p.雇用日期.ToShortDateString() & _
                   "          " & vbTab & p.薪資.ToString() & vbTab & _
                   p.是否已婚.ToString() & vbNewLine
16        Next
17     End Sub
18     ' ===  按員工編號鈕執行此事件處理程序
19     Private Sub btnEmpId_Click(ByVal sender As System.Object, ByVal e As _
       System.EventArgs) Handles btnEmpId.Click
20        RichTextBox1.Text = "編號" & vbTab & "姓名" & vbTab & "信箱" & _
                   vbTab & vbTab & vbTab & "雇用日期" & vbTab & "薪資" & _
                   vbTab & "是否已婚" & vbNewLine
21        RichTextBox1.Text &= "========================================" & _
                   vbNewLine
22        Dim result = From p In emp _
                   Order By p.員工編號 Ascending _
                   Select p
23        For Each p In result
24           RichTextBox1.Text &= p.員工編號 & vbTab & p.姓名 & vbTab & p.信箱 & _
                   vbTab & p.雇用日期.ToShortDateString() & "          " & _
                   vbTab & p.薪資.ToString() & vbTab & p.是否已婚.ToString() & _
                   vbNewLine
25        Next
26     End Sub
27     ' ===  按薪資鈕執行此事件處理程序
28     Private Sub btnSalary_Click(ByVal sender As System.Object, ByVal e As _
       System.EventArgs) Handles btnSalary.Click
29        RichTextBox1.Text = "編號" & vbTab & "姓名" & vbTab & "信箱" & _
                   vbTab & vbTab & vbTab & "雇用日期" & vbTab & "薪資" & vbTab & _
                   "是否已婚" & vbNewLine
```

```vb
30      RichTextBox1.Text &= "=======================================" & _
            vbNewLine
31      Dim result = From p In emp _
                Order By p.薪資 Ascending _
                Select p
32      For Each p In result
33          RichTextBox1.Text &= p.員工編號 & vbTab & p.姓名 & vbTab & p.信箱 & _
                vbTab & p.雇用日期.ToShortDateString() & "           " & vbTab _
                & p.薪資.ToString() & vbTab & p.是否已婚.ToString() & vbNewLine
34      Next
35  End Sub
36  ' ===  按雇用日期鈕執行此事件處理程序
37  Private Sub btnDate_Click(ByVal sender As System.Object, ByVal e As _
    System.EventArgs) Handles btnDate.Click
38      RichTextBox1.Text = "編號" & vbTab & "姓名" & vbTab & "信箱" & _
            vbTab & vbTab & vbTab & "雇用日期" & vbTab & "薪資" & vbTab _
            & "是否已婚" & vbNewLine
39      RichTextBox1.Text &= "=======================================" & _
            vbNewLine
40      Dim result = From p In emp _
                Order By p.雇用日期 Ascending _
                Select p
41      For Each p In result
42          RichTextBox1.Text &= p.員工編號 & vbTab & p.姓名 & vbTab & p.信箱 & _
                vbTab & p.雇用日期.ToShortDateString() & "           " & _
                vbTab & p.薪資.ToString() & vbTab & p.是否已婚.ToString() & _
                vbNewLine
43      Next
44  End Sub
45  ' ===  按單筆查詢鈕執行此事件處理程序
46  Private Sub btnSelEmpById_Click(ByVal sender As System.Object, ByVal e _
    As System.EventArgs) Handles btnSelEmpById.Click
47      RichTextBox1.Text = ""
48      Dim result = From p In emp _
                Where p.員工編號 = txtEmpId.Text _
                Select New With {p.員工編號, p.姓名, p.信箱, p.薪資}
49      If result.Count() = 0 Then        ' 判斷查詢的結果是否為零筆
50          MessageBox.Show("沒有此員工")
51          Return
52      End If
53      For Each p In result
54          RichTextBox1.Text &= "編號：" & p.員工編號
55          RichTextBox1.Text &= vbNewLine & "姓名：" & p.姓名
56          RichTextBox1.Text &= vbNewLine & "信箱：" & p.信箱
57          RichTextBox1.Text &= vbNewLine & "薪資：" & p.薪資.ToString()
58      Next
59  End Sub
```

```
60
61 End Class
```

程式說明

1. 第 3 行：建立 emp 為 Employee 類別的物件陣列，其陣列元素為 emp(0)~emp(4)。

2. 第 6~10 行：在表單載入的 Form1_Load 事件處理程序內建立 emp(0)~emp(4) 五位員工物件，並設定員工編號、姓名、信箱、薪資、員工編號、是否已婚六個屬性的初值。

3. 第 13~16 行：透過 LINQ 查詢運算式查詢 emp 陣列內的所有資料，並將結果傳回給 result，接著再透過 For Each…Next 敘述將五位員工的資料顯示在 RichTextBox1 控制項上。

4. 第 22 行：透過 LINQ 查詢運算式將 emp 陣列內的員工資料依「員工編號」屬性做遞增排序。

5. 第 31 行：透過 LINQ 查詢運算式將 emp 陣列內的員工資料依「薪資」屬性做遞增排序。

6. 第 40 行：透過 LINQ 查詢運算式將 emp 陣列內的員工資料依「雇用日期」屬性做遞增排序。

7. 第 48 行：透過 LINQ 查詢運算式來查詢 emp(0)~emp(4) 五位員工的「員工編號」屬性是否等於 txtEmpId.Text，且只要查詢員工物件的員工編號、姓名、信箱、薪資這四個屬性的資料。

8. 第 49~52 行：若查詢結果的筆數為零，表示沒有該位員工物件，此時執行第 50~51 行出現對話方塊並顯示 "沒有此員工" 訊息，接著使用 Return 敘述離開目前的事件處理程序。

9. 第 53~58 行：將查詢的員工物件顯示在 RichTextBox1 控制項上。

▦ 15.4 LINQ to SQL

　　LINQ to SQL 的技術是以 ADO .NET 資料提供者模型所提供的服務為基礎。LINQ to SQL 是物件模型(Object Model)與關聯式資料庫 Mapping 的技術，簡單的說就是資料庫、資料表、資料列、資料欄位、主鍵及關聯都可直接對應至程式設計中的物件，如此在撰寫新增、修改、刪除以及查詢資料庫的程式時，完全不用撰寫 SQL 語法的 SELECT、INSERT、DELETE、UPDATE 陳述式，可以不用處理資料庫程式設計的細節，讓你以直覺的物件導向程式來直接撰寫資料庫應用程式。但目前 LINQ to SQL 技術只支援微軟的 SQL Server 資料庫，並不支援其他廠商的資料庫。

下表即是 LINQ to SQL 物件模型對應至資料庫的物件。類別對應至資料表，類別的欄位或屬性對應至資料行(資料欄位)，類別方法對應至 SQL Server 資料庫的函式或預存程序。

LINQ to SQL 物件成員模型	資料庫物件
類別	資料表
欄位、屬性，即資料成員	資料行，即欄位
關聯	外部索引鍵的關聯性
方法，即成員函式	預存程序與函式

資料庫會與程式中的物件直接對應，首先必須將定義的類別宣告為 Entity 類別，讓類別對應至指定的資料表、類別屬性對應資料表欄位、類別方法對應預存程序或 SQL Server 的函式，接著透過 DataContext 類別將實體的 SQL Server 資料庫與類別進行實際對應，最後就可以透過 LINQ 查詢運算式來查詢 SQL Server 資料庫的資料了。若要完全以手動方式來撰寫 LINQ to SQL 那可真是大工程，在 Visual Studio Express 2012 for Windows Desktop 或 Visual Studio 2012 整合開發環境皆提供了 ORM 設計工具，可以使用拖曳的方式動態產生 Entity 類別，使 Entity 類別直接對應至 SQL Server 資料庫實體的資料表，讓您專心於 LINQ to SQL 查詢運算式的撰寫。接著透過下面範例一步步帶領您如何使用 ORM 設計工具，並配合 LINQ to SQL 來查詢 SQL Server 資料庫的資料。

 範例演練　　　　　　　　　　　　　　　　　　　檔名：Linq3.sln

使用 ORM 設計工具動態產生可對應至 Database1.mdf 實體資料庫的 DataClasses1DataContext 類別程式碼，透過 DataClasses1DataContext 類別產生的 dc 物件及配合 LINQ to SQL 查詢運算式來查詢「員工」資料表，可依員工編號、薪資、雇用日期來做遞增排序，並將排序的結果顯示 DataGridView1；可查詢最高薪資、最低薪資、平均薪資及薪資加總。也可在文字方塊內輸入要查詢的員工編號並按下 單筆查詢 鈕來查詢是否有該位員工。

1. 可按下 員工編號 、 薪資 、 雇用日期 鈕進行依員工編號、薪資及雇用日期的遞增排序，並將排序結果顯示在 DataGridView1 上。

2. lblShow 標籤會顯示「員工」資料表中「薪資」欄位的最高薪資、最低薪資、平均薪資、薪資加總的結果。

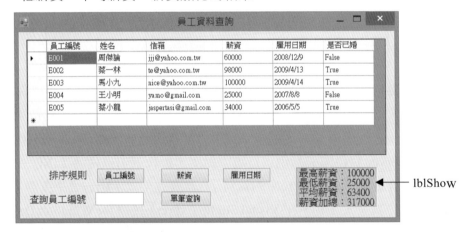

3. 在文字方塊輸入欲查詢的員工編號後按 單筆查詢 鈕，若有該位員工則將該位員工的編號、姓名、信箱、薪資屬性顯示在對話方塊上，如左下圖；若找不到則顯示右下圖的對話方塊。

上機實作

Step1 建立名稱為「Linq3」的 Windows Form 應用程式專案。

Step2 連接資料來源

1. 執行功能表的【檢視(V)/其他視窗(E)/資料庫總管(D)】開啟「資料庫總管」視窗。

2. 在資料庫總管視窗的「資料連接」按右鍵，由快顯功能表執行【加入資料來源(A)...】指令開啟「加入連接」視窗，接著再連接到書附光碟 chap15 資料夾下的 Database1.mdf 資料庫。

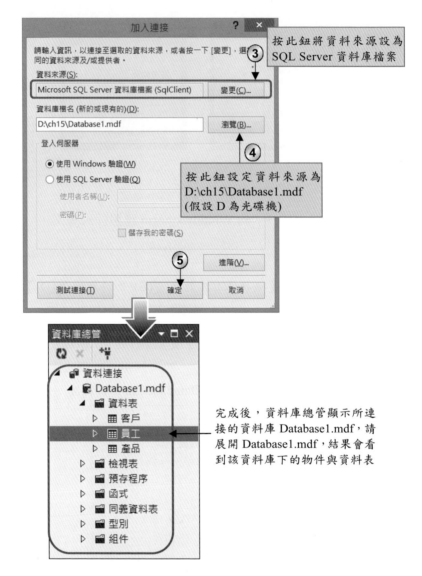

按此鈕將資料來源設為
SQL Server 資料庫檔案

按此鈕設定資料來源為
D:\ch15\Database1.mdf
(假設 D 為光碟機)

完成後，資料庫總管顯示所連
接的資料庫 Database1.mdf，請
展開 Database1.mdf，結果會看
到該資料庫下的物件與資料表

Step3　建立 LINQ to SQL 類別檔

1. 執行功能表的【專案(P)/加入新項目(W)】開啟「加入新項目」視
窗，接著請新增「LINQ to SQL 類別」，檔案名稱預設為
「DataClasses1.dbml」。

2. 如下圖，接著進入 ORM 設計工具畫面，請將「員工」資料表拖曳到 ORM 設計工具畫面內。

3. 完成後，方案總管視窗內自動加入 Database1.mdf 資料庫以及 DataClasses1.dbml ， DataClasses1.dbml 可 產 生 對 應 至 Data base1.mdf 實體資料庫的 DataClasses1DataContext 類別程式碼。

Step4 設計輸出入介面

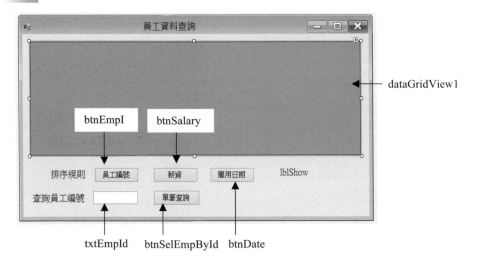

Step5 撰寫程式碼

```
FileName : Linq3.sln
01 Public Class Form1
02
03    Dim dc As New DataClasses1DataContext()
04    ' === 表單載入時執行此事件處理程序
05    Private Sub Form1_Load(ByVal sender As System.Object, ByVal e As _
    System.EventArgs) Handles MyBase.Load
```

```
06        Dim result1 = From p In dc.員工 _
                        Select p
07        DataGridView1.DataSource = result1
08        Dim result2 = From p In dc.員工 _
                        Select p.薪資   ' 查詢薪資欄位
09        lblShow.Text = "最高薪資:" & result2.Max().ToString() & _
              vbNewLine & "最低薪資:" & result2.Min().ToString() & _
              vbNewLine & "平均薪資:" & result2.Average().ToString() & _
              vbNewLine & "薪資加總:" & result2.Sum().ToString()
10        lblShow.BorderStyle = BorderStyle.Fixed3D
11        lblShow.BackColor = Color.Pink
12    End Sub
13    ' ===  按員工編號鈕執行此事件處理程序
14    Private Sub btnEmpId_Click(ByVal sender As System.Object, ByVal e As _
      System.EventArgs) Handles btnEmpId.Click
15        Dim result = From p In dc.員工 _
                        Order By p.員工編號 Ascending _
                        Select p
16        DataGridView1.DataSource = result
17    End Sub
18    ' ===  按薪資鈕執行此事件處理程序
19    Private Sub btnSalary_Click(ByVal sender As System.Object, ByVal e As _
      System.EventArgs) Handles btnSalary.Click
20        Dim result = From p In dc.員工 _
                        Order By p.薪資 Ascending _
                        Select p
21        DataGridView1.DataSource = result
22    End Sub
23    ' ===  按雇用日期鈕執行此事件處理程序
24    Private Sub btnDate_Click(ByVal sender As System.Object, ByVal e As _
      System.EventArgs) Handles btnDate.Click
25        Dim result = From p In dc.員工 _
                        Order By p.雇用日期 Ascending _
                        Select p
26        DataGridView1.DataSource = result
27    End Sub
28    ' ===  按單筆查詢鈕執行此事件處理程序
29    Private Sub btnSelEmpById_Click(ByVal sender As System.Object, ByVal _
      e As System.EventArgs) Handles btnSelEmpById.Click
30        Dim result = From p In dc.員工 _
                        Where p.員工編號 = txtEmpId.Text _
                        Select p
31        If result.Count() = 0 Then
32            MessageBox.Show("沒有此員工")
33            Return
34        End If
35        For Each p In result
```

```
36              MessageBox.Show("編號：" & p.員工編號 & vbNewLine & "姓名：" & _
                p.姓名 & vbNewLine & "信箱：" & p.信箱 & vbNewLine & "薪資：" _
                & p.薪資.ToString())
37          Next
38      End Sub
39
40 End Class
```

程式說明

1. 第 3 行：透過 DataClasses1DataContext 類別建立 dc 物件，此物件可對應至 Database1.mdf 實體資料庫，此時 dc 物件即是代表 Database1.mdf 資料庫。

2. 第 6 行：透過 LINQ to SQL 查詢 dc 物件下的「員工」資料表，將取得的結果傳回給 result1。

3. 第 7 行：將查詢結果的 result1 繫結到 DataGridView1，此時 Data GridView1 控制項會顯示員工資料表的所有記錄。

4. 第 8 行：透過 LINQ to SQL 查詢「員工」資料表的「薪資」欄位，將取得的結果傳回給 result2。

5. 第 9 行：在 lblShow 標籤上顯示員工資料表「薪資」欄位的最高薪資、最低薪資、平均薪資、薪資加總的結果。

6. 第 14~17 行：執行 btnEmpId_Click 事件處理程序，透過 LINQ to SQL 依「員工編號」欄位來遞增排序員工資料表的所有記錄，並將結果顯示在 DataGridView1 上。

7. 第 19~22 行：執行 btnSalary_Click 事件處理程序，透過 LINQ to SQL 依「薪資」欄位來遞增排序員工資料表的所有記錄，並將結果顯示在 DataGridView1 上。

8. 第 24~27 行：執行 btnDate_Click 事件處理程序，透過 LINQ to SQL 依「雇用日期」欄位來遞增排序員工資料表的所有記錄，並將結果顯示在 DataGridView1 上。

9. 第 30 行：透過 LINQ 查詢運算式來查詢員工資料表的「員工編號」欄位等於 txtEmpId.Text 的資料。

10. 第 31~34 行：若查詢結果的筆數為零，表示沒有該位員工物件，此時執行 32,33 行出現對話方塊並顯示 "沒有此員工" 訊息，接著使用 Return 敘述離開此事件處理程序。

11. 第 35~37 行：將查詢的員工資料顯示在對話方塊上。

15.5 使用 LINQ to SQL 編輯資料表記錄

DataContext 物件提供 InsertOnSubmit、DeleteOnSubmit、Submit Changes 三個方法可用來編輯資料表的記錄，其說明如下：

方法	說明
InsertOnSubmit	在記憶體中新增一筆記錄(即 Entity 物件)。
DeleteOnSumbit	在記憶體中刪除指定的記錄。
SubmitChanges	將對應到資料表的記憶體中的 Entity 物件寫回資料庫中。

接著透過下面範例來學習如何使用 LINQ to SQL 來新增、修改、刪除員工資料表的記錄。

範例演練　　　　　　　　　　　　　　　　檔名：Linq4.sln

使用「產品」資料表與 LINQ to SQL，製作一個可新增、刪除、修改「產品」資料表的產品管理系統。

上機實作

Step1 建立名稱為「Linq4」的 Windows Form 應用程式專案。

Step2 連接資料來源

1. 執行功能表的【檢視(V)/其他視窗(E)/資料庫總管(D)】開啟「資料庫總管」視窗。

2. 在資料庫總管視窗的「資料連接」按右鍵，由快顯功能表執行【加入資料連接(A)...】指令開啟「加入連接」視窗，接著再連接到書附光碟 ch15 資料夾下的 Database1.mdf 資料庫。

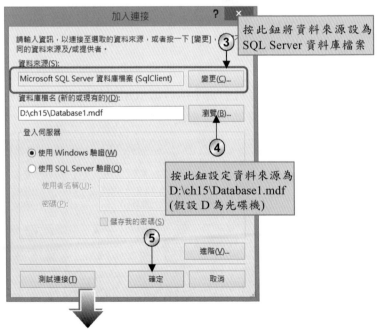

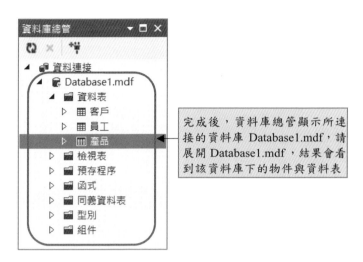

完成後，資料庫總管顯示所連接的資料庫 Database1.mdf，請展開 Database1.mdf，結果會看到該資料庫下的物件與資料表

Step3 建立 LINQ to SQL 類別檔

1. 執行功能表的【專案(P)/加入新項目(W)】開啟「加入新項目」視窗，接著請新增「LINQ to SQL 類別」，檔案名稱預設為「DataClasses1.dbml」。

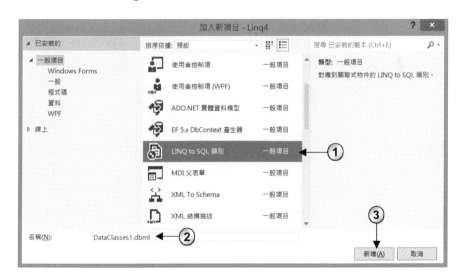

2. 如下圖，接著進入 ORM 設計工具畫面，請將「產品」資料表拖曳到 ORM 設計工具畫面內。

3. 完成後，方案總管視窗內自動加入 Database1.mdf 資料庫以及 DataClasses1.dbml，DataClasses1.dbml 可產生對應至 Database1. mdf 實體資料庫的 DataClasses1DataContext 類別程式碼。

Step4 設計輸出入介面

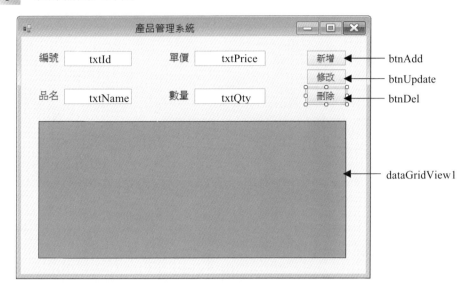

Step5 撰寫程式碼

```
FileName : Linq4.sln
01 Public Class Form1
02
03    Dim dc As New DataClasses1DataContext()
04    ' === 表單載入時執行
05    Private Sub Form1_Load(sender As Object, e As EventArgs) _
      Handles MyBase.Load
06        Dim result = From p In dc.產品 Order By p.編號 Descending _
07                Select New With {p.編號, p.品名, p.單價, p.數量}
08        DataGridView1.DataSource = result
09    End Sub
10
11    ' === 按 [新增] 鈕執行
12    Private Sub btnAdd_Click(sender As Object, e As EventArgs) _
      Handles btnAdd.Click
13        Try
14            Dim product As New 產品()
15            product.編號 = txtId.Text
16            product.品名 = txtName.Text
17            product.單價 = Val(txtPrice.Text)
18            product.數量 = Val(txtQty.Text)
19            dc.產品.InsertOnSubmit(product)
20            dc.SubmitChanges()
21            Form1_Load(sender, e)
```

```
22          Catch ex As Exception
23              MessageBox.Show(ex.Message)
24          End Try
25      End Sub
26
27      ' === 按 [修改] 鈕執行
28      Private Sub btnUpdate_Click(sender As Object, e As EventArgs) _
        Handles btnUpdate.Click
29          Try
30              Dim product = (From p In dc.產品 _
31                      Where p.編號 = txtId.Text Select p).Single()
32              product.品名 = txtName.Text
33              product.單價 = Val(txtPrice.Text)
34              product.數量 = Val(txtQty.Text)
35              dc.SubmitChanges()
36              Form1_Load(sender, e)
37          Catch ex As Exception
38              MessageBox.Show(ex.Message)
39          End Try
40      End Sub
41
42      ' === 按 [刪除] 鈕執行
43      Private Sub btnDel_Click(sender As Object, e As EventArgs) _
        Handles btnDel.Click
44          Try
45              Dim product = (From p In dc.產品 _
46                      Where p.編號 = txtId.Text Select p).Single()
47              dc.產品.DeleteOnSubmit(product)
48              dc.SubmitChanges()
49              Form1_Load(sender, e)
50          Catch ex As Exception
51              MessageBox.Show(ex.Message)
52          End Try
53      End Sub
54 End Class
```

程式說明

1. 第 14-18 行：建立一筆產品記錄(即記憶體中的 Entity 物件)。

2. 第 19 行：在記憶體「產品」表中新增一筆產品記錄。

3. 第 20 行：將記憶體中的產品記錄(Entity 物件)寫回資料庫中。

4. 第 30,31 行：使用 Linq to SQL 依 txtId.Text 編號取得要修改的產品記錄。

5. 第 32-35 行：將產品記錄修改後，接著再將記憶體中修改後的產品記錄 (Entity 物件)寫回資料庫中。

6. 第 45,46 行：使用 Linq to SQL 依 txtId.Text 編號取得要刪除的產品記錄。

7. 第 47 行：在記憶體「產品」表中刪除指定的產品記錄。

15.6 課後練習

一、簡答題

1. 何謂 LINQ？

2. LINQ 依適用對象可分成幾種技術。

3. 建立 Price 陣列如下：

   Dim Price() As Integer= {100, 5600, 780, 500, 6000, 250}
   試寫出上述陣列的遞增排序與遞減排序的 LINQ 查詢運算式。

4. 建立 Score 陣列如下：

   Dim Score() As Double= {89.1, 99.5, 56, 70.6, 60.0}
   試寫出查詢上述陣列最高分、最低分以及平均分數的 LINQ 查詢運算式。

5. 建立 Score 陣列如下：

   Dim Score() As Double= {89.1, 99.5, 56, 70.6, 60.0}
   試寫出查詢上述陣列及格與不及格的 LINQ 查詢運算式，且必須進行遞減排序。

二、程式設計

1. 完成符合下列條件的程式。

   ① 定義 Student 類別擁有學號、姓名、國文、英文、數學五個屬性。

   ② 使用 Student 類別建立 stu(0)~stu(4) 五位學生，並建立這五位學生的學號、姓名、國文、英文、數學等基本資料。

   ③ 使用 LINQ 查詢運算式將 stu(0)~stu(4) 五位學生的國文、英文、數學三科分數求得總分，並以總分來進行遞減排序，最後再將查詢結果顯示 RichTextBox 控制項上

2. 完成符合下列條件的程式。

① 使用 LINQ 查詢運算式查詢書附光碟 Northwind.mdf「員工」資料表的所有記錄。

② 使用 LINQ 查詢運算式查詢書附光碟 Northwind.mdf「產品資料」資料表「單價」大於等於 30 元的產品。

③ 使用 LINQ 查詢運算式查詢書附光碟 Northwind.mdf「客戶」資料表「連絡人職稱」等於 "董事長" 的客戶。

將上述的查詢結果顯示在 DataGridView 控制項上。

ASP.NET Web 應用程式

16

▓ 16.1 ASP.NET Web 應用程式

　　ASP.NET 是微軟新一代的 Web 應用程式開發技術，目前最新的版本為 ASP.NET 4.5，它除了簡易、快速開發 Web 應用程式的優點之外、更與 .NET 的技術緊密結合、提供多種伺服器控制項讓您製作功能強大的網頁資料庫。以往撰寫 Web 應用程式時，開發與測試環境必須架設伺服器才能執行，例如開發 ASP.NET 必須安裝 IIS 伺服器(Internet Information Server)來執行測試 *.aspx 網頁程式(ASP.NET 網頁副檔名為*.aspx)。微軟目前釋出免費的 ASP.NET Web 應用程式開發工具「Visual Studio Express 2012 for Web」，它內建了「ASP.NET 程式開發伺服器」相當於一個虛擬伺服器可以用來測試執行 ASP.NET 網頁，當所撰寫的 Web 應用程式開發完成後再部署至 IIS 伺服器即可；更可以類似開發 Windows Form 應用程式的方式來拖曳控制項、使用點選事件的方式來開發 Web 應用程式。

　　本章並不會介紹網頁美術編排的技巧，只著重如何快速開發網頁資料庫的功能。若您想學習 ASP .NET，但又沒有 Visual Studo 2012，您可連到「http://www.microsoft.com/visualstudio/cht/downloads」網址下載免費的 Visual Studio Express 2012 for Web 的安裝程式進行安裝。

範例演練　　　　　　　　　　　　　　　　　　　網站：ch16/BookWeb

製作一個可新增、修改、刪除、分頁瀏覽書籍資料的 ASP.NET 網頁。使用資料工具 `SQL SqlDataSource` 擷取 Database1.mdf 資料庫(SQL Express 資料庫)的「書籍」資料表並顯示在 `GridView` 控制項內，在 `GridView` 控制項製作編輯、修改的按鈕，讓使用者可以編修書籍資料表的記錄；並加入分頁瀏覽的超連結功能；再透過 `Button`、`TextBox`、`FileUpload` 控制項製作新增書籍資料的操作介面，讓使用者可以新增新的書籍資料；若資料新增失敗則會顯示錯誤訊息來警告。

1. 新增書籍成功後，可將新書籍記錄放入 GridView 控制項內。結果：

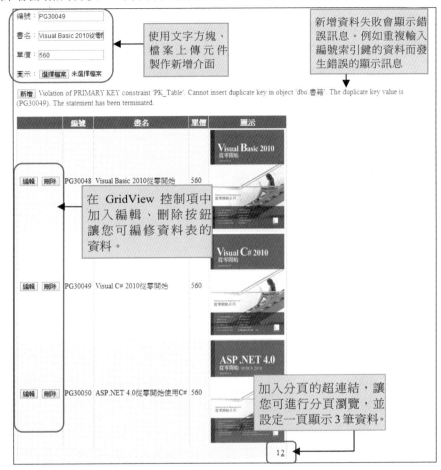

2. 按 編輯 鈕後，GridView 控制項的該筆書籍資料即進入修改狀態，此時書名、單價、圖示會變成文字欄位讓您修改資料。書籍資料編修完成之後可按 更新 鈕，將修改後的資料寫回資料庫。

3. 按 刪除 鈕後，可將 GridView 控制項中所指定的書籍資料刪除。

資料表欄位

Database1.mdf 資料庫置於書附光碟 ch16 資料夾下，該資料庫中內含「書籍」資料表，該資料表欄位如下，其中「編號」為主索引欄位。

上機實作

Step1 新增新網站

1. 進入 Visual Studio Express 2012 for Web 整合開發環境內。

2. 執行功能表的【檔案(F)/新網站(W)】指令開啟「新網站」視窗。

3. 按照下列數字依序操作。開發的語言設為「Visual Basic」；專案類型設為「ASP.NET 空網站」；網站的存檔位置設為「檔案系統」；網站路徑設為「C:\vb2012\ch16\BookWeb」，即表示將網站名稱設為「BookWeb」，該網站路徑設為「C:\vb2012\ ch16」；完成後再按 確定 鈕。

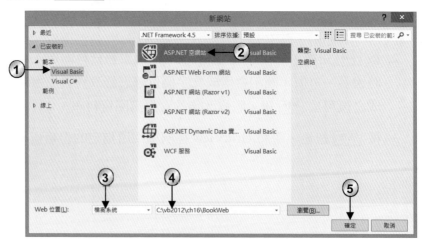

TIPS 若上圖的「Web 位置(L)」設為「HTTP」，可以將網站建立在 IIS 伺服器的虛擬目錄中。

Step2 加入網站資源

由於本例會顯示 images 資料夾下的圖示以及連接 Database1.mdf 資料庫。請將書附光碟「ch16」資料夾下的 images 資料夾複製到目前網站路徑「 C:\vb2012\ch16\BookWeb 」；Database1.mdf 和 Database1_log.LDF 複製到「C:\vb2012\ch16\BookWeb\App_Data」。(App_Data 資料夾請自行新建在 BookWeb 網站資料夾下)

Step3 重新整理網站

執行功能表的【檢視(V)/方案總管(P)】指令開啟「方案總管」視窗，然後按下方案總管視窗的 ⟳ 重新整理鈕，使得方案總管內顯示步驟 2 加入網站的 Database1.mdf 資料庫以及 images 資料夾下的圖檔。

Step4 新增 Default.aspx 的 Web Form 網頁

1. 在網站名稱上按右鍵由快顯功能表中執行 [加入新項目(W)...]指令開啟「加入新項目」視窗。

2. 在「加入新項目」視窗中新增使用「Visual Basic」語言的 Web Form 網頁(ASP.NET 網頁)，網頁名稱設為「Default.aspx」。

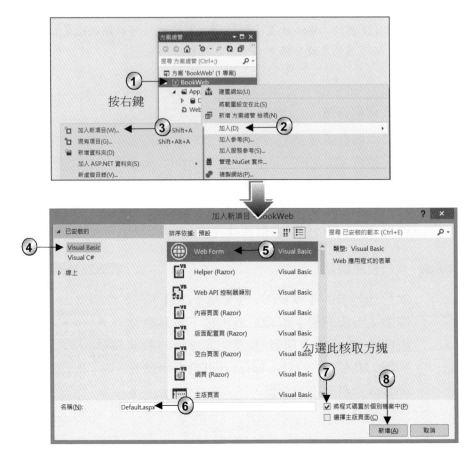

Step5 切換 Default.aspx 的 Web Form 設計畫面

開啟 Default.aspx 網頁若如下圖顯示 ASP.NET 的標記語法時，請您按下整合開發環境下方的「設計」，接著會切換到 Web Form 的設計畫面，在 ASP.NET 中一張網頁也可稱為 Web Form。Web Form 的控制項操作、事件撰寫與 Windows Form 視窗應用程式的做法一樣。

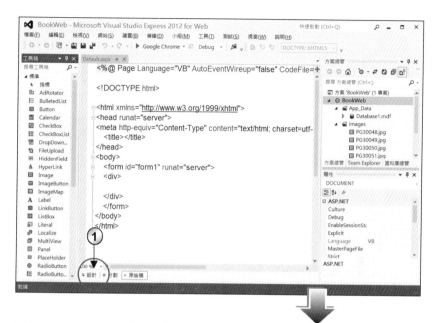

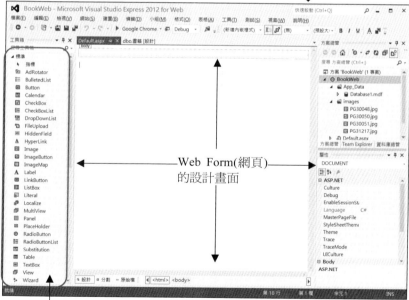

Web Form(網頁)
的設計畫面

工具箱內的控制項
也可以放入 Web
Form 的設計畫面

 在方案總管視窗中您會發現 Default.aspx 和 Default.aspx.vb 兩個檔案,其中 Default.aspx 是編排網頁標籤的設計檔,也就是用來佈置網頁外觀的標記檔,一般網頁使用的 HTML, CSS, JavaScript 或 ASP .NET 控制項標記皆放置於此檔中;另一個 Default.aspx.vb 檔通常用來放置控制項事件處理程序。

Step6 使用 SqlDataSource 連接 Database1.mdf 資料庫

1. Web Form 和 Windows Form 所使用的資料庫連接工具不一樣,在 Web Form 可以透過 ⌗ SqlDataSource 控制項來連接資料來源。請依下圖操作使用 ⌗ SqlDataSource 建立 SqlDataSource1 來取得網站 Database1.mdf「書籍」資料表所有記錄。

2. 依圖示操作連接網站下 App_Data 資料夾的 Database1.mdf 資料庫。

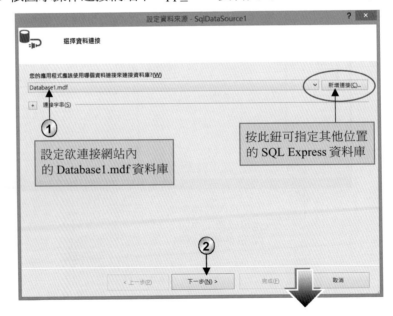

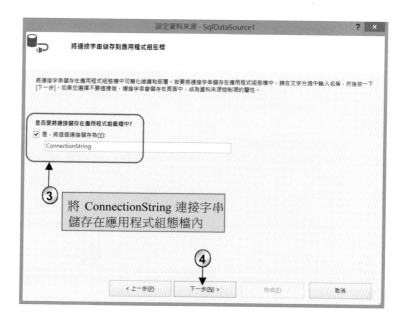

3. 依下列圖示操作,設定 SqlDataSource1 擷取「書籍」資料表的所有欄位,並產生 INSERT、UPDATE、DELETE、SELECT 敘述。

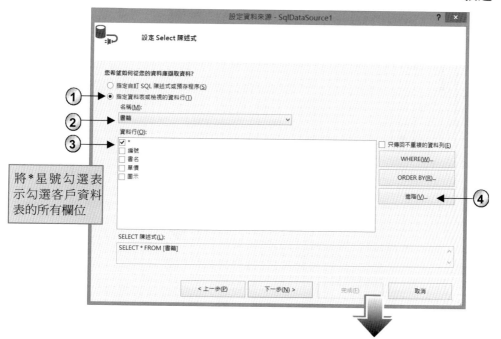

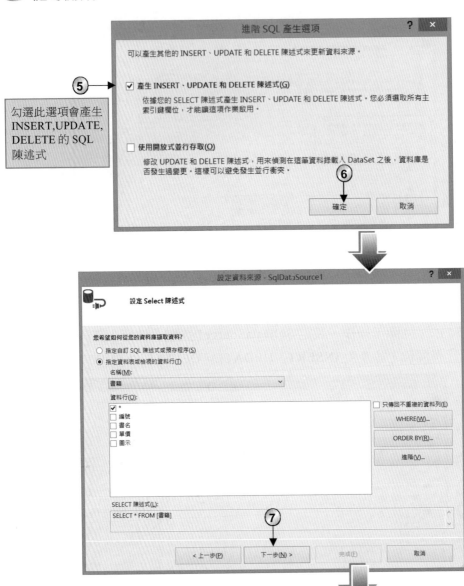

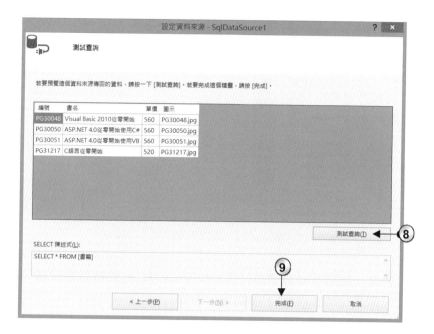

4. 完成上述操作步驟後，SqlDataSource1 會連接 Database1.mdf 資料庫，並擷取該資料庫的「書籍」資料表，而且會自動加入 INSERT(新增)、UPDATE(修改)、DELETE(刪除)、SELECT(查詢)的 SQL 敘述。

> Windows Form 應用程式使用 Name 屬性來設定控制項的物件名稱；ASP.NET 網頁使用 ID 屬性來設定控制項的物件名稱。

Step7 繫結資料來源

接著我們希望網頁上能顯示客戶資料表的所有資料且可以讓使用者編修書籍資料；並以一頁顯示三筆記錄來分頁瀏覽書籍資料表。

1. 請依下圖數字順序操作，先拖曳 GridView 控制項到 Web Form 內，其物件名稱為「GridView1」(即 ID 屬性)；並設定 GridView1 的選擇資料來源為「SqlDataSource1」，讓 GridView1 可以顯示書籍資料表的記錄；最後再勾選「啟用分頁」、「啟用排序」、「啟用編輯」、「啟用刪除」四個核取方塊，即可讓 GridView1 擁有分頁瀏覽、排序、修改及刪除的功能。

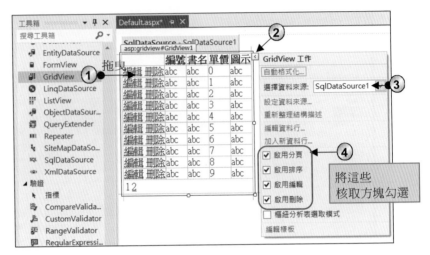

2. 依下圖數字依序操作，將 GridView1 的自動格式化設為「摩卡」，
   來美化 GridView1 控制項。

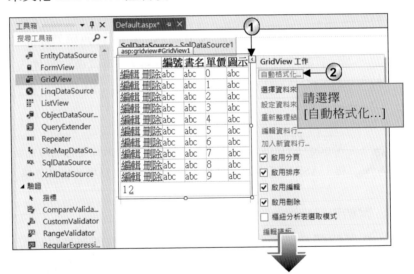

3. 依下圖操作將編輯、刪除超連結改成使用按鈕型態顯示。

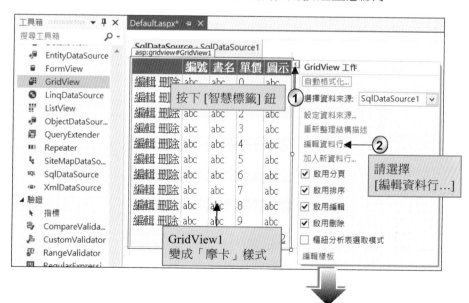

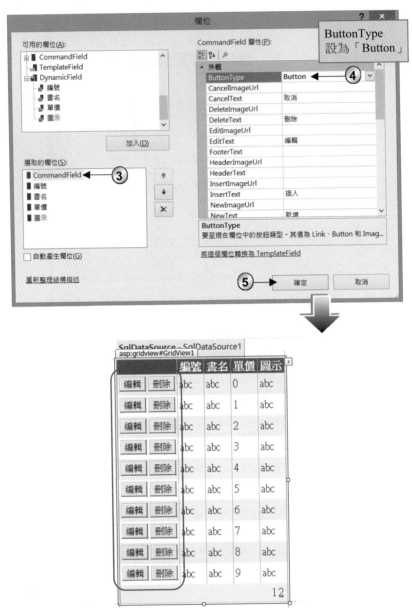

4. 選取 GridView1，然後將該控制項的 PageSize 屬性設為 3，表示 GridView1 控制項一頁最多只會顯示三筆記錄。

Step8 執行結果

1. 執行功能表的【偵錯(D)/開始偵錯(S)】測試程式的執行結果。

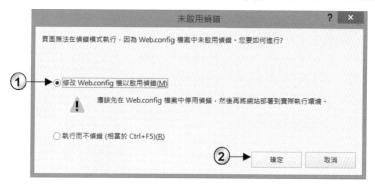

2. 出現執行結果，您可以按 刪除 鈕刪除指定的書籍記錄；如下圖若按下 編輯 鈕會出現 更新 、 取消 鈕及該書籍記錄會出現文字方塊，讓您決定是否修改指定的書籍記錄？

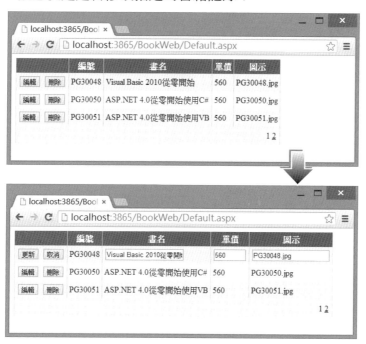

Step9 修改圖示欄位使該欄位以 Image 控制項顯示

1. 依下圖操作，進入「欄位」視窗並將性別欄位轉成 TemplateField。

2. 選取 GridView1 並在 ▶ 智慧標籤鈕上按滑鼠右鍵，由出現的快
顯功能表執行 [編輯樣板(I)/Coumn[4]-圖示] 指令進入「圖示」欄
位的樣板模式。

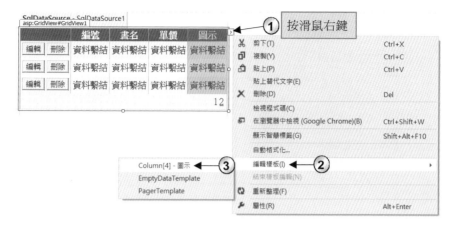

3. 將 GridView1-Column[4]-的圖示的 ItemTemplate 樣板模式內的標
   籤刪除，然後放入 Image1 控制項，再依操作將 Image1 控制項
   Width 屬於(寬度)設為 160px。ItemTemplate 為 GridView1 控制項
   唯讀狀態顯示的畫面。

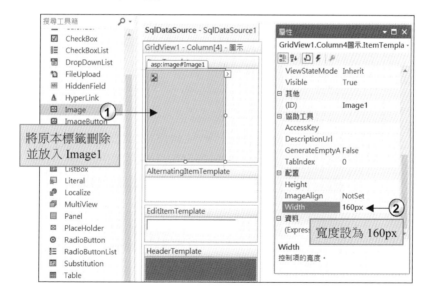

4. 選取 Image1 控制項並執行 [編輯 DataBindings...] 指令，接著將
   Image1 控制項的 ImageUrl 屬性繫結至「書籍」資料表的「圖示」
   欄位。

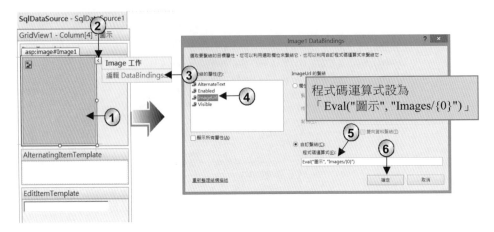

5. 選取 GridView1 控制項的智慧標籤，接著按下「結束樣板編輯」
指令，回到 GridView1 最原始的狀態。

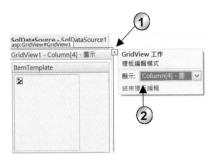

6. 執行功能表的【偵錯(D)/開始偵錯(S)】測試程式的執行結果。發
現圖示欄位會以 Image 控制項呈現對應的圖檔。

Step10 設計新增書籍資料的操作介面

使用 Button 按鈕控制項、 TextBox 文字方塊控制項、 FileUpload 檔案上傳控制項佈置如下圖 Default.aspx 的 ASP.NET Web Form，並依下圖設定控制項的 ID 物件識別名稱。

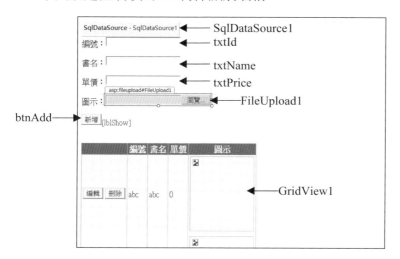

Step11 觀察 SQL 語法之 INSERT 命令的參數

使用 SqlDataSource1 可產生 INSERT、UPDATE、DELETE、SELECT 命令，讓我們能新增、修改、刪除、查詢資料庫的記錄。在 Step7 我們已經設定 GridView1 控制項擁有修改及刪除的功能。接著我們要將 txtId、txtName、txtPrice、FileUpload 等控制項所輸入的資料新增到 Database1.mdf 的書籍資料表，作法就是將控制項的資料內容指定給 INSERT 命令的參數，該參數即會放入資料表指定的欄位內。因此我們必須要了解 INSERT 命令的參數有那些。請依下圖操作觀看 INSERT 命令有哪些參數。

選取 SqlDataSource1

這是自動產生的 INSERT 命令

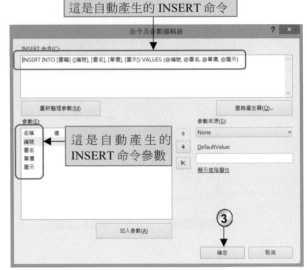

這是自動產生的 INSERT 命令參數

由上可知有 INSERT 命令有 @編號、@名稱、@單價、@圖示四個
參數,這四個參數所設定的值會新增到「書籍」資料表。

> 經過上述步驟後,切換到 Default.aspx 原始檔的畫面,結果會產生
> 將近 100 多行的 TextBox、Button、Label、FileUpload 以及各類型
> 樣板的 ASP.NET Web 控制項的宣告式語法,關於這些宣告式語法
> 的詳細介紹可參閱由博碩出版的 ASP.NET 4.0 從零開始使用 VB 一
> 書,書中有介紹宣告語法與控制項設定的對應方式,透過書中可讓
> 您更了解 ASP.NET 的開發。
>
> 在此建議若您對開發 ASP.NET Web 應用程式有興趣的話,應先學
> 習 HTML、CSS,這是因為網頁的編排與美化配置還是要透過
> HTML、CSS 來達成,而 ASP.NET 的控制項主要還是要處理伺服
> 器端程式、商業邏輯流程及存取資料庫,當學會 HTML、CSS 接著
> 再學習 ASP.NET 會比較容易上手。但實際開發時可以配合
> Dreamweaver 或 Expression Web 網頁設計工具產生 HTML 及 CSS
> 來配置網頁,最後再交由 Visual Studio Express 2012 for Web 或
> Visual Studio 2012 的整合開發環境工具來開發 ASP.NET Web 應用
> 程式會比較快速。

Step12 撰寫程式碼

接著請撰寫 新增 按鈕控制項的 Click 事件處理程序內的程式碼。

```vb
FileName : Default.aspx.vb
01 Partial Class _Default
02     Inherits System.Web.UI.Page
03
   ' 按 [新增] 鈕執行
04     Protected Sub btnAdd_Click(sender As Object, e As EventArgs) _
       Handles btnAdd.Click
05         Try
06             SqlDataSource1.InsertParameters("編號").DefaultValue = _
                   txtId.Text
07             SqlDataSource1.InsertParameters("書名").DefaultValue = _
                   txtName.Text
08             SqlDataSource1.InsertParameters("單價").DefaultValue = _
                   txtPrice.Text
09             SqlDataSource1.InsertParameters("圖示").DefaultValue = _
                   FileUpload1.FileName
10             SqlDataSource1.Insert()
11             If (FileUpload1.HasFile) Then
12                 FileUpload1.SaveAs(Server.MapPath("images") & "/" & _
                       FileUpload1.FileName)
13             End If
14             lblShow.ForeColor = System.Drawing.Color.Blue
15             lblShow.Text = "新增成功"
16             txtId.Text = ""
17             txtName.Text = ""
18             txtPrice.Text = ""
19         Catch ex As Exception
20             lblShow.ForeColor = System.Drawing.Color.Red
21             lblShow.Text = ex.Message
22         End Try
23     End Sub
24
25 End Class
```

程式說明

1. 第 6~10 行：使用 SqlDataSource1 的 InsertParameters 屬性來指定 INSERT
   命令參數所對應的值，例如：txtId.Text 的內容要指定給「編號」參數；
   最後再執行 SqlData Source1 的 Insert()方法即可新增資料，若新增資料
   成功則 lblShow 會以藍色字顯示 "新增成功" 訊息。

2. 第 11~13 行：判斷 FileUpload1 檔案上傳元件是否有指定檔案，若成立則將檔案上傳至網站的 images 資料夾下。

3. 第 19~21 行：若發生例外時，使用 Exception 例外類別的 Message 屬性將錯誤訊息指定給 lblShow.Text，將 lblShow 以紅色字顯示，使得 lblShow 標籤上顯示新增資料失敗的錯誤訊息。

⊞ 16.2 開啟 ASP.NET Web 網站

前一節我們使用 Visual Studio 2012 Express for Web 所設計的 ASP.NET Web 應用程式為網站資料夾的架構，由於只有單純的*.aspx 及其它的資源檔，因此 Web 應用程式是以網站的方式存在，下面介紹如何開啟 ASP.NET Web 網站。

上機實作

Step1 進入 Visual Studio 2012 Express for Web 整合開發環境。

Step2 開啟網站

Visual Studio 2012 內建 ASP.NET 程式開發伺服器，因此在任何路徑下的資料夾都可以開啟為網站。

1. 現以開啟 16.1 節儲存在「C:\vb2012\ch16\BookWeb」網站為例，請執行功能表的【檔案(F)/開啟網站(E)】開啟「開啟網站」視窗。

2. 本例的網站存放在檔案系統中，因此請先選取「檔案系統」，再選取「C:\vb2012\ch16\BookWeb」網站資料夾，最後再按 開啟 鈕進入 Visual Studio Express 2012 for Web 整合開發環境並開啟該網站。

3. 使用滑鼠快按兩下開啟方案總管下欲編輯的 ASP.NET Web Form 網頁，接著再進行 Web Form 網頁的編修，完成之後記得執行功能表的【檔案(F)/全部儲存(L)】將編修後的網頁進行存檔。

16.3 DetailsView 控制項的使用

DetailsView 與 FormView 這兩個控制項提供豐富的資料操作功能，例如：新增、修改、刪除、分頁巡覽資料表的記錄，但一次只能顯示一筆記錄，這兩個控制項的操作方式相同。FormView 控制項可以自訂新增、修改、刪除、分頁...等多種樣板的畫面，可以配合 HTML 或 CSS 編排出較具設計感的網頁；而 DetailsView 是以表格的方式來編排各欄位，使用起來較方便，因此本節以介紹 DetailsView 控制項為主。

範例演練　　　　　　　　　　　　　　　　　　網站：ch16/EmployeeWeb

製作一個可新增、修改、刪除、分頁瀏覽員工資料的 ASP.NET 網頁。本例使用資料工具 SQL SqlDataSource 擷取 Database1.mdf 資料庫的「員工」資料表並顯示在 DetailsView 控制項內，並在 DetailsView 控制項製作新增、編輯、修改的按鈕，讓使用者可以編修員工資料表的記錄；並加入分頁瀏覽的超連結功能。操作說明如下：

(網站 ch16/EmployeeWeb)

1. 在網頁上按 新增 鈕，此時網頁會出現新增畫面讓您輸入要新增的資料，輸入完成後按 插入 鈕將指定的資料存入資料庫內。按 取消 鈕可放棄新增資料。

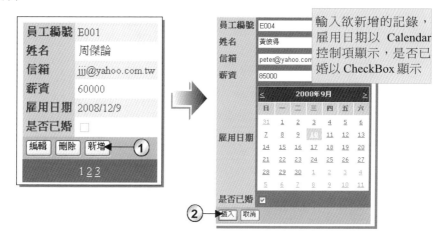

2. 在左下圖按 編輯 鈕時，會出現 更新 、 取消 鈕以及該筆員工記錄的編輯畫面，當員工資料修改後可按 更新 鈕將資料更新到 Database1.mdf 的「員工」資料表；按 取消 鈕可放棄修改資料。

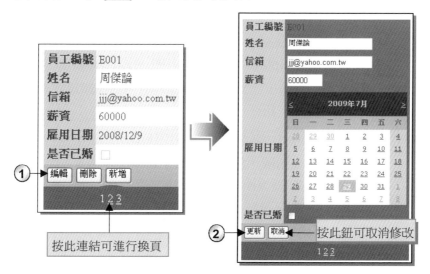

按此連結可進行換頁

按此鈕可取消修改

3. 按 刪除 鈕可刪除指定的員工記錄;控制項的下方會有巡覽的超連結可以讓您連結到指定的某一筆員工記錄。

資料表欄位

Database1.mdf 資料庫置於書附光碟 ch16 資料夾下,該資料庫中內含「員工」資料表,該資料表欄位如下,其中「員工編號」為主索引欄位。

	名稱	資料型別	允許 Null
🔑	員工編號	nvarchar(10)	☐
	姓名	nvarchar(10)	☑
	信箱	nvarchar(50)	☑
	薪資	int	☑
	雇用日期	date	☑
	是否已婚	bit	☑

dbo.員工 [設計] 更新(U) 指令碼檔案(I): dbo.員工.sql

上機實作

Step1 新增新網站

1. 進入 Visual Studio 2012 Express for Web 整合開發環境內。

2. 執行功能表的【檔案(F)/新增(N)/網站(W)...】指令開啟「新網站」視窗。

3. 請選擇「ASP.NET 空網站」;網站的存檔位置設為「檔案系統」;開發的語言設為「Visual Basic」;網站路徑設為「C:\vb2012\ch16\EmployeeWeb」,即表示將網站名稱設為「EmployeeWeb」,該網站路徑設為「C:\vb2012\ch16」;完成後再按 確定 鈕。

4. 在方案總管的網站名稱上按右鍵由快顯功能表中執行 [加入新項目(W)...] 指令開啟「加入新項目」視窗,接著在「加入新項目」視窗中新增使用「Visual Basic」語言的 Web Form 網頁(ASP.NET 網頁),網頁名稱設為「Default.aspx」。

Step2 加入網站資源

本範例連接 Database1.mdf 資料庫(SQL Express 資料庫)，請將書附光碟「ch16」資料夾下的 Database1.mdf 和 Database1_log.LDF 複製到目前網站路徑「C:\vb2012\ch16\EmployeeWeb\App_Data」資料夾下；然後按下方案總管視窗的 [圖示] 重新整理鈕，使方案總管內顯示放入網站的 Database1.mdf 資料庫來當做網站資源。

Step3 切換 Web Form 設計畫面

開啟 Default.aspx 網頁若顯示 ASP.NET 的標記語法時，請按整合開發環境下方的「設計」，接著會切換到 Default.aspx 的 Web Form 設計畫面。

Step4 連接 Database1.mdf，擷取「員工」資料表記錄

1. 依圖示先建立 SqlDataSource1 控制項；接著按該控制項上的智慧標籤鈕，再按下 [設計資料來源...] 選項。

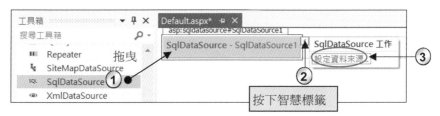

2. 依圖示操作連接網站 App_Data 資料夾下的 Database1.mdf 資料庫。

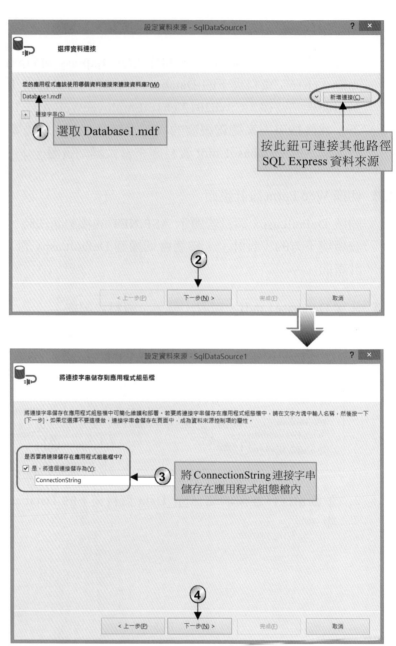

3. 依下列圖示操作，設定 SqlDataSource1 擷取「員工」資料表的所有欄位，並產生 INSERT、UPDATE、DELETE、SELECT 敘述的語法。

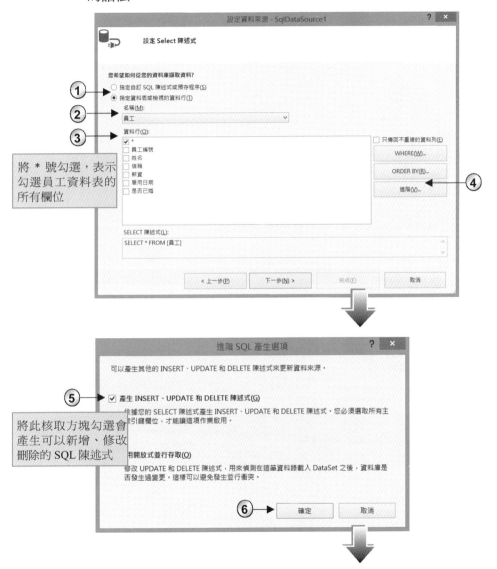

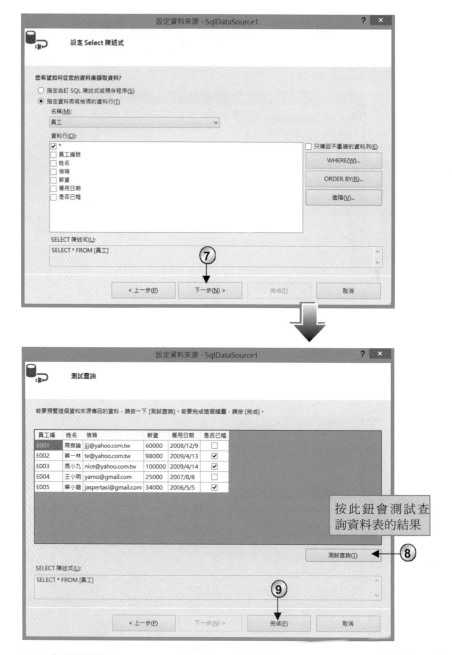

完成上述步驟後，SqlDataSource1 會連接 Database1.mdf 資料庫，並擷取該資料庫的「員工」資料表，並加入 INSERT 新增、UPDATE 修改、DELETE 刪除的 SQL 敘述。

Step5 繫結資料來源

接著希望在網頁上能顯示員工資料表的所有資料並可以讓使用者編修員工資料；並以一頁顯示一筆記錄來分頁瀏覽員工資料表。其操作步驟如下：

1. 請依下圖數字順序操作，先拖曳 DetailsView 控制項到 Web Form 內，其物件名稱為「DetailsView1」；並設定該控制項的 [選擇資料來源] 為「SqlDataSource1」，讓 DetailsView1 可以顯示員工資料表的記錄；最後再勾選「啟用分頁」、「啟用插入」、「啟用編輯」、「啟用刪除」四個核取方塊，即可讓 DetailsView1 擁有分頁瀏覽、新增、修改及刪除的功能。

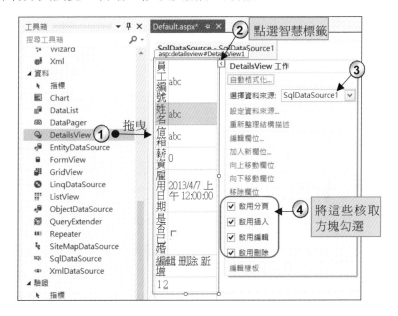

2. 將 DetailsView1 控制項的自動格式化設為「專業」來美化該控制項；接著再將 DetailsView1 的 Width 屬性值清除，使 DetailsView1 控制項能依資料內容的多寡做延伸。

3. 依下圖操作將編輯、刪除、新增超連結改成使用按鈕型態顯示。

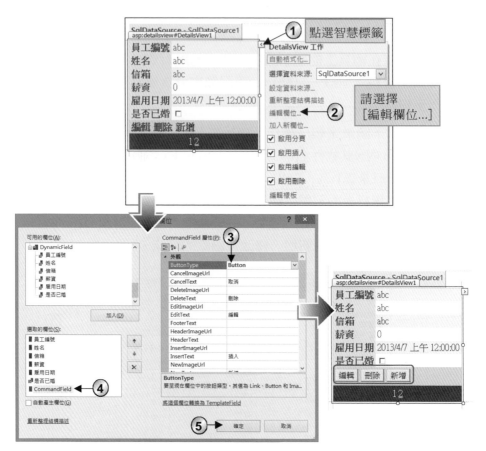

4. 執行功能表的【偵錯(D)/開始偵錯(S)】測試程式的執行結果。

5. 在上圖按下 新增 、 編輯 鈕後進入新增或編輯狀態，此時雇用日期欄位並不會顯示 Calendar 月曆控制項讓使用者設定雇用日期，由於下一個步驟將雇用日期的新增和編輯狀態更改為 Calendar 月曆控制項。請關閉瀏覽器回到 Visual Studio 2012 for Web 整合開發環境內。

Step6 修改雇用日期 InsertItemTemplate 樣板(新增樣板)

接著請依下面步驟將雇用日期欄位的新增狀態改成使用 Calendar 月曆控制項顯示。

1. 依下圖操作，進入「欄位」視窗，將「雇用日期」欄位轉成
   TemplateField。

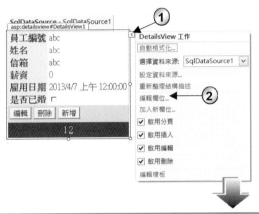

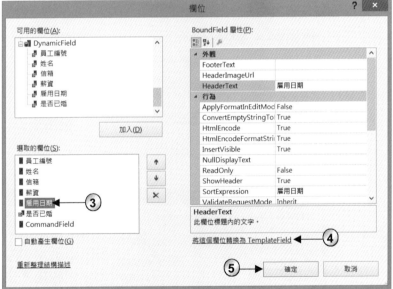

2. 選取 DetailsView1 並在 ▷ 智慧標籤鈕上按滑鼠右鍵，由出現的
   快顯功能表執行 [編輯樣板(I)/Field[4]-雇用日期] 指令進入「雇用
   日期」欄位的樣板模式。

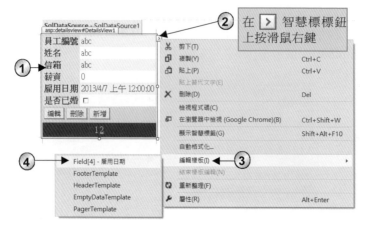

3. 選取 DetailsView1-Field[4]-雇用日期的 ItemTemplate 樣板模式內
的標籤,接著依數字順序操作,使繫結至雇用日期的標籤以簡短
日期格式顯示。

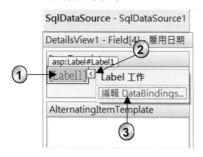

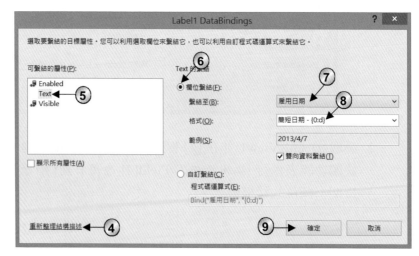

4. 刪除 GridView1-Field[4]-雇用日期的 EditItemTemplate 樣板模式內的文字方塊，然後放入 Calendar1 月曆控制項，再依圖示操作選取 Calendar1 並執行 [編輯 DataBindings...] 指令，接著將 Calendar1 月曆控制項的 SelectedDate 屬性繫結至「員工」資料表的「雇用日期」欄位，使編輯狀態的雇用日期欄位顯示 Calendar1 月曆控制項。

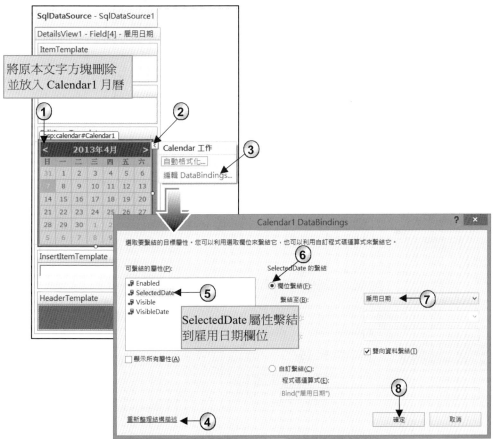

5. 刪除 GridView1-Field[4]-雇用日期的 InsertItem Template 樣板模式內的文字方塊，然後放入 Calendar2 月曆控制項，再依圖示操作選取 Calendar2 並執行 [編輯 DataBindings...] 指令，接著將 Calendar2 月曆控制項的 SelectedDate 屬性繫結至「員工」資料表的「雇用日期」欄位。使新增狀態的雇用日期欄位顯示 Calendar2 月曆控制項。

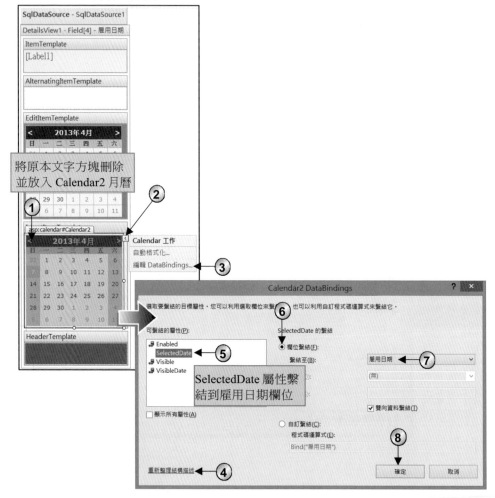

6. 結束樣板編輯，接著執行功能表的【偵錯(D)/開始偵錯(S)】測試程式的執行結果。

16.4 Web Form 網頁資料表的關聯查詢

　　以往在 ASP 網頁上製作兩個資料表的關聯查詢非常的麻煩，必須使用 SQL 語法、建立兩個 Recordset 物件或透過其他技巧來完成。現在在 ASP .NET 中只要使用 ⊙ DetailsView 、 ▦ GridView 及 SQL SqlDataSource 控制項便可輕鬆完成兩個資料表在網頁的關聯查詢作業。

範例演練　　　　　　　　　　　　　檔名：ch16/ProductWeb

　　試製作一個可瀏覽產品資料的 ASP.NET 網頁。在本例中使用兩個 SQL SqlDataSource 擷取 Northwind.mdf 資料庫的「產品類別」及「產品資料」。「產品類別」顯示在 ⊙ DetailsView 控制項內，用來當做關聯的主表；「產品資料」顯示在 ▦ GridView 控制項內，用來當做是關聯的明細表。當使用者切換產品類別的分頁連結時，下方明細表即顯示對應的產品資料。其操作說明如下：

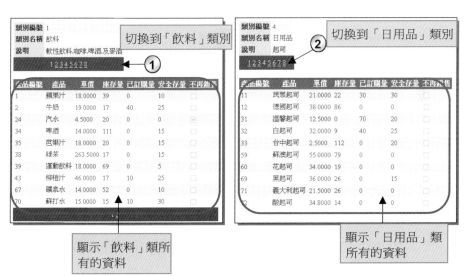

資料表欄位

Northwind.mdf置於書附光碟ch16資料夾
下，該資料庫中內有「產品類別」及「產
品資料」兩個資料表。產品類別的主索引
為「類別編號」，產品資料的主索引為「產
品編號」，兩個資料表的關聯欄位是「類
別編號」。資料表關聯圖如下：

上機實作

Step1 新增新網站

1. 執行功能表的【檔案(F)/新增(N)/網站(W)...】指令開啟「新網站」
   視窗。

2. 請選擇「ASP.NET 空網站」；網站的存檔位置設為「檔案系統」；
   開發的語言設為「Visual Basic」；網站路徑設為「C:\vb2012\
   ch16\ProductWeb」，即表示將網站名稱設為「ProductWeb」，該
   網站路徑設為「C:\vb2012\ch16」；完成後再按　確定　鈕。

3. 在這個範例會連接 Northwind.mdf 資料庫，先將書附光碟「ch16」
   資料夾下的 Northwind.mdf 和 Northwind_log.ldf 複製到目前網站
   路徑「C:\vb2012\ch16\ProductWeb\App_Data」資料夾下；然後按
   方案總管視窗的 🔄 重新整理鈕，使方案總管內顯示放入網站的
   Northwind.mdf 資料庫來當做網站資源。

4. 在方案總管的網站名稱上按右鍵由快顯功能表中執行 [加入新項
   目(W)...] 指令開啟「加入新項目」視窗，接著在「加入新項目」
   視窗中新增使用「Visual Basic」語言的 Web Form 網頁(ASP.NET
   網頁)，網頁名稱設為「Default.aspx」。

5. 當開啟 Default.aspx 網頁若顯示 ASP.NET 的標記語法時，先按整
   合開發環境下方的「設計」，切換到 Default.aspx 的 Web Form 設
   計畫面。

Step2 連接 Northwind.mdf 資料庫，擷取「產品類別」資料表

先建立 SqlDataSource1 控制項，並設定該控制項的資料來源為 Northwind.mdf 的「產品類別」資料表，並設定「產品類別」資料表要顯示的資料行為類別編號、類別名稱、說明三個欄位。

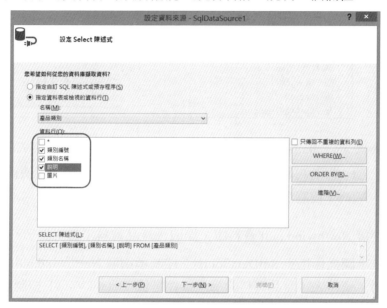

Step3 設定 DetailsView1 的資料來源是 [產品類別] 資料表

1. 依下圖操作，先拖曳 DetailsView 控制項到 Web Form 內，其物件名稱為「DetailsView1」；並設定該控制項的 [選擇資料來源] 為「SqlDataSource1」，讓 DetailsView1 可以顯示產品類別的記錄；最後再將「啟用分頁」核取方塊勾選，即可讓 DetailsView1 擁有分頁的功能。

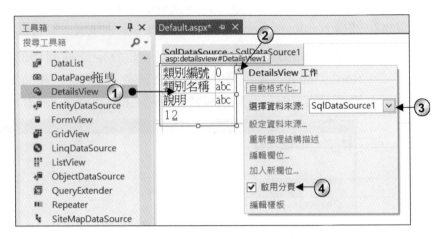

2. 設定 DetailsView1 自動格式化功能,來美化 DetailsView1 控制項;接著再將 DetailsView1 的 Width 屬性值清除,使得 Details View1 控制項能依資料內容的長度做延伸。

Step4 連接 Northwind.mdf 資料庫,擷取「產品資料」資料表

依下圖操作指定 SqlDataSource2 控制項擷取 Northwind.mdf「產品資料」資料表,產品資料的篩選條件是依 DetailsView1 控制項的「類別編號」為依據。

1. 依圖示先建立 SqlDataSource1 控制項;再按該控制項上的「智慧標籤」鈕,由清單中選取 [設計資料來源...] 選項。

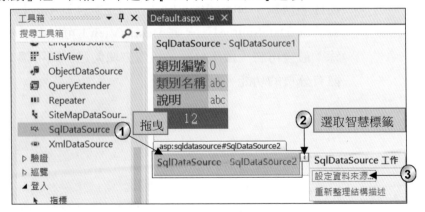

2. 依圖示操作連接網站 App_Data 資料夾下的 Northwind.mdf 資料庫。

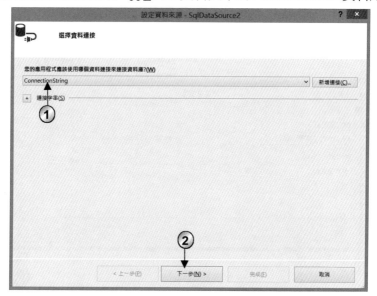

3. 依下列圖示操作，設定 SqlDataSource2 擷取「產品資料」資料表的產品編號、產品、單價、庫存量、已訂購量、安全存量、不再銷售…等欄位。且產品資料篩選的條件是依 DetailsView1 的「類別編號」欄位。

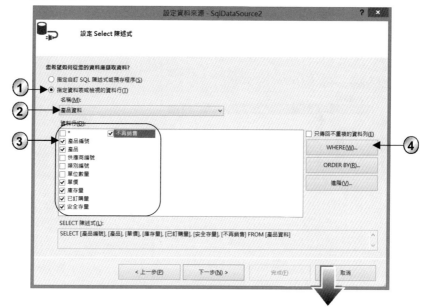

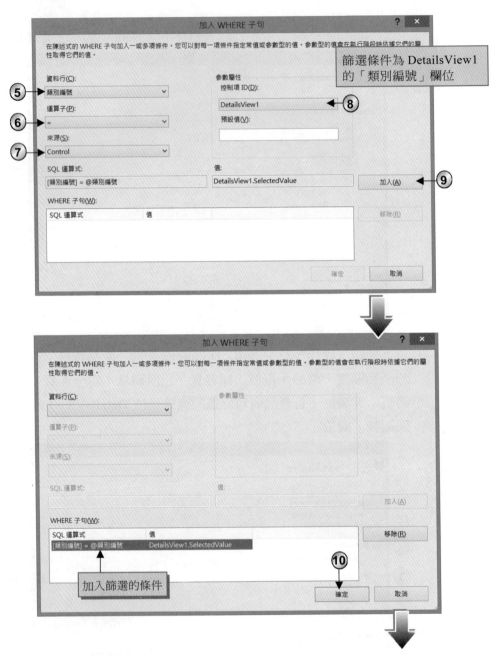

篩選條件為 DetailsView1
的「類別編號」欄位

加入篩選的條件

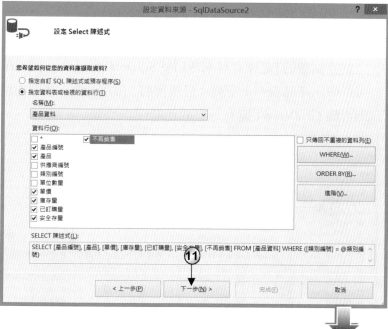

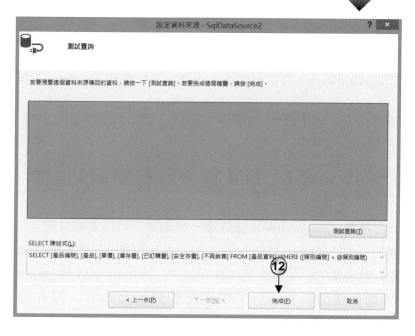

Step5 設定 GridView1 的資料來源為 [產品資料] 資料表

　　1. 請依下圖數字順序操作，在 Web Form 建立「GridView1」；並設定該控制項的 [選擇資料來源] 為「SqlDataSource2」，讓 GridView1 可以顯示產品資料的記錄；最後再將「啟用分頁」核取方塊勾選，即可讓 GridView1 擁有分頁的功能。

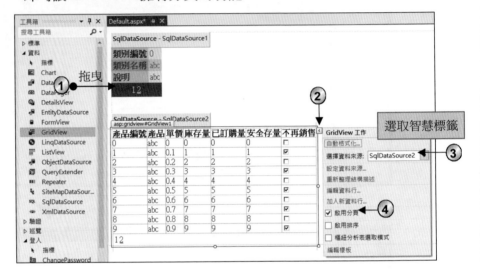

　　2. 為 GridView1 設定自動格式化功能，來美化 GridView1 控制項。

Step6 執行功能表的【偵錯(D)/開始偵錯(S)】測試程式的執行結果。

▦ 16.5 jQuery Mobile 跨平台行動網站設計

　　jQuery 推出 jQuery Mobile 函式庫，此函式庫可用來建立符合行動裝置瀏覽的網站。由於 jQuery Mobile 採用 HTML5 的客製化資料屬性(data-*)來重新配置行動網頁的使用者介面(UI)，因此在 Android、IOS、Windows Phone 等各種行動裝置的瀏覽器皆可看到相同的瀏覽效果，而且可輕易與 ASP.NET、ASP、JSP、PHP 等伺服器技術整合，因此要建構具企業級的行動商務網站將不再是難事。至於 jQuery Mobile 函式庫可到「http://jquerymobile.com/」網址下載，下圖為 jQuery Mobile 官網首頁。

　　本節要使用ASP.NET整合jQuery Mobile函式庫建立一個可瀏覽書籍的跨平台行動網站。

範例演練　　　　　　　　　　　　　　　　　　　網站：ch16/BookWeb

延續16.1節的BookWeb網站製作一個可瀏覽書籍資料的跨行動裝置網站，使用者可透過查詢文字框依關鍵字查詢書籍資料。

(本例完成範例為 BookWebOk 網站)

輸入 ASP，即將與 ASP 相關書籍列出

上機實作

Step1 開啟 BookWeb 網站

延續 16.1 節範例或是執行功能表的【檔案(F)/開啟網站(E)】開啟書附光碟 ch16/BookWeb 網站。

Step2 加入 jQuery Mobile 函式庫與使用圖檔

此範例使用 jQuery Mobile 函式庫與 jQuery Mobile 的圖檔,請將書附光碟「ch16」資料夾下的 images 資料夾,以及「jquery- 1.8.1.min.js」、「jquery.mobile-1.3.0.min.css」與「jquery.mobile- 1.3.0.min.js」的 jQuery Mobile 函式庫複製到目前網站路徑「 C:\ vb2012\ch16\BookWeb」。

Step3 重新整理網站

執行功能表的【檢視(V)/方案總管(P)】指令開啟「方案總管」視窗,然後按下方案總管視窗的 ⟳ 重新整理鈕,使方案總管內顯示上一個步驟加入網站的 jQuery Mobile 函式庫。

Step4 新增 index.aspx 的 Web Form 網頁

Step5 使用 SqlDataSource 連接 Database1.mdf 資料庫

1. 使用 `sql SqlDataSource` 工具建立 SqlDataSource1 來取得網站 Database1.mdf 的「書籍」資料表所有記錄。

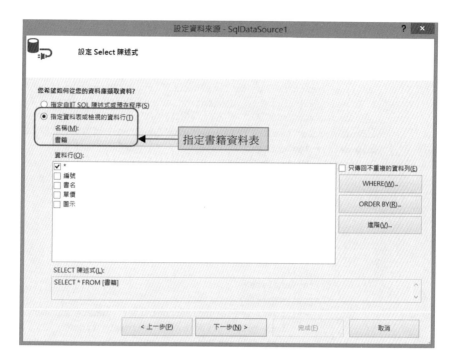

指定書籍資料表

2. 完成上述操作步驟後，SqlDataSource1 會連接 Database1.mdf 資料庫，並擷取該資料庫的「書籍」資料表，而且會自動加入 SELECT(查詢)的 SQL 敘述。

Step6 撰寫 jQuery Mobile 的 UI 程式碼

切換到 index.aspx 的原始檔畫面，加入下面粗體字的程式碼來建立 jQuery Mobile 的行動網頁畫面。

```
FileName : index.aspx
01 <%@ Page Language="VB" AutoEventWireup="false" CodeFile="index.aspx.vb"
      Inherits="index" %>
02
03 <!DOCTYPE html>
04
05 <html xmlns="http://www.w3.org/1999/xhtml">
06 <head runat="server">
07 <meta http-equiv="Content-Type" content="text/html; charset=utf-8"/>
08    <title>書籍查詢</title>
09    <meta name="viewport" content="width=device-width, initial-scale=1">
10    <script src="jquery-1.8.1.min.js"></script>
11    <link href="jquery.mobile-1.3.0.min.css" rel="stylesheet" />
12    <script src="jquery.mobile-1.3.0.min.js"></script>
```

```
13 </head>
14 <body>
15   <form id="form1" runat="server">
16   <div data-role="page">
17     <asp:SqlDataSource ID="SqlDataSource1" runat="server"
          ConnectionString="<%$ ConnectionStrings:ConnectionString %>"
          SelectCommand="SELECT * FROM [書籍]"></asp:SqlDataSource>
18     <div data-role="header" data-position="fixed"><h3>博碩文化圖書</h3></div>
19     <div data-role="content">
20       <asp:ListView ID="ListView1" runat="server"
            DataKeyNames="編號" DataSourceID="SqlDataSource1">
21         <ItemTemplate>
22           <li style="">
23             <img src="images/<%# Eval("圖示") %>" />
24             <h3><%# Eval("書名") %></h3>
25             <p>單價:<%# Eval("單價") %></p>
26           </li>
27         </ItemTemplate>
28         <LayoutTemplate>
29           <ul id="itemPlaceholderContainer" runat="server"
              data-role="listview" data-inset="true"
              data-filter="true">
30             <li data-role="list-divider">從零開始系列</li>
31             <li runat="server" id="itemPlaceholder" />
32           </ul>
33         </LayoutTemplate>
34       </asp:ListView>
35     </div>
36     <div data-role="footer" data-position="fixed">
37       <h3>資訊教育研究室版權所有</h3>
38     </div>
38   </div>
39   </form>
40 </body>
41 </html>
```

程式說明

1. 第 9 行:行動網頁必須加入此行,其功能用來指定畫面能隨裝置螢幕大
   小自動縮放。

2. 第 10~12 行:用來引用 jQuery 與 jQuery Mobile 的函式庫。

3. 第 16~38 行:<div>內的 data-role 設為 page,表示該區塊為 jQuery Mobile
   網頁的一個頁面。

4. 第 17 行：此行是 Step 5 步驟自動產生的，主要用來連接 Database1.mdf 資料庫的「書籍」資料表。

5. 第 18 行：<div>內的 data-role 設為 header，表示該區塊為 jQuery Mobile 網頁頁面中的頁首。

6. 第 19~35 行：<div>內的 data-role 設為 content，表示該區塊為 jQuery Mobile 網頁頁面中的本文區，即主要呈現網頁內容的區域。

7. 第 20~34 行：使用 ASP.NET 的 ListView 與 jQuery Mobile 的清單元件 在行動網頁中以條列方式顯示書籍資料。

8. 第 36~38 行：<div>內的 data-role 設為 footer，表示該區塊為 jQuery Mobile 網頁頁面中的頁尾。

關於 ASP.NET 與 jQuery Mobile 本書只簡單介紹，若想了解更進階的用法，請參閱相關書籍。

▦ 16.6 課後練習

1. 製作下圖網頁。若帳號輸入 "yahoo", 密碼輸入 "1234"，此時帳號密碼正確 即連結到奇摩網站；若帳號密碼輸入錯誤，此時會顯示 "登入失敗" 訊息。

<table>
<tr><td>帳號：</td><td></td></tr>
<tr><td>密碼：</td><td></td></tr>
<tr><td colspan="2">登入　清除</td></tr>
</table>

提示：ASP.NET 使用 Response.Redirect("網址") 做連結。

2. 製作下圖的員工管理頁面，資料表有會員編號, 姓名, 信箱, 薪資, 是否已婚 五個欄位；網頁的功能有新增、修改、刪除員工資料表的記錄，其中新增 資料的是否結婚欄請使用選項鈕表示。

編號：

姓名：

信箱：

薪資：

結婚：
　○ 已婚
　◉ 未婚
［新增］［重填］

新增是否結婚的選項鈕可以使用 RadioButton 和 RadioButtonList 控制項製作，上述兩者控制項的使用方式與 Windows Form 控制項使用方式類似

	會員編號	姓名	信箱	薪資	是否已婚
編輯 刪除	A001	銀河行	wltasi@yahoo.com.tw	50000	☑
編輯 刪除	A002	王小明	wi@pili.com.tw	40000	☐
編輯 刪除	A003	黃彼得	peter@pili.com.tw	30000	☐

有編輯和刪除的功能

3. 製作查詢訂貨資料的 ASP.NET 網頁。在網頁上顯示 Northwind.mdf 資料庫的「訂貨主檔」及「訂貨明細」資料表的所有記錄，並關聯兩個資料表「訂單號碼」欄位；當使用者切換訂貨主檔的分頁連結時，訂貨明細即顯示該訂貨主檔對應的所有記錄。

常用函式與類別方法

A.1 數值函式

函式	說明
Fix(num)	① 若 num 是正數，傳回 num 的整數部份，小數部份無條件捨去。 [例] Fix(7.5) ⇨ 傳回 7。 ② 若 num 是負數，傳回 ≥ num 的第一個負整數。 num 可為數值常數、數值變數或數值運算式。 [例] Fix(-7.5) ⇨傳回-7
Int(num)	① 若 num 是正數，傳回 num 的整數部份，小數部份無條件捨去。 [例] Int(7.5) ⇨傳回 7。 ② 若 num 是負數，傳回 ≤ num 的第一個負整數。 [例] Int(-7.5) ⇨傳回 -8。
Rnd(num)	用來產生 0 ~ 1 之間的隨機亂數。 ① num < 0，以 num 為種子，每次都產生相同的值。 ② num=0 ，最近產生的值。 ③ num>0 ，序列中的下一個亂數。 [例] Rnd() ⇨傳回 0.7055475
Randomize(num)	使用 num 來初始化 Rnd 函式的亂數產生器，給予新的種子值。如果省略 num，以系統計時器的時間當作亂數的種子。num 可為 Object 或任何有效的數值運算式。 ① 單獨使用 Rnd()函式時，每次重新執行所產生的亂數值皆有相同順序。 ② 若先使用 Randomize()以系統時間當作亂數產生器的種子時，就可避免產生相同順序的亂數。

A.2 字串函式

函式	說明
Len(str)	用來取得 str 字串中有幾個字元，不論是英文字或中文字，一個字元的長度皆視為 1。
LCase(str)	將 str 字串中的大寫英文字母轉成小寫英文字母。
UCase(str)	將 str 字串中的小寫英文字母轉成大寫英文字母。

LTrim(str)	將 str 字串最左邊的空白刪除。
RTrim(str)	將 str 字串最右邊的空白刪除。
Trim(str)	將 str 字串左右兩邊的空白刪除。
Mid(str, a, n)	從 str 字串中的第 a 個字元開始,往右取出 n 個字元。
Left(str, n)	從 str 字串的最左邊開始,往右取 n 個字元。 語法:Microsoft.VisualBasic.Left(str, n)
Right(str, n)	從 str 字串的最右邊開始,往左取 n 個字元。 語法:Microsoft.VisualBasic.Right(str, n)
StrReverse(str)	傳回反向排列的 str 字串。

A.3 日期時間函式

函式	說明
Today	可傳回或設定目前系統的日期。 [例] Dim mydate As Date 　　mydate = Today　　　' 取得目前系統日期 　　Today = #8/10/2013#　' 將系統的日期改為 2013/8/10
TimeOfDay	可傳回或設定目前系統的時間。 [例] Dim mytime As Date 　　mytime = TimeOfDay ' 取得目前系統時間 　'將系統時間設為下午 11:05:40 　　TimeOfDay = #11:05:40 PM#
Now	傳回目前系統的日期和時間。
Year(datatime) Month(datatime) Day(datatime) WeekDay(datatime) Hour(datetime) Minute(datetime) Second(datetime)	傳回西元年 傳回月(1~12) 傳回日 傳回星期(1~7),代表星期日~星期六 傳回時(0~23) 傳回分(0~59) 傳回秒(0~59)

A.4 資料型別轉換函式

　　資料要進行運算時，運算子前後的資料型別要一致才不會發生不可預期的錯誤，在 VB 2012 中可使用下面傳統的 VB 6.0 型別轉換函式，將要進行運算的資料轉換成合適的資料型別，常用轉換函式如下。下表語法中的 exp 參數表示變數或運算式。

函式	說明
CByte(exp)	將變數或運算式轉換成 Byte 型別，小數部分四捨六入。 例：CByte(16.6) ⇨ 傳回 17 CByte(16.5) ⇨ 傳回 17 Cbyte(16.5) ⇨ 傳回 17
CShort(exp)	將變數或運算式轉換成短整數(Short)型別資料，小數部分為四捨六入。
CInt(exp)	將變數或運算式轉換成整數(Integer)型別資料，小數部分為四捨六入。
CLng(exp)	將變數或運算式轉換成長整數(Long)型別資料，小數部分為四捨六入。
CSng(exp)	將變數或運算式轉換成單精確度(Single)型別資料。
CDbl(exp)	將變數或運算式轉換成倍精確度(Double)型別資料。
CDec(exp)	將變數或運算式轉換成 Decimal 型別資料。
CStr(exp)	將變數或運算式轉換成字串(String)型別資料。
CBool(exp)	將變數或運算式轉換成布林(Boolean)型別資料。 例：CBool("B" > "C") ⇨ 傳回 False CBool(100 > 67) ⇨ 傳回 True
CDate(exp)	將變數或運算式轉換成日期時間(Date)型別資料。 例：CDate("May 19 , 2013") ⇨ 傳回 2013/5/19
CObj(exp)	將變數或運算式轉換成物件(Object)型別資料。

A.5 取得資料型別函式

若想知道某個變數或是運算式結果的資料型別，可以使用 TypeName() 函式，其語法如下：

函式	說明
TypeName(exp)	傳回 expr 變數或運算式結果的資料型別。 例：① TypeName("VB 2012") ⇨ 傳回 "String" 　　② TypeName(5 > 7) ⇨ 傳回 "False"

A.6 轉換函式

函式	說明
AscW(str)	傳回 str 字串中第一個字元的對應碼。若第一個字元為鍵盤的英文字母、數字、符號字元，則傳回 ASCII 碼；若第一個字元為中文字，則傳回 Unicode 碼。 例：① AscW("ABC") ⇨ 傳回 65_{10} 　　② AscW("中意") ⇨ 傳回 20013_{10}。 　　　因 "中" 的 Unicode 為 20013_{10}
ChrW(code)	傳回 code 引數值之 Unicode 碼所對應的字元。 其中引數 code 的允許範圍為 0 ~ 65535。 例：① ChrW(65) ⇨ 傳回 "A" 　　② ChrW(20013) ⇨ 傳回 "中"
CStr(num)	將數值資料 num 轉換成字串資料。 例：① CStr(36) ⇨ 傳回 "36" 　　② CStr(-36) ⇨ 傳回 "-36"
Val(str)	將字串型別的數字字元轉換成數值資料。 例：① Val("36") ⇨ 傳回 36 　　② Val("7Elevenn") ⇨ 傳回 7

A.7 Math 數學類別

屬性/方法	說明
Math.Abs(num)	傳回 num 的絕對值。 例：Math.Abs(-3.6) ⇨ 傳回 3.6
Math.Sqrt(num)	傳回 num 的平方根。 例：Math.Sqrt(25) ⇨ 傳回 5
Math.Pow(a,b)	傳回 a^b 次方。 例：Math.Pow(2, 3) ⇨ 2^3 ⇨ 傳回 8
Math.Max(x, y)	傳回 x、y 兩數中的最大值。 例：Math.Max(9, -5) ⇨ 傳回 9
Math.Min(x, y)	傳回 x、y 兩數中的最小值。 例：MathMin(9, -5) ⇨ 傳回 -5
Math.PI	取得圓周率 π 的值，即為 3.14159265358979。 例：30° = 30 * (Math.PI/180)
Math.E	取得自然對數 e 的值，為 2.718281828459。
Math.Sign(n)	用來判斷 n 是否大於、等於或小於零。若 ① 傳回值為 1，表示 n > 0 ② 傳回值為 0，表示 n = 0 ③ 傳回值為 -1，表示 n < 0。 例：Math.Sign(-5) ⇨ 傳回 -1 Math.Sign(5) ⇨ 傳回 1
Math.Floor(n)	傳回小於或等於 n 的最大整數。
Math.Ceiling(n)	傳回大於或等於 n 的最小整數。
Math.Round(n)	傳回 n 的整數部份，n 的小數部份四捨六入。
Math.Sin(angle) Math.Cos(angle) Math.Tan(angle)	傳回 angle 弳度量的正弦函式值。 傳回 angle 弳度量的餘弦函式值。 傳回 angle 弳度量的正切函式值。例： ① angle = 60 * (Math.PI/180) ' 即 angle = 60°

	② Math.Sin(angle) ⇨ 傳回 0.866025418354902 ③ Math.Cos(angle) ⇨ 傳回 0.499999974763217 ④Math.Sin(45*(Math.PI/180))⇨傳回 0.707106781186547
Math.Exp(x)	傳回 e^x，e 是自然對數。
Math.Log(x)	傳回 $Log_e \ x$ 的值。
Math.Log10(x)	傳回 $Log_{10} \ x$ 的值。

A.8 String 字串類別

下表簡例皆假設使用 Dim str As String = "VB 2012" 敘述來宣告

屬性/方法	說明
Length 屬性	用來取得字串中有幾個字元。不論是英文字或中文字，一個字元的長度皆視為 1。 Dim str As String = "VB 2012" Dim n As Integer = str.Length ' n ⇦ 7
ToUpper()方法	將字串中的英文字母轉成大寫英文字母。 Dim str As String = "VB 2012" Dim s As String = str.ToUpper() ' s ⇦ "VB 2012"
ToLower()方法	將字串中的英文字母轉成小寫英文字母。 Dim str As String = "VB 2012" Dim s As String = str.ToLower() ' s ⇦ "vb 2012"
TrimStart()方法	將字串最左邊的空白刪除。
TrimEnd()方法	將字串最右邊的空白刪除。
Trim()方法	將字串左右兩邊的空白刪除。
Substring(a,n)方法	從字串中的第 a 個字元開始，往右取出 n 個字元。 Dim str As String = "VB 2012 " Dim s As String = str.Substring(3,2) ' s ⇦ "20"
Replace (舊字串,新字串) 方法	從字串中的舊字串改以新字串取代。 Dim str As String = "VB 2012 " Dim s As String = str.Replace("VB ", "Visual Basic ") ' s ⇦ "Visual Basic 2012 "

屬性/方法	說明
Remove(a,n)方法	從字串中的第 a 個字元開始　　　' 移除 n 個字元。 Dim str As String = "VB 2012 " Dim s As String = str.Remove(2,3)　　' s ⇦ "VB12"

A.9 日期時間類別

屬性	說明
Today	傳回目前系統的日期。 例：Console.WriteLine(DateTime.Today.ToString())
Now	傳目前系統的日期和時間。 例：Console.WriteLine(DateTime.Now.ToString())
Year Month Day DayOfWeek Hour Minute Second	傳回西元年 傳回月(1~12) 傳回日 傳回星期的英文字 傳回時(0~23) 傳回分(0~59) 傳回秒(0~59) [例] Dim d As DateTime = DateTime.Now ' 若現在是 2013/8/10 下午 01:41:22，星期六 Console.WriteLine(d.Year)　　　　' 印出年 2013 Console.WriteLine(d.Month)　　　' 印月 8 Console.WriteLine(d.Day)　　　　' 印出日 10 Console.WriteLine(d.DayOfWeek)' 印出 Saturday Console.WriteLine(d.Hour)　　　　' 印出小時 13 Console.WriteLine(d.Minute)　　　' 印出分 41 Console.WriteLine(d.Second)　　　' 印出秒 22

A.10 Random 亂數類別

下面寫法是使用 Random 類別建立物件名稱為 rnd 的亂數物件。

```
Dim rnd As New Random()
```

Random 類別常用的方法如下：

方法	說明
Next	可傳回亂數。例： rnd1.Next()　　　　' 可傳回非負數的亂數 rnd1.Next(n)　　　' 可傳回 0 到 n-1 的亂數 rnd1.Next(n1, n2)　' 可傳回 n1 到 n2-1 的亂數
NextDouble	可傳回 0.0 和 1.0 之間的亂數。

A.11 資料型別轉換方法

　　VB 2012 除了可使用傳統 VB 6.0 所提供的資料型別轉換函式之外，更可以使用 .NET Framework 類別庫所提供的型別轉換方法來進行將字串資料轉換成合適的資料型別，常用資料型別轉換類別方法如下。下表語法中的 str 參數表示字串變數。

方法	說明
Byte.Parse(str)	將字串轉換成 Byte 型別資料。
Integer.Parse(str)	將字串轉換成整數(Integer)型別資料。
UInteger.Parse(str)	將字串轉換成不帶正負號的整數(UInteger)型別資料。
Long.Parse(str)	將字串轉換成長整數(Long)型別資料。
ULong.Parse(str)	將字串轉換成不帶正負號的長整數(ULong)型別資料。
Single.Parse(str)	將字串轉換成單精確度(Single)型別資料。
Double.parse(str)	將字串轉換成倍精確度(Double)型別資料。
Decimal.Parse(str)	將字串轉換成 Decimal 型別資料。
Boolean.Parse(str)	將字串轉換成布林(Boolean)型別資料。
DateTime.Parse(str)	將字串轉換成日期時間(DateTime)型別資料。
物件.ToString()	將變數、運算式或物件轉換成字串(string)型別資料。

A.12 取得資料型別方法

若想知道某個變數或是運算式結果的資料型別，可以使用 GetType()
方法，其語法如下：

方法	說明
變數.GetType()	傳回變數、物件或運算式結果的資料型別。例： ① Dim s As String = "C#" 　　Console.Write(s.GetType())　　' 印出 System.String ② Console.Write((5>7).GetType()) ' 印出 System.Boolean

ASCII 碼

DEC	HEX	Symbol	DEC	HEX	Symbol	DEC	HEX	Symbol	DEC	HEX	Symbol
0	0	(NULL)	32	20		64	40	@	96	60	`
1	1	☺	33	21	!	65	41	A	97	61	a
2	2	☻	34	22	''	66	42	B	98	62	b
3	3	♥	35	23	#	67	43	C	99	63	c
4	4	♦	36	24	$	68	44	D	100	64	d
5	5	♣	37	25	%	69	45	E	101	65	e
6	6	♠	38	26	&	70	46	F	102	66	f
7	7	•	39	27	'	71	47	G	103	67	g
8	8	◘	40	28	(	72	48	H	104	68	h
9	9		41	29	)	73	49	I	105	69	i
10	A	◙	42	2A	*	74	4A	J	106	6A	j
11	B	♂	43	2B	+	75	4B	K	107	6B	k
12	C	♀	44	2C	,	76	4C	L	108	6C	l
13	D	♪	45	2D	−	77	4D	M	109	6D	m
14	E	♫	46	2E	.	78	4E	N	110	6E	n
15	F	☀	47	2F	/	79	4F	O	111	6F	o
16	10	►	48	30	0	80	50	P	112	70	p
17	11	◄	49	31	1	81	51	Q	113	71	q
18	12	↕	50	32	2	82	52	R	114	72	r
19	13	‼	51	33	3	83	53	S	115	73	s
20	14	¶	52	34	4	84	54	T	116	74	t
21	15	§	53	35	5	85	55	U	117	75	u
22	16	▬	54	36	6	86	56	V	118	76	v
23	17	↨	55	37	7	87	57	W	119	77	w
24	18	↑	56	38	8	88	58	X	120	78	x
25	19	↓	57	39	9	89	59	Y	121	79	y
26	1A	→	58	3A	:	90	5A	Z	122	7A	z
27	1B	←	59	3B	;	91	5B	[	123	7B	{
28	1C	∟	60	3C	<	92	5C	\	124	7C	¦
29	1D	↔	61	3D	=	93	5D	]	125	7D	}
30	1E	▲	62	3E	>	94	5E	^	126	7E	~
31	1F	▼	63	3F	?	95	5F	_	127	7F	⌂

筆記頁

筆記頁

讀者回函

感謝您購買本公司出版的書，您的意見對我們非常重要！由於您寶貴的建議，我們才得以不斷地推陳出新，繼續出版更實用、精緻的圖書。因此，請填妥下列資料(也可直接貼上名片)，寄回本公司(免貼郵票)，您將不定期收到最新的圖書資料！

購買書號： **書名：**

姓　　名：_____

職　　業：□上班族　　□教師　　□學生　　□工程師　　□其它

學　　歷：□研究所　　□大學　　□專科　　□高中職　　□其它

年　　齡：□10~20　□20~30　□30~40　□40~50　□50~

單　　位：_____ 部門科系：_____

職　　稱：_____ 聯絡電話：_____

電子郵件：_____

通訊住址：□□□ _____

_____

您從何處購買此書：

□書局_____　□電腦店_____　□展覽_____　□其他_____

您覺得本書的品質：

內容方面：　□很好　　　□好　　　□尚可　　　□差

排版方面：　□很好　　　□好　　　□尚可　　　□差

印刷方面：　□很好　　　□好　　　□尚可　　　□差

紙張方面：　□很好　　　□好　　　□尚可　　　□差

您最喜歡本書的地方：_____

您最不喜歡本書的地方：_____

假如請您對本書評分，您會給(0~100分)：_____ 分

您最希望我們出版那些電腦書籍：

請將您對本書的意見告訴我們：

您有寫作的點子嗎？□無　□有　專長領域：_____

博碩文化網站　　http://www.drmaster.com.tw

廣　告　回　函
台灣北區郵政管理局登記證
北台字第 4 6 4 7 號
印 刷 品 · 免 貼 郵 票

221

博碩文化股份有限公司　產品部

新北市汐止區新台五路一段112號10樓A棟

如何購買博碩書籍

全省書局

請至全省各大書局、連鎖書店、電腦書專賣店直接選購。

（書店地圖可至博碩文化網站查詢，若遇書店架上缺書，可向書店申請代訂）

信用卡及劃撥訂單（優惠折扣85折，未滿1,000元請加運費80元）

請於劃撥單備註欄註明欲購之書名、數量、金額、運費，劃撥至

帳號：17484299　戶名：博碩文化股份有限公司，並將收據及

訂購人連絡方式傳真至(02)26962867。

線上訂購

請連線至「博碩文化網站 http://www.drmaster.com.tw」，於網站上查詢

優惠折扣訊息並訂購即可。

信用卡 CREDIT CARD
專用訂購單

※優惠折扣請上博碩網站查詢，或電洽 (02)2696-2869#307
※請填妥此訂購單傳真至(02)2696-2867或直接利用背面回郵直接投遞。謝謝！

一、訂購資料

	書號	書名	數量	單價	小計
1					
2					
3					
4					
5					
6					
7					
8					
9					
10					
		總計 NT$			

總　計：NT$ _____ X 0.85 ＝折扣金額 NT$ _____

折扣後金額：NT$ _____ ＋ 掛號費：NT$ _____

＝總支付金額 NT$ _____　　※各項金額若有小數，請四捨五入計算。

「掛號費 80 元，外島縣市 100 元」

二、基本資料

收 件 人： _____　　生日： _____ 年 ____ 月 ____ 日

電　　話：(住家) _____ (公司) _____ 分機 _____

收件地址：□ □ □ _____

發票資料：□ 個人（二聯式）　　□ 公司抬頭 / 統一編號： _____

信用卡別：□ MASTER CARD　□ VISA CARD　　□ JCB 卡　　□ 聯合信用卡

信用卡號：□□□□□□□□□□□□□□□□□□□□

身份證號：□□□□□□□□□□

有效期間： _____ 年 _____ 月止（總支付金額）

訂購金額： _____ 元整

訂購日期： _____ 年 ____ 月 ____ 日

持卡人簽名： _____（與信用卡簽名同字樣）

- - - 黏 貼 處 - - -

博碩文化網址
http://www.drmaster.com.tw

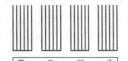

221
博碩文化股份有限公司　業務部
新北市汐止區新台五路一段 112 號 10 樓 A 棟

如何購買博碩書籍

全 省書局
請至全省各大書局、連鎖書店、電腦書專賣店直接選購。

（書店地圖可至博碩文化網站查詢，若遇書店架上缺書，可向書店申請代訂）

信 用卡及劃撥訂單（優惠折扣 85 折，未滿 1,000 元請加運費 80 元）
請於劃撥單備註欄註明欲購之書名、數量、金額、運費，劃撥至

帳號：17484299　戶名：博碩文化股份有限公司，並將收據及

訂購人連絡方式傳真至 (02) 26962867。

線 上訂購
請連線至「博碩文化網站 http://www.drmaster.com.tw」，於網站上查詢

優惠折扣訊息並訂購即可。

DrMaster

深度學習書籍新領域

http://www.drmaster.com.tw

博碩文化

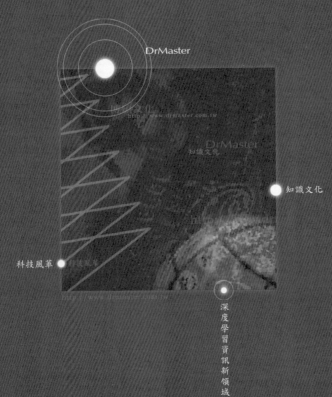

DrMaster

知識文化

科技風華

深度學習資訊新領域